SCHWIMMENDE BASTIONEN

BERNARD IRELAND

SCHWIMMENDE BASTIONEN

SCHIFFE DES II. WELTKRIEGS

TECHNIK × TAKTIK × BEWAFFNUNG

BECHTERMÜNZ

Deutsche Erstausgabe

Copyright © der deutschen Übersetzung by Weltbild Verlag GmbH,
Augsburg 2000
Copyright © der Aufriss- und Profilillustrationen der Graf Zeppelin,
Gascogne, Tosa und Sovietsky Soyus by Tony Gibbons
Copyright © aller weiteren Illustrationen by Aerospace Publishing
Computergrafiken: Richard Burgess
Layout: Rod Teasdale
Koordination und Bearbeitung der deutschen Ausgabe:
Neumann & Nürnberger, Leipzig
Umschlaggestaltung: Külen und Grosche DTP, Augsburg
Umschlagmotiv: Schlachtschiff Scharnhorst
(Bildarchiv Preußischer Kulturbesitz)
Gesamtherstellung: Rotolito Lombarda
Printed in Italy

ISBN 3-8289-5379-4

Inhalt

Vorwort

Die maritimen Aspekte des 2. Weltkrieges waren komplex und viele Berichte darüber sind dementsprechend lang und ausführlich ausgefallen, wobei das Wichtigste oft genug in einer Flut von Nebensächlichkeiten untergeht. Um sich auf das Wesentliche zu konzentrieren, hat der Autor in diesem Buch fünf Ereignisse hervorgehoben, die seines Erachtens letztlich entscheidend für den Ausgang der Seeschlachten waren. In einer dieser Auseinandersetzungen zu verlieren oder zu gewinnen war gleichbedeutend mit der Niederlage oder dem Gewinn aller Kämpfe.

Die Konzentration auf eine kleinere Anzahl spezieller Bereiche hat es ermöglicht, bis zu einem bestimmten Umfang den Hintergrund auszuleuchten und die Dinge im Zusammenhang darzustellen. Die Entwicklung der Ereignisse kann damit in chronologischer oder geographischer Hinsicht so kontinuierlich wie möglich behandelt werden.

Der Autor möchte sich für die uneingeschränkte Unterstützung durch Ian Drury bedanken, der die Illustrationen und das Bildmaterial ausgewählt und erworben hat. Gleichzeitig richtet er seinen Dank an seine Frau, die in gewohnter Weise die Aufgabe hatte, die Menge der handschriftlich korrigierten Aufzeichnungen in ein lesbares Manuskript zu verwandeln.

Bernard Ireland
Fareham, 1998

Fred T. Jane und seine „*Kampfschiffe*"

„*Janes Kampfschiffe*" ist einer der bekanntesten Titel der Welt, doch werden sich viele Leser schon einmal Gedanken gemacht haben, wer dieser Experte mit dem Mädchennamen eigentlich war. Er hat sich oft selbst über seinen Namen lustig gemacht und einmal sogar eine Zeichnung mit „Fred Mary-Ann" signiert. Fred T. Jane, wie er in Wirklichkeit bekannt war, wurde am 6. August 1865 als Sohn eines Geistlichen der Church of England geboren. Er wuchs in einer Zeit schneller technologischer Veränderungen auf, die einen nachhaltigen und tiefen Einfluss auf jene beiden Bereiche ausübten, denen er sich verschrieben hatte: dem Journalismus und der Royal Navy. Neue Druckverfahren und ein allgemein höherer Bildungsgrad brachten eine breitere Leserschaft hervor, die sich aktiv für Verteidigungsfragen interessierte, was einerseits durch das atemberaubende Tempo der Veränderungen in der Marine und im Militärwesen und andererseits durch die sich daraus ergebende internationale Instabilität legitimiert wurde.

Fred T. Jane aber wuchs wohlbehütet in Cornwall und Devon auf, zwei Grafschaften im Südwesten Englands, wo sein Vater verschiedene Pfründe innehatte. Er besuchte die Exeter School, nicht aber deren Internat, und galt nicht als ein besonders guter Schüler. Später bezeichnete er sich selbst als einen furchtbaren Dickkopf. Besser war er auf dem Fußballfeld, wo er als beherzter und einsatzfreudiger Spieler Anerkennung fand. Mit Übereifer stürzte er sich stets in das Kampfgewühl um den Ball, eine Beobachtung, die sich auch in seinem späteren Leben bestätigt fand. Bedeutsam war darüber hinaus, dass Jane auch für *Toby* verantwortlich zeichnete, eine alternative Schülerzeitung, die einerseits wegen ihrer Illustrationen und andererseits wegen ihrer völligen Missachtung der Wahrheit bzw. der gesetzlichen Bestimmungen gegen Verleumdung und üble Nachrede ein großer Erfolg wurde.

Da er aus gesundheitlichen Gründen nicht in der Royal Navy dienen konnte, ging Jane nach London, wo er in der Gray's Inn Road 41 eine Dachkammer bezog und seiner Existenz als Bildjournalist fristete. Das war eine schlecht bezahlte Arbeit, für die die Anerkennung lange auf sich warten ließ. Jane bekam seine Chance im Juli 1890 bei einer Kreuzfahrt an Bord der HMS *Northampton*, eines älteren eisengepanzerten Schiffes, von dem aus er für die *Pictorial World* vom Sommermanöver der Kriegsflotte berichtete. In diesen zwei Monaten erschienen unter seinem Namen unzählige Zeichnungen, die sich von anderen schon abhoben. Nicht nur, dass Janes Schiffe tatsächlich so auf dem Wasser ruhten, wie Schiffe das wirklich tun, er zeichnete auch alles, was sonst noch am Tag und in der Nacht passierte und in der Tor-Bucht seinen Anfang nahm: die Darstellung elektrischer Suchscheinwerfer, die sein Markenzeichen werden sollte.

Janes Teilnahme an diesen jährlich durchgeführten Manövern erlaubte es ihm, eine Mappe mit Zeichnungen von Kriegsschiffen zu erweitern, die er schon in Schulzeiten begonnen hatte. Inspiriert durch die Beschießung von Alexandria durch die Royal Navy im Jahre 1882 wurde der ehrgeizige Titel „Gepanzerte Kriegsschiffe der Welt" nach und nach seinem Anspruch gerecht. Fred T. Jane wurde zu einer anerkannten Autorität für ausländische und britische Kriegsschiffe. Als die russische Flotte Toulon besuchte um die Französisch-Russische Entente zu besiegeln oder ein spanischer Kreuzer vor Gibraltar Schiffbruch erlitt, war es Jane, der diese Ereignisse für die *Illustrated London News* zeichnete. Seine Fähigkeit, Kriegsschiffe „hervorzuzaubern", die er noch nie gesehen hatte, war so bemerkenswert, dass man auf Grund seiner realistischen Darstellung des Torpedoangriffs auf die *Blanco Encalada*, einen chilenischen Kreuzer, jahrelang glaubte, er habe am chilenischen Bürgerkrieg von 1891 teilgenommen. Erst nach Freds Tod enthüllte sein Bruder, dass die Zeichnung in Devon entstanden war. 1897 benutzte Fred T. Jane seine Fachkenntnisse, die er sich selbst angeeignet hatte, zur Schaffung eines in dieser Form bislang unbekannten Nachschlagewerkes für Kriegsschiffe, das unter dem Titel „Alle Kampfschiffe der Welt" bekannt wurde. Die Menge der Druckstöcke ergab aneinander gereiht eine Länge von etwa 130 m.

Der häufig hervorgerufene Eindruck einer Bedrohung auf See, der durch die Entwicklung von Dampfkriegsschiffen bedingt war, trug zur Ignoranz über den wahren Zustand des strategischen Gleichgewichts zwischen den führenden Seemächten, besonders des Gleichgewichts zwischen Großbritannien und Frankreich, bei. Journalisten, Romanschriftsteller und Politiker nutzten die Angst der Öffentlichkeit aus und übertrieben bewusst die Stärken und Schwächen beider Seiten zu ihrem eigenen ge-

schäftlichen oder politischen Vorteil. In den 80er Jahren des 19. Jahrhunderts begann Lord Brassey, immer noch ein wichtiger Name auf dem Gebiet von Militärpublikationen, das *Naval Annual* zu veröffentlichen, ein Jahrbuch für die Marine, in dem viele Kriegsschiffe der Welt tabellarisch dargestellt wurden. Als Nachschlagewerk für Kriegsschiffe war es aber nicht so wertvoll. Die Illustrationen erschienen getrennt von den Spezifikationen der Schiffe und gaben ihr Aussehen nur unzureichend wieder. Struktur und Format der Tabellen variierten, so dass es unmöglich war, britische und ausländische Kriegsschiffe bzw. gepanzerte und nichtgepanzerte miteinander zu vergleichen. Einige Angaben waren irreführend. Ursprüngliche Angaben über Versuchsgeschwindigkeiten erschienen bei Schiffen, die für ihre notorische Unbeweglichkeit bekannt waren, wie die türkische Flotte, die den Bosporus nie verlassen hat. Geschütze wurden mit dem Kaliber oder mit dem Gewicht der Munition beschrieben, was nicht hilfreich war, wenn moderne 6-Zoll-Schnellfeuergeschütze mit älteren 10-Zoll-Kanonen verglichen wurden, die eine weit geringere Schussfolge und Mündungsgeschwindigkeit hatten.

Janes „Kampfschiffe" hat sich all dieser Mängel angenommen. Die Kontakte des Autors zu den Ingenieuren der Royal Navy gewährleisteten, dass seine Angaben zu technischen Kennziffern stets auf dem neuesten Stand waren. Die Illustrationen erschienen direkt neben den Standardangaben für jedes Schiff. Jane bestand darauf, selbst die unbekanntesten Kriegshilfsschiffe „nach den gleichen Prinzipien wie Worte, die nur auf Grund ihrer bloßen Existenz in einem Wörterbuch aufgeführt sind", zu dokumentieren. Er klassifizierte die Kanonen alphabetisch entsprechend ihrer Mündungsgeschwindigkeit, so dass ihre Leistung auf einfache

Panzerung nach ihrem Durchdringungsgrad. Somit konnte eine Kanone der „A"-Klasse, wie die 12-Zoll-Kanone der Kampfschiffe der Klasse Royal Sovereign aus den Jahren 1891–92, eine Panzerung der Klasse „a" aus einer Entfernung von 4000 Yard (rund 3660 m) durchschlagen, was damals die taktische Reichweite für schwere Seegeschütze war. Zur Geschützklasse „A" gehörten auch ältere 16-Zoll- und 13,5-Zoll-Waffen, deren schwerere Kugeln ihre geringere Geschwindigkeit ausglichen.

Obwohl sich die einzelnen Angaben im Laufe der Jahre änderten, vergaß Jane doch nie die Bedürfnisse des Mannes auf der Brücke, der z. B. in aller Eile ein anderes Schiff am Horizont identifizieren musste. Besonders für diesen Personenkreis waren die Erkenntnisse von Jane gedacht. Zur ersten Ausgabe der „*Kampfschiffe*" gehörte zur Erleichterung des Erkennens von Schiffen ein Verzeichnis optischer Schiffssilhouetten. „The Naval Warrant Officer's Journal", das Sprachrohr der professionellen Marineangehörigen, hatte den Nutzen dieser Neuerung sofort erkannt und empfohlen, das neue Nachschlagewerk in Reichweite der wachhabenden Seeleute und des verantwortlichen Offiziers zu deponieren.

Die gleiche Zeitschrift beschrieb die „*Kampfschiffe*" 1902 als „unentbehrlicher denn je" und appellierte an die Admiralität, jedem Angehörigen der Flotte eine Ausgabe zur Verfügung zu stellen. Obwohl auf den Schiffen Ausgaben des Nachschlagewerkes

angeschafft wurden, hat die Bürokratie Jane nie ernst genommen. In gewisser Hinsicht hatte er das seinem respektlosen Sinn für Humor zu verdanken, der in manch einem seiner ungehörigen Witze zum Ausdruck kam, am schlimmsten über die Entführung eines Labour-Abgeordneten im Jahre 1909. Jane brachte das Lager der Navy-Bürokratie mit seiner Bemerkung in Rage, wenn sie die Navy wirklich modernisieren wollen, sollten sie besser Nelson über Bord werfen. Als die Ausgabe der „*Kampfschiffe*" von 1903 einen Artikel enthielt, der ein ausschließlich mit 12-Zoll-Geschützen bestücktes Kampfschiff als revolutionär beschrieb, wurde der Vorschlag verlacht und als besser geeignet für einen Zukunftsroman von H. G. Wells als für eine ernst zu nehmende maritime Publikation abgetan. Die Admiralität dachte jedoch zu dieser Zeit bereits über ein solches Schiff, die „*Dreadnought*", ein Großkampfschiff, nach, was die Behauptung eines späteren Herausgebers der „*Kampfschiffe*" rechtfertigte, dass „Jane niemals zuvor seinen Anspruch, die „*Kampfschiffe*" zum Abbild des Fortschritts auf See machen zu wollen, so eindeutig verwirklicht hatte".

Das Versagen jeglicher offizieller Unterstützung für Jane wurde während des 1. Weltkrieges besonders deutlich, als man sich seines Talents nicht bedienen wollte. Anders als moderne Verteidigungsexperten profitierte er wenig von der Möglichkeit, als Fachmann aufzutreten. Vielleicht waren auch seine Ansichten nicht nach dem Geschmack der „hurra-patriotischen" Öffent-

Oben: Fred T. Jane entwickelte ein außerordentlich detailliertes Seekriegsmodell, womit Militärs oder Zivilisten die vergleichbaren Stärken und Schwächen der Kriegsschiffe der Welt bewerten konnten.

lichkeit, die den Krieg als Fußballspiel ansah, in dem Schiffe versenkt wurden anstatt Tore zu schießen. Jütland und dessen Nachwirkungen rechtfertigten Janes unpopuläre Voraussage, dass der Krieg nicht mit einem der Schlacht von Trafalgar vergleichbaren Sieg über die deutsche Flotte enden würde, aber er hat das nicht mehr erlebt, um seinen Kommentar dazu abgeben zu können. Nach einer anstrengenden Vortragsreise von Plymouth bis Dundee, auf der er die Durchführung des Seekrieges verteidigte, kam er im Oktober 1915 bis auf die Knochen durchnässt in Cheltenham an, wohin er in seinem offenen Wagen von Portsmouth aus gefahren war. Er erkältete sich und starb schon am nächsten Tag allein in seiner Wohnung in Southsea, offensichtlich an einem durch die Grippe ausgelösten Herzversagen. Glücklicherweise hatte er genaue Vorkehrungen für weitere Ausgaben der „*Kampfschiffe*" getroffen, die während des ganzen Krieges weiter veröffentlicht und von ähnlichen Publikationen nie in dieser Fachspezifik erreicht wurden.

Richard Brooks

Kapitel 1 – **Der Krieg gegen den Seehandel**

In Kriegszeiten ist die Insellage des Vereinigten Königreiches gleichzeitig dessen Stärke und Schwäche. Mit den vorhandenen Naturreichtümern, die keinesfalls ausreichen, um eine zahlenmäßig relativ große Bevölkerung zu ernähren, ist das Land vom Überseehandel abhängig. Bis zur Auflösung des Empire nach dem 2. Weltkrieg war die Wirtschaft untrennbar mit der Seefahrt verbunden. Zahlreiche Schiffe brachten Rohstoffe und billig erzeugte Lebensmittel nach Hause und fuhren mit den Fertigerzeugnissen zurück, womit sich das Land seinen Lebensunterhalt verdiente. Mit Passagierschiffen wurde die große Zahl des Verwaltungs- und Militärpersonals befördert, das zum Funktionieren des Empire beitrug. Eine beträchtliche Fischereiflotte schaffte noch mehr billige Grundnahrungsmittel heran, die große Bevölkerungsteile ernährte. Kein Wunder daher, dass eine große Zahl der Bevölkerung im Schiffsbau- und Reparatursektor beschäftigt war, und sich weiteren Arbeitnehmern in der Verwaltung, als Mannschaft auf den Schiffen sowie im Versicherungs- und Charterbereich Beschäftigung bot.

Die Geschichte hat jedoch gezeigt, dass eine solche Abhängigkeit vom Seehandel zum Nachteil werden kann, wenn es einen Gegner mit entsprechendem maritimen Potenzial gibt. Relativ bescheidene Kräfte können, wenn sie richtig eingesetzt werden,

durchaus Verluste und Störungen hervorrufen, die keinesfalls im Verhältnis zur eigentlichen Stärke des Gegners stehen.

Deutschlands Kampagnen während der beiden Weltkriege gegen den Seehandel beruhen auf einem historischen Vorbild. Eine militärische Niederlage selbst würde das Vereinigte Königreich nicht unbedingt dazu bringen, um Frieden zu bitten. Die Royal Navy, die Königliche Marine, besaß immer noch die größte Kriegsflotte der Welt, die die Inseln des Mutterlandes sicher gegen eine Invasion schützen konnte. Aber die Zerschlagung des Seehandels würde die Bevölkerung aushungern und die Materiallieferungen für die Fortsetzung des Krieges unterbrechen. Bereits während des 1. Weltkrieges haben die Deutschen daher konzentrierte und anhaltende Angriffe mit dem Ziel geführt, das Ende zu erzwingen. Es ist durchaus lohnend, sich diese Kampagne einmal genauer zu betrachten, denn sie wurde im 2. Weltkrieg in vieler Hinsicht nachgeahmt.

Unter Berücksichtigung der seetüchtigen Schiffe mit 1600 Bruttoregistertonnen (BRT) und mehr verfügten die Briten im August 1914 über 4068 Schiffe mit insgesamt 17,5 Millionen BRT. Diese Flotte wurde auch von der größten Schiffsbaukapazität und einem Wohlstand unterstützt, der sich den Zukauf ausländischer Tonnage leisten konnte. Selbst wenn man die Vertei-

digungsmaßnahmen unberücksichtigt lässt, mit denen die Briten ihren nationalen Reichtum absicherten, sahen sich die Deutschen dennoch mit einer gewaltigen Aufgabe konfrontiert. Die nahmen sie sowohl mit Überwasserschiffen als auch U-Booten in Angriff. Da diese Angriffe nicht koordiniert durchgeführt wurden, müssen sie einzeln betrachtet werden.

Kaperschiffe

Kaperschiffe waren sowohl mit regulären Kriegsschiffen als auch mit Hilfskreuzern durchgeführt. Bei den regulären Kriegsschiffen war man auf jene beschränkt, die sich bei Kriegsausbruch sowieso schon an entfernten Standorten befanden. Durch diplomatische Aktivitäten war es Deutschland gelungen, mit deutschstämmigen Ausländern und Sympathisanten ein Netz aufzubauen, durch das in beschränktem Maße Unterstützung organisiert werden konnte. Dennoch war es von Anfang an klar, dass sich Kaperschiffe ohne die notwendigen Anlege- und Wartungsmöglichkeiten für die Unterhaltung moderner und komplexer Kriegsschiffe in ausländischen Gewässern nicht lange durchführen ließen.

Nach Verlassen ihres Vorkriegsstandortes in der Karibik ope-

Zur gleichen Zeit, als dieser Konvoi im September 1941 den Atlantik überquerte, wurden weitere 30 deutsche U-Boote in den Dienst gestellt. Während des 1. Weltkrieges hatten die U-Boote etwa 5000 alliierte Schiffe mit einer Gesamtkapazität von mehr als 12 Millionen BRT versenkt. Dennoch unternahm die Royal Navy zwischen den beiden Weltkriegen nur wenig, um sich gegen U-Boote zu wappnen, so dass die britischen U-Boot-Abwehrkräfte zu Beginn des 2. Weltkrieges ihrer Aufgabe nur schlecht gewachsen waren. Eigenartigerweise konzentrierte sich jedoch die deutsche Marine in den 30er Jahren auf den Bau von Übersee-Kriegsschiffen und hatte bis zum Jahre 1939 nur eine bescheidene U-Boot-Flotte im Einsatz.

Rechts: Orion, Conqueror, Monarch und *Thunderer*, Schlachtschiffe des 3. Kampfgeschwaders der Großen Flotte. Vor 1914 war man davon ausgegangen, dass Schlachtschiffe die Beherrschung der Weltmeere durch Großbritannien garantieren würden. Aber das U-Boot veränderte alles.

rierte die *Karlsruhe* kurzzeitig und erfolgreich an Brennpunkten vor Brasilien. Nachdem sie sich der Aufbringung durch verschiedene sie jagende Kriegsschiffe entziehen konnte, zerstörte sie sechzehn Handelsschiffe mit fast 73 000 BRT, ehe sie Opfer einer mysteriösen Explosion im Schiffsinneren wurde.

Gleichermaßen erfolgreich war die im Golf von Bengalen operierende *Emden*, bis die eigene Überschätzung sie den wichtigen strategischen Standort der Kokosinseln angreifen ließ. Der australische Kreuzer *Sydney* reagierte prompt auf einen Notruf und zerstörte den Angreifer. Im Gegensatz dazu suchte die *Königsberg* nach der Zerstörung eines Handelsschiffes und eines kleinen britischen Kreuzers Schutz im Labyrinth des Rufijideltas, wo sie in eine Blockade geriet und schließlich durch die rachsüchtige Royal Navy zerstört wurde.

Zu den ersten in Kampfhandlungen einbezogenen deutschen Hilfskreuzern gehörten Handelsschiffe, die an entfernten Standorten bewaffnet wurden. Die *Kronprinz Wilhelm* zum Beispiel, die durch die *Karlsruhe* mit Waffen ausgerüstet worden war, zerstörte elf alliierte Dampfschiffe mit ungefähr 54 000 BRT. Zwei Handelsschiffe, die auf Deutschlands ziemlich abgelegenem Flottenstützpunkt Qingdao (Tsingtau) in China aufgerüstet worden waren, hatten weniger Glück: Die *Prinz Eitel Friedrich* und die *Cormoran* lebten von der Hand in den Mund, bis technisches Versagen sie in die Internierung zwang.

Der Umbau des großen Passagierschiffes *Kaiser Wilhelm der Große* erwies sich als katastrophale Entscheidung. Während ihm seine 22,5 Knoten zwar erlaubten, den meisten Kreuzern davonzufahren, hatte das Schiff einen gewaltigen Kohleverbrauch, der bald zu seiner Aufbringung führte.

Später wurden die Hilfskreuzer mit etwas mehr Geschick ausgewählt: unauffällige Handelsschiffe, deren Bewaffnung umfassend und gut verborgen war. Am erfolgreichsten war die *Möwe*, die mit fünf mittelkalibrigen Kanonen, zwei Torpedos und einer großen Zahl Minen bestückt war, auf deren Konto dann das britische Schlachtschiff *King Edward VII* ging. Die Anonymität der *Möwe* gestattete ihr, über einen Zeitraum von insgesamt mehr als sechs Monaten zwei längere Kreuzfahrten zu unternehmen und davonzukommen. Die 36 Schiffe mit einer Gesamttonnage von 173 000 BRT, die sie versenkte, waren alle auf unterschied-

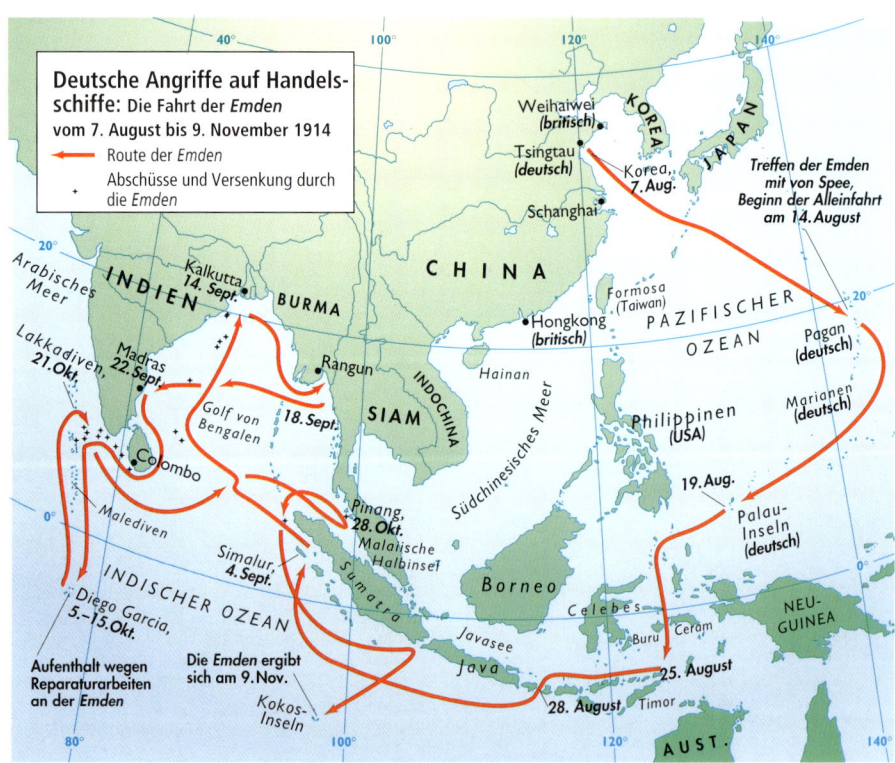

Oben: Als 1914 der 1. Weltkrieg ausbrach, hatte Deutschland einen Kreuzerverband in China stationiert, aus dem die *Emden* herausgelöst wurde, um im Indischen Ozean einen Kaperkrieg zu führen. Dort versenkte sie in drei Monaten 17 alliierte Handelsschiffe.

lichen Routen unterwegs. Diesem erfolgreichen Umbau tat es nur noch die *Wolf* gleich, die noch stärker bewaffnet war und sogar ein kleines Wasserflugzeug mitführte, um ihre Sichtweite zu vergrößern. Zwischen November 1916 und Februar 1918 unternahm sie eine 15-monatige Kreuzfahrt. Die Zahl der durch sie selbst und ihre Minenfelder versenkten Schiffe belief sich auf insgesamt 20 mit insgesamt 114 000 BRT.

Die Deutschen hatten das erfolgreichste Rezept für einen Hilfskreuzer gefunden: ein gutklassiges Handelsschiff ohne besondere Merkmale, aber mit einem zuverlässigen Antrieb, der mit einer komplett ausgerüsteten Bordwerkstatt gewartet werden konnte. Obwohl sich das als viel wirksamer und kosten-

Unten: Die *Nürnberg* in chilenischen Gewässern, nachdem von Spees Geschwader in der Schlacht von Coronel die britischen Kreuzer *Monmouth* und *Good Hope* mit der gesamten Besatzung versenkt hatte. Obwohl es einer großen Zahl alliierter Kriegsschiffe bedurfte, die deutschen Angreifer auf See aufzuspüren, wurde dadurch die Seeblockade Deutschlands nicht geschwächt.

Oben: Das deutsche Ostasiengeschwader wurde durch ein britisches Geschwader, zu dem zwei Schlachtkreuzer gehörten, bei den Falkland-Inseln aufgebracht. Hier rettet die *Inflexible* Überlebende von der deutschen *Gneisenau*. Von Spees Flaggschiff *Scharnhorst* gab es keine Überlebenden.

Rechts: *U 35* und *U 42* im Mittelmeer. Ersteres der beiden unter dem Kommando von Arnold de la Pérrière stehenden Boote, stellte einen bisher ungebrochenen Rekord bei der Versenkung von Handelsschiffen auf. Er sollte im 2. Weltkrieg das Kommando über die U-Boot-Flotte im Mittelmeer übernehmen, kam aber 1941 bei einem Flugzeugabsturz auf dem Weg nach Rom ums Leben.

günstiger als der Einsatz regulärer Kriegsschiffe erwies, geht auf das Konto der Hilfskreuzer nur ein kleiner Prozentsatz der dem Gegner zugefügten Gesamtverluste. Ihr größter Beitrag bestand in der Störung des Seehandels und in der Bindung unverhältnismäßig hoher Kapazitäten, die die Alliierten einsetzen mussten, um sie aufzuspüren.

U-Boote

Bereits 1908 hatte ein ranghoher und weitsichtiger deutscher Seeoffizier den Aufbau einer starken U-Boot-Flotte verlangt, „um eine große Zahl englischer Handelsschiffe zu versenken, (was) viel wichtiger werden würde, als den Gegner in einer Seeschlacht zu bezwingen". Übungen hatten bereits vor dem Krieg die Leistungsfähigkeit der ersten U-Boote nachgewiesen, sicher bis zur schottische Küste zu kommen und sich dort mehrere Tage aufzuhalten. Nur wenige erkannten das wahre Potenzial der U-Boote, aber Schätzungen ergaben, dass für die Küstenverteidigung und Operationen in der Nordsee 70 davon gebraucht würden. Dennoch zeigte Admiral von Tirpitz, der den Bau der Kriegsflotte im Auftrag des Kaisers leitete, nur wenig Interesse für U-Boote. Für ihre Entwicklung wurden kaum Mittel bereitgestellt.

Das internationale Recht, das in der Haager Konvention verankert war, gestattete die Versenkung von Kriegsschiffen ohne Vorwarnung. Angriffe auf Handelsschiffe jedoch unterlagen den sogenannten Prisenregeln. Die Identität eines nicht an Kampfhandlungen beteiligten Schiffes, einschließlich der Art, des Zielortes und des Endnutzers seiner Ladung, musste zunächst festgestellt werden. Im Falle seiner Zerstörung musste der Besatzung Gelegenheit gegeben werden, das Schiff ordentlich zu verlassen, wobei ihre Sicherheit in den offenen Booten zu berücksichtigen war. Doch bei U-Booten war es fast unmöglich, diese Bestimmungen einzuhalten, ihre Stärke lag in ihrer Unsichtbarkeit, die beim Auftauchen verloren ging. Sie hatten weder Platz zur Aufnahme von Überlebenden noch zusätzliche Nahrungsmittel.

Nachdem Großbritannien durch Deutschlands Überfall auf Belgien in den Krieg einbezogen worden war, rief es eine Seeblockade gegen Deutschland aus. Die Festlegungen, was als bedingte und absolute Kriegskonterbande galt, wurden durch die Briten ständig erweitert. Nach deutschem Recht kam das einer Kriegsführung gegen die Zivilbevölkerung gleich. Als Vergeltungsmaßnahme wurden die Beschränkungen für U-Boot-Operationen von Februar 1915 an aufgehoben, ungeachtet politischer Bedenken, damit neutrale Mächte zu verletzen. Ein

Oben links: Die deutsche Marine wurde zwischen 1933 und 1943 von Großadmiral Erich Raeder befehligt. Raeder diente während des 1. Weltkrieges als Kreuzerkommandant unter Admiral Hipper. Von 1928 – 1935 war er Chef der Marineleitung und unternahm im 2. Weltkrieg beträchtliche Anstrengungen bei der Entwicklung von Schlachtschiffen.

Oben: Großbritannien führte zu Beginn des 2. Weltkrieges Konvois ein, entdeckte aber sofort, dass es nicht genügend Begleitschutz für sie gab. Noch schlimmer war, dass sich die vor dem Krieg getroffenen Äußerungen über die Wirksamkeit von „Asdic", einem Sonarsystem, als zu optimistisch erwiesen.

weiteres Argument bestand darin, dass die Briten es selbst unmöglich gemacht hatten, sich an die Prisenregeln zu halten, weil sie ihre Seeleute auf den Handelsschiffen zu Verteidigungszwecken bewaffnet hatten. Die U-Boot-Operationen hatten auch in dem Moment an Bedeutung gewonnen, als die Kaperschiffe in einer ersten großen Welle bis April 1915 ausgeschaltet worden waren.

Da zur britischen Küstenschifffahrt eine enorm hohe Zahl

an Kohlen- und Hochseeschiffen gehörte, die zwischen den einzelnen Häfen Großbritanniens verkehrten, hielten es die Deutschen für sinnvoll U-Boot-Klassen zu bauen, die sie im Küstenbereich einsetzen konnten. Dazu gehörten die mit Torpedos bestückte „UB"-Serie sowie die „UC"-Minenleger. Die von britischer Seite öffentlich gemachte Ankündigung in offenen Gewässern Minen zu legen, wurde von den Deutschen ebenfalls als Grund zur Vergeltung genutzt. Die Deutschen begannen nun mit der rücksichtslosen Verminung britischer Küstengewässer.

Innerhalb der von der deutschen Admiralität erklärten „Kriegszone" war der gesamte Schiffsverkehr ohne Vorwarnungen Angriffen ausgesetzt, ganz gleich, ob es sich um alliierte oder neutrale Schiffe handelte. Doch besonders auf den südwestlichen Zufahrtswegen wimmelte es nur so von Schiffen, die ihren Kurs davon unbeeindruckt fortsetzten. Die britischen Kriegsschiffe

Rechts: Die Mannschaft eines britischen Minenräumers schießt auf eine Mine. Minen verursachten in beiden Kriegen bei alliierten Konvois beträchtliche Störungen, obwohl der Einsatz von Minenräumern und andere Gegenmaßnahmen dazu führten, dass weniger als 10 Prozent der Verluste durch Minen verursacht wurden.

patrouillierten auf den Schifffahrtsstraßen unablässig, sie waren aber gegenüber den abgetauchten U-Booten machtlos.

Zunächst waren die Verluste relativ gering: Nicht hoch genug, die Briten zu alarmieren, führten sie aber auf Grund der hohen Opferzahl bei den Versenkungen doch zu einer internationalen Verurteilung. Am 7. Mai 1915 kam es nach der Versenkung der *Lusitania*, einem Passagierschiff der White-Star-Linie, zu einem scharfen Protest seitens der Vereinigten Staaten. Von den 1198 Opfern waren 128 amerikanische Staatsbürger gewesen. Obwohl der Protest nicht beachtet wurde, folgte am 19. August nach der Zerstörung der *Arabic* von der gleichen Schifffahrtslinie eine unzweideutige Warnung. Die deutsche Regierung führte daraufhin die Beschränkungen von U-Boot-Operationen wieder ein. Die U-Boote wurden in größerem Umfang in die Mittelmeerregion verlegt, die reich an Zielen war, wo aber weniger wahrscheinlich amerikanische Interessen tangiert würden.

Bis Ende 1915 hatten die Alliierten 1,1 Million BRT verloren, doch der ständige Neuerwerb von Schiffen hatte eigentlich zu einer Erhöhung der verfügbaren Tonnage geführt. Dennoch wurden auf Grund der zunehmenden Transporte, mit denen die militärischen Maßnahmen auf See unterstützt wurden, die Kapazitäten knapp. Die unheilvolle Statistik besagte, dass drei Viertel aller Verluste durch U-Boote zustande kamen, während nur 25 U-Boote von ihnen versenkt worden waren. Und von diesen wiederum war nur eines beim Abtauchen offensiv angegriffen und zerstört worden.

Die den U-Boot-Operationen auferlegten Beschränkungen führten 1916 zu Spannungen zwischen der deutschen Marine und deren politischer Führung. Dennoch hatten sich bereits bis Ende des Jahres die von der schnell wachsenden U-Boot-Flotte monatlich zugefügten Verluste der 200 000-BRT-Marke genähert.

Im Dezember 1916 gab Admiral von Holtzendorf, der Chef des deutschen Admiralstabes, ein Memorandum heraus, das die sorgfältig abgewogenen Argumente einer Gruppe von Schifffahrtsexperten aufgriff. Den Schätzungen zufolge konnte die U-Boot-Flotte monatlich 630 000 BRT versenken, wenn alle Beschränkungen aufgehoben würden. Eine solche Rate, so die Überlegung, würde 40 Prozent der neutralen Schiffskapazität abschrecken, den Handel mit Großbritannien weiter zu unterstützen. Der daraus resultierende Mangel an Handelsschiffen würde Großbritannien innerhalb von fünf Monaten zwingen, um Frieden zu bitten. Ein Krieg mit den Vereinigten Staaten wäre eine hochriskante, aber akzeptable Folge. Weder hätten die Amerikaner selbst ausreichende Schiffskapazitäten zur Verfügung, um in entscheidender Weise in den Krieg einzugreifen, noch könnten sie die Verluste schnell genug durch den eigenen Schiffsbau ausgleichen.

Nach langen inneren Kämpfen gab der Kaiser schließlich seine Zustimmung, die Beschränkungen ab Februar 1917 aufzuheben. Die Wirkung war sofort spürbar: Die zugefügten Verluste nahmen um ein Drittel, dann um die Hälfte zu und stiegen auf 1 Million BRT pro Monat und nur das bestimmte Handeln der Briten erlaubte weiterhin Geschäfte mit den neutralen Handelspartnern.

Die Einführung von Schiffskonvois

Im Dezember 1916 gab der britische Admiral Jellicoe das Kommando über die *Grand Fleet* auf. Als First Sea Lord bestand eine seiner ersten Handlungen darin, bei der Admiralität eine U-Boot-Abwehrabteilung zu erreichen. Da die bestehenden Schutzmaßnahmen unwirksam waren, wurde das Konvoiprinzip erneut geprüft.

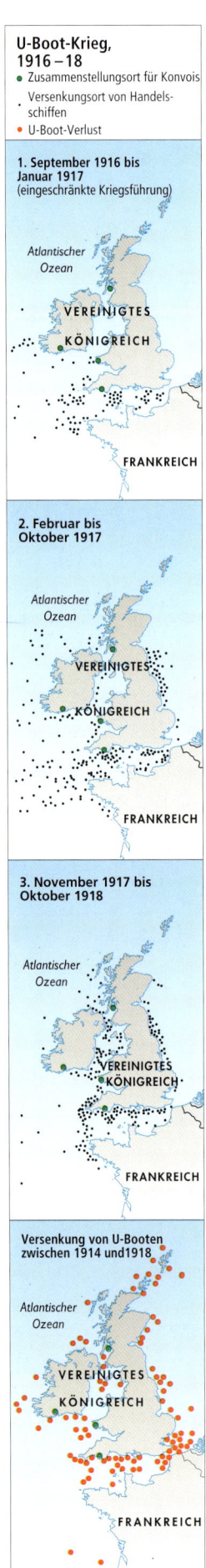

U-Boot-Krieg, 1916 – 18
● Zusammenstellungsort für Konvois
   Versenkungsort von Handelsschiffen
● U-Boot-Verlust

1. September 1916 bis Januar 1917 (eingeschränkte Kriegsführung)

Atlantischer Ozean
VEREINIGTES KÖNIGREICH
FRANKREICH

2. Februar bis Oktober 1917

Atlantischer Ozean
VEREINIGTES KÖNIGREICH
FRANKREICH

3. November 1917 bis Oktober 1918

Atlantischer Ozean
VEREINIGTES KÖNIGREICH
FRANKREICH

Versenkung von U-Booten zwischen 1914 und 1918

Atlantischer Ozean
VEREINIGTES KÖNIGREICH
FRANKREICH

Links: Zwischen 1914 und 1918 versenkten die U-Boote die meisten Schiffe durch Kanonenbeschuss. Sie hielten nach einzelnen Schiffen vor der britischen und französischen Küste Ausschau. Nach der Einführung von Konvois sanken die Verluste auf etwa 1 Prozent.

Rechts: Die Mehrzahl der Vorkriegszerstörer der Royal Navy war eher für den Einsatz im Verband als für die Abwehr von U-Booten konstruiert. Hier ein Blick auf das Führungsschiff *Inglefield* im Jahre 1942, das 1944 schließlich bei einem Angriff durch ein deutsches Fernlenkgeschoss vom Typ HS293 verloren ging.

Unten: Benannt nach dem heldenhaften Kommandeur des Ostasiengeschwaders von 1914, war die *Graf Spee* eine von drei Schweren Kreuzern, die die Reichsmarine in den 20er Jahren in Auftrag gegeben hatte. Der erste, die *Deutschland*, lief 1931 vom Stapel. Mit ihrer Reichweite und den sechs 28-cm-Geschützen waren diese Schiffe optimal für Angriffe auf Handelsschiffe geeignet.

Oben: Die *Exeter* führt die Kreuzer *Ajax* und *Achilles* zum rechtzeitigen Sieg über die *Graf Spee* im Dezember 1939. Obwohl der deutsche Angreifer große Schäden anrichtete, stand die geringe Zahl der auf sein Konto gehenden Versenkungen in keinem Vergleich zu seiner eigenen Zerstörung.

Rechts: Aus Angst vor einem Überfall der *Tirpitz* auf alliierte Konvois griffen die Briten 1942 St. Nazaire an, das einzige Trockendock in Frankreich, das lang genug war, das riesige Schlachtschiff aufzunehmen. Vollgestopft mit Sprengstoff rammte die *Cambeltown* die Tore des Docks. Kurz nachdem diese Aufnahme entstanden war, explodierte das Schiff.

Obwohl Konvois durchgängig im gesamten Segelschiffzeitalter zum Einsatz kamen, hielt man sie mit der Einführung der Dampfschifffahrt weithin für überholt. Es wurde behauptet, dass es durch das Zusammenstellen von Konvois zu unannehmbaren Verspätungen komme. Ein Konvoi würde auf die Geschwindigkeit des langsamsten Schiffes beschränkt sein und unterwegs Zielhäfen anlaufen müssen, die abseits vom eigentlichen Reiseziel liegen. Für Kapitäne, die nicht an das Fahren im Konvoi gewöhnt waren, schien die Gefahr einer Kollision enorm hoch. Es wurde außerdem behauptet, dass die große Nähe mehrerer Schiffe zueinander einem U-Boot-Kapitän das Abschussziel unfehlbar wie auf einem silbernen Tablett präsentieren würde. Schließlich betrachtete man Geleitzüge in der Navy, der man ja einen offensiven Kampfgeist eingeimpft hatte,

Links: Das Schlachtschiff *Hood* beteiligte sich an der Jagd auf deutsche Kaperschiffe, bis es im Mai 1941 von der *Bismarck* versenkt wurde. Die 1419 Mann starke Besatzung kam dabei bis auf 3 Seeleute ums Leben.

als „defensiv", während die Jagd auf U-Boote im Kampfverband, obwohl sich das bereits als nutz- und wirkungslos erwiesen hatte, für „offensiv" gehalten wurde.

Dennoch gab es bereits einige Konvois. Der Nahrungsmittelhandel mit den Niederlanden sowie der Kohlenhandel mit Frankreich erfolgte im Konvoi, weil die ununterbrochene Kette von Schiffen nicht ausreichend durch Patrouillen abgesichert werden konnte. Niemand kannte das wahre Verhältnis zwischen Kriegsschiffen und den eskortierten Handelsschiffen, aber gut unterrichtete Kreise gingen von einem Verhältnis von 1:1 aus. Dies konnte im transatlantischen Verkehr allerdings beim besten Willen nicht durchgesetzt werden.

Verärgert über die Wirkungslosigkeit seiner wiederholten

Warnungen erklärte Präsident Wilson Deutschland am 6. April 1917 den Krieg. Alle britischen Hoffnungen, dass damit eine große Zahl von Begleitfahrzeugen zur U-Boot-Abwehr zur Verfügung gestellt würden, zerschlugen sich jedoch.

Glücklicherweise bewahrte sich die U-Boot-Abwehrabteilung einen klaren Blick auf die von der Admiralität regelmäßig erstellten Statistiken. In ihnen fanden sich Paketboote über den Ärmelkanal, Küstenschiffe und Kohlenschiffe wieder, die die Zahl der Schiffsankünfte stark erhöhte. Bei oberflächlicher Betrachtung schien die Zusammenstellung von Konvois organisatorisch unmöglich. Die große Gesamtmenge an Schiffen hatte einen weiteren unerwünschten Effekt: Sie ließ die Anzahl der im Transit versenkten Schiffe prozentual klein erscheinen. Bei ei-

mit britischer Besatzung gefahren. Die strenge Kontrolle auf Kriegskonterbande war ständiger Anlass für Reibereien mit neutralen Reedern, obwohl deren Hilfe trotzdem wichtig blieb und die mit hohem Risiko erwirtschafteten Gewinne garantierte.

Die Arbeitskräftefrage wurde zum Problem. Die im großen Stil betriebene Rekrutierung beraubte die Docks, die Schiffsbauer und die Werften ihres besten Personals, was wiederum zu längeren Umschlagzeiten und einer Verlangsamung im Schiffsbau führte.

Von 1916 an wurden Maßnahmen ergriffen, den Bau von Handelsschiffen zu beschleunigen. Die Betriebsanlage wurde standardisiert und alle „Extras" verschwanden. Damit wurden

Links: Im Mai 1941 war die *Tirpitz* fast fertig, ihr Schwesterschiff *Bismarck* zu begleiten. Stattdessen wurde sie in Norwegen eingesetzt, um die alliierten Konvois nach Russland abzuschrecken. Obwohl sie nie auch nur eines dieser Schiffe aufbringen konnte, veranlasste die bloße Drohung Admiral Pound zu dem Befehl, den Konvoi PQ17 aufzulösen und sich zu trennen – das Ergebnis war schrecklich.

Rechts: Die *Renown* (rechts) und die *Duke of York* stellen einen starken Schutz für einen Konvoi durch die Arktis. 1940 griff die *Renown* vor Norwegen die *Scharnhorst* und die *Gneisenau* an, doch letztlich versenkte die *Duke of York* die *Scharnhorst* bei einem Geschützangriff im Dezember 1943.

Unten: Stark bewaffnet und mit zehn 35,5-cm-Geschützen ausgerüstet war die *Duke of York* eines von vier Schlachtschiffen der King-George-V-Klasse, der modernsten Großschiffe der Royal Navy. Auf dem Papier waren sie der *Bismarck* ebenbürtig, aber ihre Bewaffnung war recht störanfällig.

ner weiteren Beschränkung der Zahlen nur auf die relevanten Schiffe im Überseeverkehr kam man in der Abteilung schließlich darauf, dass der Anteil der Schiffe, die tatsächlich im Konvoi fahren müssten, weniger als 10 Prozent der zunächst vermuteten Anzahl an Schiffen betrug. Eine erneute Auswertung zeigte auch, dass sich die Verluste auf diesen entscheidenden Bereich konzentrierten.

Die Einführung des Konvoi-Systems erfolgte daraufhin rasch. Obwohl der damalige Premierminister, Lloyd George, für sich diesen Verdienst in Anspruch nahm, waren es aber vielmehr die politischen Interventionen, die die erforderlichen Gegenmaßnahmen einleiteten.

Die Royal Navy glaubte, dass ein Netz aus Konvois der Grand Fleet so viele Zerstörer entziehen würde, dass damit ihre Bewegungsfreiheit aufs Spiel gesetzt würde. Eine ausgewogene Untersuchung zeigte jedoch, dass mit dem Verfügbaren mehr erreicht werden konnte als angenommen. Im Moment waren das 350 Zerstörer und die ersten 60 Anti-U-Boot-Geleitschiffe aus dem riesigen Schiffsneubauprogramm. Diese wurden der Einfachheit halber und aus Gründen der Zeitersparnis nach dem Standard für Handelsschiffe gebaut.

Wo Konvois eingerichtet wurden, hatten sie sofort Erfolg und verringerten die Gesamtverluste auf etwa 1,1 Prozent. An anderen Orten, besonders im Mittelmeer, war die Zahl der Versenkungen jedoch weiter hoch. Die verfügbare Tonnage ging in der Tat bis zum Februar 1918 von Monat zu Monat weiter zurück und erreichte ihren Tiefststand bei etwa 1,4 Mio. BRT.

Die Handelsflotte im Kriegszustand

Auf Grund des enormen Bedarfs der Streitkräfte erwies sich die Kapazität der alliierten Handelsflotte für den Krieg als nicht ausreichend. Besonders die Flotte der Navy wurde vorwiegend noch mit Kohle angetrieben. Platz wurde zwar schnell durch die Einschränkung nicht kriegswichtiger Importe geschaffen, obwohl versucht wurde, die Exporte soweit wie möglich aufrechtzuerhalten. Eine zentralisierte Kontrolle könnte die Schiffskapazitäten besser nutzen, wenngleich sie sich auch durch die unausweichlichen Verzögerungen beim Zusammenstellen der Konvois wieder beträchtlich verringerte, einigen Untersuchungen zufolge um bis zu 30 Prozent. Konfiszierte Schiffe, die unter feindlicher Flagge fuhren, wurden britischem Management unterstellt und

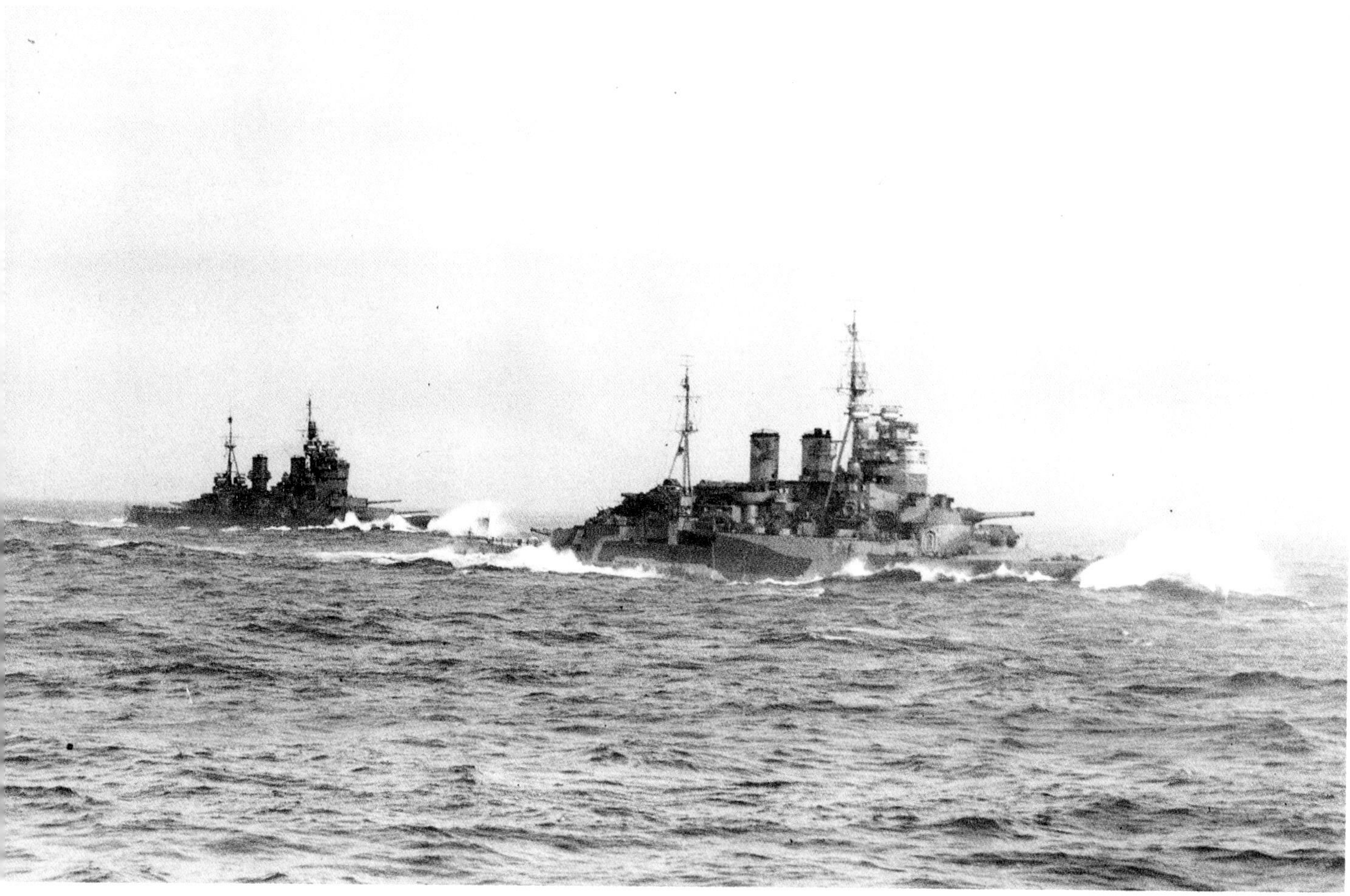

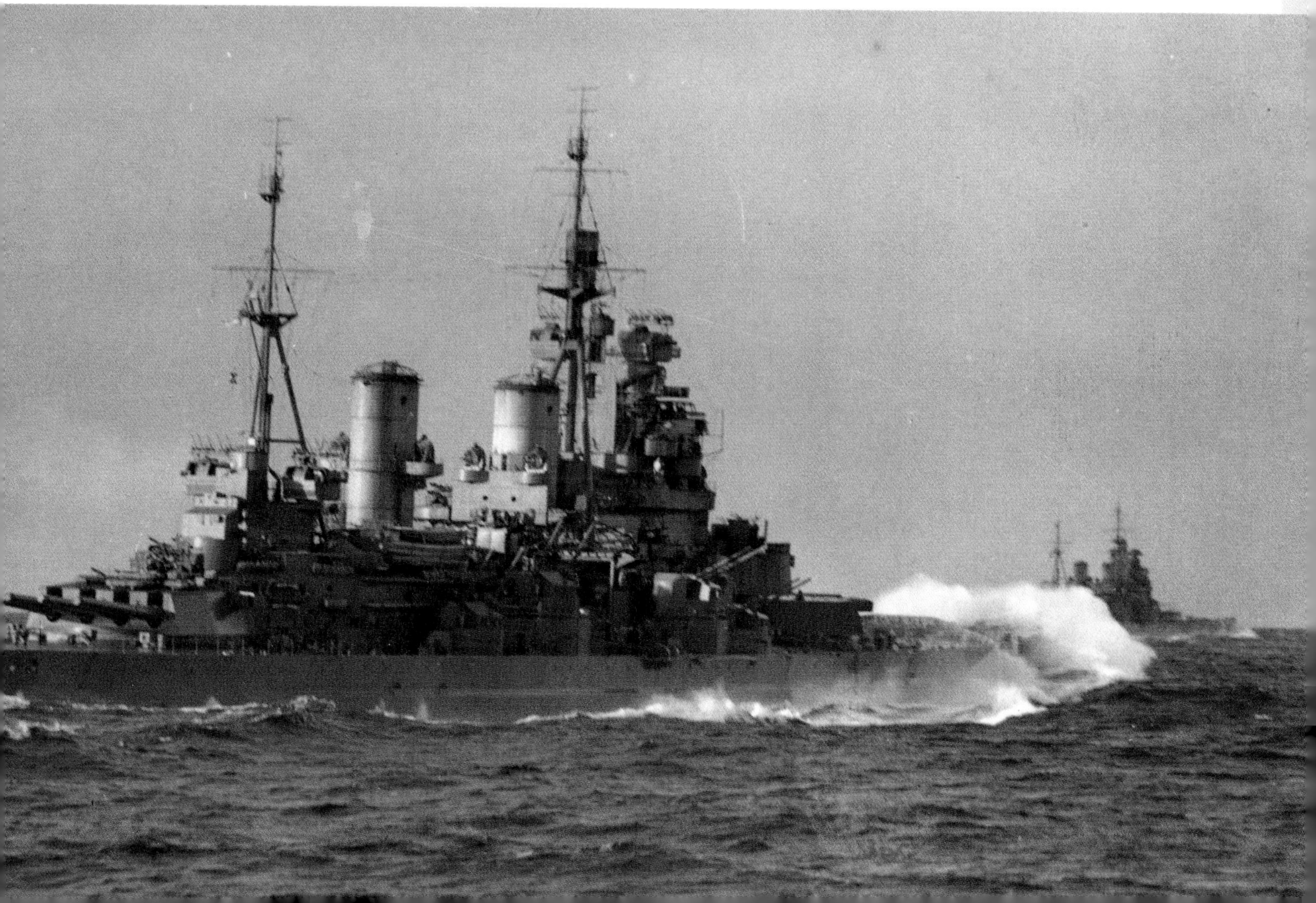

die Austauschbarkeit ganzer Baugruppen sowie die Bezugsquellen gesichert. Es wurden 148 Schiffe in vier Bauarten bestellt, von denen 106 bis zum Waffenstillstand fertig gestellt worden waren. Sie hatten insgesamt eine Tonnage von 427 000 BRT mit einer Ladekapazität von etwa 678 000 t Eigengewicht. Wäre eine solche Standardisierung früher eingeführt worden, hätte sie wesentlich mehr ausrichten können, aber es konnte, um fair zu bleiben, niemand das katastrophale Ausmaß der durch die U-Boote entstandenen Verluste vorhersehen.

Einschließlich einer großen Zahl von Fischereibooten beliefen sich die Verluste an britischer Schiffskapazität durch Feindeinwirkung im 1. Weltkrieg auf insgesamt 7,8 Mio. BRT. Fast die Hälfte aller Verluste waren im Krisenjahr 1917 zu beklagen. Auffallend ist, dass durch U-Boote 6,6 Mio. BRT vernichtet wurden, während sich dagegen die Verluste durch Minen (0,7 Mio. BRT) und Überseeschiffe (0,4 Mio. BRT) vergleichsweise harmlos ausnehmen.

Die Handelsschifffahrt zwischen den Kriegen

Angetrieben durch die Bedürfnisse der Alliierten und später auch durch aktive Teilnahme am Krieg verstärkte sich die US-Handelsmarine um über das Vierfache, bis auf insgesamt fast 10 Millionen BRT am Ende des Jahres 1918. Weiterer Aufschwung

ließ die Flotte unter US-Flagge bis 1920 auf unhaltbare 12,5 Millionen BRT anwachsen.

Nachdem sie zum Zeitpunkt des Waffenstillstands auf 14,4 BRT abgesunken war, stieg die britische Schifffahrt bis Juni 1920 wieder auf einen Umfang von 18,1 Millionen BRT an. Dazu trug auch ein Teil der 3,2 Millionen BRT aus ehemaligen Feindbeständen bei, die nach Kriegsende als Reparationszahlungen beschlagnahmt wurden.

Die Branche erholte sich mit der ihr eigenen Unverwüstlichkeit schneller als der Handel, den sie bediente. Die Überkapazität wurde bald deutlich. Durch Protektionismus und Subventionen gab es weniger Fracht, von deren Transport viele Unternehmen lebten. Die ehemalige Vormachtstellung der britischen Schifffahrt war erbarmungslos untergraben worden. Als die Weltindustrie sich auf Energie aus Öl umstellte, sackte der Export britischer Kohle ab.

Nachdem sie sich kaum von den Kriegsfolgen erholt hatte, wurde die Wirtschaft von einer noch nie dagewesenen Rezession getroffen. Über 3,5 Millionen BRT der britischen Flotte wurden bis 1932 aufgelegt. Werften, die vor und nach dem Krieg mehr als zwei Millionen BRT jährlich produzierten, mussten sich jetzt mit einem Zehntel dieser Menge zufrieden geben. Viele Werften und Schifffahrtsunternehmen mussten schließen oder in andere Branchen wechseln. Obwohl sich die Lage ab 1934 besserte, musste die britische Schifffahrt jetzt in einer völlig anderen Welt

konkurrieren, der Marktanteil sank unaufhaltsam. Innerhalb von 20 Jahren ging er von etwa der Hälfte der Weltgesamtmenge auf weniger als ein Drittel zurück.

Als am Ende der dreißiger Jahre wieder Kriegsgefahr drohte, war die britische Flotte weniger als 1914 in der Lage, den Bedarf der Nation abzudecken. Ein großer Teil ihrer sowieso geringeren Kapazität waren nun Tanker. Die Trockenfrachtschiffe hatten beträchtlich an Größe zugelegt, somit war ihre Zahl geringer geworden. Der Verlust eines Schiffes war also schwerwiegender. Die Spezialisierung hatte zur Folge, dass britische Eigner für ihre Firmen charakteristische Schiffe bauten. Anders als die Amerikaner dachten sie nicht an Standardschiffe, und es gab auch keine Pläne, solche zu bauen. Mit dem Ende der Krise und dem Beginn der Wiederaufrüstung waren die Werften auch eher daran interessiert, lukrative Aufträge für den Bau von Kriegsschiffen zu bekommen.

Durch das Vorhandensein von billiger, im Krieg gebauter Tonnage war die amerikanische Handelsflotte künstlich aufgeblasen und hatte in der Weltwirtschaftskrise noch mehr gelitten als die britische. Während jedoch die britische Regierung ihre

Unten: Ein nach einem Torpedotreffer immer noch brennender amerikanischer Frachter wird 1943 von dem niederländischen Schlepper *Zwarte Zee* in Sicherheit gebracht. Der Schlepper hatte seit 1940 22 Handelsschiffe gerettet.

Industrie sich selbst überließ, ergriff die amerikanische Regierung Maßnahmen, um sie wieder anzukurbeln. Ein Hauptproblem dabei war, dass der Bau eines Schiffes in den USA mindestens 60 Prozent teurer war als in einer europäischen Werft.

Im Jahre 1936 wurde vom Kongress das Handelsmarinegesetz verabschiedet, welches weitreichende Konsequenzen hatte. Mit der Schaffung der *US Maritime Commission* sollte es den Niedergang der Schiffbauindustrie umkehren. Diese hatte in dem gescheiterten Versuch, sie wettbewerbsfähig zu machen, in den vorangegangenen 17 Jahren fast eine Milliarde Dollar an Subventionen erhalten. Im Jahre 1937 wurde ein neues und konzentrierteres Programm mit dem Ziel gestartet, die Branche so weit wieder zu beleben, dass sie 50 Schiffe jährlich für die fol-

Links: U-Boot-Ausguckposten an Bord des britischen Transportschiffs *Argus* 1942. Es diente als Flugzeugfähre, mit der Flugzeuge in die Sowjetunion und nach Malta verschifft wurden und überstand dabei mehrere U-Boot-Attacken.

Unten: Der 34-jährige Ritterkreuzträger Gerhard Bigalk kehrt in den Hafen zurück, nachdem er das Transportschiff *Audacity* im Dezember 1941 versenkte. Er und seine gesamte Mannschaft kamen im Juli 1942 ums Leben, als das U 751 bombardiert und versenkt wurde.

U 3 war ein Küstenboot des Typs IIA, des ersten U-Boot-Typs, der von den Deutschen nach dem Ersten Weltkrieg gebaut wurde. Im Jahre 1939 versenkte U 3 unter dem Kommando von Joachim Schepke, dem späteren „As", zwei kleine Küstenmotorschiffe in der Nordsee. Es gehörte von Juli 1940 bis April 1944 der 21. Flottille in Pillau an, wurde im August 1944 getroffen und 1945 verschrottet.

Hitler und seine Partei waren demokratisch gewählt worden, doch sie bekamen den Staat so fest in den Griff, dass die unsichtbare Grenze zur Diktatur überschritten wurde.

Im Vertrag von Versailles waren für die Größe und Beschaffenheit der deutschen Kriegsmarine strikte Richtlinien festgelegt. Vorhandene Schiffe durften erst ab einem be-

Technische Daten Typ II (Typ IID)

Normale Wasserverdrängung:	314 t
Unterwasserverdrängung:	364 t
Maße:	43,95 m x 4,87 m x 3,9 m
Tauchtiefe:	150 m
Antrieb:	Dieselmotoren mit 700 PS und Elektromotoren mit 410 PS auf zwei Wellen
Höchstgeschwindigkeit:	13 Knoten über Wasser, 7,5 Knoten unter Wasser
Fahrbereich:	6500 km bei 12 Knoten über Wasser oder 105 km bei 4 Knoten unter Wasser
Bewaffnung:	Drei Torpedorohre 533 mm (Kampfsatz sechs Torpedos)
Besatzung:	25 Mann

genden zehn Jahre bauen würde. Alte, unwirtschaftliche Tonnage sollte für neue Schiffskörper in Zahlung gegeben werden. Drei Frachtertypen und ein schneller Tankertyp wurden angeboten, die den jeweiligen Anforderungen der Eigner angepasst werden konnten. Mit den ersten Aufträgen im Jahre 1938 kam die Industrie zu einem kritischen Zeitpunkt wieder in Schwung.

Die deutsche Wiederaufrüstung

Deutschlands erneute Entwicklung zur Weltmacht ist gut dokumentiert. Die Nation hatte durch die Niederlage Territorium verloren und war durch umfangreiche Reparationsforderungen belastet, wodurch in der Bevölkerung während der zwanziger Jahre ein Zustand des Zorns heranwuchs. Viele verloren ihre gesamten Ersparnisse, während eine kleine Minderheit zu Wohlstand gelangte. Vor dem Hintergrund steigender Arbeitslosigkeit, wirtschaftlicher Instabilität, Streiks und politischer Gewalt war eine stabile Regierung nicht mehr möglich. Durch das Versprechen, dem ein Ende zu setzen, blühte der Nationalsozialismus auf.

Unten: Die U-Boot-Kampagne im Atlantik wurde verspätet von einer kleinen Einheit von FW 200 Condors der *deutschen Luftwaffe* unterstützt, die Koordination zwischen Luftwaffe und U-Booten blieb aber weit hinter den Hoffnungen von Admiral Dönitz zurück.

stimmten Alter durch neue ersetzt werden, so genannte „Panzerschiffe" und Kreuzer durften keine höhere Verdrängung als 10 000 beziehungsweise 6000 Tonnen haben. Unterseeboote waren nicht gestattet. Diese und andere Bestimmungen wurden von den Deutschen weitestgehend umgangen, dabei war die lockere Haltung der alliierten Kontrollkommission hilfreich.

Rechts: Da die deutsche Marine neutrale Länder wie Norwegen und die Niederlande angriffen, die große Handelsflotten besaßen, wuchs der Umfang der Schifffahrt unter britischer Kontrolle zwischen 1939 und 1941 von 17,5 Millionen Tonnen auf über 20 Millionen an. Dieser norwegische Tanker ist einer von 193 Tankern, die sich den Alliierten während dieser Zeitspanne anschlossen.

Unten: Der mit vier Schornsteinen ausgestattete Zerstörer *St. Albans* (früher USS *Thomas*) wurde im September 1940 an die Royal Navy abgetreten. Im Jahre 1944 wurde er an die Sowjetunion übergeben und diente dort unter dem Namen *Dostoinyi* bis 1949.

Als Admiral Raeder 1928 Chef der Marineleitung wurde, erbte er ein von seinen Vorgängern angelegtes System von „Schwarzen Kassen" zur Durchführung geheimer Waffenprojekte.

Es gab kaum Geheimnisse über die *Deutschland*, das erste von fünf geplanten Panzerschiffen, die von der ausländischen technischen Presse bald die wenig schöne Bezeichnung „Westentaschen-Schlachtschiff" erhielten. Obwohl sie eigentlich unter die 10000-Tonnen-Grenze fallen sollten, überschritten sie schließlich jede der drei Einheiten. Sie waren so konstruiert, dass sie wie große Schiffe wirken sollten, um der Annahme, die Kriegsmarine wäre zu einer reinen Küstenflotte verkümmert, Einhalt zu gebieten. Die Schiffe sollten in der Lage sein, jeden Gegner zu bekämpfen, dem sie nicht davonfahren konnten, mit Ausnahme von Schlachtschiffen. Durch ihren Dieselantrieb sollte sowohl an Volumen als auch an Gewicht gespart werden. Zwar wurden diese Punkte nicht erfüllt, aber Erfolg gab es durch die Kombination aus großer Reichweite und guter Wartungsmöglichkeit – wichtige Voraussetzungen für Angriffe auf die Handelsschifffahrt.

Mit Unterseebooten lag die Sache ganz anders. Frontkompanien wurden in die Niederlande beordert, um die Konstruktionsteams für U-Boote zusammenzuhalten, welche Konstruktionsexpertisen unterbreiteten und den Bau sowie die Abnahme beaufsichtigten. Durch Aufträge aus Spanien, der Türkei und Finnland konnten U-Boot-Prototypen ganz legal gebaut werden.

Da sich das Vereinigte Königreich der Tatsache bewusst war, dass es die Ereignisse in Deutschland nicht mehr beeinflussen konnte, schloss es 1935 ein bilaterales Flottenabkommen. Die Akzeptanz eines Tonnageverhältnisses von 100:35 in allen Hauptkategorien von Kriegsschiffen war das größte Zugeständnis dabei. Zum großen Erstaunen der übrigen Welt wurden Unterseeboote sogar bis zu 45 Prozent der Gesamtbestände

Rechts: Der zur Hunt-Klasse gehörende Zerstörer *Aldenham* beim Versenken von U 587 im März 1943. Das aufgetauchte U-Boot vom Typ VIIC wurde in der Nähe eines Truppenkonvois überrascht und von vier Begleitbooten mit Wasserbomben angegriffen. Zunächst ohne sichtbaren Erfolg versank das Boot dann mit der gesamten Besatzung. Die *Aldenham* selbst lief 1944 auf eine Mine und versank.

Links: Die italienische Marine verlor im 2. Weltkrieg mehr U-Boote als die US-Navy. Von den ab 1940 nach Bordeaux verlegten 32 italienischen U-Booten, die im Atlantik operieren sollten, ging bis 1943 die Hälfte verloren. Die *Brin*, hier im Bild, diente im Mittelmeer und ergab sich 1943. Danach war sie als ASW-Übungsziel im Einsatz.

Rechts: Die Korvette *Starwort* der Flower-Klasse im April 1942. Fünf Monate später versenkte sie U 660 während der Operation „Torch". Sie nahm die gesamte Mannschaft des U-Bootes auf, nachdem es aufgetaucht war und sich ergeben hatte.

der Royal Navy erlaubt, und wenn Deutschland es für erforderlich hielt, konnte bis zum Gleichgewicht aufgestockt werden. Die Deutschen hatten die Regeln aber sowieso schon gebrochen. Konstruktionspläne für 250-, 500- und 750-Tonnen-U-Boote waren sorgfältig ausgearbeitet. Das erste Dutzend von 250-Tonnen-Booten vom Typ II war fast fertig gestellt, und im September 1935 wurde die erste Flottille unter Kapitän Karl Dönitz in Dienst genommen, einem fähigen und erfahrenen U-Boot-Kommandanten aus dem Ersten Weltkrieg.

Obwohl ein Seekrieg mit dem Vereinigten Königreich recht unwahrscheinlich war, solange die vereinbarten Tonnageverhältnisse eingehalten wurden, plante Dönitz für genau diesen Fall. Er glaubte an die Vernünftigkeit eines „guerre de course", und war der Ansicht, dass frühere U-Boot-Einsätze deshalb scheiterten, weil sie auf individueller Basis durchgeführt worden waren. Also arbeitete er Gruppentaktiken aus, mit denen Konvois aufgespürt, angehalten und überwältigt werden konnten. Er sah die 500-Tonner als ideale Unterseeboote an, und entsprechend verbessert, wurden sie zum Typ VII: den Arbeitspferden. Innerhalb der damals gültigen Höchstgrenze für die

Oben: Das 20-mm-Oerlikon-Geschütz war weit verbreitet im Einsatz zur Fliegerabwehr, besonders auf Handelsschiffen der Arktis- und Malta-Konvois, weil auf deren Routen deutsche Luftangriffe die größte Gefahr darstellten.

Oben: Ein U-Boot vom Typ VII, vom Turm eines anderen U-Boots vor Norwegen aus gesehen. Hitler beorderte extra U-Boote nach Norwegen, um vor einer Invasion der Alliierten zu schützen. Besonders nach dem wirkungsvollen Rückzug aus dem Atlantik 1944 wurden viele U-Boote dort stationiert, um die Konvois in der Arktis anzugreifen.

Tonnage gab Dönitz einer größeren Anzahl von Booten des Typs VII den Vorzug vor einer geringeren Anzahl von 750-Tonnern vom Typ IX, die aber vom Oberkommando favorisiert wurden. Dieses drängte auch auf einen Unterseekreuzer von 2000 Tonnen, den Dönitz entschieden ablehnte. Die daraus resultierenden Meinungsverschiedenheiten führten schließlich zu einem widersprüchlichen Konstruktionsprogramm. Bis 1939 hatte Deutschland lediglich 63 einsatzfähige U-Boote, eine an sich zwar recht stattliche Zahl, sie enthielt jedoch zwei Flottillen der wenig belastbaren Boote vom Typ II.

Da Hitlers Vorgehen von neuem das Gespenst des Krieges in Europa erscheinen ließ, begannen Großbritannien und Frankreich eine gemeinsame Marinepolitik zu erörtern. Die Franzosen waren immer noch verbittert wegen des bilateralen britisch-deutschen Abkommens von 1935, und von Harmonie konnte keine Rede sein. Dennoch stimmten sie zu, im Fall von Feindseligkeiten das Mittelmeer in französische Verantwortlichkeit zu übernehmen und schwere Einheiten für den Schutz des Handels im Atlantik zur Verfügung zu stellen.

Erst im Mai 1938 wurde Raeder durch Hitler informiert, dass ein Krieg mit Großbritannien möglich sei, doch selbst zu diesem Zeitpunkt wurde er nicht als unmittelbar bevorstehend angenommen. Da ein Gleichgewicht der Seestreitkräfte nie wahrscheinlich war, wurde erneut die britische Handelsmarine zum Ziel der Zerstörung erklärt. Auf dieser Grundlage wurde ein Programm zum Ausbau der Seestreitkräfte, der sogenannte „Z-Plan", ausgearbeitet. Darin waren anfangs sechs Schlachtschiffe von je 50 000 Tonnen, bis zu zwölf 20 000-Tonnen-Kreuzer oder eine geringere Anzahl von 30 000-Tonnen-Schlachtkreuzern, vier 20 000 Tonnen schwere Flugzeugträger, eine

„größere Anzahl" Leichter Kreuzer und fast 250 U-Boote vorgesehen. Ausschlaggebend für diese Mischung war die Annahme, dass Verbände, die Konvois auf See angriffen, so stark seien, dass die Royal Navy gezwungen wäre, Sondereinsatzgruppen zu deren Schutz abzustellen. Diese wären Angriffen über und unter Wasser ausgesetzt. Die U-Boote sollten in 23 Flottillen organisiert werden, davon 22 für den Einsatz und eine zu Ausbildungszwecken.

Der „Z-Plan" war eigentlich für ein Jahrzehnt ausgelegt, aber nach einem Erlass Hitlers sollte er schon nach sechs Jahren, also 1945, abgeschlossen sein. Die Marine erkannte, dass der Schiffsbau in diesem Umfang nur zu einem erneuten maritimen Wettrüsten führen konnte, und zu einem verfrühten Krieg mit katastrophalen Folgen. Schlachtschiffen und U-Booten wurde höchste Priorität gegeben, der Abschluss des U-Boot-Programms auf 1943 vorgezogen.

Im April 1939 wurden die schlimmsten Befürchtungen der deutschen Kriegsmarine bestätigt. Hitler setzte das Flottenabkommen mit Großbritannien außer Kraft, obwohl Raeder noch im Juli 1939 von seinem Führer zugesichert bekam, dass es „unter keinen Umständen" Krieg geben würde. Nur sechs Wochen später begannen die Kriegshandlungen. Erst 46 U-Boote waren einsatzbereit, davon weniger als die Hälfte für den Einsatz im Atlantik geeignet.

Die Schlacht im Atlantik

Die Briten hatten aus dem Ersten Weltkrieg gelernt und Waffenarsenale angelegt, in denen Geschütze mittleren Kalibers von längst verschrotteten Kriegsschiffen lagerten. Mit der Bewaffnung der Handelsschiffe zur Verteidigung wurde sofort begonnen. Da die Flotte jedoch etwa 3000 Hochseeschiffe und über 1000 Küstenmotorschiffe umfasste, stellte die Bestückung mit Waffen und die Ausbildung von Geschützführern eine gewaltige und langwierige Aufgabe dar. Die Verteidigungswaffen waren zunächst auf Geschütze mit niedrigem Winkel beschränkt, der Schutz gegen Luftangriffe rangierte erst an zweiter Stelle.

Die Admiralität übernahm am 26. August die Kontrolle über die Schifffahrt unter britischer Flagge, eine Woche bevor die Kriegshandlungen begannen. Sie übte die Kontrolle durch ihre Trade Division (Handelsdivision) aus, die weltweit vertreten war. Die alltäglichen Marineangelegenheiten oblagen dem zu-

Oben: Der Flush-Decker HMS *Roxburgh* in Hampton Roads im September 1942. Das Schiff war an der Versenkung des U 65 vom Typ IXB im April 1941 beteiligt und war einer der Zerstörer, die 1944 an die Sowjetunion übergeben wurden.

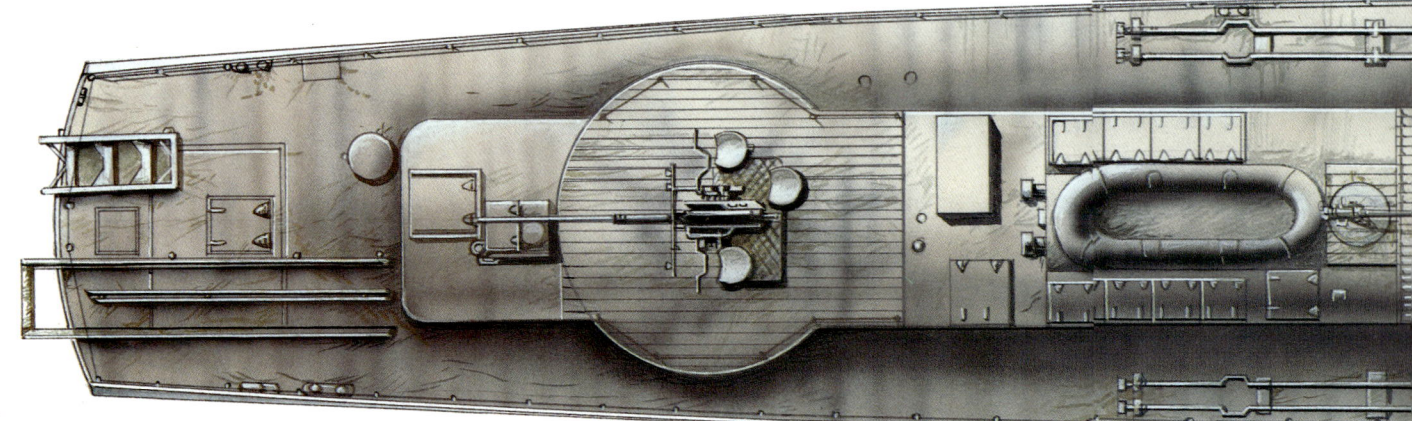

ständigen Ministerium. Eine strenge Rationierung wurde eingeführt, um die Nachfrage nach Importkapazität zu verringern, wodurch Tonnage für militärische Zwecke freigemacht werden sollte.

Schnell wurden Konvois zusammengestellt, für deren Organisation und Bereitstellung von Geleitschutz die Trade Division zuständig war. Unter den ersten Konvois befanden sich viele schwer beladene Hochseeschiffe, die entlang der britischen Ostküste und ihren Häfen verkehrten. Vor der Küste liegende Untiefen, die zur Verteidigung vermint worden waren, boten einen gewissen Schutz von der Seeseite her, ließen aber nur enge und umständliche küstennahe Routen zu. Die Konvois wurden gefährlich geschwächt und waren schwierig zu beschützen. Da die Route durchaus in der Reichweite deutscher Flieger lag, waren Deckung durch schnelle Jagdflugzeuge und Luftabwehreskorten eine ständige Notwendigkeit.

Die Route war auch durch feindliche Minen verwundbar. Die meisten wurden von den kleineren U-Booten gelegt und ihre Zahl wurde durch dreiste nächtliche Vorstöße deutscher Zerstörer noch erhöht. Flugzeuge waren nicht in der Lage, die Minen mit der gleichen Genauigkeit zu legen, dadurch kamen die Briten zufällig in den Besitz von ein paar Magnetminen, die beträchtliche Störungen hervorgerufen hatten. Durch deren Bergung und genaue Untersuchung konnte ein umfassendes Programm von Gegenmaßnahmen zur Aufspürung, Entschärfung und Entsorgung gestartet werden.

Die Minen verursachten ständige Verluste. Oft wurden die Schiffe zwar nicht versenkt, aber durch die Wucht der Explosion so schwer beschädigt, dass sie oft monatelang zur Reparatur in den Werften festlagen. Die Minenbekämpfung beanspruchte

Die S-26-Klasse

Verdrängung:	115 Tonnen bei voller Ladung	**Fahrbereich:**	1390 km bei 35 Knoten
Maße:	34,95 m x 5,1 m x 1,4 m	**Bewaffnung:**	2 Torpedorohre 533-mm (Kampfsatz vier Torpedos), zwei 20-mm-Geschütze
Antrieb:	Drei Dieselmotoren mit einer Leistung von 6000 PS auf drei Wellen	**Besatzung:**	Bis zu 21 Mann
Höchstgeschwindigkeit:	39,5 Knoten		

Unten und rechts: Das den Briten unter dem Namen „E-boat" geläufige deutsche Schnellboot oder S-Boot war speziell für Beutezüge in der Küstenschifffahrt gebaut, und es war dabei so erfolgreich, dass der Schifffahrtsweg an der englischen Ostküste als „E-boat Alley" (S-Boot-Gasse) Berühmtheit erlangte. Zusätzlich zu den Heldentaten, die in der Nordsee vollbracht wurden, kamen diese Torpedoboote in der Ostsee, im Mittelmeer und im Schwarzen Meer zum Einsatz. Einer der verheerendsten Angriffe fand vor der Küste von Dorset statt, wo sie in eine Amphibienlandeübung gerieten und das Landungsboot aufbrachten.

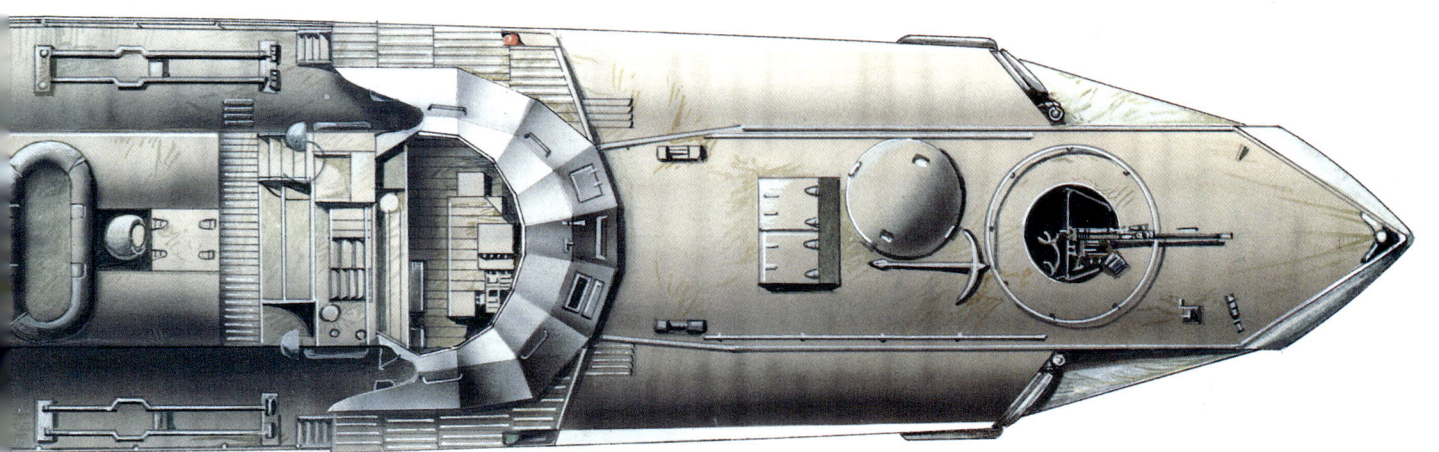

Die Briten setzten 1939 auf Patrouillenfahrten zwischen Island und den Färöer-Inseln sowie in der Dänemarkstraße 13 bewaffnete Handelsschiffe ein. Das ehemalige P&O-Linienschiff *Rawalpindi* (Kapitän Edward Kennedy) stieß im November auf die *Scharnhorst* und die *Gneisenau* und wurde nach einem mutigen, aber aussichtslosen Kampf versenkt. Der deutsche Kommandant Admiral Marschall ließ seine beiden Schlachtschiffe stoppen, um 27 Überlebende an Bord zu nehmen.

enorme Mittel in einer nicht enden wollenden Arbeit. In den ersten sieben Monaten des Krieges, im so genannten „Sitzkrieg" verloren die Briten, die Alliierten und die neutralen Länder 129 Schiffe von insgesamt mehr als 400 000 BRT.

Weitere Schwierigkeiten brachten die deutschen S-Boote, bei den Briten unerklärlicherweise als „E-boats" bekannt. Ihre Kombination aus hoher Geschwindigkeit und geringem Tiefgang ermöglichte ihnen plötzliche und unerwartete Angriffe mit Geschützen und Torpedos. Obwohl sie kaum mehr als ein Ärgernis waren, stellten sie doch eine Bedrohung dar, die starken Geleitschutz für Konvois erforderlich machte.

Von Anfang an gingen mehr Handelsschiffverluste auf das Konto von U-Booten als von allen anderen Faktoren. Bis zum April 1941 jedoch, als die Dönitz'sche Streitmacht infolge der Serienproduktion beachtlich anstieg, erlangten die deutschen Angreifer auf See mehr Bedeutung, als sie möglicherweise verdienten.

Deutsche Panzerschiffe – die Kriegsschiffe

Man hatte früheren Erfahrungen Rechnung getragen und 26 Handelsschiffe ausgesucht, die umgerüstet wurden, als die ersten Kriegshandlungen begannen. Wie bereits angemerkt war in Raeders „Z-Plan" vorgesehen, schwere Einheiten gegen Konvois einzusetzen und die Royal Navy dadurch in eine Verteidigungsrolle zu drängen. Obwohl die Ausführung des Plans erst zu einem Teil erfolgt war, wurde diese Politik auch weiterhin verfolgt. Zwei der „Westentaschenschlachtschiffe", *Deutschland* und *Admiral Graf Spee*, wurden schon vor Ausbruch des Krieges im Atlantik stationiert. Beide kamen ihrer Bestimmung nach und unternahmen ausgedehnte Kreuzfahrten, allerdings musste die *Deutschland* wegen technischer Probleme Mitte November zurückkehren, nachdem sie erst zwei Schiffe versenkt hatte.

Auch die *Graf Spee* griff einzeln fahrende Schiffe an und hatte bereits neun Versenkungen mit insgesamt 50 000 BRT vorzuweisen, ehe sie vor der Mündung des Rio de la Plata im De-

Oben: Fregattenkapitän Aubrey von der Royal Navy auf der zur Shoreham-Klasse gehörenden *Fowey* im Jahr 1941. Die *Fowey* beschädigte U 55 mit einem präzisen Wasserbombenangriff im Januar 1940. Mit Unterstützung von drei Zerstörern und einer Sunderland der britischen Luftwaffe jagte und versenkte sie das U-Boot, nachdem es zum Auftauchen gezwungen worden war.

Rechts: Die Aufnahme dieses Konvois wurde im Juli 1942 südlich von Neufundland gemacht, wo er sich unter dem Schutz von in Nordamerika stationierten Marineflugzeugen bewegte. Östlich davon lag das so genannte „Atlantikloch", der zentrale Teil des Ozeans, der sich außerhalb der Reichweite der alliierten Flugzeuge befand und wo die U-Boote am gefährlichsten waren. Das Bomberkommando der Royal Air-Force (RAF) wurde bedrängt, viermotorige Maschinen zur Atlantikschlacht einzusetzen, lehnte aber mit der Begründung ab, dass sie U-Boote durch Zerstörung ihrer Basen und Fabriken effektiver bekämpfen könnten.

Rawalpindi

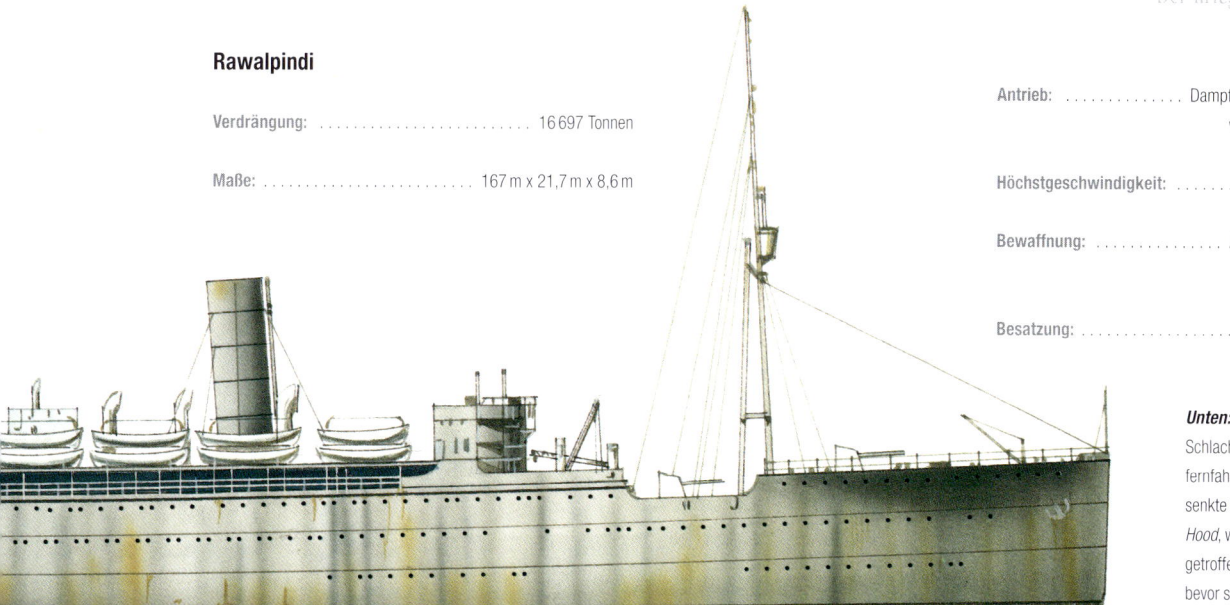

Verdrängung: . . . . 16 697 Tonnen

Maße: . . . . 167 m x 21,7 m x 8,6 m

Antrieb: . . . . Dampfmaschinen mit einer Leistung von 15000 PS auf zwei Wellen

Höchstgeschwindigkeit: . . . . 17 Knoten

Bewaffnung: . . . . Acht 152-mm-Geschütze und zwei 76-mm-Geschütze

Besatzung: . . . . 309 Mann

Unten: Das berühmteste deutsche Schlachtschiff ging auf seiner Jungfernfahrt unter. Die *Bismarck* versenkte den Stolz der Royal Navy, die *Hood*, wurde aber von Marinefliegern getroffen und aufgebracht, kurz bevor sie sich in Frankreich hätte in Sicherheit bringen können.

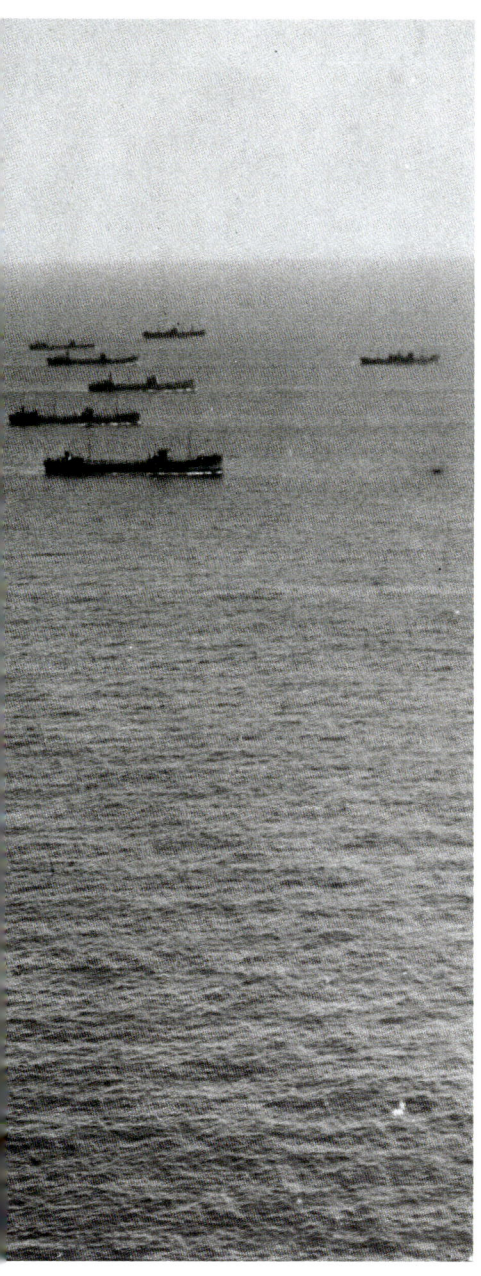

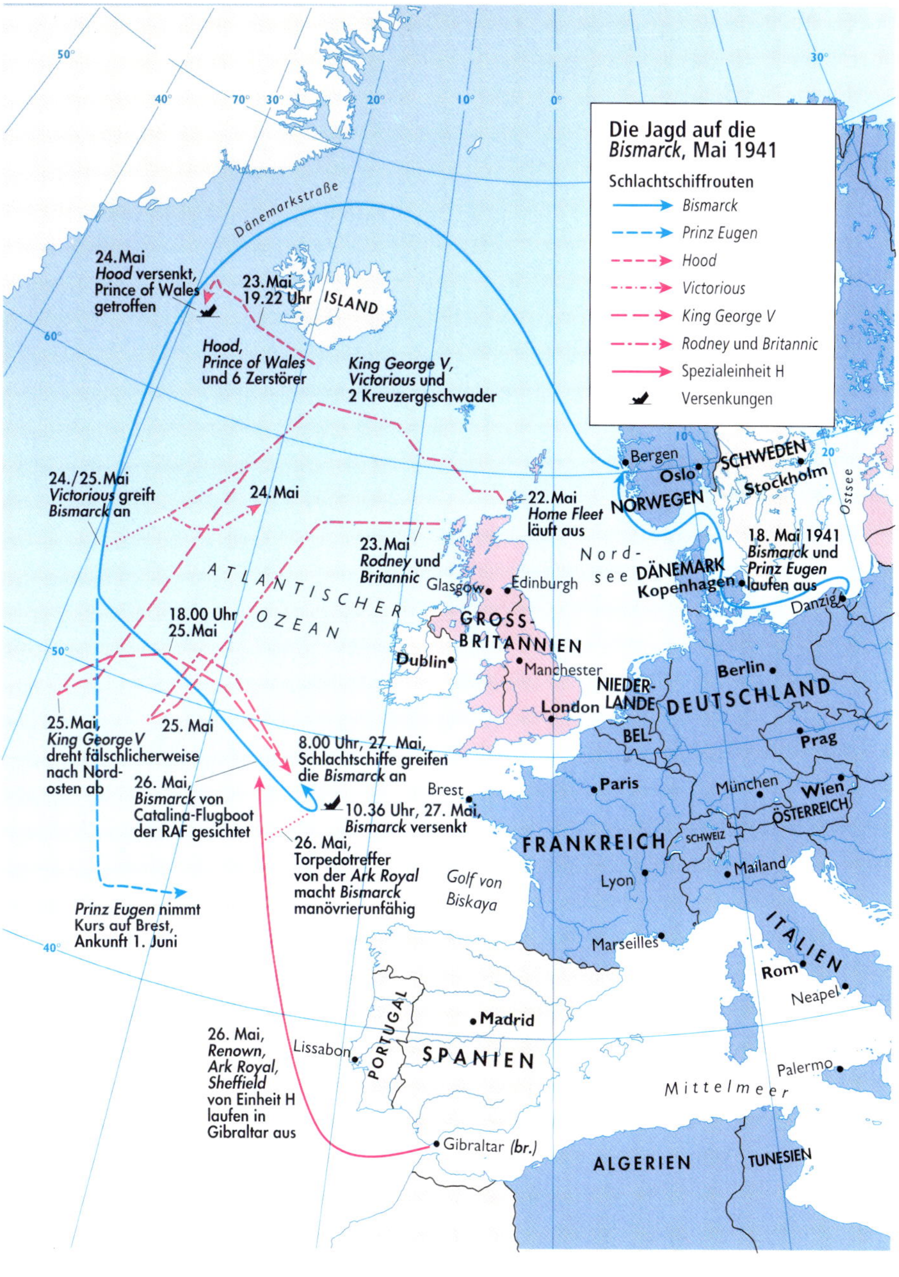
Die Jagd auf die *Bismarck*, Mai 1941
Schlachtschiffrouten
Bismarck
Prinz Eugen
Hood
Victorious
King George V
Rodney und *Britannic*
Spezialeinheit H
Versenkungen
Dänemarkstraße
24. Mai *Hood* versenkt, Prince of Wales getroffen
23. Mai 19.22 Uhr
ISLAND
Hood, *Prince of Wales* und 6 Zerstörer
King George V, *Victorious* und 2 Kreuzergeschwader
24./25. Mai *Victorious* greift *Bismarck* an
24. Mai
22. Mai *Home Fleet* läuft aus
23. Mai *Rodney* und *Britannic*
ATLANTISCHER OZEAN
18.00 Uhr 25. Mai
25. Mai, *King George V* dreht fälschlicherweise nach Nordosten ab
25. Mai
26. Mai, *Bismarck* von Catalina-Flugboot der RAF gesichtet
8.00 Uhr, 27. Mai, Schlachtschiffe greifen die *Bismarck* an
10.36 Uhr, 27. Mai, *Bismarck* versenkt
26. Mai, Torpedotreffer von der *Ark Royal* macht *Bismarck* manövrierunfähig
Prinz Eugen nimmt Kurs auf Brest, Ankunft 1. Juni
26. Mai, *Renown*, *Ark Royal*, *Sheffield* von Einheit H laufen in Gibraltar aus
18. Mai 1941 *Bismarck* und *Prinz Eugen* laufen aus
Bergen
Oslo
SCHWEDEN
Stockholm
NORWEGEN
Ostsee
Nordsee
DÄNEMARK
Kopenhagen
Danzig
Glasgow
Edinburgh
GROSS-BRITANNIEN
Dublin
Manchester
London
NIEDER-LANDE
BEL.
Berlin
DEUTSCHLAND
Prag
Paris
München
Wien
ÖSTERREICH
Brest
FRANKREICH
SCHWEIZ
Lyon
Mailand
Golf von Biskaya
Marseilles
ITALIEN
Rom
Neapel
Madrid
Lissabon
PORTUGAL
SPANIEN
Palermo
Mittelmeer
Gibraltar (br.)
ALGERIEN
TUNESIEN

zember in Kampfhandlungen verwickelt wurde. Ihre daraus folgende Versenkung war ein schwerer psychologischer Schlag für die deutsche Kriegsmarine, zeigte aber auch erneut die Problematik der Konfrontation mit regulären Kriegsschiffen bei Überfällen in weit entfernten Gebieten auf. Obwohl ihr Wert weit über dem der durch sie zerstörten Schiffe lag, hatte sie mit dem System von vorstationierten Versorgungsschiffen gearbeitet – und den Briten dadurch gezeigt, wie wichtig es ist, diese zu finden und zu zerstören.

Am erfolgreichsten innerhalb der „Westentaschenkreuzer" fungierte die *Admiral Scheer*. Während ihrer im Oktober 1940 begonnenen fünfmonatigen Kreuzfahrt wurden 16 Schiffe mit über 100 000 BRT liquidiert. Ihre Trefferquote hätte noch weitaus höher liegen können, da sie auf einen Konvoi von 37 Schif-

Der Schwere Kreuzer *Prinz Eugen*, wie er in Bergen im April 1941 gesehen wurde. Das Schwesterschiff *Admiral Hipper* unternahm mehrere Angriffe im Nordatlantik, doch die *Prinz Eugen* trat dort nur während ihrer berühmten Ausfahrt mit dem Schlachtschiff *Bismarck* in Erscheinung. Sie wurde durch die RAF beschädigt, während sie in Brest lag, nach dem Kanaldurchbruch kehrte sie 1942 nach Deutschland zurück und verbrachte den Rest des Krieges in der Ostsee.

Unten: Blick vom Vorschiff auf das Heck der *Witch*, eines umgebauten Zerstörers der W-Klasse. Die *Witch* nahm an der Verteidigung des Konvois ON115 gegen sechs U-Boote der *Wolf*-Gruppe im August 1942 teil. Die größtenteils kanadische Eskorte war sehr aktiv, sie verjagte das „As" Topp im U 552 und beschädigte noch ein anderes U-Boot, bis sie in den Nebelbänken Neufundlands Sicherheit fand.

fen getroffen war, der von nur einem bewaffneten Handelskreuzer, der AMC *Jervis Bay*, geschützt wurde. Statt das bewaffnete Schiff zu ignorieren und sich auf den Konvoi zu konzentrieren, ließ sich die *Admiral Scheer* in ein Geschützduell ein, welches zwar ausgesprochen einseitig war, aber dem Konvoi Zeit gab, sich zu zerstreuen, so dass er schließlich nur fünf Schiffe verlor.

Glücklicherweise hatten die Briten kaum andere Verwendung für die unmodernen Schlachtschiffe vom Typ *Queen Elizabeth* und der R-Klasse. Da es die geplanten deutschen „Superschlacht-

schiffe" nicht gab, war ihr Einsatz bei Ozeankonvois entscheidend, denn kein Angreifer konnte Treffer durch schwere Projektile riskieren. Ihr Abschreckungswert wurde bei der Kreuzfahrt der *Scharnhorst* und der *Gneisenau* deutlich, bei der sie auf drei Konvois mit Geleitschutz trafen. Jeder wurde von nur einem alten Schlachtschiff begleitet, die waren zwar langsamer, hatten aber Geschütze mit schwererem Kaliber und bessere Panzerung. Die Konvois fuhren unbehelligt weiter. Bei drei anderen Gelegenheiten trafen die Deutschen auf Gruppen von Handelsschiffen ohne Eskorte, die aus kurz zuvor aufgelösten Konvois kamen. Von den

Rechts: Ein im Krieg aufgenommenes Bild eines deutschen U-Boots auf Patrouillenfahrt. Die U-Boote hatten kein Radar und mussten bei der Zielsuche auf ihre Periskope vertrauen. Sie verfügten aber über Sonargeräte, mit denen sie Konvois in einer Entfernung von 70 Meilen ausmachen konnten. Allerdings konnte es nur die Richtung bestimmen und funktionierte nicht bei schnellen Überwasserfahrten.

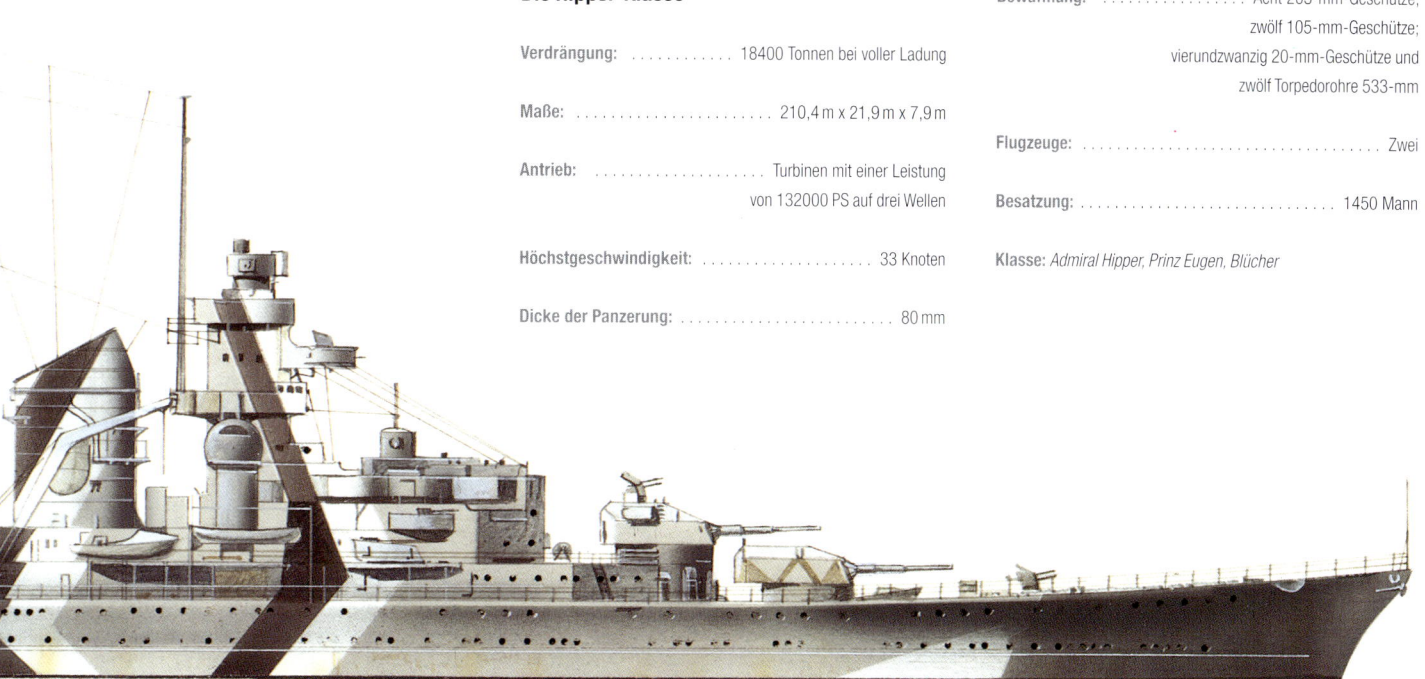

Die Hipper-Klasse

Verdrängung:	18400 Tonnen bei voller Ladung
Maße:	210,4 m x 21,9 m x 7,9 m
Antrieb:	Turbinen mit einer Leistung von 132000 PS auf drei Wellen
Höchstgeschwindigkeit:	33 Knoten
Dicke der Panzerung:	80 mm
Bewaffnung:	Acht 203-mm-Geschütze; zwölf 105-mm-Geschütze; vierundzwanzig 20-mm-Geschütze und zwölf Torpedorohre 533-mm
Flugzeuge:	Zwei
Besatzung:	1450 Mann
Klasse:	*Admiral Hipper, Prinz Eugen, Blücher*

22 Schiffen mit insgesamt 226 000 BRT, die auf dieser Kreuzfahrt zerstört wurden, stammten alle bis auf eines aus diesen Treffen.

Gemeinsame Aktionen des neuen Schlachtschiffes *Bismarck* und des Schweren Kreuzers *Prinz Eugen* hätten in dieser Kombination einen ernstzunehmenden Gegner für die britischen Schlachtschiffeskorten darstellen können, aber für die Deutschen gab es vielmehr ein Desaster. Abgesehen von der bedeutsamen Versenkung des Schlachtschiffs *Hood* wurde die *Bismarck* abgefangen und zerstört, ohne je ein Handelsschiff versenkt zu haben.

Deutsche Kampfschiffe – als Handelsschiffe getarnt

Zu der Zeit, als die *Bismarck* unterging, waren die deutschen Hilfskreuzer im Einsatz. Diese waren nicht einfach bewaffnete Handelsschiffe. Ihre sorgfältig umgebaute Oberfläche verbarg bis zu sechs 15-cm-Geschütze und vier oder sechs 21-Zoll-Torpedorohre. Alle hatten getarnte Luftabwehrwaffen und zwei Arado-Wasserflugzeuge in einem Frachtraum achtern. Sie konnten bis zu 420 Minen mitführen, die sie in kleinen Bündeln an wichtigen Punkten weltweit auslegten. Mit kompletten Werkstätten zur Wartung und zusätzlichem Bunkerraum ausgestattet waren sie in der Lage, ausgedehnte Fahrten zu unternehmen.

Der erste dieser Kreuzer, die *Atlantis*, lief im März 1940 aus. Bis Ende Juni wurden weitere vier fertig gestellt und Anfang 1941 kamen noch einmal vier dazu. Sie suchten ihre Opfer unter den vielen einzeln fahrenden Schiffen abseits des Konvoinetzes, das im Hauptgebiet des U-Bootkrieges operierte. Daher bewegten sie sich für gewöhnlich im Mittelatlantik, im Indischen Ozean und in australisch-asiatischen Gewässern, schlugen plötzlich zu und fuhren weiter.

Ihnen standen ältere Kreuzer und AMCs auf entfernten Einsätzen gegenüber. Deren Erfolg gegen die Angreifer oder die deutschen Versorgungsschiffe hing von guter Aufklärung oder schnell weitergeleiteten Hilferufen angegriffener Schiffe ab. Selbst wenn er ausfindig gemacht werden konnte, wurde der Kreuzer nicht immer zerstört. Die *Thor* beispielsweise wehrte britische AMCs bei drei verschiedenen Angriffen ab und versenkte

auch eines, ehe sie weiterzog und 23 Schiffe mit mehr als 150 000 BRT versenkte. Schließlich wurde sie dann im damals neutralen Japan nach einer Feuerexplosion zerstört, die während einer Wartung ausbrach. Die *Kormoran* hatte fast 70 000 BRT versenkt, als sie vor der australischen Westküste von dem Kreuzer *Sydney* abgefangen wurde. Sie war getarnt und gab vor, ein neutrales Schiff zu sein, so dass der Kreuzer sein Feuer lange genug einstellte und sie den Überraschungseffekt nutzen konnte. In einem wilden Gefecht mit Geschützfeuer und Torpedos sanken schließlich beide Schiffe.

Nur neun Hilfskreuzer gingen tatsächlich auf Kreuzfahrt. Lediglich zwei überlebten. Obwohl sie ohne Zweifel ein Störfaktor waren, stellten sie statistisch gesehen kaum eine große Gefahr dar: ihre Beute belief sich in drei Jahren auf insgesamt 830 000 BRT. Bis Ende 1942 waren sie größtenteils außer Gefecht gesetzt, und Deutschland dachte dem U-Boot wieder eine entscheidende Rolle zu.

Wie schon bemerkt, hatte Großadmiral Dönitz bei den ersten Operationen keine ausreichende U-Bootflotte. Mit dem verfrühten Ausbruch der Kriegshandlungen wurde der „Z-Plan" fallen gelassen. Die Arbeit an allen großen Schiffen, bis auf die zwei der Bismarck-Klasse, wurde eingestellt, und die dadurch frei gewordene Werftkapazität diente der Steigerung der U-Bootproduktion von ursprünglich neun geplanten Einheiten pro Monat auf 29. Die Ausführung wurde jedoch von Hitler gebremst, der

Komet

Verdrängung:	7500 Tonnen
Maße:	115 m x 15,3 m x 6,5 m
Antrieb:	Zwei Dieselmotoren mit einer Leistung von 3900 PS auf einer Welle
Höchstgeschwindigkeit:	16 Knoten
Bewaffnung:	Sechs 150-mm-Geschütze, ein 60-mm-Geschütz, zwei 37-mm-Geschütze, vier 20-mm-Geschütze, zwei Torpedorohre 533-mm, 270 Minen, ein LS-Minenlegboot mit 30 Minen
Flugzeuge:	2 x Arado Ar 196
Besatzung:	270 Mann

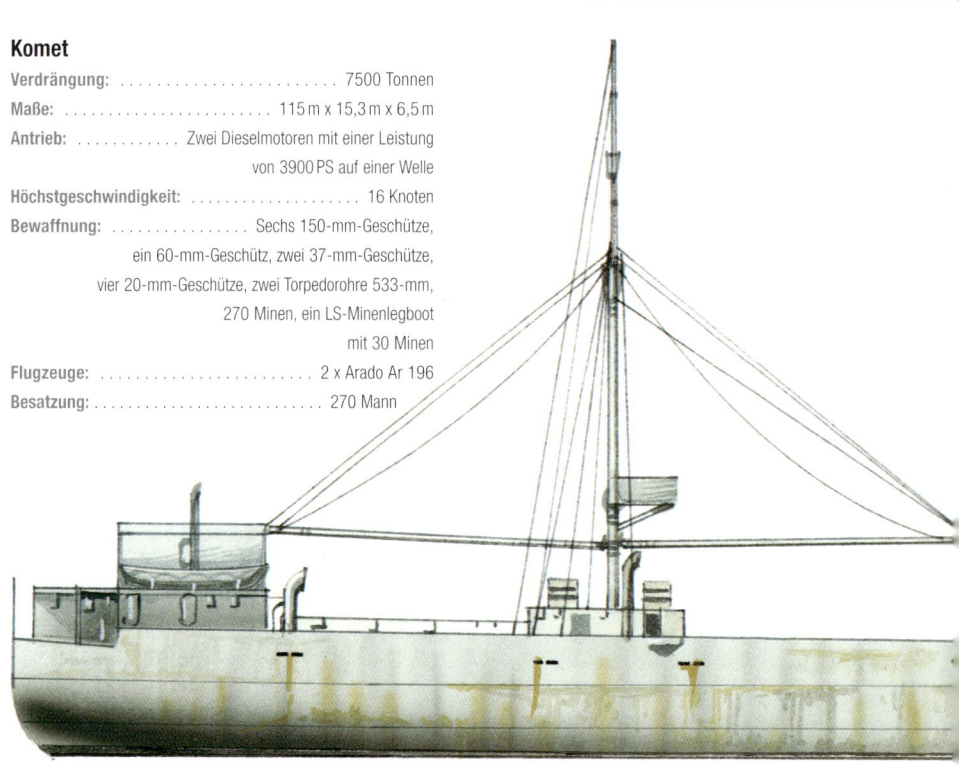

Links: Die Truppenkonvois AT 15 und NA 8, die US-Truppen nach Island und Nordirland verschifften, aufgenommen in Halifax am 3. Mai 1942. Es sei darauf hingewiesen, wie klein das Passagierschiff *Aquitania* gegenüber dem Schlachtschiff *New York* ist. Zur Eskorte gehörten auch der Schwere Kreuzer *Brooklyn* und britische Geleitträger *Avenger*. Nur ein U-Boot bekam dieses erstaunliche Ziel in Sichtweite, aber U 576 hatte keine Torpedos mehr.

Rechts: Die Trawler der Isles-Klasse der britischen Marine hatten bis zu 30 Wasserbomben an Bord, und im Fall der hier abgebildeten *Gairsay* auch ein einzelnes 12-pfündiges Geschütz. Die *Gairsay* wurde 1944 von einem Sprengboot versenkt.

Das Konvoisystem

Pläne für einen militärischen Sieg über Frankreich hegte. Dadurch, so glaubte er, wären die Briten dermaßen geschockt, dass sie sich arrangieren würden. Erst als sich herausstellte, dass das nicht der Fall war, wurde dem U-Bootbau höchste Priorität zugestanden. Allerdings waren zehn wertvolle Monate inzwischen unnütz verstrichen. Die deutsche anfängliche Flottenstärke von 39 einsatzfähigen U-Booten konnte bis Mitte 1941 nicht wieder erreicht werden, da die Verluste höher waren als die Produktion. Tatsächlich wurde den Alliierten (zu diesem Zeitpunkt eigentlich nur den Briten) dadurch Zeit gegeben, ein wirksames System von Konvois zu organisieren und Intensivprogramme für deren Eskorten zu starten.

Es gab zwei verschiedene Arten von Konvois. Einige, die hier aber nicht weiter behandelt werden sollen, waren sogenannte „Einsatzkonvois", welche normalerweise an Truppentransporten beteiligte große Passagierschiffe umfassten, oder für Missionen, wie z.B. der Versorgung von Malta aus ausgesuchten Handelsschiffen bestanden. Der gemeinsame Nenner war die schwere Marineeskorte. Die meisten Konvois allerdings fuhren auf festen Routen zum Schutz der Handelsschifffahrt.

Die wichtigsten Konvoirouten funktionierten schon, ehe der erste Kriegsmonat vorbei war. Entlang der britischen Ostküste

Das deutsche Kaperschiff *Komet* wurde 1937 umgebaut und lief 1940 von Norwegen aus. Ihre 510 Tage dauernde Reise führte sie zuerst nördlich von Russland (mit sowjetischer Hilfe) in Richtung Pazifik, dann in den Indischen Ozean und um Kap Horn herum, im November 1941 erreichte sie Hamburg. Im Oktober 1942 lief sie wieder aus und riskierte die Passage durch den Ärmelkanal, eskortiert von vier Torpedobooten. Sie geriet in einen von britischen Zerstörern und MTBs gelegten Hinterhalt und explodierte nach einem Torpedotreffer. Es gab keine Überlebenden.

verlief die bereits erwähnte Route zwischen der Themsemündung und dem Firth of Forth (mit den Codes FN nordwärts und FS südwärts). Zwischen dem Vereinigten Königreich und Gibraltar verkehrten die HG/OG-Konvois, hauptsächlich mit Schiffen ins und aus dem Mittelmeer. Von der Ostküste Südamerikas und aus Südafrika kommende Schiffe schlossen sich den SL/OS-Konvois an, die Freetown in Sierra Leone als südlichsten Hafen nutzten. Die mit Abstand wichtigsten waren jedoch die Bewegungen im Nordatlantik, ohne die Großbritannien seinen einsamen Widerstand gegen ein bedrohliches Deutschland nicht hätte aufrechterhalten können.

Halifax in Nova Scotia (Neuschottland) und Sydney in Cape Breton waren die westlichen Endpunkte der schnellen (OB, später ON) und langsamen (ONS) westwärts sowie der schnellen (HX) und langsamen (SC) ostwärts gerichteten Bewegungen. Diese Endpunkte wurden ab Ende August 1942 nach New York verlegt. Theoretisch waren Konvois mit weniger als neun Knoten „langsam", aber in der Praxis lag der Durchschnitt eher bei sieben Knoten. Die Atlantikschlacht wurde hauptsächlich entlang dieser Routen ausgefochten. Diese Schlacht musste gewonnen werden, denn das Vereinigte Königreich stellte das praktisch einzige Sprungbrett dar, von dem aus Europa schließlich befreit werden konnte.

Die Konvois hatten zwei Hauptfunktionen. Erstens, die Verlustrate bei den Handelsschiffen zu senken – eine gewisse Anzahl von Schiffen, die in einer Gruppe fuhren, waren für die suchenden U-Boote viel weniger „sichtbar" als die gleiche Anzahl verstreut über den Ozean. Zweitens, die Verlustrate von U-Booten zu erhöhen: der „Honigtopfeffekt" eines Konvois zog die U-Boote zu den U-Bootabwehrkräften hin, die dadurch keine Zeit mit der fruchtlosen Suche verschwenden mussten. Obwohl diese einfache Philosophie sich schließlich als erfolgreich erwies, dauerte es einige Zeit, ehe sie wirksam wurde. Anfangs waren die Konvois weit entfernt von den schwimmenden Festungen, als die sie geplant waren, und Tausende guter Schiffe gingen verloren, bevor die Verteidiger schließlich die Oberhand bekamen.

Die Konvois fuhren nicht auf den kürzesten Routen, weil immer wieder dem Gegner ausgewichen werden musste. Dadurch wurden Überfahrten von 3000 bis 3500 Seemeilen die Regel, für die ein langsamer Konvoi etwa 20 und ein schneller etwa 15 Tage benötigte. Da sie mit wöchentlichen Abständen ausliefen,

konnten sich insgesamt ein halbes Dutzend Konvois auf See befinden, beladene in östliche Richtung und ohne Ladung in westliche Richtung fahrende. Gelegentlich kamen sie sich durch variierende Geschwindigkeiten und Routenverläufe recht nahe, aber im Allgemeinen machte es die immense Größe des Ozeans gut möglich, für zumindest einen großen Teil der Überfahrt unentdeckt zu bleiben.

In der Weite des Atlantik war ein Konvoi zwar relativ klein, aber absolut betrachtet trotzdem groß. Die normale Hochseeformation war rechteckig mit einer breiten Frontseite. Die Anzahl der Schiffe wuchs mit der Zeit, sie konnten neun bis elf parallele Linien mit je drei bis fünf Schiffen bilden. Die Exaktheit der Formation war sehr wetterabhängig, angemessene Abstände waren notwendig, um den einzelnen Schiffen Spielraum zu lassen. Ein rechteckiger Konvoi von zum Beispiel 45 Schiffen konnte sich in der Diagonalen auf etwa 8000 Meter erstrecken. Seine Eskorten mussten noch etwa 3000 Meter weiter entfernt positioniert werden, um U-Boote außerhalb der Torpedoreichweite abfangen zu können. Die Peripherie, die von den Eskorten gehalten wurde, hatte dadurch die Form einer abgeflachten Ellipse von etwa 14 000 Metern (oder fast sieben Seemeilen) auf ihrer Hauptachse. Die Länge belief sich auf etwa 60 000 Meter oder 30 Seemeilen.

Anfangs waren die Größe und Art der Eskorten eher von der Verfügbarkeit abhängig als von einem wissenschaftlich begründeten Verhältnis bestimmt. Eines war allerdings sicher: es gab nie genug. Unter guten Bedingungen und bei Konvoigeschwindigkeit konnte das „Asdic"-Set (Echolot) einer Eskorte

Unten: Im Juni 1940 wurde die *Verity* als erster britischer Zerstörer mit ASW-Radar ausgestattet, einem Typ 286M mit 1,5 m Wellenlänge. Gemeinsam mit der *Wolverine*, die ebenfalls eine Radarausrüstung besaß, griff sie am 7. März 1941 ein U-Boot an, vermutlich U 47 (Prien), von dem seit diesem Tag nichts mehr gehört wurde.

Rechts: Ein Truppenkonvoi von Passagierschiffen, eskortiert von einem Schlachtschiff der britischen Revenge- oder R-Klasse mit 15-Zoll-Geschütz und einem Sunderland-Flugboot. Schnelle Passagierschiffe machten oft unabhängige Fahrten und verließen sich auf ihre hohe Fahrtgeschwindigkeit, um U-Bootattacken aus dem Weg zu gehen.

auf etwa 2500 Meter effektiv arbeiten. Das im Nordatlantik vorherrschende Wetter halbierte diese Reichweite. Da die frühen Sets, die mit dem 200-Grad-Bogen arbeiteten, nur innerhalb von zehn Grad auf jeder Seite funktionierten, hatte der Eskortenkommandeur oft Probleme, seine Schiffe in die möglichst beste Position zu bringen. Er hatte möglicherweise nur vier Einheiten, und die daraus resultierenden weiten Lücken wurden durch ständiges Ändern der Geschwindigkeit ausgeglichen.

Der Schutzring wurde durch Ablenkungen weiter geschwächt. Wenn er ein U-Boot zum Tauchen gezwungen oder Tuchfühlung mit einem aufgenommen hatte, wollte ihm der Kommandeur eines A/S-Schiffs auch den Todesstoß geben. Eine Korvette konnte allerdings nur acht Knoten schneller fahren als ein Konvoi, so dass nach einer zweistündigen Verfolgung auch erneut zwei Stunden vergingen, ehe sie den Konvoi wieder erreichte. Während dieser vierstündigen Abwesenheit konnte viel geschehen, außerdem wurde bei solchen Hochgeschwindigkeitsfahrten extrem viel Treibstoff verbraucht, was die Reichweite der Eskorte verringerte. Frühe Korvetten wurden noch mit Kohle angetrieben, wodurch die Übernahme von Treibstoff auf See nicht möglich war.

Einige Konvois wurden später auch von kleinen, sich aufopfernden Rettungsschiffen begleitet, aber trotzdem wurden Eskorten oft durch Hilfeleistungen an beschädigten und zurückgebliebenen Schiffen aufgehalten oder sie wurden durch die Aufnahme vieler Schiffbrüchiger behindert. Da sie die Heftigkeit des Krieges nicht gewohnt waren, kam es vor, dass die Schiffsbesatzungen ganz oder teilweise in Panik gerieten und ihre Schiffe zu früh verließen, ein Schiff des Geleitzuges als Rettungsschiff besetzten und nach einiger Zeit wieder an Bord ihres Schiffes gebracht werden mussten.

Wenn sie Glück hatten, konnten die Eskorten zwischen ihren Fahrten 48 Stunden pausieren, aber selbst während dieser Zeit war die Mannschaft mit wichtigen Wartungsarbeiten, dem Beladen mit Vorräten u. ä. befasst. Anfänglich fuhren Überwassereskorten nur bis zu 12,5 Grad westlicher Länge mit, nicht einmal hundert Meilen von der irischen Westküste entfernt. Die begleiteten Schiffe fuhren danach noch eine Zeit lang miteinander, ehe sie sich zerstreuten, und die Eskorte sammelte sich, um die nächsten nach Osten fahrenden Schiffe zu begleiten. Bessere Organisation und mehr zur Verfügung stehende Kriegsschiffe gestatteten es ab Oktober 1940, die Eskortierung bis zum 19. westlichen Breitengrad auszudehnen.

Von Kriegsausbruch an gewährte die Royal Canadian Navy (RCN) großzügige Unterstützung. Sie begann mit einer Handvoll von Zerstörern, die vor Ort Geleitschutz bis zu 53,5 Grad westlicher Länge gewährten (kurz vor der östlichen Spitze Neufundlands). Dieser Schutz wurde ständig erweitert, die Flotte aus hauptsächlich im Lande gebauten A/S-Schiffen erreichte eine ansehnliche Stärke. Zwischen den Grenzen, in denen britische oder kanadische Eskorten operierten, klaffte eine 2000 Meilen große Lücke. Dort wurde der Atlantikkrieg ausgefochten und entschieden, und obwohl ab Juli 1941 Überwassereskorten oft den gesamten Weg mitfahren konnten, war die hochwichtige weitreichende Luftdeckung nur kritisch langsam zu verwirklichen.

Die deutsche Marinestrategie

Die Londoner Flottenabkommen aus den dreißiger Jahren hatten auch zur Annahme eines Protokolls geführt, das die Regeln für das Führen von zukünftigen U-Bootkriegen festlegte. Es bestätigte allgemein die frühere Prisenordnung und wurde von den Unterzeichnern der Abkommen angenommen und ratifiziert, sowie später auch von allen anderen Staaten mit Anspruch

Die Boote vom Typ VII waren die „Arbeitspferde" der U-Bootflotte, während des Zweiten Weltkrieges wurden 568 davon in Dienst gestellt, weitere waren bei Kriegsende noch im Bau. Die späteren Boote vom Typ VII waren für eine Tauchtiefe von 200 m frei gegeben, aber einige überstanden in Notfällen Tauchgänge bis zu 300 m Tiefe.

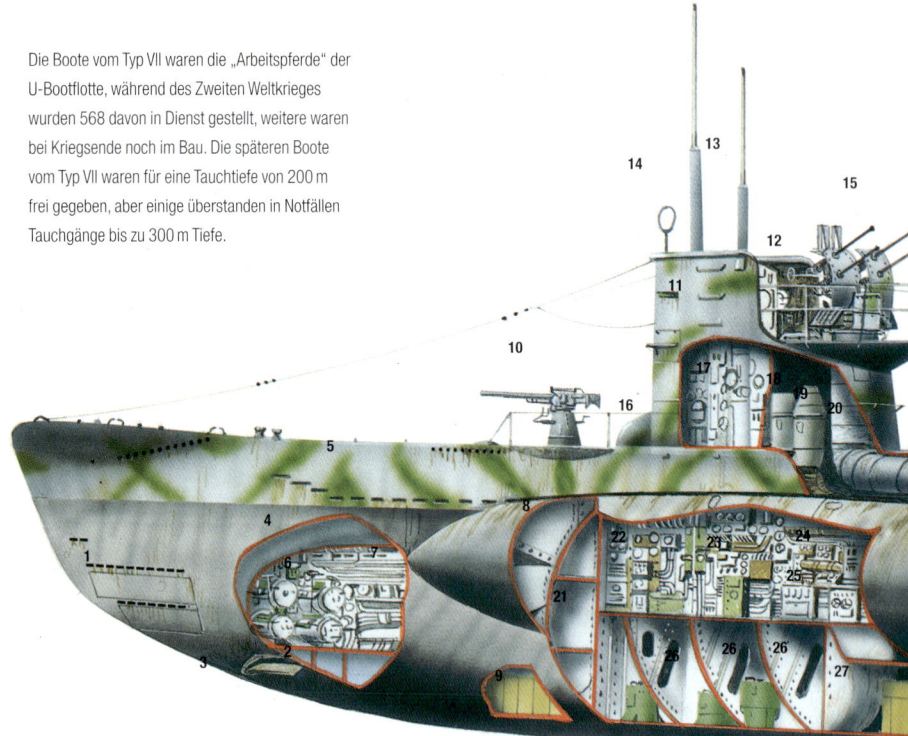

Das U-Boot U 617 vom Typ VIIC

1 Bugtorpedoklappen
2 Vorderes Tiefenruderpaar
3 Tiefenruderschutz
4 Innerer Schiffskörper
5 Druckkörperhülle
6 Vorderes Torpedoschott
7 Mannschaftsraum

8 Tauchzelle
9 Akkumulatorenraum
10 8,8-cm-Geschütz
11 Abweiser
12 Brücke
13 Angriffssehrohr
14 Funkpeilantenne
15 2-cm-Vierlingsflak
16 Magnetkompassgehäuse
17 Kommandoturm
18 Lüftungsanlage-Zuluftleitung

19 Diesel-Zuluftleitung
20 Schnorchel
21 Treibölbunker
22 Funkraum
23 Zentrale
24 Leitstände
25 Hilfs-, Lenz- und Trimmpumpe
26 Treiböl- und Tauchtanks
27 Ummantelung des Treiböltanks
28 Unteroffiziersraum
29 hintere Trimmzelle
30 Maschinenraumsteuerung

31 Dieselmotorenraum
32 1400-PS-Dieselmotore
33 Diesel-Abluftgase
34 Hauptspanten
35 E-Maschinen- und Diesel-Motorenraum
36 Backbordschalttafel
37 750-PS-Elektromotoren
38 Hauptkupplung
39 Gehäuse der Antriebswelle
40 Hecktorpedoausstoßrohr
41 Schraubenwelle
42 Hinteres Tiefenruderpaar
43 Tiefenruderschutz
44 Seitenruder

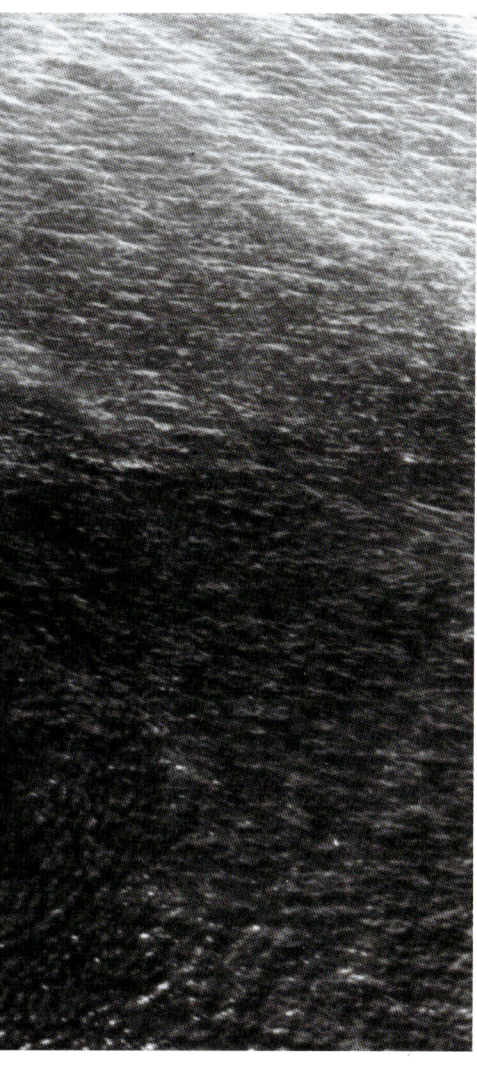

auf maritime Interessen, einschließlich Deutschland. Das Vereinigte Königreich hatte es nicht geschafft, die U-Boote völlig verbieten zu lassen, setzte aber wieder sein ganzes Vertrauen in das internationale Recht. Der britischen Regierung konnte man schwerlich Naivität vorwerfen, daher musste das ein Sieg der politischen Zweckdienlichkeit über hart erkämpfte Erfahrungen sein.

Das neue deutsche Oberkommando war sich der Unzulänglichkeit der eigenen Flotte gegenüber der kombinierten Marinestärke des Vereinigten Königreichs und Frankreichs nur allzu bewusst, als es seine erste Direktive am 31. August 1939 herausgab. Sie sagte unmissverständlich aus: „Die Marine wird sich auf die Zerschlagung des Handels konzentrieren und besonders gegen England gerichtet sein (sic.)". Frühere Erfahrungen hatten gezeigt, dass dies die uneingeschränkte U-Bootkriegsführung erforderte um wirksam sein zu können. Obwohl sie die Haltung der neutralen Staaten eigentlich nicht gegen sich aufbringen wollten, konnten weder Raeder noch Dönitz wirklich vorgehabt haben, sich an die Regeln zu halten, was bei den Nürnberger Prozessen 1946 aber nicht leicht zu beweisen war.

Die britischen Routinemaßnahmen machten es dem Feind wieder leichter, einen Vorwand zur Nichtbeachtung der Beschränkungen zu finden. Von Kriegsbeginn an waren britische Handelsschiffe mit Defensivwaffen bestückt und hatten Instruktionen, jedes an der Wasseroberfläche fahrende feindliche U-Boot nach Möglichkeit zu rammen. Sie wurden verdunkelt, fuhren in Konvois mit bewaffnetem Geleitschutz und gaben über Funk ihre Position durch, wenn sie behelligt wurden. Innerhalb eines Monats hoben die Deutschen alle Beschränkungen für die in der

Links: Ein versinkender Tanker an der Jupitermündung, Florida, am 4. März 1942, während der U-Bootoffensive gegen die US-amerikanische Ostküste. Die U-Bootkapitäne operierten nicht gern in so flachem Wasser, aber die Fülle von Zielen und das Fehlen von Eskorten ließen einige von ihnen recht hohe Trefferquoten erzielen.

Nordsee operierenden U-Boote auf. Mitte Oktober 1939 wurde dies bis auf den 20. westlichen Längengrad ausgedehnt, also weit über den Punkt hinaus, bis zu dem damals die Eskorten der Western Approaches (Zufahrtsgebiet vor der britischen Westküste) fuhren. Ab dem 17. November waren nur noch Passagierschiffe von Angriffen ohne Vorwarnung ausgenommen, es sei denn, sie wurden als feindselig identifiziert. Jedoch zählte auch das wenig, denn gleich am ersten Kriegstag wurde das Passagierschiff *Athenia* torpediert und versenkt, weil es verdunkelt war und im Zickzack fuhr. Das deutsche Oberkommando unterstützte die Entscheidung des U-Boot-Kommandanten, aber dieses schreckliche Beispiel schadete seinem Ansehen.

Dönitz glaubte, dass Konvois mit der größtmöglichen Zahl von U-Booten angegriffen werden sollten, um deren Verteidigung zu überwältigen. Das taktische Kommando eines rangohen Kommandeurs vor Ort lehnte er als unpraktisch ab. Er wollte lieber, dass sein Hauptquartier – und in hohem Maß er selbst – die Operationen bis hin zum Angriff leiteten, danach übernahmen die einzelnen Kommandeure. Diese Strategie beinhaltete das Sammeln von Nachrichten aus jeder verfügbaren Quelle, aber in Bezug auf die Alliierten erfolgte die notwendige Bereitstellung von weit reichenden Marineflugzeugen reichlich spät. Da er alle notwendigen Zutaten hatte, erwiesen sich die Methoden von Dönitz als äußerst wirksam. Ihre Schwäche lag in dem großen Funkverkehrsaufkommen, das sich daraus ergab.

Da Dönitz erkannt hatte, dass die U-Boote im Kampf gegen Konvois 1917 deshalb gescheitert waren, weil sie einzeln operiert hatten, entwickelte er ab 1935 eine Gruppentaktik, sowohl in der Theorie als auch in Übungen. Bis September 1939 waren die Grundlagen für das Operieren im „Wolfsrudel" geschaffen. Die U-Boote in einem bestimmten Gebiet wurden kontaktiert und zu einer Angriffsgruppe formiert. Diese bildete eine Suchlinie, die entweder auf einer Position blieb oder sich auf einem vorgegebenen Kurs bewegte. Das U-Boot, das als erstes das Ziel erfasste, sollte nicht gleich angreifen, seine Pflicht bestand vielmehr darin, die Sichtung zu melden. Es hielt Tuchfühlung mit dem Konvoi und übermittelte in regelmäßigen Zeitabständen dessen Geschwindigkeit, Kurs und Position. Erst wenn eine ausreichende Anzahl von Booten anvisiert war, wurde grünes Licht für den Angriff gegeben.

Die britischen „Asdic"-Entwicklungen zwischen den Weltkriegen waren gut publiziert, was zwei unglückliche Folgen hatte. Zum einen wuchs in der Royal Navy der allgemeine Glaube, dass die U-Boote keine wirkliche Bedrohung mehr darstellten – entgegen allen praktischen Beweisen. Zum anderen hatte Dönitz als erfahrener ehemaliger U-Bootkämpfer erkannt, dass bei der im Ersten Weltkrieg benutzten Taktik, nachts über Wasser anzugreifen, die Vorteile von „Asdic" völlig nutzlos wären. Überraschenderweise veröffentlichte er diese Hypothese 1939 in der freien Presse. Noch unglaublicher ist, dass ihre Bedeutung von den Briten scheinbar nicht bemerkt wurde.

Am Anfang des Krieges gab es zu wenige U-Boote, um sie in Rudeln einzusetzen. Nichtsdestotrotz hatten U-Boote bis Juni 1940 300 Schiffe mit etwa 1,1 Millionen BRT versenkt. Dieser Monat war ein Höhepunkt – Dünkirchen, der Zusammenbruch Frankreichs und Italiens Kriegseintritt als Verbündeter Deutschlands.

Die Briten verminten erneut die Straße von Dover und zwangen dadurch die U-Boote, ihren Aufenthalt in den Stützpunkten zu verkürzen, weil sie nun die lange, nördliche Route fahren mussten. Nach dem Waffenstillstand übernahmen die Deutschen die französischen Einrichtungen an der Küste der Biskaya. Anfang Juli wurde das erste U-Boot in Lorient gewartet, und Ende August hatte Dönitz sein Hauptquartier nach Frankreich verlegt. Kürzere und sicherere Wege steigerten seine effektive Stärke um 25 %, womit ein Ausgleich für die immer noch sinkende Anzahl von U-Booten geschaffen wurde, die ihren absoluten Tiefpunkt mit nur 22 Booten im Januar 1941 erreichte. Danach wuchs die Flotte schnell, da die Serienproduktion aufgenommen worden war. Nach einem Jahr standen mehr als 90 Boote zur Verfügung.

Da sich herausstellte, dass die Niederlage Frankreichs das Vereinigte Königreich nicht dazu gebracht hatte, um Frieden zu ersuchen, erklärte Hitler ab Mitte August eine totale Blockade. Selbst neutrale Schiffe wurden versenkt, wenn sie innerhalb der Kriegszone gesichtet wurden. Die ersten Geschwader von Focke-Wulf FW.200 Kondor-Flugzeugen wurden nach Westfrankreich gebracht. Ihre Aufgaben waren die Marineaufklärung und Angriffe auf einzelne Handelsschiffe. Im Verlauf des nächsten Jahres, vor ihrer massiven Verlegung an die Ostfront, führte die Luftwaffe auch groß angelegte und regelmäßige Angriffe gegen britische Häfen durch.

Die Ausdehnung der Handelsflotten

Es mag seltsam erscheinen, aber der Einfall in Westeuropa kam Großbritannien tatsächlich zugute. Norwegen und die Niederlande, und in gewissem Maß auch Dänemark, besaßen überdurchschnittlich große Handelsflotten. Etwa 75 Prozent davon entkamen der Eroberung und Großbritannien schloss komplexe Charterabkommen mit den Exilregierungen ab.

Die britische Handelsmarine war größtenteils damit beschäftigt, Leih-Pacht-Material aus den Vereinigten Staaten zu verschiffen, da sich Großbritannien immer wieder an die Vereinigten Staaten wandte, um Hilfestellungen zur Beibehaltung der militärischen Stärke anzumahnen. Das Vorhaben der US-Marinekommission, jährlich fünfzig neue Schiffe zu bauen, wurde auf unbestimmte Zeit verschoben, dabei sollte ein Großteil der Tonnage in Regierungsbesitz verbleiben und von Eignern

Der Typ IXB

Normale Wasserverdrängung:	1051 Tonnen
Unterwasserverdrängung:	1178 Tonnen getaucht
Maße:	76,6 m x 6,8 m x 4,7 m
Tauchtiefe:	230 m
Antrieb:	Zwei Dieselmotoren mit einer Leistung von 2200 PS und Elektromotoren mit 500 PS auf zwei Wellen
Höchstgeschwindigkeit:	18,2 Knoten über Wasser, 7,3 Knoten unter Wasser
Fahrbereich:	25000 km bei 10 Knoten über Wasser oder 115 km bei 4 Knoten unter Wasser
Bewaffnung:	Ein 105-mm-Geschütz, ein 37-mm-Geschütz, ein 20-mm-Geschütz, sechs Torpedorohre 533-mm (Kampfsatz 22 Torpedos)
Besatzung:	48 bis 56 Mann

Die U-Boot-„Asse"

Die besten sechs U-Bootkapitäne verbuchten die Versenkung von insgesamt 1,2 Millionen alliierten Schiffsraum für sich. Sie wurden vom Oberkommando und dem Naziregime gefeiert, das Ritterkreuz wurde eine übliche Auszeichnung für hohe Trefferquoten, was zu einer gewissen Inflation der Orden führte. Nur wenige der Ordensträger überlebten den Krieg.

Otto Kretschmer 263,682
Wolfgang Luth 228,429
Victor Schutze 212,036
Erich Topp 184,244
Herbert Schultze 179,165
Heinrich Lehmann-Willenbroch 174,326

Bruttoregistertonnen (BRT) — 0, 50,000, 100,000, 150,000, 200,000, 250,000, 300,000

mit der Option zum späteren Kauf gechartert werden.

Im Juni 1940 billigte der Kongress ein 4-Millionen-Dollar-Programm zu Verdopplung der Stärke der US-Navy. Die Schaffung einer Marine und ihr Einsatz würde Zeit brauchen, und Zeit konnte man gewinnen, indem der Kampf Großbritanniens unterstützt wurde. Die britischen Werften quollen über von im Krieg beschädigten Schiffen, die dringend repariert werden mussten. Die Vereinigten Staaten wurden um Standardschiffe als Ersatz ersucht, hierbei sahen sich die Briten aber mit konkurrierenden Ansprüchen der US-Navy konfrontiert. Es fehlte an Stützpunkten im Pazifik, deshalb verlangte die US-Flotte Nachschub in großem Umfang für den Eigenbedarf, falls der Krieg gegen Japan eintreten würde.

Gegen Ende des Jahres 1940 besuchte eine britische Delegation Einrichtungen sowohl in Kanada als auch in den USA. Sie brachte Baupläne für einen einfachen Frachter mit Kolbenmotor mit, der 10 000 Tonnen (netto) bei elf Knoten fortbewegen konnte. Die Amerikaner hatten Bedenken, ihre eigene komplexe Standardschiffproduktion hatte bereits Engpässe bei der Herstellung von Dampfturbinen. Der bloße Umfang der britischen Anforderungen, anfangs 6 000 000 BRT, brachte jedoch die Amerikaner dazu, neue Produktionslinien einzurichten. 60 Schiffe und weitere 26 Schiffskörper wurden bei kanadischen Werften in Auftrag gegeben.

So begannen die Programme, durch die dann über 2700 „Liberty"-Schiffe entstanden, 530 der schnelleren „Victory"-Ableger, 525 T2-Tanker und mehrere hundert in Kanada gebaute „Forts", „Oceans" und „Parks". Die Amerikaner waren Meister die traditionellen Bauweisen auf die schnellere Methode des Schweißens umzustellen, und Schiffe lieber aus vorgefertigten Bauteilen zu montieren als die sonst übliche Struktur von auf Rahmen genieteten Platten zu verwenden. Durch dieses großangelegte Unternehmen wurde der Krieg zwar nicht ge-

Das U 106 vom Typ IXB fuhr acht Kriegspatrouillen, ehe es im August 1943 von zwei Sunderlands vor Kap Ortegal bombardiert und versenkt wurde. Wie alle 14 U-Boote vom Typ IXB war auch U 106 sehr erfolgreich, es versenkte 21 alliierte Schiffe mit insgesamt 131803 BRT.

Links: Ein amerikanisches Handelsschiff hievt im März 1942 ein 5-Zoll-Geschütz zur U-Bootabwehr an Bord. Mit in aller Eile ausgebildeten Geschützführern hatte diese Waffe eher eine abschreckende Funktion, aber ein glücklicher Treffer konnte U-Boote am erneuten Abtauchen hindern.

Die Zerstörer der Klassen Wickes und Clemson, auch als „flush decker" oder „four piper" bekannt, wurden Ende des Ersten Weltkrieges für die US Navy gebaut. Fünfzig davon wurden 1940 den Briten übergeben. Die hier abgebildete *Churchill* (ehem. USS *Herndon*) wurde zum Geleitschutz im Atlantik eingesetzt und brachte Kentrats U 74 im Mai 1941 einen schweren Wasserbombenschaden bei. Nachdem sie 1944 an Russland weitergegeben wurde, hieß sie *Deyatelnyi* und wurde vor der Halbinsel Kola im Januar 1945 von U 997 des Typs VIIC versenkt.

wonnen, aber es half, ihn nicht zu verlieren. Einfach ausgedrückt, die Alliierten schafften es, Schiffe schneller zu bauen, als der Feind sie versenken konnte.

Im Jahre 1941 lag das noch in weiter Ferne. Um den Konvoischutz zu verbessern und feindliche Maßnahmen zu umgehen, wurden Island und die Färöer-Inseln mit Garnisonen belegt, sowohl Luftwaffen- als auch Marinestützpunkte wurden eingerichtet.

Ein verständnisvoller Präsident Roosevelt brachte die Vereinigten Staaten dazu, eine sogenannte „short of war"-Politik zu betreiben. Neutralitätspatrouillen hatten es theoretisch verhindert, dass sich der Atlantikkrieg weiter als bis zum 60. westlichen Längengrad ausbreitete. Die Schaffung einer neuen Atlantikflotte markierte den Beginn einer aktiveren Teilnahme. Auf gepachteten Gebieten auf den Bermudas, in Neufundland und Grönland wurden Stützpunkte eingerichtet. Vier alte „four piper"-Zerstörer und zehn Küstenwachtkutter für Langstrecken wurden unter britische Flagge gestellt. Durch die Nutzung der Basen auf Island und auf St. John's, im äußersten Osten Neufundlands, war es jetzt möglich, über die gesamte Strecke hinweg Überseegeleitschutz zu gewähren. Kanadische Eskorten waren für die Strecke bis zum 35. Grad westlicher Länge verantwortlich. Dort lag der so genannte MOMP oder Mid-Ocean Meeting Point (Mittelatlantischer Treffpunkt). Ab hier und bis zum 18. westlichen Längengrad waren die auf Island stationierten britischen Truppen für den Schutz zuständig, die dann an die Western Approaches-Eskorten übergaben.

In der Luftdeckung gab es aber noch eine große Lücke. Das einzige Flugzeug mit der nötigen Reichweite war die speziell umgebaute Langstreckenmaschine Consolidated PB4Y Liberator. Die Produktion ging nur sehr langsam voran, und die meisten Flugzeuge wurden sofort in den Pazifik entsandt. Die Briten konnten die Stützpunkte in der Irischen Republik nicht nutzen,

Oben und rechts: Arbeiter in der New Yorker Marinewerft installieren ein 12,7-mm-Maschinengewehr an Bord eines Handelsschiffes. Dies war der einzige Schutz, den die Schiffe gegen deutsche Luftangriffe im Nördlichen Eismeer hatten.

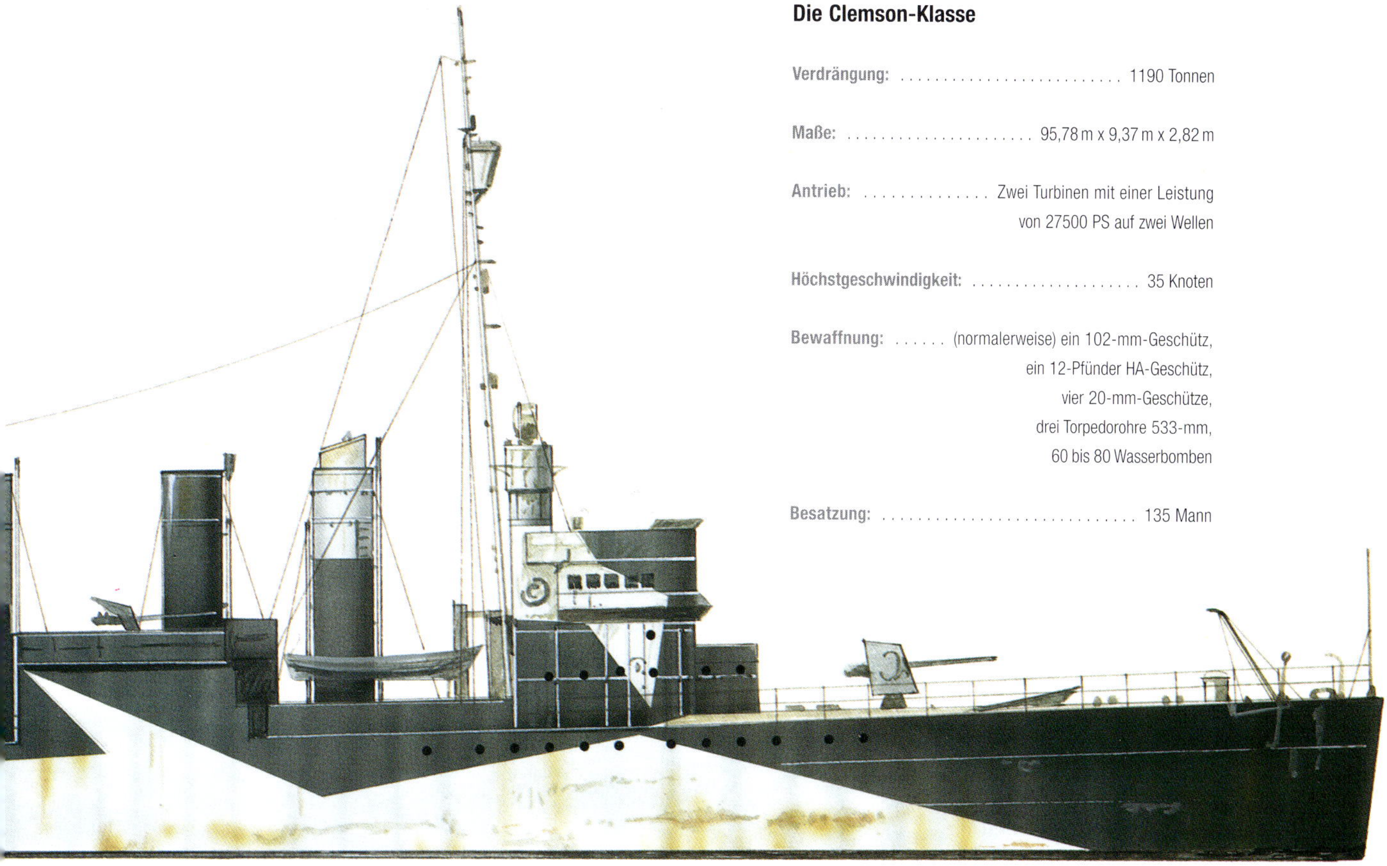

Die Clemson-Klasse

Verdrängung:	1190 Tonnen
Maße:	95,78 m x 9,37 m x 2,82 m
Antrieb:	Zwei Turbinen mit einer Leistung von 27500 PS auf zwei Wellen
Höchstgeschwindigkeit:	35 Knoten
Bewaffnung:	(normalerweise) ein 102-mm-Geschütz, ein 12-Pfünder HA-Geschütz, vier 20-mm-Geschütze, drei Torpedorohre 533-mm, 60 bis 80 Wasserbomben
Besatzung:	135 Mann

Beladung eines Liberty-Schiffs

andere Ladung

Kohle | Kohle | Kohle | Schiffs-vorräte
Maschinen-raum | Kessel-raum | Kohle
Wellenschacht

was das Problem der Luftsicherung noch verschärfte, während auch die Konvoirouten von Gibraltar und Sierra Leone ständig von U-Booten attackiert wurden.

Die „glücklichen Tage" der U-Boote

Die Lücke in der Deckung aus der Luft erlaubte es den U-Booten praktisch ungehindert an der Wasseroberfläche zu agieren. Nach nächtlichen Angriffen wurden die Schiffe über Wasser verfolgt und ihnen der „Todesstoß" versetzt. Wenn Luftreserven aufgefüllt und die Batterien wieder geladen waren, konnte das U-Boot in der nächsten Nacht wieder zuschlagen. Bei Treffen mit speziell für den Typ IX ausgerüsteten Versorgungsschiffen nahm man neuen Treibstoff, Torpedos und Proviant an Bord. Trotzdem waren dem Aufenthalt der U-Boote auf See durch die Belastbarkeit der Besatzung und der Mechanik gewisse Grenzen gesetzt.

Oben: Die SS *Fort Halkett* (10 384 Tonnen Nutzlast), wie sie in Swansea im Februar 1943 beladen wurde. Sie transportierte eine Fracht für die Alliierten, die in Tunesien stationiert waren. Darunter befanden sich Artilleriezugmaschinen, Panzer vom Typ *Churchill*, universell einsetzbare leichte Panzerfahrzeuge, Schmieröl, Munition, Tarnnetze, Sprengstoff, Aufklärungsfahrzeuge, Wassertanks, Funkwagen und Vorräte für das Königliche Pionierkorps.

Dies war die erfolgreichste Zeit der U-Boot-Asse, die 70 Prozent der durch sie verursachten Verluste ihren verwegenen nächtlichen Aktionen an der Wasseroberfläche innerhalb der Schutzzone der Eskorten verdankten. Da ihr „Asdic" nutzlos war und das notwendige Oberflächenradar gerade erst aufkam, konnten die Eskorten nur mit Leuchtmitteln und Geschützfeuer ihr Bestes tun. Allein die drei erfolgreichsten Kommandanten, Kretschmer, Luth und Topp, versenkten insgesamt 121 Schiffe mit 687 000 BRT.

Bei seinem verspäteten Kriegseintritt bot Mussolini den Deutschen Unterstützung durch eine U-Bootflotte an. Damals stimmte Dönitz, dessen Flotte nicht stark genug war, dem bereitwillig zu, doch er war schnell enttäuscht. Die Geschwindig-

keit der italienischen U-Bootflotte schien für Angriffe auf Konvois kaum geeignet, und Kooperation war praktisch unmöglich. Sowohl ihre Boote als auch ihre Ausbildung ließen sehr zu wünschen übrig. Innerhalb eines Jahres hatte Dönitz sie in den Mittelatlantik und die Karibik verbannt. Ihr Mitwirken brachte jedoch einigen Nutzen, sie versenkten insgesamt 106 Handelsschiffe mit 564 000 BRT. Hinsichtlich ihrer allgemein schlechten Presse lohnt es aber darauf hinzuweisen, dass das erfolgreichste nicht-deutsche U-Boot im Zweiten Weltkrieg das italienische *Enrico Tazzoli* war, welches für 17 versenkte Schiffe mit über 120 000 BRT verantwortlich zeichnete. Sechzehn italienische U-Boote, die Hälfte der von ihrem Stützpunkt in Bordeaux aus eingesetzten Boote, gingen im Kampf verloren.

Links: U 660 von Bord der HMS *Startwort* aufgenommen, kurz nachdem es an die Wasseroberfläche schoss und sich ergab. Das Boot war durch Wasserbomben schwer beschädigt worden und sank, kurz nachdem dieses Foto gemacht wurde.

Rechts: Der 8800-Tonnen-Tanker *Dixie Arrow* wurde von U 71 (Flaschenberg) vor Cape Hatteras am 26. März 1942 torpediert. Von den 33 Mann an Bord überlebten 22 durch schnelle Rettung. Walter Flaschenberg führte einen der erfolgreichsten Angriffe an der US-Küste in diesem Frühling, er versenkte 39 000 Tonnen Schiffsraum.

Britische Gegenmaßnahmen

Sie waren zwar wechselhaft und Schwankungen unterlegen, aber in der zweiten Hälfte des Jahres 1941 wurden die alliierten Gegenmaßnahmen mehr und mehr von Erfolg gekrönt. In den ersten sechs Monaten des Jahres gingen durch U-Bootangriffe 263 Schiffe mit 1,45 Millionen BRT verloren, in der zweiten Jahreshälfte waren es nur noch 169 Schiffe mit 720000 BRT. Die Konvois fuhren auf einer nördlicheren Route, um die auf Island stationierte Luftunterstützung zu nutzen. Das verlängerte zwar die Fahrtstrecke, brachte sie aber auch zum Teil aus der Reichweite der FW200, deren Versenkungsrate dadurch sank.

Wie bei vielen langfristigen Entwicklungen gab es auch für diese Verbesserung nicht nur einen Grund. Die U-Boot-Asse der ersten Zeit waren gefallen, und bei dem schnellen Wachstum der U-Bootflotte (etwa 240 Boote bis Ende 1941) kristallisierten sich vorhandene Talente nicht heraus. Die Größe und Effektivität der britischen A/S-Streitkräfte stieg deutlich an. Die Royal Navy begann speziell deutsche Versorgungsschiffe und Versorgungs-U-Boote ins Visier zu nehmen. Diese Maßnahme war so erfolgreich, dass die Deutschen ständig den Verrat oder die Entschlüsselung ihrer Codes vermuteten.

Der verschlüsselte deutsche Funkverkehr wurde tatsächlich von den Briten gelesen. Das hatten verschiedene Quellen ermöglicht, z. B. die Gefangennahme der Besatzung von U 570 oder die schnelle Rettung von Material aus dem U 110, ehe es sank. Beide Erfolge unterlagen strengster Geheimhaltung und wurden von den Deutschen nicht vermutet. Aufklärung auf hohem Niveau erreichte das Dechiffrierprojekt „Ultra", das mit größter Vorsicht angewendet werden musste, damit beim Feind kein Verdacht aufkam.

Die Fahrt des Konvois HG.76, die am 14. Dezember 1941 von Gibraltar ins Vereinigte Königreich führte, stellte so etwas wie einen Wendepunkt dar. Seine 32 Schiffe waren durch einen aus zwölf Schiffen bestehenden Geleitzug (hauptsächlich eine Eskortengruppe des gefürchteten Captain Frederick „Johnny" Walker) und der *Audacity*, dem Prototypen für Hilfsflugzeugträger, ungewöhnlich gut geschützt. Er hatte zwar nur sechs Marlet-Jäger an Bord, diese holten aber zwei FW.200 vom Himmel, hielten den Rest auf Abstand und erspähten aufgetauchte U-Boote. Dönitz setzte neun U-Boote ein, die später von drei weiteren Verstärkung bekamen. Am Ende einer viertägigen Schlacht waren fünf U-Boote versenkt und nur zwei Handelsschiffe verloren. Der Geleitzug, der schwere Arbeit geleistet hatte, hatte die ehemals amerikanische „four-piper" *Stanley* und die *Audacity* verloren, aber für Dönitz war das Endergebnis eine klare Niederlage.

Links: Ein weiteres Opfer des Unternehmens „Paukenschlag": der britische 8100-Tonnen-Tanker *Empire Gem* sinkt vor Cape Hatteras am 24. Januar 1942. Er war eines von fünf durch Richard Zapp im U 66 versenkten Schiffen. Zapp erhielt eine öffentliche Danksagung von Admiral Dönitz und wurde später mit dem Ritterkreuz ausgezeichnet.

Rechts: Die *Gentian* gehörte im Februar 1942 zum Konvoi SC67. Am Morgen des 11. Februar sichtete sie ein Floß mit acht Schiffbrüchigen der kanadischen Korvette *Spikenard*, die in der Nacht torpediert worden war, vom Rest der Besatzung fehlte jede Spur.

U-Boote vor der US-Küste

Trotz ihrer Bedeutung wurde die Konvoi-Schlacht von Ereignissen an anderen Orten überschattet. Der japanische Überfall auf Pearl Harbor am 7. Dezember hatte Hitler genauso überrascht wie jeden anderen. Noch überraschender war jedoch, dass der *Führer* im Juni 1941 die Sowjetunion überfiel, nun auch noch den Vereinigten Staaten den Krieg erklärte.

Die amerikanische Ostküste von St. Lawrence bis hin zur Karibik wimmelte nur so von Schiffen. Es gab keine Pläne für deren Schutz, kaum Flugzeuge und noch weniger A/S-Eskorten.

Dönitz hatte lange insistiert, ehe er die Erlaubnis bekam, auf die „short-of-war"-Politik zu reagieren. Am 9. Dezember schlug er die Entsendung von einem Dutzend der weitreichenden Boote des Typs IX vor, die für den Anti-Konvoi-Einsatz für nicht wen-

dig genug befunden worden waren. Nur fünf durften entsendet werden, später bekamen sie Verstärkung von kleineren Booten des Typs VII.

Um die Wirkung der Kampagne so groß wie möglich zu gestalten, mussten die U-Bootkommandanten auf grünes Licht für alle warten. Das bekamen sie aber erst am 13. Januar 1942. Die amerikanischen Befehlshaber hätten wenigstens fünf Wochen Zeit gehabt, sich die Erfahrungen anderer zunutze zu machen. Warum sie das nicht taten, ist bis heute ungeklärt. Das kurzfristige Ergebnis war jedoch ein Massaker. Bei Tage blieben die U-Boote unter Wasser, nachts tauchten sie aber auf und stießen in die Küstenschifffahrtswege vor. Handelsschiffe, die wie zu Friedenszeiten mit voller Beleuchtung fuhren, wurden zu Dutzenden versenkt. Da die Amerikaner nur langsam reagierten, verlegte Dönitz das Zentrum seiner Angriffe immer wieder, so dass kein Gleichgewicht hergestellt werden konnte. Selbst die

sowieso schon unter Druck stehende Royal Navy half, soweit sie konnte, aber erst im April 1942 konnte der Feind in tiefere Gewässer zurückgedrängt werden.

Während der gesamten Dauer dieser so genannten „Paukenschlag"-Kampagne waren nie mehr als ein Dutzend U-Boote vor der US-Küste, deren Aufenthalt durch Versorgungs-U-Boote verlängert wurde. Die vorher rückläufige Verlustrate der Handelsschiffe explodierte geradezu. Sie erreichte in jedem der ersten sieben Monate des Jahres 1942 durchschnittlich 100 Schiffe mit 500 000 BRT. Das gab natürlich der deutschen Kampfmoral enormen Auftrieb, konnte aber glücklicherweise nicht verschleiern, dass draußen im Atlantik die langfristige Entwicklung immer noch zu Gunsten der Verteidiger verlief. Die Einsatzstärke von Dönitz stieg während der ersten Jahreshälfte von 91 auf 140 Boote an, er hatte aber auch 32 Boote verloren.

Die Niederlage der U-Boote

Die Lücke in der Luftunterstützung schloss sich langsam, die Konvois konnten zunehmend auf die Anwesenheit einer VLR Liberator zählen. Schon ein Flugzeug konnte die Angreifer zum Abtauchen zwingen, wodurch diese die Tuchfühlung verloren. Weiterhin konnte es Warnungen vor U-Booten übermitteln, wenn diese sich vor einem Konvoi sammelten. Daraufhin konnte der Konvoi seinen Kurs ändern und ausweichen.

Im Western Approaches Command waren nun etwa 25 Geleitzüge im Einsatz. Mehr als 50 Ozeaneskorten operierten von Neufundland aus. Viele davon waren neue Fregatten – weiter reichend, besser bewaffnet und nicht so furchtbar unpraktisch für die Besatzung wie die Korvetten. Eine bedeutsame Entwicklung Anfang 1943 war die Bildung der ersten fünf Hilfsgruppen. Einsatzanalysen hatten gezeigt, dass die Home Fleet mit ein paar Zerstörern dazu beitragen konnte. Auch ein erster Flugzeugträger (CVE) wurde der Eskorte zugeteilt.

Im Frühling 1943 hatte die Einsatzstärke mit 240 U-Booten einen Höhepunkt erreicht. Ihre Ausfahrten hingen sehr von den Aktivitäten des deutschen Funkaufklärungsdienstes ab, der den täglichen britischen Lagebericht abhörte. Da diese Übertragungen hauptsächlich aus einer Auswahl entschlüsselter U-Bootberichte und wichtigen „Ultra"-Informationen bestanden, illustriert das den Einfluss der Hintergrundaktivitäten auf das Gesamtergebnis.

Im März 1943 erreichten die Konvoigefechte ihren Höhepunkt, als der langsame Konvoi SC.122 von dem schnellen Konvoi HX.229 eingeholt und mit diesem zusammen von über 40 U-Booten, in drei Gruppen organisiert, ins Visier genommen wurde. Einundzwanzig Schiffe mit 141000 BRT gingen verloren. Der Geleitschutz hatte normale Stärke, wurde aber von dem Ausmaß des Angriffs überwältigt. Trotz aller Verteidigungsanstrengungen konnte nur ein U-Boot versenkt werden, und zwar von einem Sunderland-Flugboot, dessen Reichweite bedeutend unter den 800 Meilen der VLR Liberator lag.

In diesem fürchterlichen Monat kam Dönitz seinem Ziel am nächsten. In den ersten 20 Tagen versenkten seine Boote etwa 100 Handelsschiffe, zusammen über 100000 BRT. Davon wurden 65 im Nordatlantik zerstört. Dass die meisten dabei in Konvois gefahren waren, widersprach allen statistischen Erkenntnissen und brachte erneut Stimmen auf, die das Konvoikonzept in Frage stellten. Der deutsche Vorteil wurde jedoch ebenso schnell wieder rückgängig gemacht. In den letzten elf Märztagen gab es im Atlantik nur 17 Verluste. Die Alliierten hatten schnell reagiert und die Zahl der verfügbaren VLR-Flugzeuge auf 30 erhöht, außerdem befanden sich alle Hilfsgruppen im Einsatz.

Die Analytiker von Dönitz ließen sich durch den spektakulären Angriff auf SC.122/HX.229, der aber ein Einzelerfolg blieb, und von den ständigen Übertreibungen heimkehrender und stark miteinander konkurrierender U-Bootkommandanten irreführen. In Wirklichkeit hatte die Zahl der Versenkungen im

zweiten Quartal 1942 abgenommen, während die U-Bootverluste stiegen. Zu Beginn des Jahres 1942 kamen auf jedes verlorene U-Boot etwa 220000 BRT versenkter Schiffsraum, bis Mai 1943 war diese Quote auf 5500 BRT abgesunken. Wenn Dönitz noch andere Statistiken brauchte, die ihn davon überzeugten, dass seine Kampagne ins Stocken geraten war, dann war es die der alliierten Schiffsneubauten. Im Juli 1943 wurde mehr Schiffsraum fertiggestellt als die Gesamtsumme der Verluste. Und das Produktionstempo stieg weiter.

Im Mai 1943 erlitten die Männer von Dönitz einige schwere Rückschläge. Als der langsame Konvoi ONS.5 von 41 U-Booten bedroht wurde, bekam der Geleitschutz erst von einer und dann von einer zweiten Hilfsgruppe Verstärkung. Eine zweitägige Schlacht während eines Frühlingssturms wurde im eisigen Wasser ausgetragen. Sieben U-Boote wurden zerstört und zwölf Handelsschiffe versenkt. Nur wenige Tage später wurden wieder 36 Boote auf den schnellen Konvoi HX.237 und den langsamen SC.129 angesetzt. Diesmal war die Quote fünf U-Boote auf fünf Frachter. Eine Woche danach setzte Dönitz 17 U-Boote auf den SC.130 an. Die VLR Liberator-Unterstützung wurde umgehend verstärkt, und in Zusammenarbeit mit den Eskorten zerstörten sie sechs U-Boote. In einem davon verlor Admiral Dönitz seinen eigenen Sohn. Der Konvoi blieb unversehrt.

Im April und Mai 1943 wurden 56 U-Boote versenkt, eine inakzeptable Zahl, woraufhin ihr vorübergehender Rückzug für eine Neueinschätzung der Kampagne angeordnet wurde.

Dönitz führte die Kampagne jedoch weiter, weil die großen

Links: Im August 1943 griff eine *Liberator* des 200. Geschwaders der RAF das aufgetauchte U 468 vom Typ VIIC vor der Küste Westafrikas an. Die Geschützführer des U-Boots trafen die *Liberator* und setzten sie in Brand, aber der Flying Officer Lloyd Trigg setzte sein Bombardement fort. Die Wasserbomben trafen und versenkten das U-Boot, aber die *Liberator* stürzte ins Meer, alle an Bord kamen ums Leben. Hier wird einer der sieben Überlebenden des U-Boots, die von der HMS *Clarkia* in einem Schlauchboot gefunden wurden, in Freetown an Land gebracht.

Rechts: Die Besatzung von U 593 (Kelbing) vom Typ VIIC ergibt sich nach einem siebenstündigen Duell mit einer anglo-amerikanischen Eskorte im Dezember 1943 vor Bizerta. U 593 hatte den Zerstörer *Tynedale* der Hunt-Klasse versenkt und damit eine intensive Suche ausgelöst. Kelbing konnte einen zweiten Zerstörer torpedieren und versenken, nämlich die HMS *Holcombe*, wurde dann aber durch die USS *Wainright* auf dem Sonar entdeckt und liquidiert.

Reserven, die die Alliierten im See-Luft-Krieg binden mussten, andernorts eingesetzt größere Probleme verursachen würden. Er wusste, dass sich neuartige U-Boottypen und Torpedos im Endstadium der Entwicklung befanden. Die neuen Boote sollten in der Lage sein, bei andauernder Luftdeckung unter Wasser zu bleiben, aber die für Konvoiangriffe notwendige Geschwindigkeit beizubehalten.

Akustische Torpedos, die ab September 1943 eingesetzt wurden, sollten die Eskorten lahm legen, und obwohl sie gewisse Störungen produzierten, war schnell ein Gegenmittel gefunden. Die größte Gefahr für die U-Boote blieben die Flugzeuge, deren Deckung durch ein im Oktober 1943 mit dem neutralen Portugal geschlossenes Abkommen zur Nutzung von Flugplätzen auf den Azoren erweitert wurde.

Zu diesem Zeitpunkt war die Atlantikschlacht praktisch entschieden. In den Monaten September und Oktober wurden 2468 Schiffe in Konvois über den Ozean gebracht, davon neun versenkt, aber 25 U-Boote zerstört. Atlantikkonvois bestanden nun zumeist aus 80 und mehr Schiffen. Der Hauptgrund dafür war, dass die Peripherie der Konvois nur annähernd mit der Quadratzahl der in ihm fahrenden Schiffe wuchs und es deshalb billiger war, in Geleitzügen zu fahren.

Hohe Verluste aus der „Zangenoffensive" und die starke Verteidigung der Konvois ließen bei den deutschen U-Bootkommandanten zunehmend Verzweiflung aufkommen, die angesichts der Luftunterstützung ihre Angriffe nicht mehr energisch durchsetzten.

Nach der Landung in der Normandie im Juni 1944 mussten durch den Vormarsch der Alliierten die U-Bootstützpunkte in der Biskaya evakuiert werden. Bis Ende September waren alle noch vorhandenen U-Boote nach Norwegen verlegt worden. Das, und die Beseitigung der verbliebenen Versorgungs-U-Boote in einer sorgfältig koordinierten und andauernden Operation, stellten endgültig das Ende des Kampfes um die atlantischen Schiffsrouten dar.

Der Wert innovativer Technik stellte sich als recht zweifelhaft heraus, oder sie kam überhaupt zu spät. Mit Schnorcheln ausgerüstete U-Boote waren zwar wirklich in der Lage, für lange Zeit unter Wasser zu bleiben, aber dadurch wurde der für ein konventionelles Boot mögliche Aufenthalt auf See von 60 bis 100 Tagen auf durchschnittlich 37 Tage verkürzt, und die Dauer möglicher Kämpfe von 40 auf 9 Tage verringert. Nur die mit hoher Tauchgeschwindigkeit fahrenden und mit Schnorcheln ausgerüsteten „Elektroboote" (Typen XXI und XXIII) entsprachen allen Anforderungen, aber diese kamen buchstäblich erst in den letzten Kriegstagen zum Einsatz.

Kühle Statistiken können den Schmerz und die Verluste, die zum zweiten Mal in einer Generation durch die deutsche U-Bootflotte entstanden sind, nicht einmal im Ansatz entsprechend ausdrücken. Die Schätzungen divergieren, aber die Verluste an alliierten und neutralen Handelsschiffen bewegen sich um die 5200 Schiffe mit fast 22 Millionen BRT Schiffsraum. Ungefähr zwei Drittel davon wurden durch U-Bootangriffe vernichtet. Etwa 63 000 Mann Besatzung haben ihr Leben verloren, mehr als das Doppelte gegenüber den in den dafür verantwortlichen U-Booten.

Rechts: „Z" Zebra macht den letzten Kriegspatrouillenflug des RAF Coastal Command am 4. Juni 1945. Flugzeuge waren in den ersten 18 Monaten des Krieges nur für eine Handvoll von U-Bootverlusten verantwortlich, aber sie wurden zum schlimmsten Feind und versenkten ab 1942 den größten Teil der verlorenen U-Boote.

Kapitel 2 – Der Krieg gegen das U-Boot

Die U-Boot-Abwehr im Ersten Weltkrieg

Die U-Boot-Abwehr von 1914–18 war etwas völlig Neues, und sie wurde von der Royal Navy eher mit eiserner Ausdauer als mit wissenschaftlicher Hilfe angegangen. Im Kapitel 1 wurde erwähnt, dass die drei erfolgreichsten U-Bootkommandanten des Zweiten Weltkriegs zusammen Handelsschiffe mit insgesamt 687000 BRT versenkten. Diese hohe Gesamtzerstörungsmenge verblasst jedoch neben der, die von den drei Top-Kapitänen des Ersten Weltkriegs erzielt wurde, denn sie versenkten 1,08 Millionen BRT Schiffsraum. Schlimmer noch, mehr als zwanzig Kapitäne konnten über 130000 versenkte BRT für sich verbuchen.

Diese Erfolge konnten einfach deshalb erreicht werden, weil sie selbst nicht versenkt wurden. U-Bootflottillen hatten an den Hauptkriegsschauplätzen in der Nordsee und im Mittelmeer ihre Stützpunkte, so konnten sie mehrere Ausfahrten unternehmen. Die Gegenmaßnahmen waren so ergebnislos, dass die Boote mit den höchsten Versenkungszahlen bis zu vierundzwan-

zig Mal auslaufen konnten. Die Verteidigung kam sehr langsam in Gang. In den Jahren 1915 und 1916 wurden nur je 20 bzw. 22 U-Boote versenkt. In den Jahren 1917 und 1918 stieg diese Zahl auf 65 bzw. 72 Versenkungen.

Daraus kann man wichtige Lehren ziehen. Der Aufbau und die Ausbildung von wirksamen A/S-Streitkräften brauchen einige Zeit. Nationen, die zu Friedenszeiten nicht ausreichend in ihre Verteidigung investieren, werden zu Kriegszeiten hart dafür bestraft. Während die Wiedereinführung des Konvoisystems im Ersten Weltkrieg die gravierenden Verluste der Handelsschifffahrt bremsten, war es schließlich die Anwendung wissenschaftlicher Erkenntnisse in der A/S-Kriegsführung, durch die U-Boote endlich versenkt werden konnten.

Vom Kriegsausbruch 1914 an experimentierten die Wissenschaftler der Admiralität mit Sonargeräten zur Ortung von U-Booten. Man entdeckte bald, dass externe Wassergeräusche jedes brauchbare Signal schnell überdeckten. Wenn sie nur bei langsamer Fahrt benutzt wurden, konnten Sonargeräte von Überwasserschiffen angewendet wer-

den. Mehrfachgeräte mit aufeinander abgestimmten Einstellungen konnten die ungefähre Richtung eines U-Boots anzeigen. Auch die Franzosen und die Amerikaner widmeten dem Problem nicht unerhebliche Mittel, aber die Briten waren führend mit der Herstellung eines stromlinienförmigen „Fisches", der im Schlepp gezogen wurde und ein Richtmikrofon enthielt. Dieses konnte in Rotation versetzt werden. Wenn auf das lauteste Sig-

Angriff des US-amerikanischen Küstenwachbootes *John C. Spencer* mit Wasserbomben auf U 175, ein U-Boot vom Typ IXV. Das U-Boot tauchte schließlich auf und versuchte, den Kampf gegen die *John C. Spencer* und die *Duane*, ein weiteres Küstenwachboot, auszufechten. Der Kommandant der U 175 wurde durch einen Volltreffer am Kommandoturm getötet, und die Mannschaft gab das Boot auf.

nal gehört wurde, erhielt man genaue Richtungsangaben mit etwa zehn Grad Toleranz, aber natürlich keine Entfernungsbestimmung.

Ein untergetauchtes Ziel auszumachen war eine Sache, die erfolgreiche Bekämpfung aber eine ganz andere. Obwohl der Sonarkontakt zu U-Booten 1918 keine Seltenheit mehr war, gehen laut Aufzeichnungen der Admiralität nur vier Versenkungen ausschließlich auf die Verwendung der Geräte zurück. Die Wasserbombe wurde schon 1911 in primitiver Ausführung getestet, aber erst 1916 an die Flotte ausgegeben. Die Typ D-Bombe im Jahr 1917 war ein einfacher Zylinder mit 300 Pfund (136 kg) TNT, die Detonation wurde durch einen hydrostatischen Schalter ausgelöst, der auf Stufen zwischen 50 Fuß (15,2 m) und 200 Fuß (61 m) eingestellt werden konnte. Wenn sie im Umkreis von 30 Fuß (9,1 m) eines getauchten U-Bootes explodierte, war die Chance für ein Entkommen meistens sehr gering und wurde durch den gleichzeitigen Abwurf von Bomben weiter reduziert.

Rechts: Die HMS *Vanity* war einer der Zerstörer der V-Klasse, die Ende des Ersten Weltkrieges gebaut und im Zweiten Weltkrieg dann in den Geleitschutzdienst gestellt wurden. Sie wurde zur Luftabwehr mit vier 4-Zoll-Geschützen nachgerüstet und hatte 30 bis 40 Wasserbomben an Bord.

Vor Kriegsende wurden zwei weitere Vorgehensweisen einge-führt. Beide sollten sich schließlich als sehr effektiv gegen die Bedrohung der U-Boote erweisen. Zunächst ging es um Möglich-keiten das Flugpotenzial auszuschöpfen. Anfangs waren die Er-folge der Ad-hoc-Unternehmen bescheiden. Mittels großem En-thusiasmus und vielen ständigen Verbesserungen funktionierte es dann doch noch. Bis 1916 war die Nutzlast der Flugzeuge so groß geworden, dass Bombenangriffe geflogen werden konnten.

Im August 1916 überfielen österreichisch-ungarische Mari-nejagdflieger die Werft in Venedig und schickten das britische Unterseeboot B-10 auf den Meeresgrund. Einen Monat später, und das war noch bedeutsamer, erspähten ihre Flugboote in der Adria das getauchte französische Boot *Foucault* und zer-störten durch präzise Bombardierung dessen primitive Tiefen- und Gleichgewichtssteuerung. Nachdem es zum Auftauchen ge-zwungen war, wurde es von anderen Flugzeugen versenkt.

Ihrer Zeit recht weit voraus waren die britischen Experimente

mit Sonargeräten, die von Luftschiffen oder gelandeten Wasserflugzeugen ins Wasser getaucht wurden, allerdings war die Zerbrechlichkeit der Geräte sehr hoch. Bis Kriegsende hatten die Briten etwa 560 Flugzeuge verschiedener Typen zum Kampf gegen feindliche U-Boote hergestellt. Obwohl nur ein U-Boot auf der Stelle versenkt wurde und vier weitere in Zusammenarbeit mit Überwasserschiffen, berichteten U-Bootkommandanten doch schon darüber, dass ihre Bewegungsfreiheit durch die ständigen Luftpatrouillen eingeschränkt sei.

Während der etwa achtzehn Monate, in denen ein völlig einheitliches Konvoisystem operierte, gingen von den 84 000 eskortierten Schiffen nur 257 verloren. Das bedeutet eine Verlustrate von nur 0,3 Prozent. Nur zwei dieser Schiffe wurden versenkt, als die Eskorte durch Flugzeuge ergänzt war.

Die zweite Neuheit war die Nutzung des Nachrichtendienstes. Sie war so angelegt, dass sie keine Aufmerksamkeit auf sich lenkte, sammelte aber eine große Menge an Informatio-

Oben: Die US Navy hatte 1942 so wenige ASW-Schiffe in Betrieb, dass sie von der britischen und der kanadischen Marine 25 Korvetten der Flower-Klasse bekam. Die hier abgebildete *Begonia* wurde zur USS *Impulse*.

Links: Eine verwitterte Korvette der Flower-Klasse, die *Convolvulus*, im September 1941. Sie hat am Heck Bombenstände für Zwillingswasserbomben und auf jeder Seite Abwurfvorrichtungen für jeweils 40 Wasserbomben.

Rechts: Geräte zur Richtungsbestimmung und die „Ultra"-Aufklärung gaben der Royal Navy einen immer genauer werdenden Überblick über den Standort von U-Booten. Anfang 1943 wurde das manchmal dazu benutzt, die Konvois durch die „Wolfsrudel" zu schleusen, statt sie umzuleiten.

Der Zerstörer vom Typ II der Hunt-Klasse *Badsworth* nähert sich längsseits dem Versorgungsschiff. Die Schiffe vom Typ II hatten keine Torpedos, sondern wurden zur Luft- und U-Bootabwehr bestens ausgestattet: die Bewaffnung umfasste vier 4-Zoll-Geschütze und bis zu 60 Wasserbomben. Die *Badsworth* überstand den Krieg und wurde 1946 der Königlich-Norwegischen Marine übergeben.

58

nen aus einer Vielzahl verschiedener Quellen, um daraus eine Datenbank zu erstellen. Diese wurde ständig aktualisiert und bildete die Grundlage für Schlussfolgerungen und Entscheidungen.

Sonargeräte funktionieren auf der Basis von Membranen, die durch aufgefangene akustische Energie in Schwingungen versetzt werden. Genauso arbeiten sie auch in die andere Richtung, die Membran sendet Energie, wenn sie von einem angeschlossenen Oszillator in Schwingungen versetzt wird. Sowohl im Wasser als auch in der Luft wird ein kleiner Teil der Energie, die auf ein festes Objekt trifft, als Echo reflektiert, und ein ausreichend empfindliches Sonargerät, das auf die entsprechende Frequenz eingestellt ist, kann dieses auffangen.

Experimente mit solchen Sender/Empfänger-Kombinationen wurden sowohl in Großbritannien als auch in den Vereinigten Staaten durchgeführt. Durch den ständigen Energiefluss kam es zu Überlagerungen und die Richtungsgenauigkeit war noch schlecht. Trotzdem behaupteten 1917 die Amerikaner, sie hätten von einem mit 15 Knoten fahrenden Schiff aus ein getauchtes U-Boot in einer Entfernung von fast 1000 m ausgemacht.

Für die exakte Entfernungsbestimmung war jedoch ein klar ausgesendeter Energieimpuls nötig. In einer Kammer gezündete Gase funktionierten ganz gut, aber die dazugehörige Ausrüstung war viel zu umständlich. Es waren schließlich die Franzosen, die mit der Piezoelektrizität eine technische Lösung schufen. Wenn gewisse reine Kristalle mechanischem Druck ausgesetzt werden, geben sie kurz eine elektrische Ladung ab. Wenn man den Prozess umkehrt und sie elektrisch stimuliert, beginnen sie zu vibrieren. Die Leistung war sehr gering, die Franzosen hatten jedoch schon einen entsprechenden Hochfrequenz-Röhrenverstärker zur Erzeugung eines brauchbaren Signals. Sie teilten ihre Erkenntnisse den Briten mit, die daraufhin schnell einen Prototyp des Gerätes zur Erprobung auf See bauten. In eine stromlinienförmige und einziehbare Haube eingebaut, konnte es ein Ziel unter Wasser in einer Entfernung von etwa 2300 m und mehr gut erfassen. Es lohnt sich anzumerken, dass dieses Ergebnis auch bis 1939 kaum verbessert wurde und im Zweiten Weltkrieg U-Boote durchschnittlich erst auf der Hälfte dieser Entfernung ausgemacht wurden.

Die Auslieferung der neuen Geräte erfolgte zu spät, um vor dem Waffenstillstand noch von Nutzen sein zu können, und mit dem Kriegsende kam es bei den Alliierten unausweichlich zur Kürzung der Etats und der Entlassung des Personals. Ab Juli 1918 nannten die Briten den Apparat „ASDIC", Details über ihn wurden streng vertraulich behandelt. Man nimmt allgemein an, dass die Bezeichnung von „Anti-Submarine Detection Investigation Committee" abgeleitet wurde, aber mysteriöserweise gibt es keinerlei schriftlichen Beweis darüber, dass so ein Gremium je existiert hat.

ASW-Taktik zwischen den Kriegen

Die ersten „Asdic"-Geräte für Zerstörer wurden im Jahre 1922 in der Royal Navy eingeführt. Versuche und Übungen zeigten die Probleme auf, die bis heute nicht gelöst sind. Tiefes Wasser enthält nicht vorhersehbare Schichten mit unterschiedlichen Temperaturen und Gehalt an Salz, während der Druck linear mit der Tiefe ansteigt.

All diese Faktoren haben zur Folge, dass die „Asdic"-Übertragungen verzerrt werden können, und sie verändern die Geschwindigkeit, mit der sich der Schall ausbreitet. Kaltes und tiefes Wasser kann „Konvergenzzonen" hervorrufen, in denen Ziele in ungewöhnlichen Entfernungen lokalisiert werden können. Dafür gibt es aber hier auch Zonen, die Schallenergie einfach

Oben: Die *Hibiscus* war eine von 35 durch Harland and Wolff gebauten Korvetten der Flower-Klasse. Nach ihrer Übergabe an die US Navy 1942 wurde sie zur USS *Spry.*

verschlucken. In flachem Wasser wird die Erfassung eines schwachen, brauchbaren Signals vor dem Hintergrund der von außen kommenden und vom Schiff selbst erzeugten Geräusche noch zusätzlich durch die Verteilung auf mehrere Kanäle erschwert, erzeugt durch Streuung, wenn Schallwellen auf den Meeresboden treffen.

Es wurde entdeckt, dass nicht nur das mit der Schiffsgeschwindigkeit zusammenhängende Wassergeräusch ein wichtiger Faktor war, sondern auch das relativ unbekannte Phänomen der Kavitation (Hohlsog). Folglich wurde der Verbesserung der Strömung um den Schiffskörper mehr Aufmerksamkeit gewidmet, um Diskontinuität zu vermeiden und besonders, um Schiffsschrauben für bestimmte Geschwindigkeiten mit optimalen Eigenschaften zu entwickeln.

Die frühen „Asdic"-Geräte wurden noch mit einer Kurbel per Hand bewegt, damit ihr Bediener in eine bestimmte Richtung lauschen oder die Umgebung absuchen konnte. Die Geräte wurden dann verbessert und mit Motorantrieb ausgestattet sowie an drehbaren Verstärker des Schiffes angeschlossen, damit sie trotz der Schiffsmanöver eine bestimmte Richtung halten konnten. Durch Entwicklungen in der Instrumententechnik konnte die Anzeige von Entfernung und Richtung auch

anderswo abgelesen werden, was dem Personal auf der Brücke zugute kam.

Eine hohe Zahl von Fehlkontakten war unvermeidlich. Es gab noch eine weitere Schwierigkeit: Bei der endgültigen Annäherung zum Ausführen eines Wasserbombenangriffs fielen Impuls und Echo praktisch zusammen und die so wichtigen Kursänderungen waren kaum auszumachen. Umfassend anwendbare Lösungen für diese Probleme gab es erst viel später. Eine war der in Fahrtrichtung feuernde 3,5 Zoll Bombenreihenwerfer, der ein noch im „Asdic"-Strahl erfasstes Ziel eine halbe Meile voraus treffen konnte. Seine Entwicklung wurde 1934 wegen fehlender Geldmittel eingestellt. Eine andere Methode bestand darin, dass ein Zerstörer das Ziel ständig mit seinem „Asdic anstrahlte" und einem zweiten Anweisungen übermittelte, der dann den Angriff tatsächlich ausführte.

In den frühen dreißiger Jahren wurden die verbliebenen Eskorteschiffe, die im Ersten Weltkrieg gebaut worden waren, als veraltet eingestuft und neue Klassen eingeführt. „Asdic" wurde nur für kleinere Schiffe zur Verfügung gestellt, die, allen historischen Lehren zum Trotz, mehr für die Luftabwehr und Minensuche ausgerüstet waren als für den A/S-Einsatz. Man nahm an, dass die niedrige Geschwindigkeit getauchter U-Boote es ihnen lediglich gestatten würde, Konvois in einem sehr begrenzten, vor dem „Asdic"-Strahl liegenden Bereich, anzugreifen, und Theorie und Taktik der Geleitschutzdeckung basierten auf dieser Fehleinschätzung.

Der spanische Bürgerkrieg (1936 – 39) bot die erste Möglichkeit, „Asdic" unter kriegsähnlichen Bedingungen zu testen. Britische Kriegsschiffe waren bei den Neutralitätspatrouillen eingesetzt, die unter anderem die Aufgabe hatten, italienische U-Boote abzufangen, die als Spanier getarnt unter Missachtung internationaler Gesetze Schiffe angriffen. Als eines den Zerstörer *Havock* im August 1937 mit einem Torpedo nur knapp verfehlte, wurde es im Anschluss von mehreren britischen Schiffen verfolgt und mit Wasserbomben angegriffen. Da die „Asdic"-Fühlung nicht aufrecht gehalten werden konnte, blieb der Zerstörer ohne Beschädigung.

Da sich auch eine Hand voll deutscher U-Boote im Kriegsgebiet aufhielten, stellten die Briten ein nachrichtendienstliches Einsatzzentrum auf, um deren Bewegungen zu verfolgen, die verfügbaren Daten auszuwerten und Informationen an die entsprechenden Stellen weiterzuleiten. Zur Unterstützung wurden Peilstationen eingerichtet. Diese Einrichtungen wurden genau zum richtigen Zeitpunkt aufgebaut, denn sie boten die Grundlage für einen schnellen Ausbau, als kurz darauf der Krieg in Europa ausbrach. Besonders die U-Bootpeilung sollte bald von unschätzbarem Wert sein.

Mit Gründung der vereinigten Royal Air Force 1918 verlor die Royal Navy die direkte Kontrolle über ihren Fliegerbereich. Die zwanzig Jahre dauernde und oft erbittert geführte politische Schlacht zur Wiedergewinnung dieser Kontrolle soll hier nicht weiter behandelt werden, doch die ehemals britische Führungs-

Sept. 1939 – Dez. 1941

● ● = Versenkte Handels-
schiffe
- - - - - = Grenze der landgestützten Luftsicherung

U-Boote wurden kurz nach der Kriegserklärung Deutschlands an die USA im Dezember 1941 an die US-Küste und in die Karibik entsendet.

Jan. – Juli 1942

Aug. 1942 – Mai 1943

Juni 1943 – Mai 1945

rolle in der Marineluftfahrt wurde an die Amerikaner und die Japaner abgegeben, die beide von der zentralen Bedeutung der Flugzeugträger in der zukünftigen Kriegsführung überzeugt waren und daher entsprechende Kriegsschiffe und Flugzeuge bauten. Die Royal Navy hingegen hing bezüglich der Flugzeuge von der nicht ausreichend finanzierten Royal Air Force ab, und die Spezialisierung auf komplexe, vielseitig einsetzbare Konstruktionen war ihrer Sache auch nicht dienlich.

Zu dieser Zeit hatte die „Big Bomber"-Lobby das Sagen. Obwohl die hohen Ränge in der Luftwaffe die Forderungen der Navy nach Flugzeugträgern zum offensiven Flotteneinsatz unterstützten, wurden Jagdunterseeboote der „Trade Defence" unterstellt, und alle zukünftigen U-Bootprobleme sollten durch „wirksame Einsätze gegen die U-Bootstützpunkte des Feindes" bestens gelöst werden. Diese Theorie hatte sich schon einmal als falsch herausgestellt, und sie sollte es wieder tun.

Erst im Juli 1937 gewann die britische Flotte ihren Luftwaffenbereich zurück, der nun quantitativ und auch qualitativ mangelhaft ausgestattet war. Auch das Küstenkommando der Royal Air Force bestand größtenteils aus veralteten Flugzeugtypen. Etwa 250 der Lockheed-Hudson-Maschinen mit 500-Meilen-Radius waren in den USA bestellt worden, aber bis September 1939 war erst ein Geschwader umgerüstet. Die ausge-

Die U-Bootverluste eskalierten im Mai 1943 so stark, dass die U-Bootoffensive praktisch eingestellt wurde. Die deutschen Hoffnungen ruhten nun auf den neuen, in der Entwicklung befindlichen U-Boottypen, sie kamen aber zu spät, um noch Einfluss auf den Ausgang des Krieges zu haben.

zeichneten neuen Shorts-Sunderland-Flugboote befanden sich ebenfalls in der Herstellung, jedoch erst zwei Geschwader waren damit ausgestattet. Angriffsflugzeuge hatte das Küstenkommando praktisch keine.

Folglich hatte die Royal Navy am Vorabend eines neuen Krieges nur unzureichende Luftunterstützung und setzte gefährlich viel Vertrauen in die Fähigkeiten von „Asdic".

Kriegsvorbereitungen

Angesichts der Unzulänglichkeiten der Royal Navy (und durchaus auch der französischen Marine, obwohl das bald keine Rolle mehr spielte) war es für sie ein glücklicher Umstand, dass Hitler

die deutsche Marine in einen Konflikt einband, für den auch sie nur schlecht vorbereitet war. Das außer Kraft gesetzte Flottenabkommen erlaubte einen viel kritisierten U-Boot-Anteil von 45 %. Dies hätte eine Stärke von 72 Booten der benötigten Größen bedeutet. Tatsächlich gab es aber noch immer nur 56, von denen 30 zum 250-Tonnen-Typ II gehörten und für den Einsatz in der Nordsee und in Küstenregionen gebaut waren. Achtzehn davon waren 500-Tonnen-Boote vom Typ VII, die für den Atlantik gedachten „Arbeitspferde" und der Rest war eine Mischung aus den langstreckentauglichen Typen I und IX.

Dass der hohe Anteil von 46 Booten einsatzbereit war, beweist die großen persönlichen Fähigkeiten von Dönitz. Ausgestattet mit einem hohen Maß an Disziplin und Pflichtbewusstsein, zu

denen sich noch ein eiserner Wille gesellte, brach der Admiral mit traditionellen Verhaltensmustern. Er fuhr oft selbst mit auf Ausbildungsbooten und förderte die Zwanglosigkeit zwischen Offizieren und Besatzung, die für Wochen auf Tuchfühlung und unter widrigsten Bedingungen zusammenleben mussten. Da die Flotte klein war, kannte er seine Männer und oft auch deren Familien persönlich. Als die Flotte größer wurde, widmete er die erübrigte Zeit dem direkten Kontakt, wandte sich an die Besatzungen, leitete Einsatzbesprechungen, verlieh Ehrungen und verfasste, dann mit zunehmender Häufigkeit, Beileidsbriefe. Es waren seine Führungsqualitäten, die das Fundament für den starken Zusammenhalt der U-Bootflotte bei Sieg und Niederlage bildeten.

Schon Tage vor Beginn des Krieges war die U-Bootflotte in

Wie Großbritannien und Frankreich, so spielte auch Deutschland mit der Idee eines langstreckentauglichen Unterseekreuzers, der für Überwasserangriffe ausgerüstet war. Das 1937 entworfene U-Boot Typ XI hatte vier 127-mm-Geschütze auf zwei Gefechtstürmen und sechs Torpedorohre und sollte eine Arado Ar 231 an Bord mitführen. Die Besatzung sollte mit 110 Mann fast doppelt so groß sein wie die der Boote vom Typ IX. Diese gigantischen 3000-Tonnen-U-Boote (U 112 bis 115) wurden 1939 auf Stapel gelegt, mit Kriegsausbruch wurden die Aufträge aber storniert.

Typ IXC

Normale Wasserverdrängung:	1120 Tonnen
Unterwasserverdrängung:	1232 Tonnen
Maße:	76,76 m x 6,76 m x 4,4 m
Tauchtiefe:	230 m
Antrieb/Energie:	Dieselmotoren mit einer Leistung von 4400 PS und Elektromotoren mit 1000 PS auf zwei Wellen

Das U-Boot vom Typ IX

1 hinteres Tiefenruder
2 Seitenruder
3 Schraubenwelle
4 Hecktorpedoraum

Höchstgeschwindigkeit:	18,2 Knoten aufgetaucht oder 7,3 Knoten getaucht
Fahrbereich:	25000 km aufgetaucht bei 10 Knoten; 115 km getaucht bei 4 Knoten
Bewaffnung:	Ein 105-mm-Geschütz, ein 37-mm und ein 20-mm-Luftabwehrgeschütz, sechs Torpedorohre 533-mm (Kampfsatz 22 Torpedos)
Besatzung:	48 bis 56 Mann

Die Boote vom Typ IX waren für Langstreckenoperationen gedacht, denn man nahm (fälschlicherweise) an, dass der Aktionsradius der „Arbeitspferde" vom Typ VII nicht groß genug sei, um im Mittelatlantik operieren zu können. Der einzige Nachteil der Boote vom Typ IX, die mit einem 105-mm-Geschütz bewaffnet und mit 50 Prozent mehr Torpedos bestückt waren, lag in der langsameren Tauchzeit.

Rechts: Der Sieg über Frankreich veränderte die gesamte U-Bootstrategie. Da sie ihren Stützpunkt jetzt an der französischen Atlantikküste und nicht mehr in Deutschland hatten, konnten die U-Boote viel längere Fahrten unternehmen, selbst Boote vom Typ VII konnten bis an die US-Ostküste vordringen. Die Betonbunker, die zum Schutz der U-Boote vor Luftangriffen gebaut worden waren, boten in der Regel einen sicheren Schutz vor Bombenangriffen.

5 Mannschaftsraum	14 Dieselmotorenraum	23 Angriffssehrohr	32 Akkumulatorenraum
6 Steuerungsraum	15 Motorenölsammeltank	24 Brücke	33 Kommandant
7 Zugangsschott zum Torpedoraum	16 Maschinenraum/Hilfspumpen	25 Kompassgehäuse	34 Offiziersmesse
8 Motorenraum	17 doppelte Schiffshülle (Zweihüllenboot)	26 8,8-cm-Geschütz	35 Offiziersraum
9 Motorraumsteuerungen	18 3,7-cm-Geschütz	27 Zentrale	36 Kombüse
10 1000-PS-Elektromotoren	19 Abweiser	28 Treibölbunker	37 Unteroffiziersraum
11 hintere Trimmzelle	20 Kommandoturm	29 Hauptspanten	38 Geschützunterbau
12 Hauptkupplung	21 Sehrohrschacht	30 Laderohre	39 obere Hülle
13 2200-PS-Dieselmotoren	22 2-cm-Flak-MG	31 Munitionskammer	40 durchfluteter Raum

41 Versorgungsleitungen
42 Ankerwinde
43 Mannschaftsraum
44 Bugtorpedoraum
45 Torpedorohre
46 533-mm-Torpedo
47 Reserve-Torpedolagerung
48 Steuerung für Tiefenruder vorn
49 Bugtorpedoklappen
50 Netzsäge

die Ostsee und Nordsee und in Gewässer vor dem Vereinigten Königreich entsandt worden. Da Hitler immer noch auf eine Annäherung mit den Briten und den Franzosen hoffte, mussten sich die U-Boote strikt an das U-Bootprotokoll aus dem Jahre 1930 halten. Dieses beschränkte ihre Angriffe auf identifizierte Truppenschiffe, Hilfskriegsschiffe und auf Handelsschiffe, die in von Kriegsschiffen eskortierten Konvois fuhren.

Um die Deutschen zu schlagen, hatte die Royal Navy 176 Zerstörer, von denen aber über 60 noch aus dem Ersten Weltkrieg stammten. Zu ihrer Zeit waren sie ausgezeichnet, doch nun waren sie zu klein und die Unterbringung auf ihnen war schlecht. Ihre Reichweite, die nie groß war, wurde weiter dadurch verringert, dass ihre energieintensiven Maschinen für lange Zeiträume mit niedriger Geschwindigkeit gefahren werden mussten. Bei manchen war der Kesselraum verkleinert worden, um mehr Platz für Vorräte und Unterkünfte zu schaffen. Einige hatten ihre veralteten Waffen durch Mehrzweckwaffen leichteren Kalibers

Nordatlantik. Es sollte noch eine ganze Zeit dauern, bis man diese Ausrüstung so weit verkleinert hatte, dass sie auf Geleitzugschiffen selbst installiert werden konnten.

Jede noch so kleine Information, aus welcher Quelle auch immer, fand ihren Weg in den Submarine Tracking Room der Nachrichtendiensteinsatzzentrale der Admiralität. Die Teams der Zentrale arbeiteten rund um die Uhr und schätzten meisterhaft die Dönitzschen Vorhaben und Pläne ab.

Die frühen Tage

In den ersten Wochen des Zweiten Weltkriegs wurde die Prisenordnung von den meisten U-Bootkommandanten gewissenhaft befolgt. Alle britischen Schiffe hatten jedoch den Befehl erhalten, eine U-Bootwarnung („SSS") abzusenden, wenn sie angegriffen wurden, und wenn Zerstörer oder Flugzeuge schnell reagierten, wurde es manchmal knapp. Schon am 23. September 1939

ersetzt, aber alle hatten zuwenig Wasserbomben an Bord. Zur Unterstützung lief ein umfassendes Programm für die Bereitstellung von Korvetten und A/S-Trawlern an, doch es sollte einige Zeit vergehen, bis diese in brauchbarer Anzahl im Einsatz waren.

Im Verlauf des Ersten Weltkriegs wurden vermutlich 50 U-Boote durch Minen versenkt und 19 weitere durch britische U-Boote. Dieses Ergebnis war für die Briten Anlass genug, die speziellen U-Boote der R-Klasse zu entwerfen und zu bauen. Sie wurden recht spät im Krieg fertiggestellt und erreichten getaucht eine Geschwindigkeit von 15 Knoten.

Man hatte aus der Erfahrung gelernt, so dass die U-Boote von 1939 bedeutend leiser als ihre Vorgänger und damit für passive Sonargeräte schwieriger auszumachen waren. Das zentralisierte Kommandosystem von Dönitz verursachte einen regen Funkverkehr, doch die Dauer der Nachrichtenübertragung wurde verkürzt durch die Verwendung codierter Kürzel.

Die Deutschen hatten großes Vertrauen in die Sicherheit ihrer „Enigma"-Verschlüsselung und unterschätzten beharrlich die Fähigkeiten ihrer Feinde, diese zu knacken. Aufbauend auf ihre Arbeit während des spanischen Bürgerkriegs erweiterten die Briten ihr Netz von landgestützten Peilstationen rund um den

Links: Dieses U-Boot vom Typ IX, hier in den U-Bootbunkern von St. Nazaire, wurde von den Alliierten nach einer 110-tägigen Ausfahrt in japanische Gewässer aufgebracht.

Oben: Admiral Dönitz verleiht Eiserne Kreuze an einige seiner U-Bootmänner. Seine beiden Söhne kamen bei Kampfhandlungen um, als sie im Zweiten Weltkrieg in der deutschen Marine dienten.

hob Deutschland die Prisenordnung für Schiffe, die ihren Funkapparat benutzten, auf. Bis zum 30. des Monats wurden alle Einschränkungen für die Nordsee aufgehoben, und am 4. Oktober wurde dies bis zum 15. Grad westlicher Länge erweitert.

Die Flugzeugträger waren noch nicht im Krieg erprobt worden. Sie wurden zu einer wirksamen Waffe im Kampf gegen die U-Boote, aber in der Anfangszeit des Krieges, als die Technologie noch nicht ausgereift war und passende Flugzeuge, Aufklärung und Waffen fehlten, waren sie es noch nicht. Trotzdem wurden zwei der wertvollen Flugzeugträger von der Royal Navy bei ihrer Offensivdoktrin zur U-Bootsuche eingesetzt.

Die *Royal Ark* hatte ein „SSS"-Signal erhalten. Ihre Flugzeuge erspähten ein aufgetauchtes U-Boot und griffen es an. Zwei der Flugzeuge wurden durch ihre eigenen A/S-Bomben

Links: Die *Springbank* war
ein Hilfsschiff zur Luftabwehr,
ein Handelsschiff von 5155
Tonnen, ausgerüstet mit acht
4-Zoll-Geschützen und einem
Hurricane-Jäger. Vier U-Boote
griffen den heimwärts fahrenden Gibraltar-Konvoi 73 am
26. September 1941 an und
versenkten ihn in der Nacht.

Oben: Die kanadische
St. Croix (ehem. *Williams*) war
einer von 50 US-Zerstörern,
die 1940 an die britische
und die kanadische Marine
übergeben wurden. Im Geleitschutz des Konvois ON113
versenkte sie U 90 am
24. Juli 1941 mit Wasser-
bomben.

vernichtet. Sie hatten die Bomben, deren Zündung auf Detonation bei Aufprall eingestellt war, aus zu geringer Höhe abgeworfen. Die Geleitzerstörer des Flugzeugträgers konnten später Sonarkontakt herstellen, doch die Wasserbomben, die sie abwarfen, konnten ihr Ziel nicht zerstören. Steuerungsschwierigkeiten zwangen das Boot vom Typ VII, auf eine neue Rekordtiefe von 144 m abzutauchen, und dass es dieses Manöver überstand, erwies sich für die U-Bootmannschaft als nützliche Erfahrung.

Während dieser Aktionen wurde die *Royal Ark* von einem zweiten U-Boot mit Magnettorpedos angegriffen. Diese sollten eigentlich unter dem Kiel eines Ziels detonieren, aber wie ihre britischen Pendants bereiteten sie Probleme, in diesem Fall explodierten sie zu früh. Ein Gegenangriff eines Zerstörers zwang das U-Boot an die Wasseroberfläche und somit war es der Vernichtung preisgegeben.

Das knappe Entkommen der *Royal Ark* war eine klare Warnung, doch schon am nächsten Tag wurde die *Courageous* in ähnliche Aktionen verwickelt. Für U 29 war sie ein Ziel, das man nicht verfehlen konnte, und so wurde sie von zwei Torpedos aus einer Dreiersalve versenkt. Ihr Verlust war ein schwerer Schlag für die Royal Navy, die daraufhin sofort alle Flugzeugträger der Flotte vom A/S-Einsatz abzog.

Bei der Aufklärung schwerer deutscher Marineeinheiten im Nordseeraum hatten die Flieger des Coastal Command oberste Priorität, die U-Boote rangierten an zweiter Stelle. Flugzeugen des Bomberkommandos war es auch verboten, aufgetauchte U-Boote anzugreifen, sie waren als Sekundärziele klassifiziert. In beiden Fällen wurde bezweifelt, ob die Luftortung genau genug sein könnte, um zu gewährleisten, dass sie nicht ein befreundetes Boot gesichtet hatten, das in diesem Bereich unterwegs war.

Dönitz startete den ersten Versuch eines Gruppenangriffs im Oktober 1939. Von sechs beteiligten U-Booten sank eines in dem neuen Minenfeld in der Straße von Dover, weil es eine Abkürzung nehmen wollte. Die restlichen fünf trafen sich wie geplant, verloren aber ein Boot bei dem Versuch, ein einzelnes Schiff zu versenken. Zwei Boote peilten den Konvoi an, versenkten sechs Schiffe, verloren dabei aber ein weiteres U-Boot. Obwohl die drei verbliebenen U-Boote auf einen zweiten Konvoi gelenkt wurden, von dem sie noch drei Handelsschiffe versenkten, war der Verlust der Hälfte ihrer Angriffsstärke ein schwerer Schlag. Kurz darauf durften U-Boote die Straße von Dover nicht mehr passieren. Die zwei genannten U-Bootversenkungen gingen zu Lasten von Flottenzerstörern mit gut ausgebildeten „Asdic"-Bedienern, doch solche Schiffe konnten zukünftig kaum noch für Geleitzugeinsätze erübrigt werden.

Kurz vor diesem ersten Rudelangriff durchdrang Günther Prien die Verteidigung von Scapa Flow mit U 47 und versenkte in einer militärischen Meisterleistung das Schlachtschiff *Royal Oak* an seinem Liegeplatz. Diese Versenkung brachte den Briten trotzdem einen recht beachtlichen Gewinn in Form von zwei elektrischen Torpedos, die das Ziel verfehlt hatten und ohne zu explodieren auf Grund gingen. Sie waren mit der unzuverlässigen Magnetpistole ausgerüstet, doch ihre Bauweise und die der ebenfalls geborgenen Magnetminen half den Briten ihre Schiffe und die Wirksamkeit dieser Waffen zu verbessern.

Die Torpedos bereiteten den Deutschen weiterhin erhebliche

Oben: Die Überlebenden einer Focke-Wulf FW.200 Kondor werden von britischen Matrosen gerettet. Dönitz setzte große Hoffnungen in die Kooperation von U-Boot- und Luftangriffen gegen Konvois, diese Operationen wurden aber durch schlechte Verbindung zwischen der Luftwaffe und der Kriegsmarine erschwert.

Probleme, denn das Versagen der Magnetzünder ging einher mit unzuverlässiger Tiefenhaltung. Wie auch amerikanische Erfahrungen zwei Jahre später zeigten, waren mindestens ein Viertel aller im Krieg abgefeuerten Torpedos Blindgänger. Da die U-Boote ihre Ziele nicht trafen, aber schweren Gegenangriffen ausgesetzt waren, litt die Mannschaftsmoral beträchtlich. Dönitz startete ein Programm, um dieses schwierige Problem zu lösen.

Ein zweiter Versuch der Rudelangriffe wurde im November 1939 unternommen. Es konnten sich nur drei U-Boote zusammenschließen, aber der Angriff zeigte schon, was später zur üblichen Vorgehensweise werden sollte – Sichtung, Verfolgung und Berichterstattung, Verstärkung und wiederholte Angriffe. In drei Tagen wurden sechs Schiffe versenkt, ohne selbst einen Verlust zu erleiden. Ein neues Boot vom Typ VII hatte jedoch eine Salve mit vier Torpedos abgefeuert, von denen drei vorzeitig explodierten, einer war ein Blindgänger. Seine Position wurde entdeckt und das Boot wurde einem schweren Wasserbombenangriff ausgesetzt, durch den es auf die vorher noch nie erreichte Tiefe von 170 Metern abtauchen musste. Dass es dieses überstand, hatte unschätzbaren Wert, denn ein Kriegsgefangener hatte bei seiner Vernehmung verraten, dass die britischen Wasserbomben nur 150 Meter tief reichten.

Der U-Bootkrieg war bis zum April 1940 offensichtlich nicht nach den Vorstellungen von Dönitz verlaufen. Fast eine Million BRT Schiffsraum waren versenkt worden, über die Hälfte davon neutrale Schiffe, doch nur acht neue U-Boote waren zur Flotte hinzugekommen, sie hatte aber achtzehn U-Boote verloren. Ein zerstörtes Boot konnte geborgen und repariert werden, es war das erste, das nur allein von einem Flugzeug, allerdings in flachem Wasser, versenkt worden war.

Oben: Zwei Matrosen der *Wild Goose* probieren die Rettungswesten der U-Boot-Besatzungen an. Die *Wild Goose* gehörte zur zweiten Support Group unter Walker und versenkte selbst mindestens drei U-Boote, an der Zerstörung von weiteren sechs war sie beteiligt.

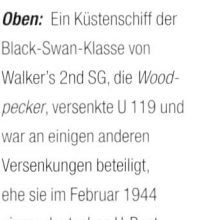

Um den Einmarsch deutscher Truppen in Norwegen im April 1940 zu unterstützen, musste Dönitz 42 U-Boote abziehen, die für den Krieg gegen die alliierte Handelsschifffahrt vorgesehen waren. Die U-Bootbesatzungen machten bittere Erfahrungen. Die hohen Breitengrade und das dort starke natürliche Magnetfeld machten die Magnettorpedos noch unzuverlässiger. Wegen des Tiefenhaltungsproblems brachte es auch nichts, die

Salven mit Torpedos mit Aufschlagzünder zu kombinieren. Außerdem war es eine ganz andere Aufgabe frei auf See manövrierende Kriegsschiffe zu versenken, als Handelsschiffe zu verfolgen. Die Natur des Unternehmens brachte es jedoch mit sich, dass britische und französische Kriegsschiffe in den Fjorden mit geringer Geschwindigkeit unterwegs waren oder gar vor Anker lagen. Einige dieser Schiffe blieben nur unbeschadet, weil die

Torpedos Blindgänger waren; einige U-Boote wiederum konnten nur entkommen, weil die Sonargeräte durch die flachen und beengten Gewässer der Fjorde ausgeschaltet wurden. Die kurzen Frühlingsnächte und häufige Störungen durch Flugzeuge hinderten die U-Boote daran, ihre Batterien komplett aufzuladen oder ihre Luftvorräte aufzufüllen.

Die Kampagne der Alliierten stellte sich zwar als militärischer Fehlschlag heraus, doch auch die Bemühungen der U-Boote, die Kampagne zu verhindern, waren unwirksam. Mit ihrer Gesamtstärke von 52 U-Booten konnten sie den Verlust der vier Boote nur schwer verkraften, und die Verluste der Handelsschifffahrt im März und April hatten sich halbiert.

Kurz danach ging den Deutschen das britische U-Boot *Seal* ins Netz. Die einfache, robuste Bauweise der Kontaktzünder seiner Torpedos wurde als Grundlage zur Verbesserung der deutschen Torpedos genutzt, welche unnötig kompliziert gebaut waren. Das Tiefenhaltungsproblem sollte jedoch erst gegen Ende 1941 gelöst werden. Als Folge langer Tauchfahrten stieg der Innendruck in einem U-Boot unausweichlich an. Durch undichte Versiegelungen bei den Torpedos konnte dieser Druck in deren atmosphärische Referenzkammern gelangen. Als die Tiefenhaltung in den hydrostatischen Bezug gebracht wurde, konnte das Problem behoben werden.

Oben: Ein Küstenschiff der Black-Swan-Klasse von Walker's 2nd SG, die *Woodpecker*, versenkte U 119 und war an einigen anderen Versenkungen beteiligt, ehe sie im Februar 1944 einem deutschen U-Boottorpedo zum Opfer fiel.

Links: Die *Wild Goose* bringt einen Verletzten an Land. Ihren letzten Erfolg konnte sie im März 1945 verbuchen, als sie an der Zerstörung von U 863 vom Typ VII im Ärmelkanal beteiligt war.

Das Jahr 1940 und der Fall Frankreichs

Nach der Kapitulation Norwegens und der Niederlande nahm Dönitz den Krieg im Atlantik mit voller Kraft wieder auf. Patrouillen in der südlichen Nordsee und vor der britischen Küste wurden bereits gefährlich, und die kleinen U-Boote vom Typ II wurden in die Ostsee abgezogen, um dort die nötige Ausbildung der neuen Mannschaften durchzuführen. Mit einer durchschnittlichen Einsatzstärke von 33 Booten, von denen nur 14 Boote

zur gleichen Zeit auf See sein konnten, erhielten die Streitkräfte durch die Niederlage Frankreichs im Juni 1940 einen beträchtlichen Aufschwung. Jetzt standen Hafenanlagen entlang der Küste der Biskaya zur Verfügung, wodurch sich die Entfernungen zu den Einsatzgebieten verkürzten und so die von Patrouillen und Minen ausgehende Gefahr vermindert wurde.

Die vorhandenen französischen Hafenanlagen konnten auch für die Durchführung von Reparaturen und Wartungsarbeiten genutzt werden. So konnten jetzt, obwohl die Anzahl der Einsatzboote weiterhin sank, 16 Boote gleichzeitig auf See sein. Praktisch waren ab Juli 1940 alle Einsatzbeschränkungen aufgehoben.

Ein neues Programm wurde gestartet, das ab Mitte 1942 die Produktion von 29 neuen Booten pro Monat zum Ziel hatte. Die angenommene Verlustquote von 10 % trat erst im Frühjahr 1943 ein. Während der Typ II auf 50 Schiffe beschränkt war, wurden die Typen VII und IX fast während der gesamten Kriegszeit produziert. Wie die begleitenden Informationen zeigen, wurden sie in dieser Zeit erheblich verbessert.

Geringe Vergrößerungen in den Abmessungen der Boote sorgten für eine größere Wasserverdrängung. So konnten zusätzlicher Kraftstoff untergebracht und die Lagerräume aus-

Oben: Commander F. J. Walker führte mit der *Starling* Anfang 1944 einen Angriff in der Biskaya, der sechs U-Boote zerstörte und zum Versenken von fünf weiteren U-Booten beitrug. Walker war vor dem Krieg Befehlshaber der Schule für U-Bootabwehr der Royal Navy und bei der Beförderung übergangen worden. Nur wenige Offiziere leisteten einen solchen Beitrag zum Sieg im Atlantik.

Links: Ein Martin-Maryland-Aufklärer der RAF, der u. a. Luftaufnahmen der von den Briten ständig überwachten deutschen Marinestützpunkte lieferte. Die heftigen Angriffe der RAF auf Brest zwangen die *Scharnhorst* und die *Gneisenau* zum Rückzug nach Deutschland.

Links: Das 204. Geschwader flog seine Sunderland-I-Flugboote aus Gambia heran und patrouillierte im Sommer 1941 über dem Südatlantik. Mit einer Reichweite von über 2500 Meilen boten die Sunderland den Konvois auf dem Ozean wichtige Unterstützung und zwangen die U-Boote unterzutauchen, so dass diese oft den Kontakt zu ihrer Beute verloren.

Rechts: Die *Rapana* war einer der improvisierten Flugzeugträger, die die Briten 1942 aus Handelsschiffen bauten. Die Überalterungen der Swordfish erwies sich dann als Glück im Unglück, denn nur wenige Flugzeuge hätten von einem Flugdeck von lediglich 126 Meter Länge, das auf einem Schiff mit einer Höchstgeschwindigkeit von 12 Knoten liegt, operieren können.

giebiger genutzt werden, um den Fahrbereich zu vergrößern. Jedoch verhinderte die Länge der Torpedos die Erhöhung ihrer Anzahl, die mit 14 Torpedos bei Typ VII und mit 22 für einen späteren Typ IX praktisch konstant blieb. Da das Abfeuern von drei bis vier Salven auf ein einziges Ziel üblich war, wird deutlich, wie wichtig der Nachschub war, um die vorzeitige Rückkehr von einer Patrouille zu verhindern. Der Fahrbereich war stark von der Mannschaftsgröße abhängig, die in jenem Zeitalter, das noch keine Automatisierung kannte, ebenfalls praktisch konstant blieb. Bei dem geringen Spielraum zur Verbesserung der Schiffsformen mit den gegebenen Abmessungen konnten

die Konstrukteure auch die Geschwindigkeit ohne eine beträchtliche Erhöhung der installierten Leistung nicht wesentlich verbessern. Jedoch wurde etwa ein Knoten mehr an Geschwindigkeit an der Oberfläche durch die Einführung von Dieselturboladern erreicht.

Mit dem Eintritt Italiens in den Krieg im Juni 1940 musste die Royal Navy ihre Mittelmeerflotte verstärken. Der fehlgeschlagene Norwegenfeldzug und die französische Evakuierung hinterließen ihr auch viele Schiffe, die zu einem Zeitpunkt, da die deutsche U-Boot-Flotte ihre Anstrengungen forcierte, repariert werden mussten. Während der drei Monate von Mai bis Juli 1940

versenkten deutsche U-Boote ca. 535 000 BRT, wobei sie lediglich vier U-Boote verloren.

Um den Vorteil, der durch die französischen U-Bootstützpunkte gegeben war, auszugleichen, dehnten die Briten die ständige Eskortierung von Geleitzügen bis zum 17. Grad westlicher Länge und ab Oktober 1940 bis zum 19. Grad westlicher Länge aus. Obwohl der Umfang der Eskorte gering war, stellte sie für die ersten Boote mit ihren beschränkten Bunkerkapazitäten ein Problem dar. Auch verstießen Angriffe auf versprengte Konvois jetzt gegen internationales Recht, da sie außerhalb der erklärten Kriegszone lagen.

Die Zeit von Juli bis Oktober galt für die U-Boot-Besatzungen als die „Glückliche Zeit" da die Geleitzüge, waren sie erst einmal aufgespürt, praktisch wehrlos waren. Ab September stellte Präsident Roosevelt die ersten 50 alten „Four-piper"-Zerstörer zur Verfügung. Obwohl sie weit davon entfernt waren, ideal für die Bedingungen im Atlantik zu sein, nahm die Royal Navy sie dankbar an.

Weniger bereitwillig war die Zusammenarbeit zwischen den einzelnen deutschen Abteilungen. Um die Anwendung der Rudeltaktik zu ermöglichen, benötigte Dönitz eine weiträumige Luftaufklärung, aber nur dringende Bitten an die allerhöchsten Stellen verschafften ihm ein Geschwader von FW.200-Flugzeugen. Reichsmarschall Göring war gegenüber der Gründung einer „privaten" Luftwaffe misstrauisch. Ihr Wert war unbestritten, aber sie war nur selten verfügbar, wenn sie benötigt wurde. Erst im Januar 1941 gelang es Dönitz, die Zustimmung für eine direkte Kontrolle über diese Flugzeuge zu erhalten.

Mit der wachsenden Anzahl von Begleitschiffen, die aufgearbeitet werden mussten, richteten die Briten eine Spezialanlage in Tobermory ein. Jedes neue Schiff wurde einem strengen einmonatigen Training unterzogen, bevor es in eine Begleitgruppe kam, wo es dann einem Gruppentraining unterzogen wurde.

Auch besuchten befehlshabende und ranghohe Offiziere eine taktische Schule, die sich in Liverpool im Hauptquartier von Admiral Sir Percy Noble, Befehlshaber Western Approaches, etablierte. 1941 war es dann möglich, Begleitschiffe von angemessener Stärke zu bilden, wenngleich sie oft aus einer seltsamen Mischung von britischen oder ehemaligen amerikanischen Zerstörern, Korvetten und Trawlern der Admiralität bestanden. Es wurde die Strategie verfolgt, einmal gebildete Gruppen als Team agieren zu lassen. Selbst wenn sie nicht ihre volle Stärke hatten, wurden sie selten mit neuen Schiffen aufgefüllt.

Bis zum Jahresende hatten deutsche U-Boote etwa 340 Schiffe

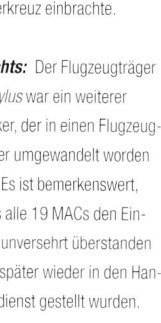

Links: Der Flugzeugträger *Audacity* trat als deutsches Handelsschiff *Hannover* in den Dienst, das jedoch 1940 erbeutet wurde. Seine Fliegermannschaft trug zur erfolgreichen Verteidigung des Konvois HG76 bei, bis U 751 ihn versenkte, was dem U-Bootkommandanten Gerhart Bigalk das Ritterkreuz einbrachte.

Rechts: Der Flugzeugträger *Ancylus* war ein weiterer Tanker, der in einen Flugzeugträger umgewandelt worden war. Es ist bemerkenswert, dass alle 19 MACs den Einsatz unversehrt überstanden und später wieder in den Handelsdienst gestellt wurden.

zerstört, was etwa 1,7 Millionen BRT entsprach. Der normalerweise eher reservierte Admiral folgte dem Beispiel Görings und führte die Ritterkreuz-Auszeichnung für die „Asse" mit den meisten Abschüssen ein. Dies regte zu Übertreibungen an, die durch die deutsche angeheizte Propagandamaschinerie noch weiter aufgebauscht wurden, was dazu führte, dass das Oberkommando seine Erfolge stark überschätzte.

Die Wahrheit war dennoch schlimm genug. Der langsame Konvoi SC 7 wurde im Oktober 1940 von acht U-Booten gleichzeitig angegriffen. Bei einem nächtlichen Überwasserangriff knapp 200 Meilen vor der nordirischen Küste verlor der Konvoi 20 Schiffe. Es war sein Unglück, dass unter den Gegnern die vier U-Boot-Asse Kretschmer, Schepke, Endrass und Frauenheim waren, deren Spezialität genau diese Angriffsform war. Diejenigen, die nach dem Massaker noch über Torpedos verfügten, sammelten sich bei Kapitän Prien, einem weiteren ausgezeichneten Kommandanten. Sie wurden auf einen zweiten Konvoi HX.79 angesetzt, der 14 Schiffe verlor.

Die Briten arbeiteten hektisch daran, Gegenmaßnahmen zu diesem Angriffstyp zu entwickeln, der mit einiger Weitsicht hätte vorausgesehen werden können, da er bereits zu Ende des Ersten Weltkriegs angewendet wurde und Dönitz ihn selbst 1939 in seinen Schriften beschrieben hat.

Ein unspektakulärer, aber unschätzbarer Vorteil war die Einführung einer zuverlässigen Funktelefonie (bei den Amerikanern als TBS „talk between ships" bezeichnet), der den Begleitschiffen einen unverschlüsselten Kontakt miteinander erlaubte. Der ranghöchste Offizier der Eskorte hatte somit eine klare Vorstellung von den Geschehnissen in den unterschiedlichen Sektoren seines Kommandos und konnte seine Streitkräfte entsprechend einsetzen.

Bei Nacht bot ein aufgetauchtes U-Boot nur ein kleines Profil, das nur flüchtig oder gar nicht zu sehen war. Das Sonar, das sowieso von den Geräuschen des Konvois übertönt wurde, war dann praktisch nutzlos. Ein verbesserter Beleuchtungskörper, „Snowflake", wurde eingeführt, der jedoch Freund und Feind gleichermaßen fixierte. Erforderlich war ein geeignetes Radar,

an dessen Entwicklung intensiv gearbeitet wurde, das aber erst Anfang 1941 in den Dienst gestellt werden konnte.

Ein unerwarteter Vorteil fiel den Deutschen mit dem Aufbringen der HMS „Seal" in die Hände. Sie fanden die Listen mit den geschätzten Positionen der U-Boote im Atlantik. Diese basierten auf aufgefangenen britischen und französischen Funkpeilmeldungen von Küstenstationen. Die Deutschen, die die genauen Positionen ihrer Boote zu den angegebenen Zeiten kannten, waren befriedigt gravierende Fehler zu finden, die in der Regel so groß waren, dass die Schätzung für jeden Jäger nutzlos gewesen wäre. Die Funkpeilung wurde damit in der deutschen Einschätzung abgewertet. Dönitz fuhr fort, intensive Kontrolle über Funk auszuüben, während die Briten bestrebt waren, ein Miniaturfunkpeilgerät für den Einsatz auf Begleitschiffen zu entwickeln.

Oben: Captain Walker, hier zu sehen bei der Ansprache an die Besatzung der HMS *Wild Goose*. Er schulte und führte die leistungsfähigste ASW-Gruppe des Krieges. Die Strapazen, Tag für Tag auf der Brücke zu stehen, trugen zu seinem frühen Tod durch Gehirnthrombose 1944 bei.

Links: Eine der 90 Short Sunderland I im Dienst beim RAF-Küstenkommando von 1939.

Ab Mitte 1940 bemerkten die Deutschen, dass U-Boote oft nur eine oder zwei Stunden, nachdem eine Übertragung erfolgt war, aktiv verfolgt wurden. Die von den Deutschen bevorzugte Erklärung dafür war die Auflösung von chiffrierten Meldungen oder einfach zufällige Sichtungen. Tatsächlich basierte die Ursache auf einem sich schnell verbessernden Funkpeilnetz, das an der Küste stationiert war und in guter Qualität Funkmeldungen abfangen konnte. Erst 1942 installierte man Hochfrequenzfunkpeilung (H/F D/F oder „Huff Duff") in die Begleitschiffe. Auf kurze Entfernung operierend, lieferte sie eine akkurate Peilung des sendenden U-Boots. Mit zwei gleichzeitigen Peilungen von zwei Begleitschiffen erhöhte sich die Reichweite.

Die Rudeltaktik war davon abhängig, dass der Beschatter so lange Kontakt halten konnte, bis sich ausreichend Kräfte versammelt hatten. Ein einzelnes U-Boot, das sich durch seine Zielberichte verriet, könnte von einem Begleitschiff unter Wasser gehalten werden, bis es den Kontakt verlor. Marineflieger mit großer Reichweite waren ein weiteres Problem. Die psychologische Wirkung eines „Schnüfflers", der außerhalb der Reichweite der Waffen langsam um einen Konvoi kreiste, war beträchtlich. Dönitz schimpfte ständig über die Verfügbarkeit und Zuverlässigkeit der FW.200, der Militärversion eines Zivilflugzeugs, aber ihre Anwesenheit wurde von den Besatzungen der Konvois gehasst, da sie unausweichlich der Vorbote eines U-Boot-Angriffs war. Um größte Reichweite zu erzielen, flogen sie von ihrer Ausgangsbasis Bordeaux in einem großen Bogen zum Westen der Britischen Inseln und landeten im norwegischen Stavanger. Wenn es das Wetter erlaubte, flogen sie am nächsten Tag zurück.

Seit Mitte der dreißiger Jahre hatte die britische Admiralität Pläne zur Umwandlung dieselbetriebener Passagierschiffe in

Hilfsflugzeugträger zum Zweck des Schutzes der Handelsschifffahrt entwickelt. Schließlich wurde aufgrund des ständigen Mangels an Truppentransportern nur wenig daraus. Deshalb war die erste Antwort auf die FW.200 ein mit einem Katapult bewaffnetes Handelsschiff oder CAM (catapult-armoured merchantman)-Schiff. Aufgrund ihrer Beschränkungen und des Mangels an Katapulten wurden lediglich 35 der geplanten 250 Schiffe fertiggestellt. Diese Schiffe fuhren weiterhin unter der Handelsflagge und waren mit Fracht voll beladen. Das Katapult war auf dem Vorderdeck aufgebaut, das Flugzeug in Position. War es einmal katapultiert, konnte es nicht zurückgeholt werden. Es flog auf einen Flugplatz an Land, wenn ein solcher in Reichweite war oder wasserte längs eines befreundeten Schiffes.

Oben: Kapitänleutnant Götz Baur erhielt im Januar 1942 das Kommando über den neuen Typ VII U 660. Am 12.11.1942 versuchte er bei Tag einen Unterwasserangriff. Nach einem 90-minütigen Bombardement mit Wasserbomben von zwei Begleitschiffen aus tauchte Baur auf und versenkte das Boot, während er und seine Mannschaft überlebten und sich ergaben.

Unten: Wren nimmt Überlebende des U 608 im Golf von Biskaya auf, wo das U-Boot am 10. August 1944 unter Wasser von einem B-24 Liberator der RAF entdeckt wurde. Wasserbomben vom Flugzeug veranlassten den Kommandeur aufzutauchen und das Boot um vier Uhr des nächsten Tages zu versenken.

Frühe und damit entbehrliche Modelle des Hurricane-Jadgfliegers wurden am häufigsten eingesetzt. In der Praxis zögerten die Kapitäne wegen des Risikos für den Piloten, das Flugzeug zu katapultieren, es sei denn, ein Abschuss einer feindlichen Maschine war praktisch sicher. So wurden bei ungefähr 170 Fahrten von CAM-Schiffen lediglich acht Katapultstarts von Flugzeugen gemeldet, die sechs FW.200 zerstörten und weitere beschädigten oder vertrieben. Obwohl die greifbaren Resultate dieses Plans so dürftig waren, war die abschreckende Wirkung auf die „Schnüffler" erheblich und minderte die Qualität ihrer Aufklärungsdaten.

Flugzeuge wurden wegen ihrer Geschwindigkeit und ihres weiten Sichtfeldes auch gegen U-Boote eingesetzt, die zum Beschatten eines Geleitzuges auftauchen mussten. Diese mussten an die Wasseroberfläche kommen, um den Kontakt zum Konvoi halten zu können. CAM-Schiffe waren hierbei nicht sinnvoll, denn es mussten ständige Patrouillen durchgeführt werden und die dafür notwendigen Flugzeuge entsprechend gewartet und bewaffnet werden. Deshalb gab es keine Alternative zu einem Flugdeck. Von einem solchen Deck auskonnten es die Flugzeuge sowohl mit Beschattungen aus der Luft als auch mit den U-Booten aufnehmen.

Die Antwort auf diese Notwendigkeit baute man einen Hilfsflugzeugträger aus einem Schiffskörper, der nach den üblichen Normen für Handelsschiffe gebaut und mit einem Flugdeck versehen war. Das Schiff wurde mit den wichtigsten Geräten ausgestattet, die zur Erfüllung seiner Aufgaben benötigt wurden. Die Amerikaner und die Briten kamen etwa gleichzeitig und offensichtlich unabhängig voneinander zu dieser Lösung. Der amerikanische Prototyp (USS *Long Island*, CVE-1) wurde schließlich im Juli 1941, drei Wochen vor seinem britischen Pendant, in Betrieb genommen. Die Vereinigten Staaten waren zu diesem Zeitpunkt jedoch noch neutral, daher war es die HMS *Audacity*, die sich als erste bewähren musste. Ihre Dienstzeit war kurz und obwohl ihre Kapazität nur für sechs Flugzeuge reichte, demonstrierte sie den Wert des Konzeptes auf triumphale Weise.

Oben: Inspektion der Wasserbomben an Bord der USS *Greer* im Juni 1943. Eines der so genannten Flush-Decker, die die US-Navy weiterhin im Einsatz hatte, war die USS *Greer*. Sie wurde im September 1941, drei Monate vor der deutschen Kriegserlärung an die USA, von U 652 angegriffen, nachdem sie das feindliche U-Boot durch Echolot geortet hatte.

Rechts: Am Abend des 5. Mai 1945 bombardiert die USS *Atherton* den Typ IXC U 853 vor Long Island. Gewollt oder ungewollt, das U-Boot lag in flachem Wasser auf Grund, wo es 12 Stunden lang angegriffen wurde, bevor das Wrack an die Oberfläche kam. Es gab keine Überlebenden.

Wie in Kapitel 5 ausführlich beschrieben, wurde ein gewaltiges Programm zum Bau von Geleitträgern gestartet, welches anfänglich aber aus verschiedenen Gründen nur enttäuschend langsam in Gang kam. Die Briten mussten improvisieren und schufen als Notbehelf die Handelsflugzeugträger oder MAC [Merchant Aircraft Carrier]. Dies waren Tanker oder Frachter für Getreideschüttgut, die über Pumpen noch ihre gesamte Fracht laden konnten und darüber mit einem Flugdeck ausgestattet waren.

Nach dem Fall Frankreichs begannen die Deutschen rasch mit dem Bau bombensicherer Bunker für ihre U-Boote, die in den Häfen der Biskaya lagen. Während der Bauphase waren diese gegenüber Bombardierungen überaus verwundbar, für die Royal Air Force lagen die Prioritäten jedoch noch immer in Deutschland selbst. Einmal fertiggestellt, boten die Bunker den darin liegenden U-Booten einen nahezu hundertprozentigen Schutz, und gewaltige nachträgliche Bombenangriffe verursachten nur geringe Schäden, jedoch eine weitreichende Verwüstung in den umliegenden französischen Ballungsgebieten. Sogar die U-Boot-Besatzungen blieben ungestört. Zwischen den Patrouillenfahrten waren sie in Urlaubsorten an der Küste zur Erholung untergebracht.

Die Kriegsführung verschärft sich

Mit dem Voranschreiten des Jahres 1941 vergrößerte Dönitz trotz des ständigen Feilschens beim Oberkommando um die Priorität für Material und trotz des Bedarfs an immer mehr Ausbildungsbooten seine Kampfkraft ständig. Als die Konstruktionen besser wurden, war der Admiral in der Lage, die Operationen immer weiter in den Atlantik zu verlegen, wenn auch auf Kosten einer kürzeren Operationsdauer. Die Stärke der Royal Navy nahm inzwischen mit einer Geschwindigkeit von nur sechs bis acht Korvetten pro Monat zu, wobei sie jedoch immer mehr Unterstützung durch in Kanada gebaute Schiffe erfuhr, die im November 1940 begann. Auch war es jetzt, da Deutschland seine Invasionspläne für das Vereinigte Königreich offensichtlich aufgegeben hatte, möglich, eine sinnvolle Anzahl von alten Zerstörern abzulösen.

Schwere und zunehmende Verluste an Schiffen veranlassten Präsident Roosevelt, amerikanische Seebegleitung von der Ostküste der USA bis zum 22. Grad westlicher Länge anzubieten. Da die USA noch immer neutral waren, war sein Vorwand der Schutz von unter amerikanischer Flagge fahrenden Schiffen. Dieser Schutz wurde jedoch ab September 1941 auf alle Schiffe ausgedehnt, die in diesen Gewässern operierten. Diese Entscheidung bedeutete, dass Begleitschiffe der Western Approaches wirkungsvoller operieren konnten, da sie keinen Umweg über Island nehmen mussten, um aufzutanken.

Zwar wurden Verfahren für ein Auftanken auf See entwickelt, aber erst Mitte 1942 wurden sie allgemein angewendet.

Die Hauptstütze der Begleitung, die Korvette der Flower-Klasse, war als Küsteneskorte geplant. Ihre bescheidene Größe und einfache Konstruktion ermöglichten ihren Bau in vielen kleinen Werften. Für den Einsatz im Atlantik erwies sie sich jedoch als zu klein, zu langsam und von zu geringer Operationsdauer. Ihre Anfälligkeit führte dazu, dass die Mannschaft ständig nass und überanstrengt war, was die Leistungsfähigkeit erheblich beeinträchtigte. Deshalb gab die Admiralität 1940 die erste Gruppe eines neuen und größeren Typs in Auftrag, der als „Fregatte" bekannt wurde. Sie war etwa fünf Prozent länger und auch vier Knoten schneller, der See besser angepasst und in der Lage, mehr Waffen zu transportieren. Nach britischen Flüssen benannt, war ihre Leistungsdauer doppelt so groß, und sie erwies sich als ausgezeichneter Gegner für U-Boote.

Rechts: U 175 nach seinem letzten Duell mit der USGC *Spencer.* Nach kurzer Zeit verschwand der am Kommandoturm stehende Seemann. Mitglieder der Küstenwache gingen an Bord des U-Bootes, das allerdings sank, ehe sie Signalbuch, Chiffriermaschine u. a. an sich nehmen konnten.

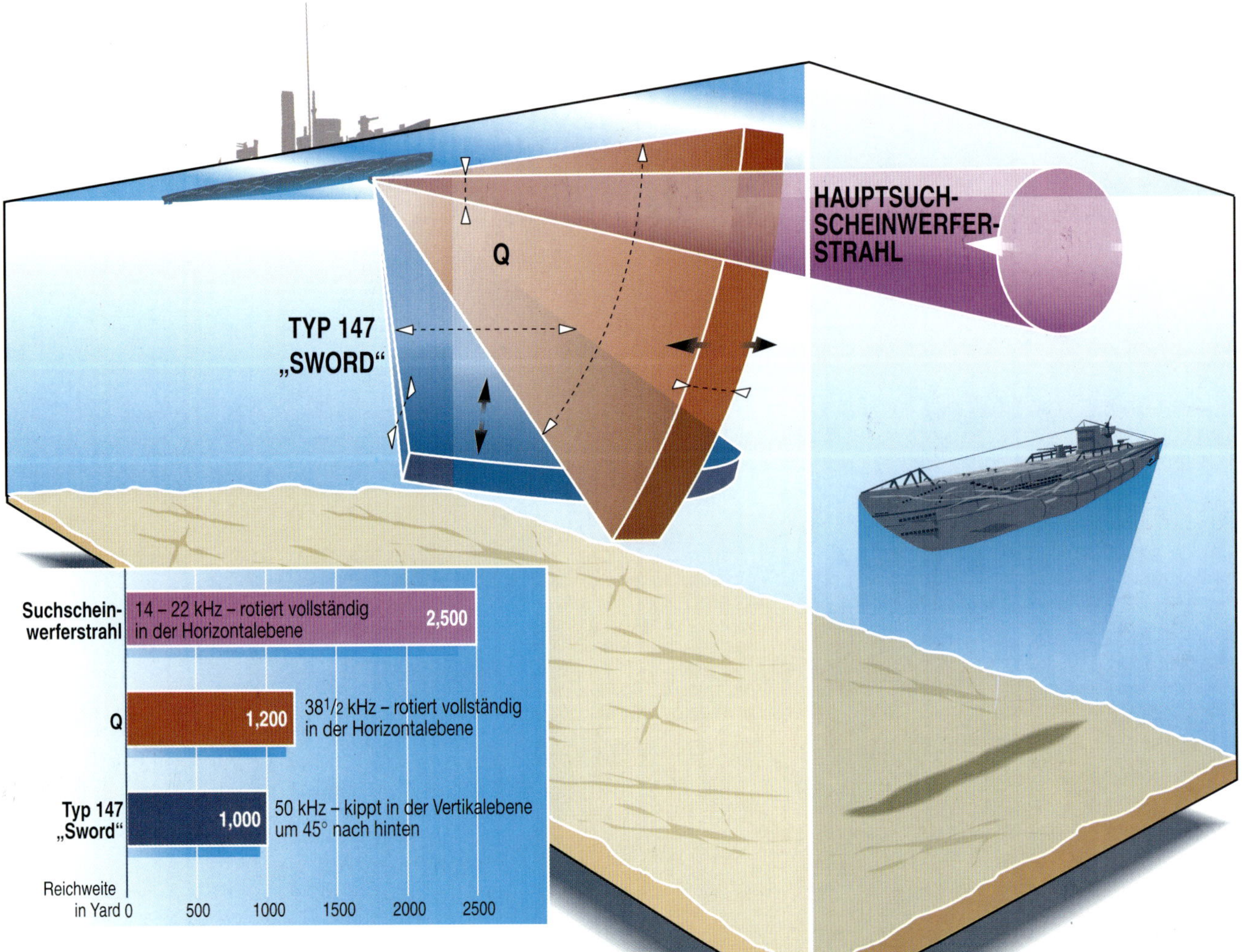

HAUPTSUCH-SCHEINWERFER-STRAHL

Q

TYP 147 „SWORD"

Suchscheinwerferstrahl	14 – 22 kHz – rotiert vollständig in der Horizontalebene	**2,500**
Q	**1,200**	38$\frac{1}{2}$ kHz – rotiert vollständig in der Horizontalebene
Typ 147 „Sword"	**1,000**	50 kHz – kippt in der Vertikalebene um 45° nach hinten

Reichweite in Yard 0   500   1000   1500   2000   2500

Aufspüren durch „ASDIC" Sonar

„ASDIC" (Sonar) war in der Lage, getauchte U-Boote bei guten Bedingungen bis zu ungefähr 2000 m aufzuspüren und zu verfolgen. Jedoch musste das Begleitschiff langsamer werden, damit das System richtig arbeiten konnte, und bis zur Entwicklung des „Hedgehog", einer neuen Waffe zur U-Bootbekämpfung, verlor das Begleitschiff kurz vor dem Wasserbombenangriff immer den Kontakt.

Im Frühjahr 1941 begann man, die Begleitschiffe und die Flugzeuge des Küstenkommandos mit Kurzwellenradar auszurüsten, der in der Lage war, aufgetauchte U-Boote aufzuspüren. Wie beim „Asdic" gab es jedoch beim Einsatz in Flugzeugen die Einschränkung, dass das Ziel beim endgültigen Anflug verloren wurde. Die Lösung dieses Problems wurde nach seinem Erfinder benannt – Leigh Light. Erstmalig wurde es bei Vickers-Wellingtons eingesetzt. Es bestand aus einem standardmäßigen 24-Zoll-Marinescheinwerfer, der am Boden einer einziehbaren „Mülltonne" eingebaut war. Gesteuert wurde er von dem hydraulischen Standardservosystem, das für die Geschütztürme benutzt wurde.

Wenn in der Nacht ein aufgetauchtes Ziel lokalisiert wurde, drosselte das Flugzeug die Geschwindigkeit und die Waffen wurden bereit gehalten. Ungefähr eine Meile vom Ziel entfernt wurde der Scheinwerfer eingeschaltet, wobei Peilung und Scheitelwinkel über Radar gegeben wurden. Ehe die geblendete U-Boot-Mannschaft reagieren konnte, wurde sie von flach abgeschossenen Wasserbomben getroffen. Wie andere gute britische Ideen auch und zur Verblüffung der Amerikaner, wurde der „Leigh Light Scheinwerfer" aber erst 18 Monate nach seiner Entwicklung in den Dienst gestellt.

Im April 1941 überprüfte das U-Boot-Kommando aufmerk-

Oben: Einige der Überlebenden des U 175 von der USGC *Spencer* aus gesehen. Wenn es einem manövrierunfähigen U-Boot gelang an die Oberfläche zu kommen, dann hatte seine Besatzung eine gute Chance zu entkommen, aber nur wenige Matrosen erreichten die Wasseroberfläche, wenn ihre U-Boote dazu nicht mehr in der Lage waren.

sam seine Funkverfahren und führte neue Chiffren ein. Es gab immer mehr Hinweise darauf, dass die Konvois um die Gebiete mit U-Boot-Konzentration herumgeleitet, und dass die Objekte selbst immer leichter gefunden wurden. Die deutsche U-Boot-flotte, die sich nach einer Zeit geringer Gefechtsstärke mit lediglich 22 operierenden Booten wieder erholt und nun 25 Boote zur Verfügung hatte, verlor fünf davon im März. Drei von ihnen waren von den U-Boot-Assen Prien, Schepke und Kretschmer kommandiert worden. Ihr Verlust bewegte Dönitz tief, und er vermutete eine neue britische Entwicklung. Tatsächlich waren die beteiligten Begleitschiffe eine Mischung aus Schiffen der Flower-Klasse und älteren Zerstörern der V- und W-Klasse, deren Stärke glücklicherweise ausreichte, dem Aufspüren der Angreifer der Konvois ausreichend Zeit zu widmen. Die gewachsene Stärke und das Können der Begleitmannschaften waren die Erklärung der Erfolge gegenüber den deutschen U-Bootbesatzungen.

Es sollte noch schlimmer kommen. Kommandant Lemp, der die *Athenia* versenkt hatte, führte im Mai 1941 bei Tag einen Unterwasserangriff auf den langsamen Konvoi OB.318 aus. Zusammen mit Kommandant Schnee vom U 201 traf er in schneller Folge vier Schiffe. Während er sich auf das fünfte konzentrierte, wurde er von einer Korvette der Flower-Klasse überfahren, der *Aubretia*, die ihn mit einem flachgehaltenen Flächenbombardement an die Oberfläche brachte. Entsprechend der üblichen Praxis setzte Lemps Mannschaft Senkladungen und verließ das Schiff. Jedoch sank sein U 110 nur widerstrebend und es wurde von den Briten, die Zeit hatten, alles was nützlich aussah auszubauen, ins Schlepptau genommen. Während das Boot schließlich unterging, fand das deutsche Oberkommando nie heraus, dass eine Enigma-Maschine und alle relevanten Signalcodes in die Hände des Gegners gefallen waren. Der Fund, der streng geheim gehalten wurde, sollte den Kampf gegen die U-Boote maßgeblich beeinflussen.

Im gleichen Monat erhielt ein transatlantischer Konvoi, der HX.129, zum ersten Mal eine ständige Überwasserbegleitung, die abwechselnd von den in Neufundland, in Island und den Western Approaches stationierten Gruppen gewährt wurde. Innerhalb von zwei Monaten war die empfindliche Freetown-Route ähnlich gesichert.

Die Theorie, dass das U-Boot-Problem durch Bombardierung ihrer Stützpunkte und Werften gelöst werden könnte, hatte sich inzwischen als falsch erwiesen. Die von Premierminister Churchill herausgegebene Direktive „Battle of the Atlantic" hatte dem Bomberkommando diese Aufgabe als Priorität zugewiesen. Am Ende des Jahres kam von den 66 deutschen U-Boot-Verlusten jedoch nicht ein einziger auf das Konto der strategischen Bombardierung oder des Legens von Minen durch Flugzeuge. Das Ergebnis des Küstenkommandos war mit einem, durch ein Flugzeug versenktem U-Boot kaum besser. Im August 1941 hatte es einen ungewöhnlichen Glücksstreffer gelandet.

Achtzig Meilen südlich von Island operierte das U 570. Seine Mannschaft war ungewöhnlich unerfahren, und der Kapitän tauchte ohne ausreichende vorherige Kontrolle unmittelbar unter einem patrouillierenden Hudson auf. Der sofortige Abwurf von vier Wasserbomben richtete genügend Schaden an, um zu verhindern, dass das Schiff in die Sicherheit abtauchte. Als das Flugzeug per Funk Unterstützung suchte, geriet die deutsche Mannschaft in Panik. Im Glauben, dass ihr Boot sinkt, wollte sie es verlassen. Da sie nicht wussten wohin, signalisierten sie ihre Bereitschaft sich zu ergeben. Die Mannschaft wurde ordnungsgemäß in Gefangenschaft genommen und das U-Boot nach Island abgeschleppt, wo Notreparaturen durchgeführt wurden. Anschließend wurde das Schiff in das Vereinigte Königreich gebracht, wo es überholt und als HMS *Graph* in den Marinedienst

Das „ASDIC"-System

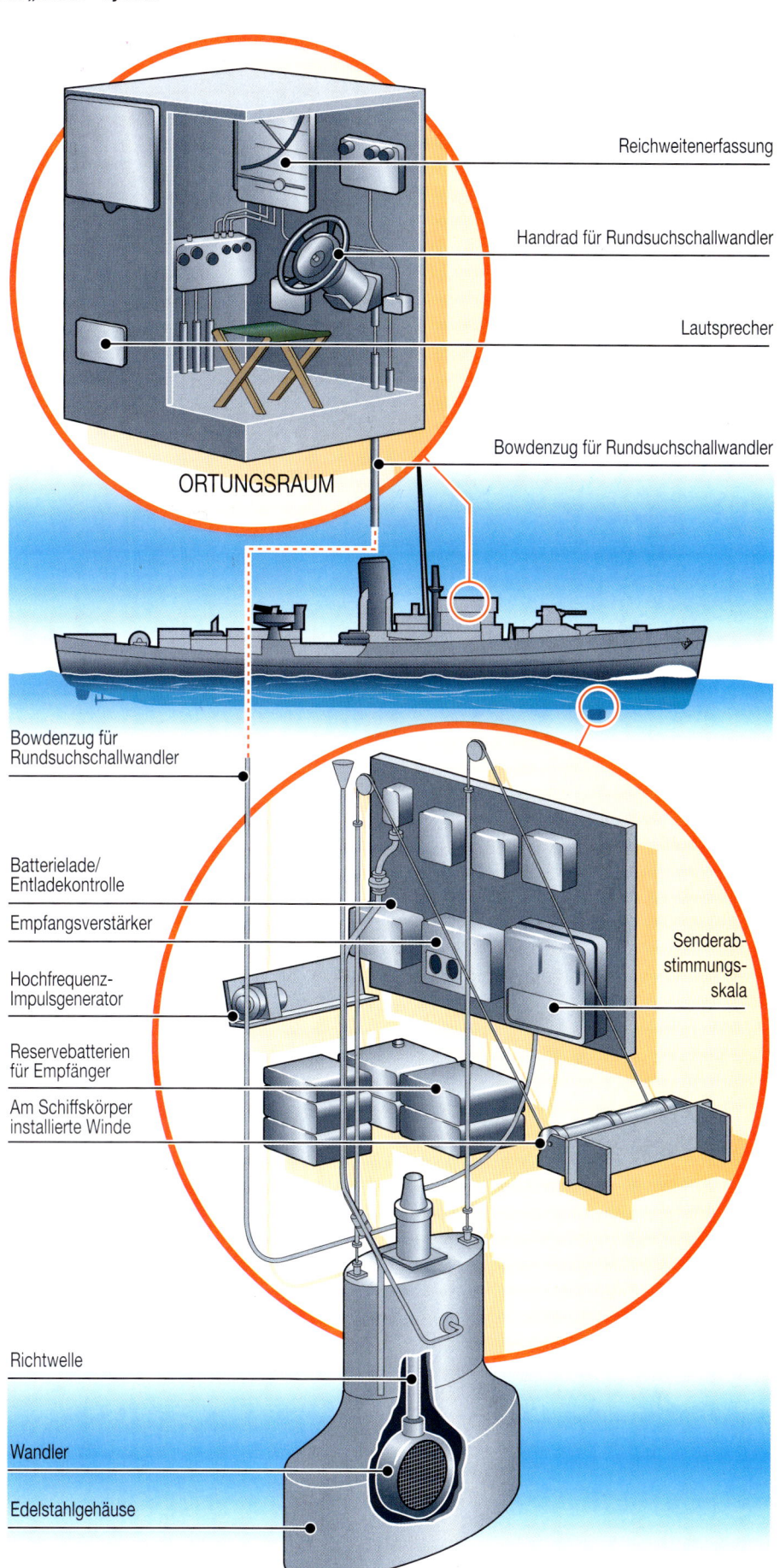

Reichweitenerfassung

Handrad für Rundsuchschallwandler

Lautsprecher

ORTUNGSRAUM

Bowdenzug für Rundsuchschallwandler

Bowdenzug für Rundsuchschallwandler

Batterielade/Entladekontrolle

Empfangsverstärker

Hochfrequenz-Impulsgenerator

Reservebatterien für Empfänger

Am Schiffskörper installierte Winde

Senderabstimmungsskala

Richtwelle

Wandler

Edelstahlgehäuse

Oben: Fünf Offiziere und 25 Matrosen von U 175 überlebten und wurden von der US Küstenwache aufgenommen. Die meisten der 13 Gefallenen waren einem direkten Treffer auf die Kommandobrücke zum Opfer gefallen.

eines aufgetauchten U-Bootes, nötig ist. Dennoch wurde jeder ungeklärte Vorfall ausnahmslos der Verwendung eines solchen Radars durch die Gegner zugeschrieben. Um die Suchtechnik angesichts der verschärften Verteidigung zu verbessern, benötigten die U-Boote ein Oberflächenradarsystem, dessen Entwicklung jedoch nur sehr langsam voran ging.

Plötzlich in die Straße von Gibraltar gewechselt, hatten die mit ASV-Radar ausgerüsteten Flugzeuge eine Folge von Gefechten mit U-Booten, die nachts auftauchten, zu bestehen. Zwei wurden zerstört bzw. so beschädigt, dass sie ihre Patrouillen abbrachen.

Im Dezember 1941, dem schicksalhaften Monat von Pearl Harbor, gab es eine entscheidende Schlacht um den Gibraltar-Konvoi HG.76. Mit dem Prototyp des Begleitträgers *Audacity*, drei Zerstörern, vier Küstenschiffen und neun Korvetten hatten seine 32 Schiffe eine ungewöhnlich starke Begleitung. Das Herzstück der Eskorte war von Captain Frederick Walkers' 36. Geleitzug, dem besten der Navy, abgezogen worden. Das erste U-Boot, U 127, das die Position des Konvois mit seiner Eskorte festzustellen versuchte, wurde über Wasser von vorgeschobenen Zerstörern entdeckt. Das U-Boot tauchte ab, fiel jedoch einem direkten, sonargeführten Angriff mit Wasserbomben zum Opfer. Nichtsdestotrotz führte die FW.200-Aufklärung innerhalb von 48 Stunden vier weitere U-Boote heran. Eines davon wurde von einem Martletjäger von der *Audacity* gesichtet. Walkers Kampfstärke erlaubte die Aussendung von fünf Schiffen, um das U-Boot zu jagen. Die Korvette *Penstemon* bekam stabilen Kontakt zu ihm und feuerte, da das Sonar keine Hinweise zur Tiefe geben konnte, Bombenreihen mit zehn Ladungen in verschiedenen Tiefen von 47 bis 122 Metern ab. Beschädigt tauchte das U 131 auf, jedoch

gestellt wurde. Das gesamte vertrauliche Material war von der Mannschaft vernichtet worden, und da das Aufbringen des Schiffes nicht geheimgehalten werden konnte, wurde es in großem Stil öffentlich bekanntgemacht. Der wichtigste Beitrag des Schiffes war, dass es die Leistungsmerkmale des VIIC-Typs lieferte.

Weitere zahlreiche Geleitzüge ermöglichten die Ablösung des völlig unzulänglichen bewaffneten Handelskreuzers (AMC [Armed Merchant Cruiser]). U-Bootkapitäne, die die Aufgabe hatten, die Abschirmung der Konvois zu durchdringen, fingen an über die gestiegene Qualität und die gewachsene Aggressivität der Verteidigung zu berichten. Daraufhin änderte Dönitz im August 1941 seine Taktik. Er befahl seinen Booten bei entsprechender Gelegenheit die Geleitzüge zuerst anzugreifen, damit diese eingeschüchtert würden. Die diesem Zweck dienende Waffe war das G7 *Zaunkönig*, ein akustisches Torpedo. Obwohl noch in der letzten Entwicklungsphase und oft nicht verlässlich, wurden viele davon im Herbst zur Anwendung freigegeben.

Im Bomberkommando wurden die Armstrong-Withworth-Whitles und die Vickers-Wellingtons durch eine neue Generation viermotoriger Flugzeuge ersetzt und zum Küstenkommando verlegt, um die Hudsons und die Sunderlands zu unterstützen. Eine weitere nützliche Unterstützung bot das Flugboot Catalina. Spätere Versionen dieses Boots erreichten eine Reichweite von annähernd 3000 Meilen.

Über dem Golf von Biskaya wurden die Patrouillen verstärkt, um die sich von und zu ihren Stützpunkten bewegenden U-Boote zu stören. Die meisten der Flugzeuge, die diese Aufgabe erfüllten, waren mit ASV-Radar und einem Satz Wasserbomben ausgerüstet, aber der Erfolg stellte sich nur langsam ein. Die Einstellung der Deutschen zum Radar war zwiespältig. Vor dem Krieg durchgeführte Experimente waren nicht ausgesprochen erfolgreich gewesen und hatten die Wissenschaftler davon überzeugt, dass ein Luftradar niemals die Präzision erreichen konnte, die für das Aufspüren eines so kleinen Zieles wie das

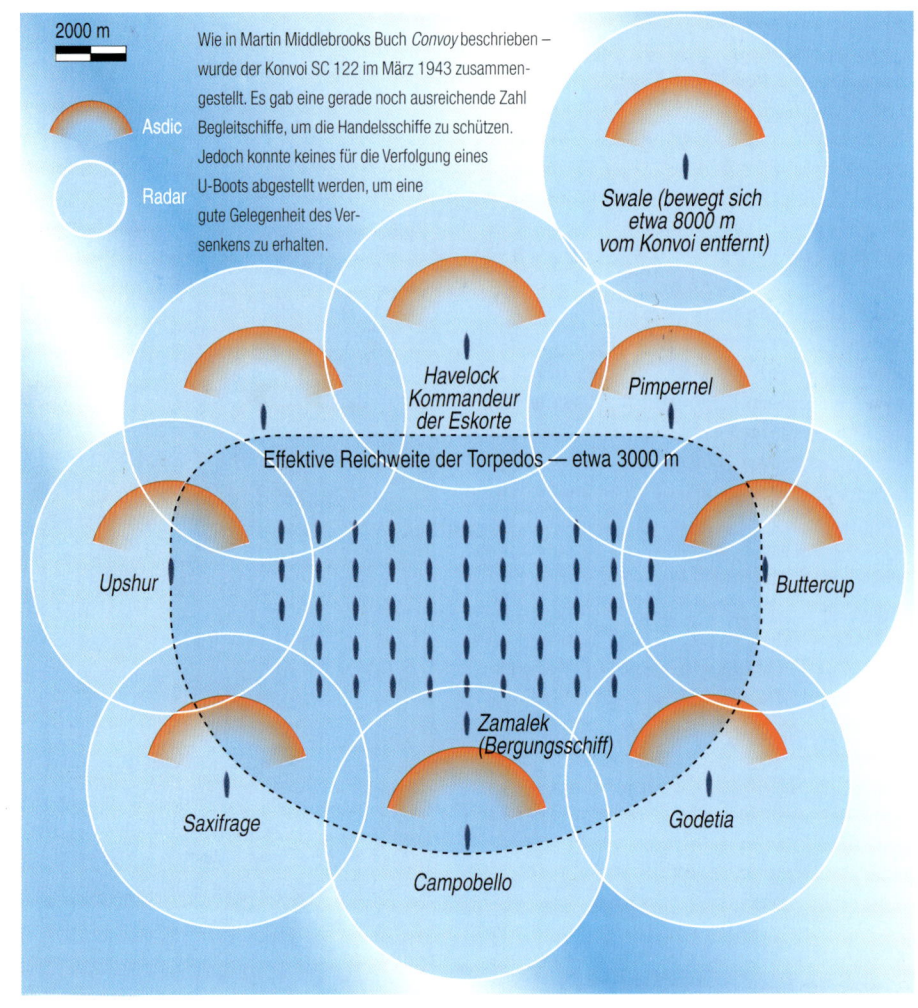

nur um von den Flugzeugen der *Audacity* im Tiefflug angegriffen, aufgegeben und durch Geschützfeuer versenkt zu werden.

Am nächsten Morgen wurde das U 434 auf ziemlich die gleiche Weise zerstört, nachdem es gerade vom Auftanken in dem als neutral geltenden spanischen Hafen Vigo angekommen war. An diesem Abschuss hatte der alte „Four-piper" *Stanley* seinen Anteil, der am nächsten Tag vor der Morgendämmerung ein weiteres U-Boot sichtete. Ebenfalls gerade aus Vigo gekommen, tauchte die U 574 ab und wendete das Blatt mit einem gezielten Schuss, der zu einer Explosion auf dem Zerstörer führte. Captain Walker verlangte sofortige Rache und führte sein Küstenschiff „*Stork*" innerhalb von fünfzehn Minuten heran.

Ein einzelner Frachter wurde dann von einem der drei U-Boote, die noch Kontakt hatten, versenkt. Dönitz sandte schnell drei weitere U-Boote mit dem Auftrag aus, als erstes die *Audacity* zu versenken. Und das aus gutem Grund, hatte doch eine Hand voll Jägern des Trägers gerade zwei FW.200-Flugzeuge abgeschossen und ein drittes beschädigt und verjagd. Ebenso bedrängten sie die U-Boote, die noch Kontakt hatten.

In der Nacht vom 21. zum 22. Dezember zogen sich die U-Boote zu einem klassischen Gruppenangriff zusammen. Ein zweiter Frachter wurde versenkt, aber die Anwendung von *Snowflake*-Scheinwerfern zeigte auch die Umrisse der *Audacity*, die durch eine dreischüssige Salve vom U 571 zerstört wurde. Dessen Kapitän war das U-Boot-As Endrass. Bei Angriffen an der Wasseroberfläche wurde er von dem Geleitboot *Deptford* entdeckt. Als er abtauchte, wurde sein Boot von zwei flachgesetzten Wasserbombenreihen vernichtet.

Als der Konvoi sich britischen Gewässern näherte, gab Dönitz auf. Seine Männer hatten die *Audacity* und die *Stanley*, damit allerdings nur zwei der äußerst wichtigen Frachter, zerstört. Der Preis von drei U-Booten war dafür zu hoch.

Die Aktion um den Konvoi HG 76 illustriert anschaulich die allgemeine Situation im U-Bootkrieg. Stärkere und erfahrenere Eskorten machten es den Angreifern schwer. Radare sorgten

dafür, dass die üblichen nächtlichen Auftauchangriffe immer gefährlicher wurden. Die Anwesenheit von kleinen Trägern hielten die U-Boote unter Wasser, wodurch sie leichter den Kontakt verlieren konnten.

Über dem Atlantik hatte Dönitz die verheerende „Paukenschlag"-Offensive eröffnet. Sie ging jedoch nach sechs Monaten zu Ende, nachdem man die Lehren aus den mit hohen Verlusten verbundenen Angriffen gezogen hatte. Angesichts eines Geleitzugsystems und einer schnell wachsenden Anzahl von an der Küste stationierten Flugzeugen, zogen sich die U-Boote zurück.

Oben: Der VLR Liberator erweiterte die Deckung aus der Luft über dem Nordatlantik und behinderte U-Boot-Operationen ernsthaft. Portugal war schließlich überredet worden, den Alliierten die Operation von Flugzeugen von den Azoren aus zu gestatten: in diesem Fall Liberator MkVI des 220. Geschwaders des Küstenkommandos.

Unten: Ein US VLR Flugzeug von Großbritannien aus operierend: diese PB4Y-1 wurde im Sommer 1943 über dem Golf von Biskaya gesehen. Da sie so oft gesichtet wurde, erhielten einige U-Boote zusätzliche Luftabwehrwaffen zur Bekämpfung.

Flugzeuge gegen U-Boote

Die Leigh Lights, die allmählich in den Dienst gestellt wurden, waren auch mit einem Funkhöhenmesser ausgerüstet: ein schnell reagierendes Instrument, das die so überaus wichtige absolute Höhe beim Angriffsanflug angibt. Sie erhielten auch eine neu konstruierte, aus der Luft abzuwerfende Wasserbombe, die unter einem aufgetauchten U-Boot explodierte. Am 5. Juli 1942 meldete eine Wellington, die von einem freiwilligen amerikanischen Piloten geflogen wurde, die erste erfolgreiche Aktion, versenkt wurde U 505 westlich von La Rochelle.

Der Verlust des schützenden Mantels der Dunkelheit hatte eine mächtige psychologische Wirkung auf die U-Boot-Mannschaften, deren Berichte Dönitz alarmierten. In Unkenntnis darüber, wie dürftig die britischen Reserven tatsächlich waren, befahl er seinen Booten, den Golf tagsüber über Wasser zu durchfahren. Diese katastrophale Entscheidung führte dazu, dass beinahe täglich U-Boote gesichtet und vier U-Boote am 3. September versenkt wurden.

Zu spät machten sich die Deutschen an die Entwicklung eines Radarsuchempfängers, um die Kapitäne darauf hinzuweisen, dass sie unter Radarbeobachtung standen. Das Fehlen eines solchen Gerätes war um so verwunderlicher, weil ein instandgesetztes ASV-System aus einem abgestürzten britischen Flugzeug schon lange in einer FW.200 der Luftwaffe erprobt worden war.

Der Suchempfänger, bekannt als „Metox", hergestellt von einer französischen Firma, war ein robustes Gerät. Die Antenne musste jedes Mal, wenn das Boot auftauchte, per Hand aufgerichtet werden. Da die Metox-Geräte anfänglich sehr knapp waren, wurden sie von ankommenden Schiffen an auslaufende Schiffe übergeben. Gelegentlich wurden die U-Boote angewiesen, sich zum Schutz um ein einzelnes mit Metox ausgestattetes Schiff zu gruppieren. Manchmal war das Gerät auch kontraproduktiv – oft fing es fremde Signale auf, die eventuell auf ein ASV-Flugzeug hinwiesen. Die Kapitäne entschieden sich dann ausnahmslos dafür, auf Tauchstation zu gehen und verschwendeten so Zeit.

Unter dem „Biskaya-Kreuz" wie die Antenne genannt wurde, gewannen die Deutschen einen Teil der Initiative zurück und befuhren den Golf in der Regel nachts wieder über Wasser. Ebenso wurden alliierte Luftpatrouillen bei Tag durch Langstreckenjäger, einer Version der Junkers Ju-88, verstärkt bedrängt. Die Briten reagierten mit Eskorten von Bristol Beaufighters oder de Havilland Mosquitoes.

Im September 1942 versenkte U 156 in der Nähe der Kapverdischen Inseln den britischen Liniendampfer Laconia. Zu spät bemerkte der Kapitän, dass der Dampfer 1800 italienische Kriegsgefangene transportierte. An Bord waren 160 Polen und 700 Briten, die Besatzung und militärisches Personal sowie achtzig Frauen und Kinder. Der Kapitän versammelte schnell drei andere U-Boote seiner Gruppe, funkte unverschlüsselt nach

Oben: US-Küstenwache lädt eine Mk.6-Wasserbombe in einen Y-Projektor. Zu beachten sind die Tiefeneinstellungen (in Fuß), die um den Zünder herum markiert sind. Die U-Bootmannschaften fanden heraus, dass sie tiefer tauchen konnten als die alliierten Wasserbomben zu Beginn des Krieges reichten.

Rechts: Die donnernde Detonation einer Wasserbombe 1944 von einem US-U-Boot-jäger aus gesehen. Die Standard US MK7 enthielt 272 kg Sprengladung und sank 2,7 Meter pro Sekunde bis zu einer Tiefe von 91 Metern. Spätere Bomben konnten bis zu einer Tiefe von 305 Metern gesetzt werden – tief genug um jedes U-Boot zu versenken.

Vichy-Frankreich und erklärte, dass kein Schiff, das an dieser Hilfsaktion teilnähme, angegriffen würde. Ehe die französischen Schiffe eintrafen, hatten Liberators amerikanischer Herkunft drei Angriffe auf die aufgetauchten U-Boote gestartet, obgleich alle deutlich mit Flaggen des Roten Kreuzes markiert waren und Rettungsboote im Schlepp hatten.

Erzürnt über diesen Vertrauensbruch, erteilte Dönitz einen Befehl, der als der „Laconia-Befehl" bekannt wurde. Von nun an hatte die Sicherheit der U-Boote Priorität und mit Ausnahme von befehlshabenden Offizieren und Chefingenieuren (für Verhöre nützlich) waren Überlebende nicht zu bergen. Eine endgültige Erwiderung war: „Bleibt hart". In seinem späteren Prozess in

Nürnberg wurde Dönitz in diesem Anklagepunkt schuldig gesprochen. Auch wenn er nicht, wie von vielen behauptet, die Tötung von Überlebenden befohlen hat, so war sein Befehl ein klarer Verstoß gegen das Unterseeprotokoll von 1936, dem auch Deutschland beigetreten war. U-Boote durften nicht, wenn sie den Überlebenden nicht helfen konnten, deren Schiffe versenken.

Anders als im Mittelmeer oder in Western Approaches, bedeutete der Einsatz für U-Boote sehr lange Fahrten, die ihre Verweildauer auf der Einsatzposition einschränkten. Betankungsschiffe waren mit Zustimmung gewogener Behörden des neutralfreundlichen Spaniens in den Häfen der Kanarischen Inseln stationiert. Als entschlossenes diplomatisches Handeln der Alliierten dieser Praxis ein Ende bereitete, wurden Schiffe mit Spezialausrüstung an vorher ausgemachten Treffpunkten auf hoher See eingesetzt. Gestützt auf strengstens vertrauliche nachrichtendienstliche Informationen erfolgte im Juni 1941 eine britische Aktion, die innerhalb von drei Wochen neun dieser Schiffe aufbrachte. Da Deutschlands Hilfskreuzer ebenfalls von diesen Schiffen abhängig waren, war diese Operation doppelt wertvoll.

Der Bedarf an Spezialunterseebooten war schon vorhergesehen worden. Das Ergebnis war der schwerfällige Typ XIV. Jedes Schiff konnte 430 Tonnen Kraftstoff, 45 Tonnen getrocknete Lebensmittel und vier Nachladetorpedos aufnehmen. Von 24 ursprünglich geplanten Booten wurden nur zehn tatsächlich fertiggestellt. Jedes konnte bis zu einem Dutzend Typ VII oder fünf Typ IX auftanken. Bekannt geworden als „Milchkühe", machten sie die „Paukenschlag"-Offensive möglich. Als eine größere Anzahl von U-Booten sich auf spezielle Konvois konzentrierte, wurde es üblich, die Aktion mit einem Angriff des U-Boots Typ XIV zu beschließen. Diese Praxis wurde zum Stillstand gebracht, als die atlantische „Luftlücke" geschlossen wurde und alle zehn Typ XIV gezielt versenkt wurden.

Um der Aufmerksamkeit der Flugzeuge zu entgehen und zu überleben, verstärkten die U-Boote allmählich ihre Fliegerabwehrbewaffnung: Ihre 88-mm oder 105-mm Deckgeschütze, die jetzt selten verwendet wurden, wurden zugunsten von 37-mm-Mehrzweckwaffen an Land gebracht.

Die Leistung verschlechterte sich, als der Turm mit verschiedenen Kombinationen von 20-mm und 13,2-mm Waffen, mit Bedienungsplattformen und einer Panzerplatte ausgerüstet wurde.

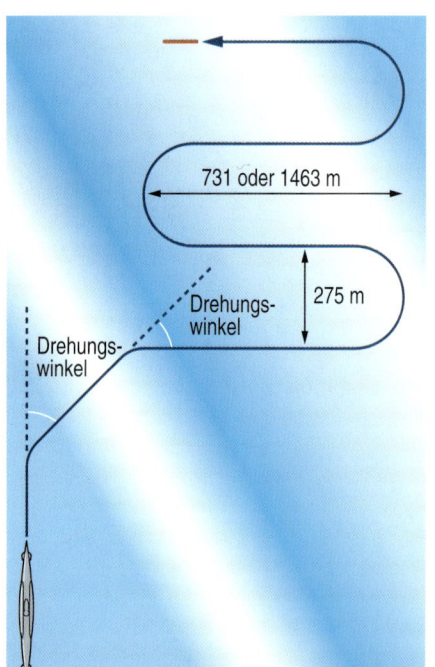

731 oder 1463 m

275 m

Drehungs-winkel

Drehungs-winkel

Mehrere U-Boote waren für eine Umwandlung in „Flakboote" vorgesehen – zur Begleitung ihrer Kollegen über die gefährlichen Wasser des Golfes von Biskaya. Die Erfahrungen der ersten U-Boote angesichts der aggressiven Luftangriffe verhinderten diesen Plan. Jedes U-Boot, das einen Kampf über Wasser austragen wollte, wurde von Feuersalven der 30-kg-Raketen oder sogar der 57-mm Waffen bedrängt. Ein einziger Treffer würde ausreichen, um das Tauchen zu verhindern. Und nicht tauchen zu können, war ohne Ausnahme tödlich.

Links: Die Deutschen entwickelten den Zaunkönig-Torpedo, der einem eingestellten Zick-Zack-Kurs folgte. Damit erhöhte sich die Chance, in einem Konvoi ein Schiff zu treffen.

Technische Verbesserungen

Geleitschiffe konnten immer noch Unterwasserhorchgeräte benutzen, um – anders als mittels der „aktiven" Schallortung

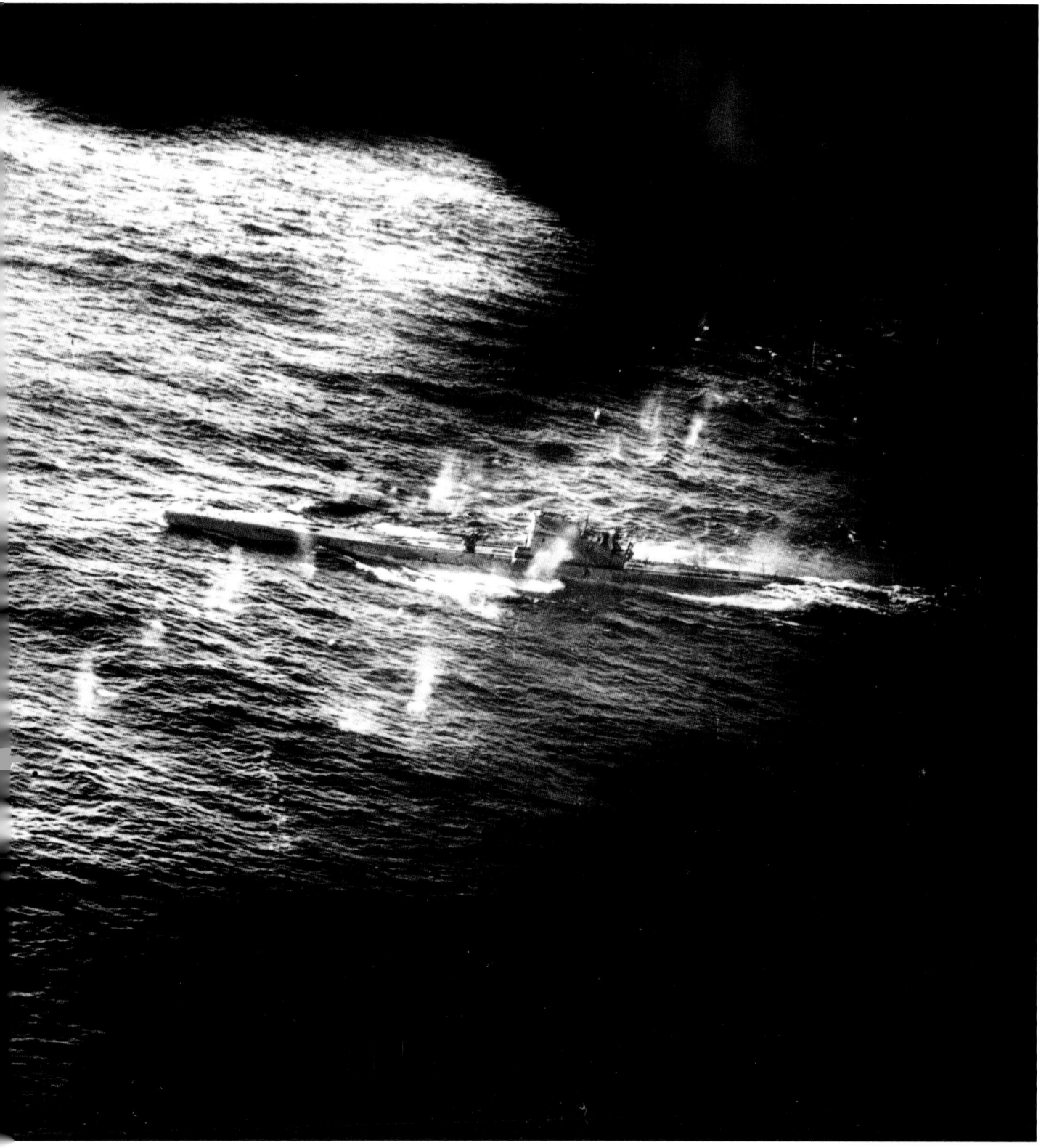

durch das „Asdic"-System – U-Boote passiv wahrzunehmen. Um U-Boote geräuscharmer zu machen, wurden ihre Maschinen in zunehmendem Maße elastisch installiert, um die von ihnen ausgehenden Schwingungen vom Bootskörper abzuleiten. Auch die Schiffsschrauben wurden so konstruiert, dass sich ihre Kavitation, ihr Hohlsog, bei den üblicherweise gefahrenen Geschwindigkeiten verringerte.

Für die Schiffsrümpfe wurde eine geschäumte Gummibeschichtung eingeführt. Sie war so konstruiert, dass sie die „As-

dic"-Impulse absorbieren konnte, anstatt sie zu reflektieren. Damit wurde die Echowirkung stark verringert. Ausgelegte Köder konnten Blasen aufsteigen lassen und falsche „Asdic"-Rückmeldungen erzeugen. Weiter verfeinert, imitierte diese Vorrichtung schließlich charakteristische U-Boot-Geräusche.

Während die Magnetpistolen immer noch Probleme aufwarfen, wurde ein neuer Torpedotyp in Dienst gestellt. Um sich den Konvois nicht allzu sehr nähern zu müssen, lief der sogenannte FAT-Torpedo auf einem vorherbestimmten geraden Kurs, ehe er

Oben: Ein von einem Flugzeug an der Wasseroberfläche gestelltes U-Boot. Da eine Verteidigung über Wasser das Risiko eines Schadens in sich barg, der das Wiederabtauchen verhindern konnte, war steiles Abtauchen (in unter 20 Sekunden) die gewöhnliche Reaktion auf eine solches Zusammentreffen. Die Einführung von aus der Luft abgeworfenen akustischen Zieltorpedos machte dies ab 1944 ebenso gefährlich.

Oben: Die Bowmanville war eine von 12 Korvetten der Castle-Klasse der Kanadier. Ihre Hauptwaffe war der Anti-U-Boot-Unterwasser-mörser „Squid", der in einer schusssicheren Wand hinter dem 4-Zoll-Geschützturm eingebaut war.

dann eine Reihe von Schleifen- und Überschlagmanövern begann, um die Chancen auf einen Treffer zu vergrößern. Zur Berechnung der Anfangsstrecke legten sich die U-Boote ein abgewandeltes Radargerät der Luftwaffe zu. Entwickelt wurden auch Hochgeschwindigkeitstorpedos mit Wasserstoffperoxid-Motoren.

Da Metox die Vorteile der ASV II weitestgehend wettgemacht hatte, konzentrierten sich die Alliierten auf einen neuen, zentimetrischen Bausatz. Als ASV III stand er zwar Ende 1942 zur Verfügung, genoss aber kaum Vorrang vor dem H2S-Radar, der damals für das RAF-Bomber-Kommando hergestellt wurde. Daher wurden zu Beginn des Jahres 1943 für das Küstenkommando in Amerika gebaute Bausätze angeschafft, die für die VLR Liberators bestimmt waren. Für Metox, der auf eine größere Wellenlänge abgestimmt war, blieb ASV III unsichtbar.

Der U-Boot-Krieg hatte in den ersten Monaten des Jahres 1943 seine Hoch-Zeit, als Dönitz über 200 Kampfboote im Einsatz hatte und eine gleiche Anzahl zur Ausbildung einsetzte bzw. bauen ließ. In jedem Quartal wurden etwa 70 neue Boote fertiggestellt. Dennoch zeigten die deutschen Statistiken, dass sich die durchschnittlichen Ergebnisse pro Patrouillenfahrt und auch die Lebenserwartung der Boote ständig verringerten. Andererseits wurden die dürftigen Ergebnisse der einzelnen Boote durch ihre erdrückende Anzahl ausgeglichen. Die Gesamtzahl der Schiffsverluste, sowohl alliierter als auch neutraler, schwankte bei einem monatlichen Durchschnitt von etwa 400 000 BRT.

Im Frühjahr 1943 konnten die Apostel strategischer Bombardements ihren Willen durchsetzen. Fast 7000 Angriffe wurden gegen die Basen in der Biskaya und deutsche U-Boot-Montage-Einrichtungen geflogen, bei denen etwa 19 000 t Bomben abgeworfen wurden und 266 Flugzeuge verloren gingen. Geschützt durch meterdicke Betonwände ging nicht ein einziges U-Boot kaputt.

Die Forschung in den Vereinigten Staaten war auf die end-

Oben: Mitternacht des 26. Februar 1944 im Golf von Biskaya: U-91 im Scheinwerferlicht der HMS Gore. Nach zweistündigem Beschuss unter Wasser tauchte Kapitänleutnant Hungerhausen auf. Nach kurzem Geschützfeuer wurde das Boot versenkt. 26 Mann Besatzung wurden gerettet, 35 gingen mit dem Boot unter.

gültige Versenkung von U-Booten mit ausgeklügelten wissenschaftlichen Mitteln gerichtet – die Ortung durch luftgestützte Magnetstörung (MAD), das Aufspüren durch aus der Luft abgeworfene Einweg-Sonobojen und die Zerstörung durch Suchtorpedos. Der Erfolg stellte sich allerdings erst gegen Ende des Krieges ein. In Ermangelung eines wirksamen Oberflächen-Suchradars experimentierten die Deutschen mit durch Strom- oder Windkraft angetriebenen Hubschraubern, die mit dem U-

Boot über Kabel verbunden waren und seinen Gesichtskreis erweitern sollten. Diese Maßnahme erwies sich beim Auftauchen von Patrouillenflügen als gefährlich, da sie die Abtauchzeit des U-Bootes hoffnungslos erhöhte.

Als sich der Krieg im Atlantik auf seinen Höhepunkt zu bewegte, gab es an der Spitze beider Seiten Veränderungen. Dönitz übernahm die Nachfolge von Raeder als Oberkommandierender der deutschen Marine und zwischenzeitlich hatte Admiral Sir Max Horton in Liverpool Admiral Noble als Oberbefehlshaber der Western Approaches abgelöst. Als Seeoffizier, der seine Karriere mit U-Booten gemacht hatte, brachte er in der späteren Phase der Vernichtung des U-Bootes ein beachtliches Talent zur Geltung.

Mit der Einführung der ASV III erhöhten sich die U-Boot-Verluste drastisch. Zwischen Februar und April 1943 wurden 25

durch Flugzeuge zerstört, dann im Mai allein 21 U-Boote. Es besteht gar kein Zweifel daran, dass die zu langsame Indienststellung des ASV III zur Schonung Dutzender U-Boote beitrug.

Im Februar bargen die Deutschen ein intaktes H2S-Gerät aus einem abgestürzten britischen Bombenflugzeug und begannen sofort mit der Entwicklung von Gegenmaßnahmen, einem Suchempfänger unter dem Decknamen „Naxos". Aber es erwies sich als schwierig, ihn zur Reife zu bringen. Die ersten Geräte, die Ende 1943 auf See zum Einsatz kamen, hatten eine so geringe Reichweite, dass dem Boot gerade einmal eine Minute zum Reagieren blieb. Erst im Mai 1944 wurde ein leistungsfähiger Empfänger („Tunis") in Dienst gestellt, der in der Lage war, sowohl ASV III als auch den amerikanischen SCR 517 zu orten. Doch zu jener Zeit hatte das U-Boot bereits die Initiative verloren.

Die drastisch angestiegene Verlustrate im März überzeugte die Deutschen, dass Metox daran schuld war, weil es die von ihm ausgehende Strahlung war, die die alliierten Flugzeuge anpeilten. Es wurden daher große Anstrengungen unternommen eine geringstrahlende Variante („Wanze") zu konstruieren und zu bauen, wodurch dem „Tunis", der eigentlichen Lösung des Problems, Wirksamkeit entzogen wurde.

Die Waffen, die das U-Boot schlugen

Die große Zeit des U-Boots ging im April 1943 endgültig zu Ende. Die Verluste beliefen sich auf 30 Prozent der in Auftrag gegebenen Boote, während ihre durchschnittliche Erfolgsrate nur noch etwa 20 Prozent von dem betrug, was noch vor zwei Jahren die Norm war. Umsonst war das vom „Führer" in Auftrag gegebene Programm zum Bau von monatlich 40 neuen U-Booten.

Oben und oben rechts: Der Schnorchel in ein- und ausgefahrener Position an Bord von U 889 vom Typ IX/C40, das im August in Dienst gestellt wurde und bis zur Aufgabe vor Nova Scotia am 15. Mai 1945 durchhielt.

Unten: Die Mannschaft einer Sunderland, im August 1943 von einer Junkers Ju-88 über dem Golf von Biskaya abgeschossen, wurde nach einer 24-stündigen Suche von der HMS *Starling* gerettet.

Typ XXI

1 Seitenruder
2 hinteres Tiefenruderpaar
3 Lenkung des Tiefenruders
4 Schrauben
5 hintere Trimmzelle
6 Tiefenrudermotor
7 Druckkörperhülle
8 Hauptdruckkörper
9 Rettungsluke
10 Generatorenraum
11 Elektromotoren
12 Steuerbereich für den Generatorraum
13 Hauptkupplung

14 Treibstoff
15 Hauptspanten
16 Maschinenraum
17 Dieselelektrische Motoren
18 Mannschaftsquartiere
19 Batterieraum
20 Abweiser
21 Kommandoturm
22 Zugang zum Feuerstand der
   37-mm-Geschütze
23 Rettungsluke
24 37-mm-Zwillingsgeschütz
25 Funkantenne

Unten: U-Boote vom Typ XXI hatten eine riesige Anzahl von Batterien, um eine höhere Unterwassergeschwindigkeit zu erreichen als einige der alliierten Eskorten über Wasser. In der Lage, ausschließlich mit Sonarunterstützung feuern zu können und mit Zieltorpedos ausgestattet, wären sie ein furchtbarer Gegner gewesen, aber die Konstruktionsstandards wurden durch die alliierte Bombenkampagne stark beeinträchtigt, so dass nur wenige dieses Typs, die 1945 noch in Dienst gestellt waren, ihre theoretische Leistung erreichen konnten.

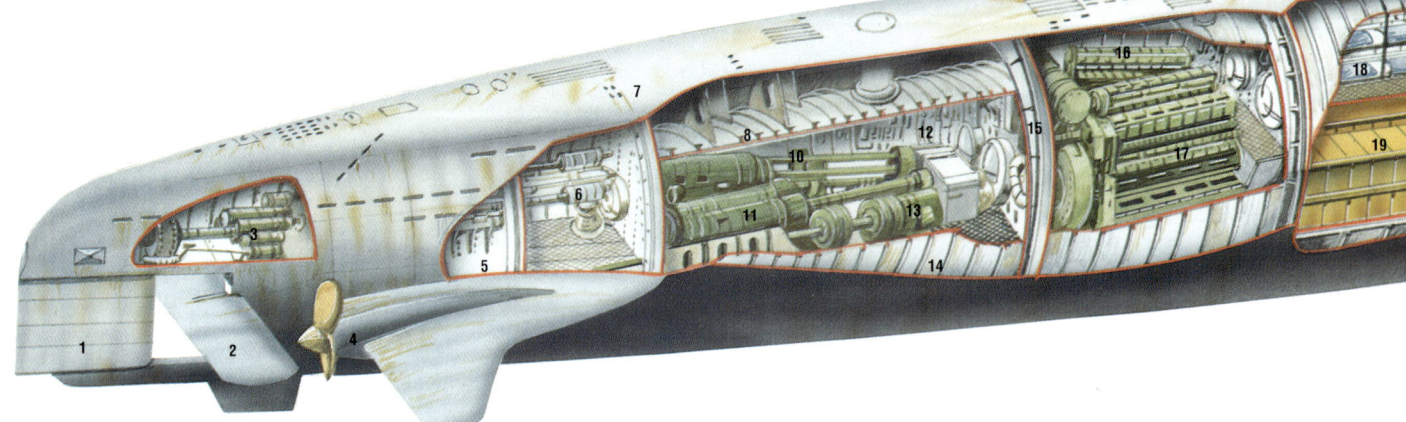

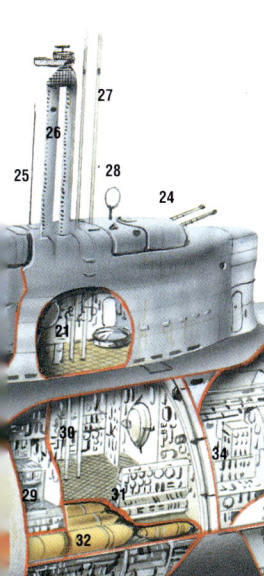

26 Schnorchel
27 Sehrohre für Ortung und Angriff
28 Funkpeilgerät
29 Kombüse
30 Steuerungsraum
31 Steuertafel

32 Druckluftflaschen
33 Munitionsraum
34 Funkraum
35 Frischwasser
36 Kommandanten-Kajüte

37 Schiffsmesse
38 Lagerraum für zusätzliche Torpedos
39 Torpedoraum
40 Torpedorohre
41 Bugtorpedoklappen

Weder gab es ausreichend Arbeitskräfte und Material, sie zu bauen, noch war genügend ausgebildetes Personal vorhanden, Besatzungen zusammenzustellen. Neue Boote mit den bekannten und nicht korrigierten Mängeln wurden auf See geschickt, das wäre noch vor kurzer Zeit unakzeptabel gewesen.

Dennoch fielen in diese Zeit auch die furchtbaren Verluste an Handelsschiffen. Um die Anzahl der Langstrecken-Seeflugzeuge zu vergrößern, wurden „Fliegende Festungen" vom Typ Boeing B-17 und Flugzeuge vom Typ Halifax des ehemaligen Bomberkommandos Handley-Page herangezogen, aber die ideale „Gefechtsplattform", der modifizierte Liberator, wurde von der US-Navy hauptsächlich für Kampfhandlungen im Pazifik eingesetzt. Das war zu einer Zeit, als die Deutschen die Lücke in der atlantischen Luftverteidigung noch als „Schwarzes Loch" bezeichneten. Es musste erst der Präsident persönlich intervenieren, um die Prioritäten neu festzulegen und mehr Mittel für die Operationen auf diesem Kriegsschauplatz bereitzustellen.

Die jetzt in größerer Zahl in Dienst gestellten Begleitschutzträger (CVE) erwiesen sich für reguläre Seeoperationen als sehr nützlich, ließen aber für die U-Boot-Abwehr nur wenige übrig. Die britische Variante des amerikanischen Grumman F-4 Wildcat Kampfflugzeuges, die Martlet, erbrachte bewunderungs-

würdige Leistungen im Kampf gegen die U-Boote, konnte sich aber mit den späteren Modellen der Ju-88 nicht messen. Mit der Fairey Firefly und der Firebrand waren zwar geeignete Typen in der Entwicklung, aber im Moment kamen trotz ihrer relativen Anfälligkeit nur die für den Seeeinsatz umgebauten Maschinen vom Typ Supermarine Spitfire und Hawker Hurricane als Alternative in Frage.

Es war die Absicht der britischen Admiralität, die CVEs in die Konvoieskorten mit einzubeziehen, aber sie änderte ihre Ansichten in Anbetracht der Wirksamkeit des amerikanischen Systems. Hier bildeten normalerweise ein einzelner CVE und sechs Geleitschutzboote die U-Boot-Abwehrgruppe, die unabhängig voneinander auf der Grundlage guter Aufklärungsleistungen arbeiteten oder als Gruppe zur Unterstützung beim Schutz eines bedrohten Konvois umdirigiert wurden.

Zur anglo-kanadischen Eskortegruppe gehörten etwa 185 Korvetten der Flower-Klasse und weitere 50 der River-Klasse, aber eine enorme Unterstützung zeichnete sich erst ab, als die gewaltigen Eskorte-Zerstörer-Programme (DE-Programme) der Amerikaner auf den Weg gebracht wurden. Auf Grundlage einer gemeinsamen Spezifikation konstruiert, fanden die Eskorte-Zerstörer Anklang. Die Briten haben dann auch 520 DEs bestellt, erhielten aber wegen dringenden amerikanischen Eigenbedarfs nur 78 Stück.

Bei einem Angriff durch eine Fregatte tauchte der U-Boot-Kapitän gewöhnlich tief ab, um das Schiff mit einem dreidimen-

sionalen Problem zu konfrontieren. Die ersten U-Boote konnten bis auf die empfohlenen 180 m abtauchen, spätere Modelle schafften es bis auf 300 m, allerdings mit der Konsequenz, dass etwa 250 t mehr auf die Plattenverstärkungen wirkten. Was die Anti-U-Boot-Fregatte brauchte, war ein „Asdic"-System mit Tiefortungskapazität und eine Schusswaffe, um das Ziel zu treffen, während es noch vom „Asdic"-Strahl erfasst war.

Der Stab der Royal Navy verlangte von „Asdic", Zieltiefen bis 366 m erfassen zu können, eine Entfernung, die später auf 396 m korrigiert wurde. Das wurde durch den Anbau einer so genannten Q-Zusatzvorrichtung an die Hauptwandlersäule erreicht, wodurch ein schmaler, keilförmiger Strahl erzeugt wurde, der nach unten gerichtet werden konnte. Da sich die Aufmerksamkeit nunmehr voll auf die Dreidimensionalität gerichtet hatte, befassten sich die Konstrukteure mit dem damit im Zusammenhang stehenden Problem der Strahlformung und den Auswirkungen der Wasserschichten auf den Strahl bei verschiedenen Temperaturen.

Da die Amerikaner auf diesem Gebiet noch hinterherhinkten, lieferten ihnen die Briten bis zum Ende des Krieges die Geräte, die als QD4 in Dienst gestellt wurde. Das erste britische Gerät wurde im Mai 1943 auf See ausprobiert und für geeignet befunden, ein Ziel bis in eine Tiefe von 750 m zu erfassen. Folglich wurde nunmehr eine Waffe mit mindestens einer solchen Reichweite gebraucht.

Obwohl die Arbeiten an einer solchen Vorrichtung in den 30er Jahren offiziell eingestellt worden waren, blieb das wissenschaftliche Interesse daran wach und gestattete bereits 1940 die Durchführung von Experimenten, um den vergleichsweisen Nutzen von einigen wenigen oder vielen kleinen Wasserbomben festzustellen. Auf Grund der relativ einfachen Lösung mit letzte-

Links: Strategische alliierte Bombenangriffe führten zu schweren Störungen in der deutschen Industrie und verlangsamten die Konstruktion der neuen U-Boote vom Typ XXI. Diese U-Boote wurden 1945 in Bremen im frühen Stadium der Montage gesichtet.

Rechts: U-2518 vom Typ XXI wurde im November 1944 in Dienst gestellt und im April 1945 in die 11. Flotte in Norwegen eingegliedert. Sie unternahm niemals eine Patrouillenfahrt und war bis 1967 im Dienst, nachdem sie als Roland Morillot der französischen Marine übergeben worden war.

Unten: Beim Typ XVII handelte es sich um ein experimentelles Küsten-U-Boot, das einen Walter-Antrieb mit geschlossenem Kreislauf hatte. Bis zum Ende des Krieges wurden nur drei von ihnen (U 1405-7) fertiggestellt, die alle am 5. Mai versenkt wurden. U 1407 wurde später gehoben und lief als Meteorite im Dienste der Royal Navy.

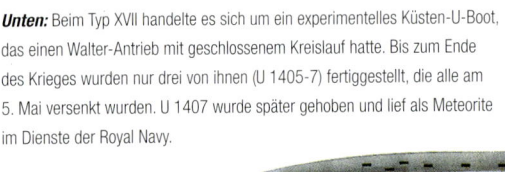

Typ XVII

Normale Wasserverdrängung	312 Tonnen
Unterwasserverdrängung	337 Tonnen
Maße	41,05 m × 3,4 m × 4,3 m
Antrieb über Wasser:	2 Dieselmotoren mit 10 PS;
	unter Wasser: Walter-Antrieb mit geschlossenem Kreislauf
	mit 2500 PS oder Elektromotor mit 77,5 PS
Höchstgeschwindigkeit über Wasser	9 Knoten
Höchstgeschwindigkeit unter Wasser	21,5 Knoten
Fahrbereich über Wasser	5600 km bei 8 Knoten
Fahrbereich unter Wasser	228 km bei Walter-Antrieb
	bzw. 85 km bei Elektromotor
Bewaffnung	Zwei 533-mm-Torpedorohre
	(Kampfsatz vier Torpedos)
Besatzung	19 Mann

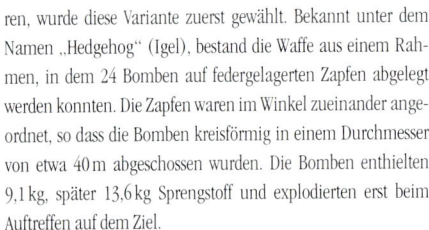

ren, wurde diese Variante zuerst gewählt. Bekannt unter dem Namen „Hedgehog" (Igel), bestand die Waffe aus einem Rahmen, in dem 24 Bomben auf federgelagerten Zapfen abgelegt werden konnten. Die Zapfen waren im Winkel zueinander angeordnet, so dass die Bomben kreisförmig in einem Durchmesser von etwa 40 m abgeschossen wurden. Die Bomben enthielten 9,1 kg, später 13,6 kg Sprengstoff und explodierten erst beim Auftreffen auf dem Ziel.

Zügig auf See eingesetzt, erwies sich Hedgehog auf Grund mangelnder Einweisung der Besatzung und der durch den Kriegsstress bedingten schlechten Wartung zunächst als Enttäuschung. Dennoch belief sich die Erfolgsrate bis 1943 (allerdings an weniger Proben beurteilt) auf 8,3 Prozent der Angriffe im Vergleich zu den 4,5 Prozent bei herkömmlichen Wasserbomben.

1944 ließ sich der Erfolg der Waffe an der Erfolgsrate von 21,5 Prozent ablesen, während es herkömmliche Wasserbomben nur auf 7,1 Prozent brachten. Beachtlich ist, dass auch die herkömmlichen Wasserbomben mit der Einführung von Torpex, einem Sprengstoff mit einer um zwei Drittel höheren Sprengkraft als TNT, eine Zuwachsrate von 60 Prozent erreicht hatten.

Hedgehog wurde nun in breitem Umfang in der US-Navy eingeführt, manchmal zur Flankierung der Schiffsaufbauten geteilt montiert. Da manche amerikanische Schiffe übermäßig schlank waren, wurde auch eine leichtgewichtige Version (die „Mausefalle") entwickelt. Da sie nur bei direkter Berührung des Zieles explodierte, brauchte sie weder eine schnelle und kurzfristige Tiefeneinstellung, noch verursachten sie einen Ausfall beim „Asdic", der das Wiederauffinden des Zieles verhindern könnte.

Berichte, dass deutsche U-Boote noch tiefer tauchen konnten, führten zu Unruhe, woraufhin man ein Vorkriegskonzept für einen schweren Dreirohrmörser wieder aufleben ließ. Die „Squid", wie das Geschütz genannt wurde, war besser gegen die Schiffsbewegung stabilisiert und konnte ihre drei Bomben fast 300 m weit wegschießen. Jede Bombe enthielt 91 kg Minol, ein anderer, neuer Sprengstoff. Größere Fregatten waren mit einem „Doppel-Squid" bestückt, das zwei Bereiche über einem ähnlich großen Gebiet, jedoch in unterschiedlicher Tiefe be-

Typ XXI

Normale Wasserverdrängung	1621 Tonnen	Höchstgeschwindigkeit unter Wasser	16 Knoten bzw.
			3,5 Knoten bei Schleichfahrt
Unterwasserverdrängung	1819 Tonnen	Fahrbereich über Wasser	33160 km bei 8 Knoten
Maße	76,7 m × 8,0 m × 6,32 m	Fahrbereich unter Wasser	600 km bei 6 Knoten
Tauchtiefe	280 m	Bewaffnung	Vier 30- bzw. 20-mm-Luftabwehr-Geschütze,
Antrieb	über Wasser: Dieselmotoren mit 4000 PS;		sechs 533-mm-Torpedorohre
	unter Wasser: Elektromotoren mit 5000 PS bzw.		(Kampfsatz 23 Torpedos)
	Motoren mit 226 PS Niedrigleistung	Besatzung	57 Mann
Höchstgeschwindigkeit über Wasser	15,5 Knoten		

Es ist ein Gemeinplatz, dass die U-Boote des Typs XXI den Ausschlag in der Atlantikschlacht gegeben hätten, wenn sie 1943 zum Einsatz gekommen wären oder dass der Krieg anders verlaufen wäre, wenn man dem britischen Coastal Command zu einem früheren Zeitpunkt einige Geschwader viermotoriger Bomber gegeben hätte. Mit seiner hohen Unterwassergeschwindigkeit und den neuartigen hydroakustischen Anlagen stellte der Typ XXI einen bedeutenden Fortschritt in der Entwicklung der U-Boote dar. Da sein gewaltiges Batteriesystem im Abstand von einigen Tagen nur einige Stunden zum Aufladen benötigte, konnten die Boote längere Tauchfahrten absolvieren.

Links: U 858 ergab sich am 14. Mai 1945 in Portsmouth, New Hampshire. Spät in den U-Boot-Krieg gekommen, war der Einsatz von U 858 ungewöhnlich: zum Typ IXC/40 gehörig, wurde sie im September 1943 unter Kapitänleutnant Bode in Dienst gestellt und überlebte zwei der gefährlichsten Jahre der U-Boot-Kriegsführung. Abschüsse durch U 858 sind nicht nachgewiesen.

Unten: Die letzten Angriffe im Krieg fielen einem Küsten-U-Boot vom Typ XXIII zu, das am 7. Mai 1945 im Firth of Forth zwei Handelsschiffe versenkte. Diese kleinen Boote konnten in 10 Sekunden steil abtauchen und fielen über Wasser durch ihre kleine Silhouette kaum auf. Dennoch waren die sechs vor Kriegsende in Dienst gestellten Boote für Unterwasser-Patrouillenfahrten vorgesehen.

obachtete. Die Entwicklung der Elektronik war soweit fortgeschritten, dass über „Asdic" empfangene Daten die Squid-Bomben automatisch scharf machten.

Squid wurde Mitte 1944 in den Dienst gestellt, zu einer Zeit, als auch schon akustische Torpedos üblich waren. Der amerikanische Torpedo vom Typ Mark 24 war das Gegenstück zum deutschen Zaunkönig, und nach der Aufbringung von U 505 im Juni 1944 konnten dazu entsprechende Vergleiche angestellt werden. So konstruiert, dass er den Abwurf aus einem VLR Liberator aushielt, bewegte sich der Mark 24 (auch als „Fido" oder „Wandernde Annie" bekannt) wegen der Vergrößerung des Aktionsradius und einer geräuscharmen Fahrweise mit 12 Knoten.

Im Juli und August wurde eine größere Anzahl von Gruppen mit CVE-Schutz gezählt. Die zur Abwehr der U-Boote eingesetzten Flugzeuge arbeiteten erfolgreich in Paaren. Wurde ein U-Boot über Wasser gesichtet, erfolgte die Bombardierung mit Wasserbomben. Tauchte es schnell genug ab, wurde ein Zieltorpedo in die Nähe des beim Abtauchen entstehenden Strudels gesetzt.

Das britische Interesse an akustisch gelenkten Zieltorpedos vor dem Krieg hatte sich wegen ausbleibender Forderungen seitens des Stabs verzögert und die Produktion in großen Stückzahlen wurde nicht mehr vor Kriegsende aufgenommen. Eine Menge nützlicher Forschungsdaten wurde jedoch den Amerikanern frei zur Verfügung gestellt.

Bis Mitte 1943 war es dann offensichtlich, dass Dönitz' U-Boote die Konvois nicht mehr schlagen konnten, sondern sogar von ihrer eigenen Vernichtung bedroht waren. Jede fünfte Begegnung endete mit einer Versenkung. Während immer mehr U-Boote in Dienst gestellt wurden, verringerte sich auf Grund des Mangels an Fachkräften und Material bei der Wartung, ihre Aufenthaltszeit auf See von 60 auf nur noch 40 Prozent. Die Lücke in der Luftverteidigung war durch CVEs und VLR Liberators geschlossen worden. Damit wurde offensichtlich, dass ein U-Boot zum Überleben immer abgetaucht bleiben musste. Um auf einen erfolgreichen Angriff auf einen Konvoi auszuführen, muss ein U-Boot eine anhaltend hohe Geschwindigkeit unter Wasser bewältigen.

Typ XXIII

Normale Wasserverdrängung	232 Tonnen
Unterwasserverdrängung	256 Tonnen
Maße	34,1 m × 3,0 m × 3,75 m
Tauchtiefe	180 m
Antrieb	über Wasser: Dieselmotoren mit 580 PS;
	unter Wasser: Elektromotoren mit 500 PS bzw.
	Elektromotoren mit 35 PS Niedrigleistung
Höchstgeschwindigkeit über Wasser	10 Knoten;
Höchstgeschwindigkeit unter Wasser	2,5 Knoten bei Schleichfahrt
Fahrbereich über Wasser	2870 km bei 8 Knoten
Fahrbereich unter Wasser	375 km bei 4 Knoten
Bewaffnung	Zwei 533-mm-Torpedos, keine Nachladung
Besatzung	14 Mann

Verbesserte U-Boot-Technologie

Seit 1933 waren die Arbeiten an der Verbesserung solcher Antriebssysteme langsam vorangekommen, die ihre Aufgabe ohne Zuführung atmosphärischen Sauerstoffes erfüllen konnten. Davon gab es zwei Haupttypen: Das Waltersche Hochgeschwindigkeitsturbinensystem, das Wasserstoffperoxid (Ingolin) als Sauerstoffquelle benutzte, sowie ein Boot mit niedriger Geschwindigkeit, das einen Dieselmotor mit geschlossenem Kreislauf nutzte, der gespeicherten Sauerstoff und Katalysatoren erforderlich machte. Wenngleich auch Prototypen vorgeführt wurden, waren die Systeme doch zu komplex und/oder gefährlich, um in die Serienproduktion überführt zu werden. Die Forderung nach einer hohen Unterwassergeschwindigkeit in den mit Walter-Antrieben ausgestatteten Booten hatte jedoch die Forschung nach verbesserten Bootskörpern angestachelt, eine Forschung, die sich als wertvoll erwies.

Im Frühjahr 1943 setzte Walter Admiral Dönitz über das Konzept eines Luftinduktionsmastes in Kenntnis. Ein solcher Aufbau würde dem Boot mit Dieselmotoren eine Unterwasser-Geschwindigkeit von 5 bis 6 Knoten ermöglichen. Beim Durchfahren einer Bucht wäre sie auf dem Radar kaum erfassbar, könnte aber die Batterien schonen. Das war keine neue Idee, denn sie war bereits von den Niederländern patentiert und vor dem Krieg in einigen ihrer „Überseeboote" eingebaut worden.

Unter dem Spitznamen „Schnorchel" (bzw. „Snort" in der Sprache der Alliierten) wurde im September 1943 auf See ein Prototyp getestet. Obwohl die Umbaumaßnahmen im Rahmen eines Sofortprogramms unverzüglich eingeleitet wurden, dauerte es doch bis Juni 1944, ehe die ersten mit Schnorchel ausgerüsteten U-Boote in Betrieb genommen werden konnten. Zeitlich war deren Inbetriebnahme ideal, denn den zur Unterbindung der Landung in der Normandie eingesetzten herkömmlichen Booten war schwerer Schaden zugefügt worden: Neun wurden versenkt und elf in solchem Umfang beschädigt, dass sie nicht mehr zu Patrouillenfahrten eingesetzt werden konnten.

Bei ruhigem Seegang war die Spitze des Schnorchelmastes mit den damaligen Radargeräten, ja sogar mit bloßem Auge auf etwa 7 km erkennbar. Bei kleinen Brechern war jedoch nichts mehr wahrnehmbar. Manchmal verriet der schmale Schweif einer Auspufffahne die Anwesenheit eines Schnorchelmastes.

Das deutsche Oberkommando hatte bereits zugegeben, dass es seine Ziele nicht erreichen konnte, selbst wenn das aktuelle Produktionsziel von 27 neuen U-Booten pro Monat erfüllt werden würde. Die alliierte Verteidigung war technologisch inzwischen so weit vorangekommen, dass die Deutschen zu einem ähnlichen Herangehen herausgefordert wurden. Da die Krise jedoch unmittelbar bevorstand, blieb keine Zeit mehr, auf die Walter-Boote zu warten.

Dönitz berief in seinem Hauptquartier (das nach dem britischen Überfall auf St. Nazaire im März 1942 nach Paris verlegt worden war) eine Konferenz ein. Die Konstruktionsabteilung der Marine schlug einen kurzfristigen Kompromiss vor, bei dem ein „Hochgeschwindigkeits"-Schiffskörper sowie ein Schnorchel mit einem Antriebssystem kombiniert werden sollten, das auf der bewährten Elektrotechnik beruhte. Durch die Vertiefung des Schiffsmittelteils in Form einer Acht sollten dreimal mehr als die übliche Anzahl von Zellen untergebracht werden können. Dönitz äußerte seine Bedenken gegen die errechnete normale Wasserverdrängung von 1600 Tonnen, stimmte aber schließlich zu, als ihm eine verkleinerte Version angeboten wurde. Diese hätte dann eine Chance, die jetzt unpassierbaren britischen Küstengewässer zu durchdringen.

Eine Vorberechnung vom Juni 1943 zeigte, welch gewaltige Verbesserung erwartet werden durfte. Als Typ XXI bezeichnet, würde das Boot 90 Minuten lang eine Unterwassergeschwindigkeit von 18 Knoten bzw. 10 – 12 Knoten über einen Zeitraum von 10 Stunden erreichen. Bisher schafften die Boote etwa 5 – 6 Knoten über eine Dauer von 45 Minuten, während der Typ XXI 60 Stunden lang ununterbrochen mit einer Geschwindigkeit von 6 Knoten fahren konnte.

Die bisherigen Konstruktionsprogramme waren von der Marine kontrolliert worden. Um diese Prüfungen zu beschleunigen, wurde die Verantwortung für die „Elektroboote" Speers Ministerium für Bewaffnung und Munition übertragen. Speer bildete eine Schiffsbaukommission, die ermächtigt war, Expertisen aus allen denkbaren Quellen heranzuziehen. Im Juli 1943 stimmte Dönitz einem neuen Schiffsbauprogramm in der Verantwortung von Otto Merker zu.

Merker war Industrieller und stammte aus der Schwerlastfahrzeugbranche, er machte aber sehr schnell Vorschläge, wie die Bauzeiten um ein Drittel gesenkt werden konnten. Nach dem amerikanischen Vorbild des Baus von Standardmodellen wurden die U-Boote an bestimmten Standorten unter Verwendung

vorgefertigter und teilweise bereits bestückter Baugruppen zusammengebaut, die von weit verstreuten Orten herangebracht wurden.

Im August 1943 wurden alle bisherigen Verträge für U-Boote gekündigt, lediglich 80 Schiffskörper, deren Bau schon weit vorangeschritten war, blieben davon ausgenommen. Merkers Dezentralisierungsplan war darauf gerichtet, die Auswirkungen alliierter Bombardements zu minimieren, hatten aber den Mangel, dass die großen Baugruppen nur auf dem Wasserwege transportiert werden konnten. Die alliierte Aufklärung brauchte daher auch nicht lange, die Bedeutung des deutschen Binnenwasserstraßensystems zu erfassen. Statt ihre Bomben an 7 m dicken Betonmauern zu verschwenden, mit denen die Montagehallen inzwischen abgedeckt waren, konzentrierten sich die Luftangriffe auf besonders empfindliche Abschnitte der Binnenwasserwege. Die große Anzahl von Stromzellen konnte nur durch vier Firmen bereitgestellt werden, die daraufhin auch angegriffen wurden.

Dennoch stellte Merker bis Ende 1944 60 Boote des Typs XXI fertig und ließ weitere 30 zu Wasser. Vom Typ XXIII, der kleineren Version, waren 31 in Dienst gestellt worden und weitere 23 bereits zu Wasser gelassen. Ein anderes Problem bestand darin, sie für die Schlacht vorzubereiten. Lange Zeit ein ruhiges Gewässer und ideal zum Trainieren, war die Ostsee inzwischen stark vermint und Luftangriffen durch die alliierte U-Boot-Abwehr ausgesetzt. Wenngleich auch nur eine Hand voll U-Boote zerstört wurden, kamen die Ausbildungspläne völlig durcheinander, so dass das erste U-Boot des Typs XXIII erst im Februar und der Typ XXI sogar erst im April 1945 in Dienst gestellt werden konnte.

Links: Noch zu sehen sind zwei U-Boote vom Typ XXI im Mai 1945 in Hamburg. Viele der Besatzungen versenkten ihre eigenen Boote selbst, statt sich zu ergeben. Eine Hand voll ganz Verwegener entschied sich zur Flucht mit U 997, das in einer Aufsehen erregenden Unterwasserfahrt bis Argentinien kam, statt sich zu ergeben.

Oben: Noch nicht fertiggestellte U-Boote vom Typ XXI 1945 in Bremen. Amerikanische Untersuchungen an erbeuteten U-Booten dieses Typs offenbarten schwerwiegende Mängel: geringwertiges Material und schlechte Verarbeitung als Folge der Bombardements.

Mit seiner 14köpfigen Mannschaft überstieg der kleine Typ XXIII alle Erwartungen und konnte monatelang auf See bleiben. Acht Boote patrouillierten in den britischen Küstengewässern. Sie waren schnell, leicht zu manövrieren und leise, so dass sie es schafften, eine Hand voll Schiffe zu versenken. Ihre Schwäche aber war, dass sie nur 2 Torpedorohre hatten, die nicht nachgeladen werden konnten.

Das Ende der U-Boot-Kampagne

Angriffe im Rudel waren Anfang 1944 praktisch als nicht länger durchführbar aufgegeben worden. Bis Ende September mussten infolge des alliierten Vormarsches in Frankreich die Basen in der Biskaya aufgegeben werden. Noch vorhandene U-Boote wurden nach Norwegen verlegt. Im März 1945 wurde das erste mit Schnorchel ausgerüstete U-Boot von einem Flugzeug zerstört, das eine Kombination aus einer Sonoboje und einem Zieltorpedo benutzte. Als die Deutschen ihrem völligen Zusammenbruch entgegentaumelten, hatten sie nicht nur die Produktionsschlacht, sondern auch die technologische Schlacht verloren.

Während ihres langes Kriegszuges hatten sie neben der riesigen Tonnage an Handelsware etwa 175 alliierte kriegs- und umgerüstete Schiffe versenkt, eine Zahl, die die Leistungen der Hochseeflotte fast unbedeutend erscheinen lässt.

Die alliierten U-Boot-Abwehrkräfte zerstörten 636 U-Boote auf See auf. Durch Luftangriffe, die leider erst viel zu spät einsetzten, wurden weitere 63 in Basen oder Werften zerstört. Unfälle, Minen und unbekannte Ursachen führten zu weiteren 82 Verlusten. Von den 40 000 Mann Besatzung auf den U-Booten verloren nicht weniger als 28 000 ihr Leben.

Kapitel 3 – Der Amerikanische U-Boot-Krieg gegen Japan

Im Jahr 1898 kamen die mehr als 6000 Meilen vor der amerikanischen Küste gelegenen Philippinen unter die Kontrolle der Vereinigten Staaten, kurz nach deren Krieg mit Spanien. Japan, das sich gerade erst dem westlichen Einfluss öffnete, hatte schon 1894/95 ein dekadentes China vernichtend geschlagen. 1905 trug es einen entscheidenden Sieg über Russland davon und wurde so zur größten Militär- und Seemacht im Fernen Osten. Die Expansion Japans sollte noch weiter gehen, denn die japanischen Heimatinseln waren relativ dicht besiedelt, aber nicht sehr reich an Bodenschätzen.

Die Amerikaner sahen sich zwar eher ungern als Verwalter der Philippinen, die sich als finanzielle Belastung erwiesen, dennoch begannen sie aber mit der Vorbereitung des ihrer Ansicht nach unvermeidlichen Tages, an dem die Japaner mit Gewalt versuchen würden, die nötigen Rohstoffe in ihren Besitz zu bekommen. Schon 1911 wurde gemutmaßt, dass Japan die Philippinen und andere große Inselgruppen erobern würde, um dadurch seine Flanken bei weiteren Expansionen auf dem asiatischen Festland schützen zu können.

Durch die Regelungen nach dem Ersten Weltkrieg wurde die Angelegenheit noch komplizierter. Die Tatsache, dass Japan relativ wenig mit der Sache der Alliierten zu tun hatte, verhalf diesem Land zu einem Mandat über einen großen Teil Mikronesiens. Jede in Frage kommende Route, über die ein amerikanisches Expeditionskorps die Philippinen zurückerobern konnte, war durch Flankenfeuer ausgesetzt, das von den unzähligen Inseln aus praktiziert werden konnte. Die Verträge der Washingtoner Konferenz enthielten Klauseln, in denen jede Befestigung der Inseln verboten wurde. Aber eben jene Klauseln schränkten auch die amerikanischen Interessen ein, weil sie es untersagten, die Insel Guam zu einem westpazifischen Stützpunkt auszubauen. Diese Aufgabe musste nun von Hawaii übernommen werden. Guam lag etwa 1500 Meilen von den Philippinen entfernt, Pearl Harbor auf Hawaii 4800 Meilen.

1941 hatten die Vereinigten Staaten den größten Teil ihrer Pazifikflotte in Pearl Harbor stationiert, ein Stützpunkt, der damals noch im Aufbau begriffen war. Am Besten ausgerüstet war Admiral Thomas C. Harts Asiatische Flotte mit Stützpunkt in Manila. Ihr fiel die Aufgabe zu, die amerikanischen Interessen in der Region zu wahren und die Beziehungen zu den anderen Kolonialmächten zu erhalten. Auf Grund ihres geringen Umfangs bestand die Pflicht der Asiatischen Flotte hauptsächlich darin, die Armee im Falle einer militärischen Invasion von Seiten Japans zu unterstützen. Erwiesen sich die Inseln als unhaltbar, sollten die größten Schiffe nach und nach auf ein Zusammenwirken mit den britischen und holländischen zurückgreifen um eine weitere feindliche Expansion zu verhindern.

Als das Befürchtete im Dezember 1941 eintraf, lagen Admiral Harts drei Kreuzer und neun Zerstörer relativ verstreut. Auf den Stützpunkten in der Bucht von Manila lagen hauptsächlich kleine Boote: Minensuchboote und chinesische Kanonenboote. Hart befahl 30 der 51 im Pazifik stationierten U-Boote der Navy, von denen nur zwei abkommandiert wurden. Sechs dieser 30 Boote waren alte „S"-Boote, 850/1090-Tonner (d. h. aufgetaucht 850 Tonnen Wasserverdrängung, abgetaucht 1090 Tonnen Wasserverdrängung), die 1919–1921 zu Wasser gelassen worden waren und sich eigentlich nur zu Ausbildungszwecken eigneten; unter tropischen Bedingungen war das Leben auf diesen Schiffen fast unerträglich. Weitere sechs gehörten der „P"-Klasse an und kamen – mit Abweichungen von Schiff zu Schiff – durchschnittlich auf 1320/1980 Tonnen. Diese waren 1935/36 vom Stapel gelaufen. Der Rest bestand aus neuen „S"-Klasse-Booten von 1937–1939 mit einer Wasserverdrängung von bis zu 1475/2340 Tonnen. In fünf Divisionen eingeteilt waren diese Boote gerade erst aus Hawaii eingetroffen, zusammen mit einer Strategie des Generals Douglas MacArthur zur Verteidigung der Inseln im Falle einer Invasion. Die amerika-

Unten: Die U-Boote der Navy-Flotte waren wesentlich größer als die deutschen U-Boote vom Typ IX (1500 Tonnen im Vergleich zu 1100 Tonnen) und sie waren mit weiter entwickelten Feuerleitsystemen, Klimaanlage und Radar ausgestattet. Dennoch traten wie bei den deutschen U-Booten auch mit der Zeit Schwierigkeiten mit den Torpedos auf – oft funktionierten sie nicht einwandfrei.

Oben: Die USS Tautog, eines von zwölf U-Booten der Tambor-Klasse, unternahm 13 Kriegspatrouillen unter drei verschiedenen Kapitänen und versenkte 26 japanische Schiffe mit einer Summe von 72 600 Tonnen. Dadurch wurde sie zum erfolgreichsten amerikanischen U-Boot des Krieges.

Unten: Bis in den 50er Jahren die kernkraftgetriebenen U-Boote zum Einsatz kamen, waren *Nautilus* (V6) und *Narwhal* (V5) die größten U-Boote der USA. In den zwanziger Jahren waren sie als weit reichende Minenlegschiffe gedacht gewesen, doch 1942 galten sie als zu langsam und schwerfällig für Kampfeinsätze und dienten hauptsächlich zur Landung von Spezialeinheiten. *Nautilus* versenkte in Midway den bereits beschädigten japanischen Flugzeugträger *Soryu*.

nischen U-Boote waren erheblich größer als die deutschen, weil ihr Einsatzgebiet ungleich umfangreicher war.

In der Defensive

Nach ihrem Sturmangriff auf Pearl Harbor machten die Japaner einen großen Teil der amerikanischen Luftstreitkräfte auf den Philippinen dem Erdboden gleich. Am stärksten betroffen waren die Bodenstationen. Daraufhin bombardierten sie praktisch ohne Widerstand Manila und Umgebung. Am 10. Dezember 1941 verwüsteten sie den U-Boot-Stützpunkt Cavite Navy Yard. Ein schwerer Schlag war der Verlust der Hälfte des Torpedobestandes.

Am selben Tag wurde Kapitän John Wilkes zum Führer der U-Boote der Asiatischen Flotte ernannt. Sein Schiff, der Tender *Canopus*, lag in Manila und war die einzig verbleibende Stütze der dortigen Unterwasserstreitkräfte, doch als der Hafen täglich bombardiert wurde, kamen auch Wilkes und seine Besatzung mitsamt einiger wichtiger Einrichtungen an Land.

Am 10. und 12. Dezember führten die Japaner schließlich eine Reihe von Angriffen durch, nach denen es den Amerikanern auf den Philippinen genauso erging wie den Aliierten an anderen Kriegsschauplätzen: es schien unmöglich, den gründlichen, von allen Seiten näher rückenden Feind aufzuhalten,

und schon am 27. Dezember musste MacArthur mit seinen restlichen Truppen die Hauptstadt verlassen um sich auf die Festung der Bataan-Halbinsel zurückzuziehen. Ohne die zusätzliche Aufklärung aus der Luft, mit der in der Ausbildung gearbeitet wurde und die nun aus Gewohnheit unabdingbar war, gelang es den U-Booten nicht, die Japaner in ihrer Bewegungsfreiheit einzudämmen. Bis zum letzten Tag des Jahres hatte sich die mittlerweile stark beschädigte *Canopus* samt ihrer U-Boote zurückgezogen.

In Pearl Harbor waren die U-Boot-Streitkräfte auf Grund des Transfers nach Manila stark zusammengeschrumpft. Dem Konteradmiral Thomas Withers, Kommandant der U-Boote Pazifik, blieben 21 Boote, von denen sich nicht weniger als zwölf zu Reparations- und Modernisierungszwecken in den Vereinigten Staaten befanden. In Wirklichkeit unterstanden seinem Befehl also nur vier „one-off's" zweifelhafter Qualität und sechs neue „T"-Klasse-Boote-1475/2370-Tonner, nach denen später das Standard-Kriegsmodell gebaut werden sollte.

Wie alle ranghohen amerikanischen U-Boot-Kommandanten hatte sich auch Withers viel mit der Strategie beschäftigt, mit der Admiral Dönitz seit zwei Jahren arbeitete. Zentrale Kontrolle und Rudeltaktik wurden nicht favorisiert – amerikanische U-Boote waren einzeln im Einsatz und hatten striktes Funkverbot. Darüber hinaus waren die amerikanischen Bootsführer

Narwhal

Wasserverdrängung:	2730 t aufgetaucht
	3900 t getaucht
Maße:	112,9 m × 10,13 m × 4,8 m
Tauchtiefe:	106 m
Antrieb:	Kombinationsantrieb:
	4 Dieselmotoren mit 5400 PS,
	2 E-Motoren mit 2540 PS auf zwei Wellen
Höchstgeschwindigkeit:	17 kn über Wasser,
	8 kn unter Wasser
Fahrbereich:	33 354 km bei 10 kn über Wasser,
	93 km bei 5 kn unter Wasser
Bewaffnung:	2 × 152-mm-Geschütze und
	6 × 533-mm-Torpedorohre mit 36 Torpedos;
	später 10 Torpedorohre und 40 Torpedos
Besatzung:	89 Mann

ebenso wie ihre japanischen Gegenspieler dazu angehalten, sich in erster Linie auf den Beschuss von Kriegsschiffen zu konzentrieren.

Im Vorfeld des Krieges wollte Withers seine Besatzung an zweimonatige Patrouillen gewöhnen. Boote, die unter „norma-

Links: Messe im Balao-Klasse-Boot *Bullhead* auf der ersten Kriegsstreife 1945. Sie wurde am 6. August 1945 versenkt; an diesem Tag zerstörte eine Atombombe Hiroshima. Die USS *Bullhead* war somit das letzte U-Boot, das die Vereinigten Staaten im 2. Weltkrieg verloren.

len" Umständen selten tiefer als Sehrohr-Tauchtiefe gingen, wurden plötzlich bis zur oberen Betriebsgrenze strapaziert und waren sechs Wochen unterwegs.

Die Japaner hatten bei ihrem Angriff auf Pearl Harbor einen entscheidenden Fehler gemacht: sie hatten den Einrichtungen an Land zu wenig Bedeutung beigemessen. Der U-Boot-Stützpunkt der Amerikaner war unversehrt. Also befahl die amerikanische Regierung den uneingeschränkten Einsatz von U-Booten, da angenommen wurde, dass die japanischen Schiffe den militärischen Operationen Unterstützung leisten würden.

Zunächst war bei allen Handlungen strengste Zurückhaltung gefordert, weil die Kampfkraft des Feindes noch nicht eingeschätzt werden konnte. Die Folge war, dass die U-Boote auf ihren Fahrten viel zu viel Zeit unter Wasser verbrachten. Die Anweisung, mit den Torpedos sparsam umzugehen war eine nunmehr unzureichende Praxis aus Friedenszeiten, durch die nur wenige Schüsse ihr Ziel erreichten. Anfangs wurde generell an der Verlässlichkeit der amerikanischen Torpedos gezweifelt.

Es konnte nicht einmal mit Sicherheit gesagt werden, ob die japanischen Zerstörer mit Sonar ausgestattet waren. Die *Plunger*, eines der ersten Schiffe, das auf japanische Gegenwehr stieß, beantwortete diese Frage jedoch sehr rasch. Ohne dass sie ihre Anwesenheit bekannt gemacht hätte, wurde sie von einem japanischen Zerstörer erfasst, der nicht nur mit Sonar ausgestattet war, sondern auch noch sehr gut damit umgehen konnte und sofort mit Wasserbomben angriff.

Die U-Boote Amerikas waren mit der frühen DF-Radaranlage ausgerüstet, deren Rundsuchantenne vor dem Auftauchen ausgefahren wurde. Viele Kommandanten waren der Ansicht, dass sie mindestens genauso enttarnte wie aufklärte, aber es ist nicht bekannt, dass im Vorfeld Versuche unternommen worden wären um dieser Unzulänglichkeit beizukommen. Zu dieser Anlage kam später die SJ-Überwasser-Suchausrüstung. Zwar hatte sich Dönitz – mit mäßigem Enthusiasmus – für eine ähnliche Ausrüstung seiner U-Boote ausgesprochen, doch die Amerikaner waren ihm zuvorgekommen.

Von Anfang an gelang es den Amerikanern, die Erfahrungen ihrer Verbündeten und ihrer Gegner auch für sich zu nutzen. Den Aufbau eines umfassenden, auf geheimen Nachrichten basierenden Systems, das eine exakte Einschätzung der Präsenz feindlicher Schiffe lieferte, taten sie den Briten nach. Der Funkverkehr der Japaner wurde bereits rund um die Uhr aufgezeichnet und für gewöhnlich entziffert.

Admiral Dönitz hielt es für wichtig, dass der von einer langen Patrouille zurückkehrenden U-Bootbesatzung nur die beste Behandlung zuteil wurde. Sie wurden in guten Hotels untergebracht, weit entfernt von dem Stützpunkt, an dem ihr Schiff überholt wurde. Auch diese Praxis wurde von den Amerikanern übernommen.

1941 war der Großteil der amerikanischen Kapitäne vergleichsweise älteren Jahrgangs. Sie waren dementsprechend vorsichtiger und zogen sowohl wegen ihres übermäßigen Torpedoverbrauchs als auch wegen ihrer Tendenz zu nächtlichen, getauchten Angriffen Kritik auf sich. Sie wurden dazu angehalten, sich an der deutschen Praxis zu orientieren.

Von Anfang an wurde ein Kommandant nach einer erfolgreichen Streife mit einer hohen Auszeichnung, dem Navy Cross,

Rechts: Der Blick durch das Periskop der *Aspro*, ein Balao-Klasse-Boot, zeigt wie ein weiteres japanisches Handelsschiff in den Fluten verschwindet. Nachdem die amerikanischen U-Boote mit verlässlichen Torpedos ausgerüstet worden waren, erhöhte sich die Zahl der Versenkungen deutlich. Die Japaner begannen erst sehr spät mit der Entwicklung entsprechender Abwehrmaßnahmen.

belohnt. Da diesem eine schnelle Beförderung folgte, kam es immer wieder zu übertriebenen Versenkungszahlen. Für die Dauer des Krieges wurden der Streitmacht 4000 Versenkungen japanischer Schiffe zugeschrieben, während Nachkriegsanalysen nur 1300 zählen. In Deutschland hatte die Verleihung des Ritterkreuzes ähnliche Auswirkungen.

Von den 28 verbliebenen Booten in Manila hatten 22 die feindliche Invasion der Philippinen zu verhindern versucht. Die Resultate waren auf Grund des jahreszeitlich bedingten schlechten Wetters und fehlender Angriffslust enttäuschend. Auch die zahlreichen fehlgefeuerten Torpedos trugen dazu bei. Die *Sargo* beispielsweise vergeudete 13 Torpedos bei sechs verschiedenen Angriffen. Da einige Zielobjekte praktisch nicht zu verfehlen waren, vermutete ihr Kommandant den Fehler in den neuen Magnetzündern, die auch frühzeitige Detonationen auszulösen schienen. Nun benutzte er Magnettorpedos, aber auch sie blie-

Oben: Dieses Foto entstand im Kontrollraum der *Wahoo* während sie bei einer Tiefe von 90 m einen Angriff mit Wasserbomben durchführte. Ihr Kapitän, „Mush" Morton, wurde nach seiner zweiten Kriegspatrouille mit dem Navy Cross ausgezeichnet. Im Oktober 1943 wurde das Boot jedoch samt Besatzung versenkt.

ben erfolglos. Mit insgesamt 96 Torpedos wurden letztendlich nur drei Frachter versenkt.

Als sich die gesamte Streitmacht 1942 nach Surabaja auf Java zurückzog, wusste sie, dass sie versagt hatte und es noch viel zu lernen gab: Die Einstellung in Bezug auf die grundsätzliche Wartung war zu locker. Der Angriff der Japaner hatte sich entlang vorhersehbarer Linien vollzogen, aber die U-Boote waren nie rechtzeitig an diesen kritischen Punkten eingesetzt worden. Die Vorkriegsausbildung war weder realistisch noch anspruchsvoll genug gewesen. Trotz der Vorhersehbarkeit des Bombenan-

Unten: Die von der japanischen Marine gebauten Boote der „Sen Toku"-(Spezialboot) oder I-400-Klasse waren beinahe doppelt so groß wie die USS *Nautilus*. Diese Riesen-U-Boote waren ein Sonderprojekt Admirals Yamamoto, der die Schleusen des Panamakanals mit von U-Booten ausgesetzten Wasserflugzeugen beschießen lassen wollte. Drei dieser Schiffe wurden 1944 zu Wasser gelassen und eines als Treibstofftanker umgebaut. Die beabsichtigte Mission wurde nie ausgeführt.

griffs auf Cavite Navy Yard war kein Versuch unternommen worden, U-Boot-Ersatzteile oder Torpedos rechtzeitig in Sicherheit zu bringen. Und unerklärlicherweise wurde der Tender *Canopus* trotz seiner sehr guten Ausrüstung und der gut ausgebildeten Besatzung vor Corregidor versenkt ohne einen Fluchtversuch unternommen zu haben.

Die verbleibenden Tender *Otus* und *Holland* kamen wohlbehalten im nordaustralischen Hafen Darwin an. Auch australische, britische und niederländische Marineeinheiten hielten sich in der Region auf. Zusammen waren sie stark genug um es mit den japanischen Streitkräften aufzunehmen, aber zwei Monate voller kontinuierlicher Niederlagen hatten sie an ständigen Rückzug gewöhnt. Verzweiflung und Unschlüssigkeit breiteten sich von der Führungsspitze bis zur Mannschaft aus. Admiral Hart, der vorübergehend auf Java stationiert war, fand sich nun in politische Streitigkeiten verwickelt und wurde von dem niederländischen Vizeadmiral Helfrich abgelöst.

Die allgemeine Hoffnung war darauf gerichtet, dass der gegnerische Vorstoß vielleicht an der so genannten „Malaiischen Barriere", der von Sumatra bis Neuguinea reichenden Inselkette, aufgehalten würde. Aber auf Grund des Verlustes zweier Schiffe hatten die U-Boote der Asiatischen Flotte Ende Januar 1942 nur sechs feindliche Transporter versenkt, obwohl es an Zielobjekten nicht mangelte. Schuld daran war weniger die lückenhafte, nur in Friedenszeiten genügende Vorgehensweise als die fehlerhaften Torpedos. Als ein Zielobjekt nach dem anderen entkam, begannen die Kapitäne sich zu beschweren. Das Bureau of Ordnance (Waffenamt, Abk. BuOrd) stritt jedoch jede Verantwortung ab und entsandte „Experten", die eher die Handhabung kritisierten als die Torpedos selbst, von denen es zu wenige gab um sie in Tests zu verschwenden.

Währenddessen erreichten die Japaner auf ihrem Vormarsch mit erstaunlicher Leichtigkeit eine Insel nach der anderen und somit einen strategisch wichtigen Punkt nach dem anderen. Jede Aktion wurde auf dem Wasser ausgeführt, oft nur mit spärlicher Flottendeckung, aber für gewöhnlich von auf dem Land stationierten Flugzeugen geschützt. Wenn dies nicht möglich war, griffen sie auf Flugzeugträger zurück.

I-400-Klasse

Wasserverdrängung:	5223 t aufgetaucht
	6650 t getaucht
Abmessungen:	121,9 m × 12 m × 7 m
Tauchtiefe:	100m
Motorenanlage:	Dieselmotoren mit 7750 PS,
	E-Motoren mit 2400 PS auf zwei Wellen
Geschwindigkeit:	aufgetaucht 19 kn,
	getaucht 7 kn
Fahrbereich:	7000 km bei 14 kn aufgetaucht,
	110 km bei 3 kn abgetaucht
Bewaffnung:	1 × 140-mm-Geschütz,
	10 25-mm-AA-Geschütze,
	3 Aichi M6A1 Flugzeuge,
	8 × 533-mm-Torpedorohre und 20 Torpedos
Besatzung:	140 Mann

Die Schiffe der Asiatischen Flotte operierten nach wie vor von Surabaja aus, wo sie sich das unzulängliche Umfeld mit 16 niederländischen Schiffen teilen mussten. Deshalb brachte Wilkes seine zwei Tender von Darwin nach Tjilatjap an die abgelegenere Südküste. Sie kamen am 7. Februar dort an, jedoch zu spät, denn die malaysische Inselkette war schon unter Beschuss.

Am 15. Februar kapitulierte Singapur. Timor, nur 300 Meilen vom australischen Festland entfernt, wurde besetzt und Darwin wiederholt bombardiert. Der Großteil der Überwasserstreitkräfte der Alliierten wurde bei der Schlacht vor Java versenkt.

Die Japaner schienen überall gleichzeitig zu sein. Aufklärung und Geheimdienst der Alliierten waren zusammengebrochen, so dass die U-Boote kaum effektiv sein konnten. Ihre Trefferquote, zwölf feindliche Frachter mit insgesamt 50 000 BRT, hatte keine weitere Auswirkung auf den Vormarsch des Feindes. Als es Kapitän Wilkes auch bei der Invasion Javas nicht gelang, ein einziges feindliches Schiff zu versenken, zog er sich zurück. Seine Tender wurden nach Fremantle und Albany verlegt, im Südwesten Australiens, und sein Titel, Kommandant der U-Boote der Asiatischen Flotte, verlor an Bedeutung.

Anfang April besetzten die Japaner die Malaiische Barriere und drohten mit der Invasion Indiens und Australiens, bis sie schließlich bei Neuguinea und den Salomonen aufgehalten werden konnten. Die Seestreitkräfte waren für derartige Verteidigungsmanöver absolut unzulänglich und trotz aller Einschränkungen kam nach wie vor nur Wilkes Verband in Frage.

Dessen Gefechtsbereitschaft war erschreckend gering. Mit 73 Schiffen war die Pazifische Flotte größer als die Flotte der Deutschen und trotz zahlreicher Gelegenheiten wurde in der gleichen Zeit nur ein Viertel der Tonnage versenkt. Diese 300 000 BRT waren weniger als Japans Anschaffungen im Zusammenhang mit seinen Eroberungen.

Oben: Admiral Charles A. Lockwood, Kommandant der Pazifikflotte der Vereinigten Staaten im Februar 1944 in Pearl Harbor. Admiral Nimitz verlieh ihm dort die „Legion of Merit"-Medaille.

Rechts: Die im Dezember 1918 zu Wasser gelassene *S-33* war eines der 64 veralteten „S"-Klasse-Boote, die die US Navy 1941 noch besaß. Da sowohl ihr Fahrbereich als auch ihre Bewohnbarkeit für Operationen im Pazifik nicht genügten, wurden die meisten nur zu Ausbildungszwecken genutzt, einige jedoch kamen während der japanischen Invasion auf den Philippinen zum Einsatz.

Als Wilkes sich in Fremantle niederließ, die nächsten japanischen Streitkräfte waren gut 1800 Meilen entfernt, wurde es Zeit für eine Bilanz und für die Erstattung eines Lageberichts an Admiral Ernest J. King, dem Oberbefehlshaber der US-Navy. Es gab viel zu tun. In 136 Angriffsmanövern hatten die U-Boote Amerikas etwa 300 Torpedos abgeschossen. Obwohl von 36 versenkten Zielobjekten die Rede war, belief sich die tatsächliche Zahl nur auf zehn. Auch mit den U-Booten gab es Probleme. Die Vereinigten Staaten hatten keine Tradition im Bau von Diesel-

motoren und ein bestimmter Typ, der HOR, stellte sich als höchst unzuverlässig heraus. Ein Flottenboot beherbergte eine Besatzung von 77 Mann, die dicht an dicht lebten. Deshalb waren für lange Patrouillen in den Tropen Klimaanlage, Kühlung und eine leistungsfähige Verdunstungsanlage unerlässlich um tropische Krankheiten und eine schlechte Besatzungsmoral zu vermeiden. Außerdem war der vor dem Krieg entwickelte Umriss eines Flottenschiffs noch zu auffällig und musste erheblich verkleinert werden.

Die Verachtung, die die Aliierten vor dem Krieg für die japanische Flotte ausgedrückt hatten, wandelte sich sehr bald in Respekt für ihr Geschick und ihre Kampfqualitäten. Die amerikanischen Kapitäne, die im Frieden unter unrealistischen Um-

Unten: Die im Juni 1941 zu Wasser gelassene USS *Drum* war das erste der 72 Gato-Klasse-Boote und eines der wenigen, die es heute davon noch gibt. Dieser Blick durch das Periskop stammt vom Sommer 1945.

Links: Die von britischen U-Booten traditionell gehisste Flagge schmückt hier die *Tally Ho*, die im Januar 1944 vor der Malacca-straße den japanischen Kreuzer *Kuma* versenkte. Auf seiner näch-sten Streife versenkte Kommandant Bennington von Penang aus auch ein deutsches U-Boot.

ständen ausgebildet worden waren, mussten sich schnell um-stellen. Vielen gelang dies nicht und sie wurden ihrer Position enthoben. Admiral King traf die umstrittene Entscheidung, Wil-kes Streitkräfte in Australien zu lassen anstatt sie nach Hawaii zurückzuführen. Das Einsatzgebiet um die größten Inselgrup-pen herum war nie so ergiebig wie die Gewässer um die Heimat-insel des Feindes, aber die Reise dorthin dauerte sehr lange.

Bis zum 6. Mai 1942 der Widerstand auf den Philippinen mit dem Fall des Inselforts Corregidor gebrochen wurde, trafen sich in dessen Schutz nachts die U-Boote von Wilkes und Withers. Dies ermöglichte ihnen einen Gedankenaustausch bei dem sie feststellten, dass beide Gruppen mit den gleichen Enttäuschun-gen und Problemen zu kämpfen hatten.

Die Kommandostruktur wurde noch verworrener, als am 15. April Kapitän Ralph Christie in Brisbane eintraf um mit dem Tender *Griffin* und sechs neueren „S"-Booten einen weite-ren Verband aufzustellen. Er wurde mit Wilkes fünf restlichen „S"-Klasse-Booten verstärkt. Christie kam die Aufgabe zu, die Verteidigung Australiens zu unterstützen.

Sowohl Wilkes als auch Christie unterstanden dem Kom-mando des Generals Douglas MacArthur, der als Oberbefehls-haber der alliierten Streitkräfte im Südwestpazifik seinen Sitz in Melbourne hatte. Withers, der im Mai 1942 in Pearl Harbor von Konteradmiral Robert H. English abgelöst worden war, un-terstand nun dem Kommando von Admiral Chester W. Nimitz, ein ehemaliger U-Bootkapitän, der jetzt Oberbefehlshaber der Pazifikflotte war.

Wie bei der Asiatischen Flotte waren auch die Aktionen der Pazifikflotte anfangs sehr zögerlich. Die Schiffe operierten von Hawaii aus und unternahmen in den ersten drei Monaten des Jahres 1942 17 Patrouillen in den japanischen Hoheitsgewäs-sern. Zu einer Zeit, in der es nur einem Dutzend U-Boote vor der östlichen Küste gelungen war, mehr als eine Million Brutto-registertonnen zu vernichten, schafften Wilkes Boote nur 15 Schiffe mit insgesamt 53 000 BRT. Die zwei darauf folgenden Monate sahen nur eine leichte Steigerung, bis der Hauptteil der Flotte für die strategisch entscheidende Schlacht von Midway in die Vorbereitung ging. Dies sollte eine Schlacht der Flugzeug-träger werden. Die 19 amerikanischen U-Boote, die dem Feind den Weg abschneiden sollten, versagten auf Grund mittelmä-

ßiger Angriffstechniken, funktionsuntüchtiger Torpedos und chaotischer Instruktionen aus Pearl Harbor. Die Erfahrungen des Kapitäns der *Nautilus* brachten es auf den Punkt: Er traf auf das brennende, kampfunfähige Wrack des japanischen Trä-gers *Kaga* und wollte es mit einer Salve von vier Torpedos end-gültig zur Strecke bringen. Ein Torpedo blieb im Rohr stecken, zwei verfehlten ihr Ziel. Der vierte traf, laut Berichten japani-scher Überlebender, das Schiff und zerfiel ohne zu explodie-ren.

Die USS *Tambor* traf auf einen eher zweitrangigen japani-schen Verband. Der Anblick ihres Sehrohrs löste ein hektisches Manöver aus, bei dem sich zwei Schiffe ineinander verkeilten.

Die US Navy und ihre Geheimdienste vollbrachten in der Schlacht von Midway eine militärische Meisterleistung. Der U-Boot-Verband schob die Schuld zwischen Konteradmiral English und seinen Kommandanten hin und her. Es folgte eine grundsätzliche Neuorganisation der Mannschaft und ei-nige Kapitäne wurden zu Gunsten jüngerer Offiziere entlas-sen. Da Midway nun nicht mehr unmittelbar bedroht war, wurde der Tender *Fulton* dort stationiert. Damit gab es eine neue Station zur Wartung und Treibstoffversorgung, die 1000 Meilen westlicher als Hawaii lag und die Dauer der Operatio-nen dadurch erheblich verlängerte.

Das U-Boot-Programm

Nach der katastrophalen Wende der Ereignisse in Europa 1940 hatte der Kongress zwei sofortigen Verstärkungsmaßnahmen der US Navy zugestimmt. Im Juni und Juli wurden die U-Boot-Streitkräfte um 91 000 Tonnen aufgestockt – etwa 60 Boote mit der damals geläufigen Wasserverdrängung von 1475 Ton-nen. Die Produktion wurde rationalisiert und mehrere Werften mit den Feinheiten des U-Bootbaus vertraut gemacht.

Zu den bekannten und wichtigen Werften, wie die Marine-werft Portsmouth und die Electric Boat Company in Connec-ticut, kamen nun die Marinewerft Mare Island in Kalifornien, Cramps in Philadelphia und die Werft Manitowoc in Wisconsin hinzu. Somit wurde ein reger Wettbewerb entfacht und Investi-tionen getätigt.

Electric Boat errichtete ein neues Werk zum Bau der Schiffs-

körper, die dann in der Heimatwerft vervollkommnet wurden. Die Produktion erreichte hohe Zuwachsraten, wodurch sich auch der Preis pro Einheit erheblich reduzierte. Erstaunlicher-weise brauchte das Unternehmen durchschnittlich zehn Mo-nate, um einen Rumpf vom Stapel zu lassen, und weitere drei Monate zur Einrichtung. Der allgemeine Durchschnitt lag aber nur bei 317 Tagen. Von den 115 bei Electric Boat in Auftrag gegebenen U-Booten wurden 82 fertig gestellt.

Manitowoc lag an einem eingedämmten Fluss, der in das kalte Wasser des Michigansees führte. Diese Einschränkung, zusammen mit den strengen Wintern in der Region, veranlasste die Werft zu einer Innovation: sie produzierte Fertigteile, die zu einem fertigen Schiffskörper zusammengebaut wurden, der dann seitwärts zu Wasser gelassen wurde. Nach der Probefahrt auf dem See musste die gesamte Ausrüstung eines jeden ferti-gen Bootes wieder demontiert werden, damit es per Lastkahn über den Mississippi nach New Orleans transportiert werden konnte. Dort wurde es schließlich wieder zusammengebaut und kontrolliert, bevor es endlich über den Panamakanal in den Pazifik gelangte. Die Werft Manitowoc hatte bei Null ange-fangen und war Electric Boat an Effektivität unterlegen. Von 47 in Auftrag gegebenen Booten stellte sie 28 fertig. Die kürzeste Produktionszeit der Werft lag unter 300 Tagen, etwa die gleiche Zeit, die auch Portsmouth benötigte. Cramps Durchschnitt war um einiges höher, weil es die vielen Werften in der Gegend schwierig machten, kompetente Arbeitskräfte einzustellen.

Gegen Kriegsende profitierte die Produktion von U-Booten von einer ausgezeichneten Organisation. Dreizehn Spezial-schlepper und zwei Einrichtungen sorgten für Unterstützung am „sharp end". Für Routinewartungen war Pearl Harbor zu-ständig, schwer beschädigte Schiffe wurden nach Portsmouth gebracht. Mare Island spezialisierte sich auf Generalüberho-lungen und hatte darüber hinaus durchgängig 12 Boote im Bau.

1939/40 wurde die Entwicklung der Tambor-Klasse in Auf-trag gegeben. In diese 1425/2370-Tonner war die gesamte bis-herige Erfahrung eingegangen. Sie hatte eine Batterie von sechs Torpedorohren am Bug und eine von vier am Heck. Der Nach-teil, der dadurch entstand, dass die vier großen Dieselgenera-toren in einem großen Raum untergebracht waren, wurde schnell durch den Anbau eines weiteren wasserdichten Schotts behoben, eine Maßnahme, die nochmals 1,52 Meter der Länge kostete. Diese 77 U-Boote umfassende Klasse wurde nach dem ersten Schiff dieses Typs *Gato* genannt. Um die Produktion zu beschleunigen war die Konstruktion strikt vorgegeben, auch wenn es nach wie vor von Werft zu Werft kleine Unterschiede gab. Die Schiffskörper bestanden aus gewalzten leichten Stahl-platten, die eine sichere Tauchtiefe von ca. 90 m erlaubten. Es stellte sich allerdings heraus, dass auf viele Teile, die in Frie-denszeiten notwendig erschienen, verzichtet werden konnte. Da-durch entstand ein ungewöhnlich großer Gewichtsspielraum, der zur Verstärkung der Druckhülle genutzt wurde.

Die Vereinigten Staaten waren zu diesem Zeitpunkt noch nicht in den Krieg eingetreten, aber die Erfahrungen aus Europa zeigten schon die Vorteile des Tieftauchens. Deshalb wurden die nachfolgenden Klassen mit 35-Pfund-Platten von etwa 22,2 mm Dicke gebaut und ihre Belastung damit deut-lich verbessert. Da das Gewicht gleich blieb, waren diese neuen, als Balao-Klasse bekannten Boote, an Größe und Form unverändert, obwohl sie im Einsatz bis zu ca.122 m und im Extremfall bis zu ca. 137 m tauchen konnten. Allerdings war diese Tiefe für beide Klassen eine vorsichtige Schätzung. In Notfällen tauchten einige Schiffe beinahe doppelt so tief – und überlebten.

Von der Balao-Klasse wurden 119 Boote hergestellt, für 137 weitere bestanden Verträge. Von diesen wurden 80 Schiffe zur weiterentwickelten Tench-Klasse umgebaut. Mit Kriegsende wurden 57 Verträge für Balaos und 55 Verträge für Tench-Klasse-Boote zurückgezogen.

Weil das Ergebnis des Krieges von dem Erfolg im Atlantik abhing, war Deutschland zur technischen Weiterentwicklung im Bereich der U-Boote gezwungen. Sowohl für die Amerikaner als auch für die Briten waren U-Boote nur eine von vielen Waffen um den Feind an einer breiten Front zu schwächen und zu besiegen. Ihre U-Boote entsprachen dieser Tatsache. Es waren einfache, robuste Modelle, die sich zur Serienproduktion eigneten. Verbesserungen wurden nur sehr zurückhaltend vorgenommen. Der Schwerpunkt lag dabei zum einen auf Bewohnbarkeit und Strapazierfähigkeit, zum anderen auf Unauffälligkeit und guten Überlebenschancen sowie der Qualität der Messinstrumente.

Die Seestrategie Japans und ihre Grenzen

Japan, ein rohstoffarmes Land, führte den Krieg in erster Linie um sich Zugang zu Bodenschätzen und Rohstoffen zu verschaffen. Das Gebiet, das Japan 1941 in einem außerordentlich ge-

Unten: Die USS *Salmon* nahm im Oktober 1944 an einem Angriff auf einen japanischen Konvoi teil, aber ihre Torpedos durchbrachen die Wasseroberfläche und sie wurde daraufhin von einer Wasserbombe getroffen. Das schwer beschädigte Schiff sank unter 183 Meter bevor die Kontrolle wieder hergestellt werden konnte.

schicktem Feldzug dazu gewann, wurde „Ostasiatische Wohlstandssphäre" genannt. Im Grunde war die Behauptung, das Diktat der westlichen Kolonialmächte beenden zu wollen nur eine oberflächliche Begründung für den Kriegseintritt.

1940, ein Jahr bevor die Feindseligkeiten begannen, importierte Japan 22 Millionen Tonnen an Rohstoffen, Nahrungsmitteln und Altmetallen zur Wiederverarbeitung. Zu dieser Summe kamen weitere 1,2 Millionen Tonnen Öl. Natürlich übernahmen Schiffe den Transport dieser Güter. Verarbeitet wurden die Schiffsladungen zum Großteil auf den japanischen Heimatinseln, so dass der Schiffsverkehr nicht nur für den Import, sondern auch für den Transport und die Verteilung der fertigen Erzeugnisse benötigt wurde. Das neue Gebiet umfasste zahlreiche Inseln, viele mit Garnisonen, die ebenfalls versorgt werden mussten. Wie Großbritannien war Japan also von einer umfangreichen und effektiven Handelsmarine abhängig und durch Belagerung leicht aus dem Gleichgewicht zu bringen.

Erstaunlicherweise hatten weder die Amerikaner noch die Japaner die Bedeutung dieser Tatsache erkannt – trotz der Erfahrungen der britischen Armee im Ersten Weltkrieg. Jede Neuerung des *Plan Orange* der Amerikaner befasste sich ausschließlich mit weitreichenden Flotten- und Truppenbewegungen im gesamten Pazifikraum. Die Japaner wiederum rechneten mit einem kurzen Krieg und trafen deshalb keine besonderen Vorsichtsmaßnahmen. Sie glaubten nicht, dass die Vereinigten Staaten in einen Krieg eintreten würden nur um die Kolonialmächte bei der Erweiterung ihrer Territorien zu unterstützen oder ihre eigenen Protektorate Guam und die Philippinen zurückzuerobern, die sowieso eine finanzielle Belastung darstellten. Die Nation würde sich mit einem Status Quo abfinden, weil die Bevölkerung einen Krieg an einem 6000 Meilen entfernten Schauplatz sicher missbilligen würde. Bis zur Schlacht von Pearl Harbor schien diese Annahme sich auch zu bestätigen.

1940 zog Japans Verhalten in China wirtschaftliche Sanktionen von Seiten der noch neutralen Vereinigten Staaten und

den im Krieg befindlichen Kolonialmächten Europas nach sich – Frankreich und die Niederlande waren zu dieser Zeit von Deutschland besetzt. Japan litt unter Versorgungsproblemen, bevor es im Dezember 1941 den Krieg im Fernen Osten begann. Es war klar, dass der damit einsetzende rege Schiffsverkehr dazu diente, die entstandenen Lücken wieder zu schließen. Eine der ersten Kriegsmission der amerikanischen U-Boote war es deshalb, die Hauptrouten auszukundschaften und anzugreifen.

Die für Japan bedeutendsten Standorte und Gebiete waren die Heimatinseln, das Gelbe Meer mit Korea und der Mandschurei und das Ostchinesische Meer mit Formosa (Taiwan). Eine weitere Seeroute führte von den Hauptinseln Indonesiens, die im Besitz der Niederlande waren, nach Singapur und Französisch-Indochina und weiter, entlang der chinesischen Küste durch die Formosastraße nach Japan. Über diese 3000 Meilen lange Strecke wurde Öl, Kautschuk, Aluminium, Eisenerz, Kohle und Reis transportiert. Eine Direktroute von 2000 Meilen Länge verband Japan mit den größeren, östlicher gelegenen Inseln. Bedeutende japanische Flottenstützpunkte auf den Trukinseln, den Karolinen und die strategisch wichtigen Marianen sorgten ebenfalls für viel Verkehr. Jede einzelne dieser Routen konnte zwar abgeriegelt werden, aber Japan hatte sowohl auf dem asiatischen Festland als auch auf den zahlreichen Inseln entlang der Routen Stützpunkte, von denen nahezu durchgängige Deckung aus der Luft gewährleistet werden konnte. Dies war ein nicht zu unterschätzender Vorteil.

1941 war Japan die drittgrößte Seemacht der Welt, auch wenn 33% seines Außenhandels von anderen Ländern übernommen wurden. Der eigene Schiffsbestand umfasste schon 6,3 Millionen BRT, und gekaperte Schiffe vergrößerten ihn nochmals um 0,57 Millionen BRT. Armee und Marine beanspruchten 3,8 Millionen BRT, so dass für die Versorgung der Bevölkerung und für den notwendigen Materialtransport von und zu den neuen Gebieten nur ein Minimum von drei Millionen BRT blieb.

Tench-Klasse

Wasserverdrängung:	aufgetaucht 1570 t, getaucht 2415 t	Fahrbereich:	21 316 km bei 10 kn aufgetaucht und 204 km bei 4 kn getaucht
Maße:	93 m × 8,31 m × 4,65 m	Bewaffnung:	1 bzw. 2 × 127-mm-Geschütze und 10 × 533-mm-Torpedorohre mit 28 Torpedos
Tauchtiefe:	122 m	Besatzung:	81 Mann
Motorenanlage:	4 Dieselmotoren mit 5400 PS, 2 E-Motoren mit 2740 PS auf zwei Wellen		
Geschwindigkeit:	aufgetaucht 20 kn, getaucht 9 kn		

Der Bau von Handelsschiffen war einige Jahre lang zu Gunsten des Baus von Kriegsschiffen vernachlässigt worden. Da Japan mit einem Krieg von kurzer Dauer rechnete, existierten weder Notfall- noch Standardpläne für den Bau von Handelsschiffen – man hielt deren Reparatur und Bergung für ausreichend. Da Kriegsschiffe in den Werften jedoch Vorrang hatten, wurde die Überholung von Handelsschiffen oft aufgeschoben; immer häufiger erlitten sie Pannen, wurden nicht einmal notdürftig repariert oder hielten auf Grund maschineller Probleme den Naturgewalten nicht mehr stand. 1942 baute Japan nicht mehr als 250 000 BRT an Handelsschiffen. Obwohl diese Zahl 1943 verdreifacht und 1944 nochmals verdoppelt wurde, reichte sie nicht aus.

Abgesehen davon gab es in Japan keine Einrichtung, die die Handelsflotte effektiv leitete. Häufig unternahmen die Schiffe lange Ballastfahrten anstatt ihre Ladung vernünftig zu verteilen. Die ausschließlich auf Militäroperationen konzentrierten leitenden Offiziere des Staates nahmen an, dass die feindlichen U-Boote wie ihre eigenen den Auftrag hatten, Kriegsschiffe zu versenken. Die Schlussfolgerung war, dass ein Konvoisystem und die damit verbundene Verzögerung als überflüssig betrachtet wurden. Die Massenproduktion von „defensiv" bezeichnetem Geleitschutz sollte das offensive Kriegsschiffprogramm nicht behindern.

Die konstante Vernachlässigung der U-Boot-Abwehrkräfte ist ein Beispiel für Japans Weigerung, den Tatsachen ins Gesicht zu sehen. Im Dezember 1941 verfügte die japanische Marine über einen Bestand von rund 200 bunt zusammengewürfelten Einheiten, war aber nur dürftig auf einen U-Bootkrieg eingerichtet.

Im August 1944, als die großen Verluste an Handelsschiffen eine schwere Krise verursachten, war diese Zahl nur um ein Drittel gewachsen. Ein Konvoisystem war erst im November 1943, zusammen mit einem Notfallplan zum sofortigen Bau von Fregatten, eingeführt worden – viel zu spät.

Die Offensive der US Navy

Etwa zur Zeit der Schlacht von Midway erfuhr das Kommando der amerikanischen Pazifikflotte eine weitere Veränderung. John Wilkes, dessen in Fremantle stationierte Schiffe in ihrer schlechten Verfassung wenig erreichten, wurde von Konteradmiral Charles A. Lockwood abgelöst. Seine Diensterfahrung brachte ihm die Leitung über alle in Westaustralien stationierten Seestreitkräfte ein, die locker als Task Force 51 (TF51) organisiert waren. Mit seinem lebhaften Charakter war er genau die richtige Person für diese demoralisierte Einheit. Doch als zwei Monate später Admiral English bei einem Flugzeugabsturz ums

Unten: Die I-15-Klasse der Japaner bestand aus großen Kreuzer-U-Booten, die auch für lange Fahrten im Pazifik gedacht waren und ein kleines Wasserflugzeug tragen konnten. Sie versenkte den amerikanischen Träger *Wasp* und weitere 400 000 BRT alliierter Handelsschiffe.

USS Cero
(Gato/Balao-Klasse)

1 Bugtorpedorohre
2 vorderes Tiefenruder
3 Spill
4 Druckkörperhülle
5 Notfallluk
6 Spanten

7 Bugtorpedoraum
8 Mannschaftsraum
9 Kontrollgeräte
10 Torpedoladeluk (vorn und hinten)
11 Reservetorpedos
12 Trimmzellen
13 Sonar
14 Versorgungsleitungen
15 Hauptspanten

16 Satteltank
17 20-mm-Oerlikon-Kanone
18 Brücke
19 Abweiser
20 Kommandoturm
21 Kompass
22 Angriffs- und Luftzielsehrohr
23 Aussichtsplattform
24 HF-Anlage

Unten: Die ersten U-Boote der Gato-Klasse liefen kurz vor Pearl Harbor vom Stapel und trugen die Hauptlast der amerikanischen U-Boot-Offensive. Nach dem Bau von 72 Booten wurde die verbesserte Tench-Klasse eingeführt, die mit Stahlplatten gepanzert war und eine Betriebstauchtiefe von 122 m erreichte. Doch auch diese wurde ständig überschritten. In Auftrag gegeben wurde die unglaubliche Anzahl von 252 Tench-Klasse-Booten, bis zum Kriegsende waren 122 Boote fertig. Die Gato/Tench-Klasse erlitt 19 Verluste.

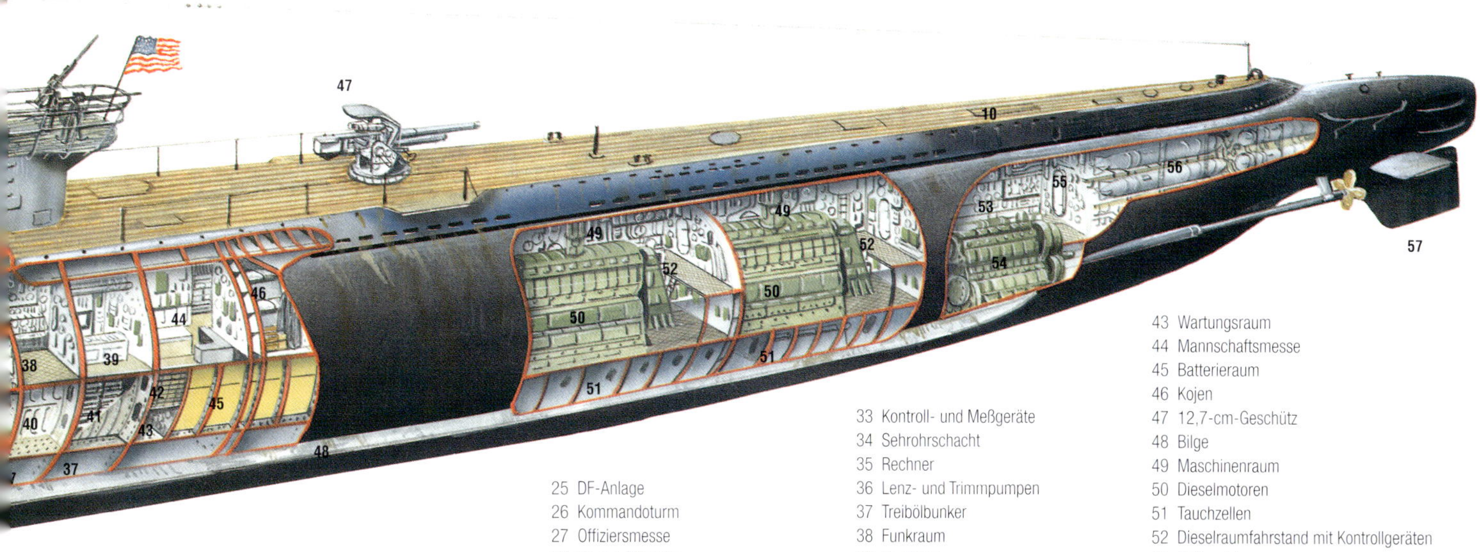

Unten: Das Gato-Klasse-Boot USS *Sea Dog* vor Guam, in Vorbereitung auf die letzte Patrouillenfahrt im Mai 1945. Zu dieser Zeit waren 160 amerikanische U-Boote auf den japanischen Seerouten im Einsatz – genug, um zwei davon zusammen stoßen zu lassen! Nachdem die B 29-Luftangriffe auf die japanischen Heimatinseln begonnen hatten, war die Bergung abgestürzter Flugzeugbesatzungen die neue Aufgabe der U-Boote.

25 DF-Anlage
26 Kommandoturm
27 Offiziersmesse
28 Druckluftflasche
29 Kommandoraum
30 Trinkwassertank
31 Zentrale
32 Tiefenruderstände

33 Kontroll- und Meßgeräte
34 Sehrohrschacht
35 Rechner
36 Lenz- und Trimmpumpen
37 Treibölbunker
38 Funkraum
39 Raum für Signalraketen
40 Kombüse
41 Magazin für Handfeuerwaffen
42 Munitionskammer für
    12,7-cm-Granaten

43 Wartungsraum
44 Mannschaftsmesse
45 Batterieraum
46 Kojen
47 12,7-cm-Geschütz
48 Bilge
49 Maschinenraum
50 Dieselmotoren
51 Tauchzellen
52 Dieselraumfahrstand mit Kontrollgeräten
53 E-Maschinenraum
54 E-Maschinen
55 E-Maschinenraum mit Kontrollgeräten
56 Hecktorpedoraum
57 hinteres Tiefenruder

Leben kam, wurde Lockwood schon wieder versetzt um dessen Nachfolge anzutreten. Konteradmiral Ralph Christie übernahm die Verantwortung für die U-Boote Südwestpazifik in Australien. Doch damit war dieses Durcheinander noch nicht vorbei. Nach wie vor mussten die technischen Probleme der Torpedos gelöst und die Produktionszahlen gesteigert werden, und dafür brauchte es einen neuen Verantwortlichen. Christie war Torpedospezialist und kehrte in dieser Rolle im Dezember 1942 in die USA zurück. Sein Posten in Australien wurde mit „Jimmy" Five besetzt.

Die Position zwischen dem Kommandanten der in Australien stationierten U-Boote und General MacArthur hatte Vizeadmiral Leary inne. Er wurde von Vizeadmiral Carpender abgelöst, dessen persönliche Beziehungen zu Lockwood nicht gerade die besten waren.

Einer von Learys ersten Schritten war die Einrichtung eines näher am Kampfgebiet gelegenen Stützpunktes. Um den japanischen Schiffsverkehr zwischen den Inseln Indonesiens und den Heimatinseln abriegeln zu können, mussten die U-Boote im Südchinesischen Meer operieren, 3000 Meilen von Fremantle entfernt. Darwin, das sich für die Verringerung dieser Entfernung angeboten hätte, lag innerhalb der Reichweite des feindlich besetzten Timor. Also wurde der Tender *Pelias* stattdessen 750 Meilen nördlich im Golf von Exmouth stationiert. Auf Grund des fürchterlichen Wetters und der geographischen Isolation dieses unwirtlichen Ortes lief das Projekt, das die Patrouillen außerdem zwei Tage mehr kosten würde, nur sehr zäh an.

Einer von Lockwoods ersten Schritten war die gründliche Untersuchung des Torpedoproblems. Auf der einen Seite behauptete das Bureau of Ordnance (BuOrd), die Kapitäne würden die schlechte Qualität der Torpedos für ihr mangelndes Können verantwortlich machen. Die Kapitäne wiederum führten einen Fall nach dem anderen auf, in dem die Torpedos ihr Ziel getroffen hatten, aber keine Wirkung erzielten. Da der Standardtorpedo Mark XIV sowohl mit Magnet- als auch mit Kontaktpistole ausgestattet war, deuteten ihre Berichte an, dass die Waffen sehr tief liefen. Nach sechs Monaten, in denen sich das BuOrd geweigert hatte einen Entwicklungsfehler in Betracht

zu ziehen, führte Lockwood selbst Tests durch, indem er einige Schüsse auf unter Wasser gespannte Fischernetze abfeuerte. Die Löcher in den Netzen zeigten, dass die Waffen einheitlich 3,35 m tiefer liefen als ihre Einstellung vorsah. Das Bureau of Ordnance zweifelte die Testergebnisse an und Lockwood wiederholte den Versuch mit identischen Ergebnissen. Da der Bericht auch die Aufmerksamkeit des CNO geweckt hatte, kam das BuOrd schließlich in Bewegung. Weitere Tests zeigten, dass der Mechanismus, der die Tiefe halten sollte nicht funktionierte, ähnlich wie bei der deutschen Marine zwei Jahre zuvor.

Das Problem der verfrühten Explosionen war damit jedoch noch nicht gelöst. Nach wie vor detonierten die Torpedos häufig schon 300 Meter nach dem Abschusspunkt oder kurz vor dem Ziel. Obwohl die magnetische Explosion an den Zielschiffen viel mehr Schaden verursachen konnte als die Kontaktexplosion, sah sich Admiral Nimitz gezwungen, die Magnettorpedos deaktivieren zu lassen. Wie bereits schon die Briten und die Deutschen, stellten nun auch die Amerikaner fest, dass ein Mechanismus, der fein genug war um schon von dem geringen magnetischen Feld des Ziels aktiviert zu werden, auch auf die Veränderungen des Erdmagnetfelds reagierte.

Unbegreiflicherweise gab es weiterhin Probleme mit den Torpedos. Die Lage spitzte sich zu, als die USS *Tinosa* versuchte, den 19 000-Tonnen-Walfänger *Tonan Maru* mit einer Serie von sechs Torpedos aufzuhalten. Das riesige Schiff schien nicht zu sinken, woraufhin der Kapitän der *Tinosa* eine Stunde lang ohne jeglichen Widerstand weiter feuerte um es zu vernichten. Vor dem Abschießen wurde jede Waffe sorgfältig geprüft. Die Hydrophone zeigten für jeden Schuss einen Treffer an, aber nicht ein einziger explodierte. Insgesamt waren 11 von 15 Schüssen ohne Wirkung geblieben. Der Kapitän hob einen Torpedo für spätere Untersuchungen auf und kehrte nach Pearl Harbor zurück.

Admiral Lockwood startete weitere Versuche, in denen er die Torpedos auf hawaiische Kliffs abzielte. Die Ergebnisse fielen unterschiedlich aus, aber eine Analyse der nicht explodierten Torpedos wies auf einen Defekt im Schießmechanismus hin. Ein Versuch, bei dem die Waffen von einem Kran horizontal auf eine Stahlplatte fielen, bestätigte es. Gute, frontale Treffer

deformierten den Kontaktstift, so dass keine Explosion ausgelöst wurde. Andererseits explodierten auch die schiefwinkligen Schüsse in nur der Hälfte aller Fälle. Die Waffenexperten verwarfen den fein gebauten Zündmechanismus des BuOrd zugunsten einer robusteren und einfacheren Konstruktion aus ihren eigenen Werkstätten. Nach 21 Monaten ständiger Enttäuschung besaßen die amerikanischen U-Boote endlich verlässliche Torpedos.

Dabei war die Entwicklung eines neuen elektronischen Torpedos längst weit fortgeschritten. Er war zwar langsamer und von geringerer Reichweite, aber dafür verriet er sich nicht durch Spuren im Kielwasser und war leiser. Dem BuOrd war es noch nicht gelungen, eine zufriedenstellende Waffe zu entwickeln, aber nun konnte der deutsche Torpedo G7e als Vorbild dienen. Die Operation „Paukenschlag" war so nah an Land geführt worden, dass einige Waffen am Strand geborgen werden konnten. Auf Anweisung der CNO ging der Auftrag an private Industriebetriebe an Stelle des BuOrd, doch Schwierigkeiten traten dennoch auf. 1944 schließlich wurden der neue Torpedo Mark XVIII für Operationen bei Tage und der schnellere Mark XVI für nächtliche Angriffe in Betrieb genommen.

Da die amerikanischen U-Boote unter geographischer Teilung und einer komplexen Kommandostruktur befohlen wurden, fehlte es ihnen an der Schlichtheit, die Admiral Dönitz praktizierte. Die in Fremantle stationierte Flotte deckte die Philippinen, Singapur und Indochina ab, aber 1942 war ihre

Unten: Die im März 1944 zu Wasser gelassene *Momo* war der zweite von 18 von der japanischen Marine in Auftrag gegebenen Eskorte-Zerstörern. Für ihre Größe waren sie mit 36 Wasserbomben schwer bewaffnet. Im Dezember 1944 wurde die *Momo* von einem amerikanischen U-Boot beschossen und versenkt.

Rechts: Während deutsche U-Boote die Anzahl ihrer Geschütze nach und nach verringerten und schließlich ganz abschafften, vergrößerten die Amerikaner Anzahl und Größe ihrer Bordwaffen. Das 127mm-Geschütz der *Sea Dog* sollte den kleinen Küstenschiffen ein Ende bereiten.

Anzahl zu gering um eine ernstzunehmende Bedrohung dar-zustellen. Die älteren „S"-Klasse-Boote mit Stützpunkt in Brisbane sollten in erster Linie die japanische Abwehr auf den Salomonen schwächen. Sie waren jedoch nicht mit Klimaanlage ausgestattet, so dass die Innentemperatur regelmäßig auf 49 Grad °C anstieg und die Luftfeuchtigkeit so hoch war, dass die elektrischen Geräte versagten und das Deck unter Wasser stand. Ihre Druckhüllen waren so alt, dass sie sich nicht mehr für einen notwendigen Tiefgang eigneten, obwohl es aber ihre Hauptaufgabe war, die erstklassigen feindlichen Zerstörer des „Tokio Express" zu vernichten. Vier von elf Kapitänen wurden ihres Amtes enthoben. Als offizieller Grund wurde fehlende Bereitschaft genannt.

Die wichtigsten Flottenstützpunkte der Japaner auf den Palau- und den Trukinseln waren sehr weit von den Salomonen entfernt, so dass sie starke Einheiten nach Rabaul und Kaven vorverlegten. Als Halseys Offensive zur Rückeroberung der Inseln in Gang kam, mangelte es also nicht an feindlichen Zielen, aber die „S"-Klasse-Boote waren in den meisten Fällen nicht in der Lage gegen sie zu bestehen. Trotz des einen oder anderen Erfolgs (vor allem die Versenkung des schweren Kreuzers *Kako*) wurden sie Ende 1942 zurückgezogen und für Ausbil-

dungszwecke verwendet. An ihre Stelle traten Flottenschiffe aus Fremantle und Pearl Harbor. Da hauptsächlich Kriegsschiffe zu ihren Prioritäten gezählt hatten, war ihr Beitrag zum Aufbau der Blockade um Japan nur gering gewesen.

Der Aufbau einer Blockade um die japanischen Heimatinseln war die Hauptaufgabe der Schiffe mit Stützpunkt in Hawaii. Anfangs konnten sie im Schiffsverkehr Japans, das sich hauptsächlich mit der Konsolidierung des neuen Reichs beschäftigte, bis die Produktion in den eroberten Gebieten wieder anlief, weder ein System noch eine Regelmäßigkeit entdecken. Nimitz' allgemeine Strategie bestand in der Abdeckung bestimmter Schlüsselgebiete und -routen. Die von ihm vorgenommene Spaltung in „Spezialeinsätze", nämlich in: Minenlegung, Informationsbeschaffung, Einsetzung oder Evakuierung der Mannschaft – machte das Vorhaben bei der gegebenen Knappheit an Booten eher schwierig. Mit einem Tankstop in Midway konnten die Patrouillen bis zu acht Tagen verlängert werden. Durchschnittlich dauerten die Patrouillen etwa 48 Tage. Trotz den zu kurzen Aufenthalten auf Station und den schadhaften Torpedos versenkten diese U-Boote (zusammen mit einigen britischen und holländischen Booten, die das Gebiet westlich der malaysischen Halbinsel übernahmen) im Verlauf des Jahres 1942 bei-

nahe 650 000 BRT feindliche Schiffe. Alles in allem waren mehr als 1,1 Millionen BRT versenkt worden, wobei allerdings mehr als die Hälfte davon durch die Tonnage der gekaperten Schiffe wieder ausgeglichen wurde.

Eine erstaunliche Statistik liefert der Verbrauch an Torpedos, der im Verlauf des Krieges stetig anstieg. 1942 benötigten amerikanische U-Boote im Durchschnitt 9,6 Torpedos für die Versenkung eines Handelsschiffs. 1943 stieg diese Zahl auf 13,5 Torpedos an. Nach einer Besserung auf 11,6 im Jahre 1944 schnellte sie 1945 auf sage und schreibe 20,3 Torpedos. In den ersten drei Jahren wurden etwa 30% der angegriffenen Zielobjekte versenkt, aber 1945 fiel das Ergebnis auf 20%. Die Statistik zeigt den anfänglichen Mangel an Torpedos, die darauf folgende größere Bereitschaft der neuen, jüngeren Kapitäne, umfangreiche Serien abzufeuern, und schließlich die mit der Verbesserung der japanischen Abwehr einhergehenden Schwierigkeiten.

Die Berichte der zurückkehrenden Kapitäne machten es dem Nachrichtendienst nicht leicht zu beurteilen, was wirklich passiert war. Ein Beispiel ist der Report der *Gudgeon*, eines der 17 Boote, die im Herbst 1942 gegen die feindliche Flotte bei den Trukinseln unterwegs waren. Als Erstes traf sie auf ein kleines

Unten: 1941 besaß die US Navy 112 U-Boote im Vergleich zu den 236 Booten der deutschen Marine. Mehr als die Hälfte der Schiffe war veraltet: 127 Boote gehörten den „O"- und „R"-Klassen an, von der hier gezeigten „S"-Klasse gab es 38 Boote. Ihr Fahrbereich war um vieles geringer als der der Gato-Klasse und auf dem Wasser waren sie sehr langsam. Dennoch blieben die „S"-Klasse-Boote bis 1944 im Dienst.

USS Salmon 1942

1 Schraubenschutz
2 hinteres Tiefenruder
3 Ruder
4 Schiffsschrauben
5 Torpedoluk achtern

Patrouillenboot, das sie mit drei Torpedos verfehlte. Ein paar Tage später verfolgte sie bei Nacht einen kleinen Tankerkonvoi, als ein aufmerksamer Zerstörer sie entdeckte, zum Abtauchen nötigte und mit Wasserbomben beschoss. Der nächste, ebenfalls nächtliche Angriff war auf einen einzigen begleiteten Frachter gerichtet. William S. Stovall, der Kapitän der *Gudgeon*, glaubte, dass er ihn mit zwei von drei Torpedos getroffen hatte. Darauf folgte ein Unterwasserangriff bei Tag auf ein einzelnes Handelsschiff ohne Eskorte – wieder mit der Behauptung, in zwei von drei Versuchen getroffen zu haben. Dann traf Stovall auf zwei von Zerstörern begleitete und aus der Luft gedeckte Transporter. Drei Torpedos trafen das erste Schiff, zwei das zweite, woraufhin die *Gudgeon* mit einer Folge von etwa 60 Wasserbomben beschossen wurde. Stovall wurden vier versenkte Schiffe mit insgesamt 35 000 BRT zuerkannt, damit galten seine Aktionen als eine der erfolgreichsten. Aus Aufstellungen nach 1945 geht jedoch hervor, dass es sich lediglich um ein einziges Schiff mit weniger als 5000 BRT gehandelt hatte. Noch größere Abweichungen zeigen die Ergebnisse der zwei Patrouillen der *Crampus* vor Guadalcanal auf dem Höhepunkt des japanischen Feldzugs. Viele Kapitäne bemerkten in diesem Gebiet kaum feindliche Aktionen, aber allein bei der ersten Patrouille meldete John R. Craig 44 Kreuzer und 79 Zerstörer. Nach sechs Angriffsmanövern wurden ihm ein versenkter und ein beschädigter Zerstörer angerechnet. Während seiner zweiten Patrouille machte er 41 Schiffe aus und meldete Angriffe auf vier Frachter, einen Zerstörer und ein U-Boot. Daraufhin wurden ihm drei Frachter mit insgesamt 24 000 BRT zuerkannt. Die späteren Berichte Japans bestätigten keinen dieser Erfolge.

Rechts: Besatzungsmitglieder der USS *Bullhead* untersuchen eine chinesische Dschunke. Bis Anfang 1945 hatten US-amerikanische U-Boote bereits mehr als 1000 japanische Handelsschiffe versenkt und damit den Rohstoffnachschub für die japanische Wirtschaft abgeschnitten.

Erst im November 1942 begann die Tonnage der Japaner tatsächlich zu schrumpfen. Der Rückstand der Schiffe, die auf Reparatur oder Wartung warteten, verstärkte den Verlust. Insgesamt machten sie 800 000 BRT aus, eine Zahl, die während des Krieges mehr oder weniger konstant blieb. Der Prozentsatz in Bezug auf den Gesamtbestand stieg jedoch zwischen 1942 und dem Kriegsende von 14 % auf 42 %.

Ende 1942 gab es einen Engpass bei den amerikanischen Torpedos, so dass U-Boote oft mit einer zum Teil aus Minen bestehenden Ladung – zwei Minen auf einen Torpedo – ausge-

sandt wurden. Obwohl kleine Minenfelder damit sehr präzise ausgelegt werden konnten, sah Lockwood darin stets eine Zumutung für seine Streitkraft. Innerhalb weniger Monate verbesserte sich die Torpedosituation und durch den verstärkten Einsatz von Langstreckenflugzeugen wurde diese Art des Minenlegens die übliche Vorgehensweise. Minen verursachten nicht besonders viele Versenkungen. Aber dennoch störten sie den japanischen Schiffsverkehr unablässig und zwangen die Japaner, neue Gegenmaßnahmen zu entwickeln.

Im Laufe des Jahres unternahmen amerikanische U-Boote

6 Mannschaftsraum	16 Abweiser	26 Zentrale	36 Hauptspant
7 Druckkörperhülle	17 Kommandoturm	27 Tiefenruderstände	37 Hydrophone
8 Trimmzellen	18 HF-Anlage	28 Navigation	38 Bugtorpedoraum
9 E-Maschinen	19 DF-Anlage	29 Lenz- und Trimmpumpen	39 Bugtorpedoluk
10 E-Maschinenraum	20 Angriffs- und Luftzielrohr	30 Trinkwassertank	40 Tauchzellen
11 E-Maschinenraum mit Kontrollgeräten	21 Brücke	31 Doppelhülle	41 Spill
12 Maschinenraum	22 Treibölbunker	32 Offiziersmesse	42 zusätzlich am Bug zu befestigende
13 Dieselmotoren	23 Kombüse	33 Offizierskoje	Torpedorohre
14 Dieselraumfahrstand mit Kontrollgeräten	24 Funkraum	34 Sauerstoffflaschen	43 Bugtorpedoklappen
15 7,6-cm-Geschütz	25 Proviantraum	35 Batterieraum	44 Bilge

„S"-Klasse

Wasserverdrängung:	aufgetaucht 854 t, getaucht 1065 t
Maße:	66,83 m × 6,3 m × 4,72 m
Tauchtiefe:	61 m
Motorenanlage:	2 Dieselmotoren mit 1200 PS, 2 E-Motoren mit 1500 PS auf zwei Wellen
Höchstgeschwindigkeit:	aufgetaucht 14,5 kn, getaucht 11 kn
Fahrbereich:	aufgetaucht 9270 km bei 10 kn
Bewaffnung:	1 × 102-mm- oder 1 × 76-mm-Geschütz und 5 × 533-mm-Torpedorohre und 12 Torpedos
Besatzung:	42 Mann

350 Patrouillen – d. h. praktisch jeden Tag nahm eine Patrouille ihren Dienst auf. Das Oberkommando muss sehr zufrieden gewesen sein mit den 274 als versenkt gemeldeten Schiffen, deren Gesamttonnage von 1,6 Millionen BRT jedes Wiederaufbauprogramm übertraf. In Wirklichkeit hatte die Gesamtzahl von 180 Schiffen mit insgesamt 750000 BRT die japanische Flotte nur um 1,8% verkleinert, ohne dabei größeren Einfluss auf den Transport von Rohstoffen zu haben. Von den sieben amerikanischen U-Booten, die 1942 verloren wurden, fielen nur drei der feindlichen U-Boot-Abwehr zum Opfer, wobei zwei dieser Fälle nicht einmal bestätigt sind.

Laut Analyse wurde nur jede sechste Streife von in Pearl Harbor stationierten Booten unternommen. Doch da sie in den ergiebigeren Gebieten der japanischen Heimatgewässer zum Einsatz kamen, versenkten sie mehr als 40% des Gesamtverlusts des Feindes. Zwar hatten sich die Mühen eines von Australien aus geführten Feldzugs schon deshalb gelohnt, weil es dem Feind erhebliche Unannehmlichkeiten bereitete, im Großen und Ganzen aber konnten die wenigen Boote die Aktionsfläche nur unzureichend abdecken und die Hinführung dauerte zu lange.

Im Zuge der Erweiterung der U-Boot-Streitmacht wurden ältere und zu wenig aggressive Kapitäne abgelöst und neue Namen tauchten auf. Einer davon war Dudley „Mush" Morton, der die USS *Waboo* übernahm. Nach der Rückeroberung Guadalcanals wurde der Verband in Brisbane verkleinert und die sieben nach Hawaii zurückgeführten Boote unternahmen Kriegspatrouillen en route. Morton, der sehr schnell von seiner Mannschaft akzeptiert wurde, auch wenn er sie hin und wieder mit seiner Kühnheit schockierte, drang ohne genaue Seekarte in den Ankergrund in Wewak, Neuguinea, ein. Er fand einen feindlichen Zerstörer, der unter Segel ging, feuerte einen Schuss ab und ließ dabei sein Periskop als Köder sichtbar über Wasser. Nachdem vier Torpedos das Schiff verfehlt hatten, traf der fünfte sein Ziel, das inzwischen bis auf weniger als eine halbe Meile herangekommen war.

Die U-Boot-Asse der USA

Rechts: Selbst die amerikanischen U-Boot-Kommandanten mit den höchsten Versenkungszahlen konnten es mit den U-Boot-„Assen" nicht aufnehmen, aber japanische Handelsschiffe waren in der Regel auch kleiner als die im Atlanik und es waren nicht so viele unterwegs. Der Tonnagerekord lag knapp über 100 000 BRT (versenkt von USS *Flasher*), während die USS *Tautog* die meisten Schiffe versenkte (73 Schiffe). Der auf Platz zwei befindliche U-Boot-Kapitän „Dick" O'Cane überlebte mit viel Glück den versehentlichen Beschuss seines eigenen Bootes (*Tang*) und wurde daraufhin von den Japanern gefangen genommen.

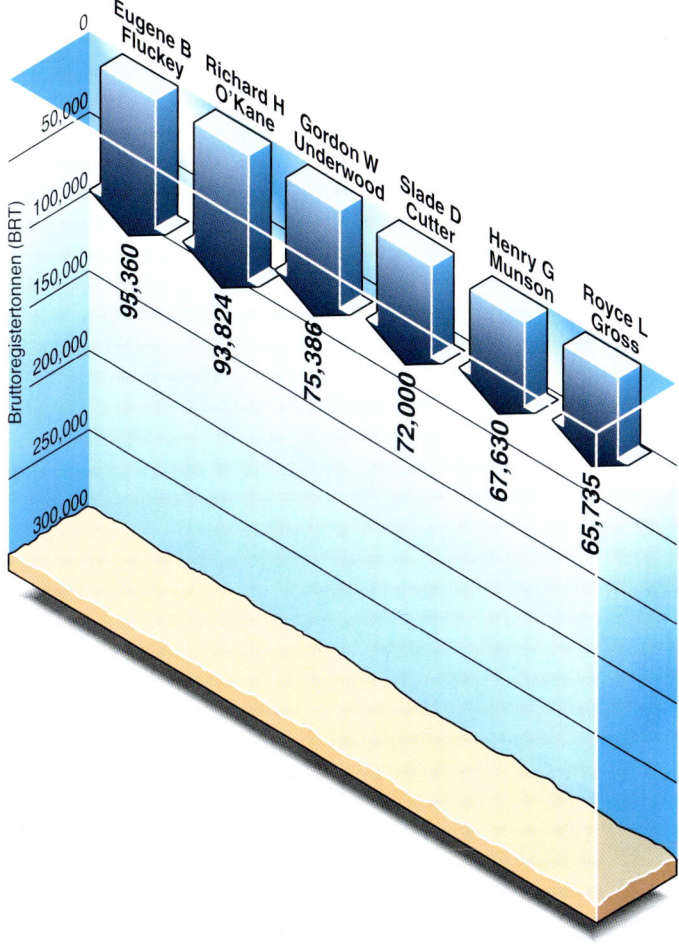

Auf dem Weg zu den Palau-Inseln traf die *Waboo* auf einen Konvoi aus vier Schiffen. Mit sieben Torpedos traf Morton zwei Frachter und ein Truppenschiff. Beim Auftauchen stellte er fest, dass nur ein Frachter verschwunden war und der zweite seinen Weg fortsetzte. Das Truppenschiff war beschädigt. Der nächste Torpedo war ohne Wirkung geblieben, aber der zweite versenkte es endgültig. Morton ließ die restlichen beiden Schiffe ziehen und richtete seine Waffen auf die unzähligen schwimmenden Überlebenden. „Nach wohl einer Stunde", so berichtete er lakonisch, „hatten wir alle Boote und den Großteil der Truppen zerstört". Dann machte er sich an die Verfolgung der beiden fliehenden Schiffe. Mit seinen letzten sieben Torpedos versenkte er den Zerstörer und verabreichte einem Tanker zwei Schüsse. Obwohl Mortons Versenkungen – fünf Schiffe mit insgesamt 31900 BRT – erst nach dem Krieg auf drei Schiffe zu je 11300 BRT korrigiert wurden, war sein Ruf legendär. Dass von offizieller Seite kein Kommentar kam zu der anfechtbaren Vorgehensweise, Überlebende umzubringen, mag zum einen daran liegen, dass es gebilligt wurde, zum anderen wollten die Befehlshaber wohl den Held nicht kritisieren, den die Streitmacht so dringend brauchte.

Morton erhielt daraufhin den Auftrag, das gefährlich seichte Gelbe Meer zu erkunden. Da dort mit keiner U-Boot-Abwehr zu rechnen war, konnte er sich frei bewegen und acht Schiffe mit insgesamt 36700 BRT (eigentlich neun Schiffe mit 20000 BRT) versenken. Mittlerweile war er der erfolgreichste amerikanische Kapitän weit und breit. Drei weitere Schiffe fielen ihm auf seiner Pionierpatrouille zu den Kurilen zum Opfer. Auf Grund von Fehlzündungen konnten drei weitere Zielobjekte entkommen, aber dafür setzte Mortons wütende Beschwerde endlich die Beschäftigung mit dem Problem in Gang, denn er und seine Mannschaft galten als die Besten.

Seine Pionierpatrouille ins Japanische Meer stand unter dem Schatten der Torpedoprobleme. Von neun Zielobjekten verfehlte

er sieben, eines wurde von einem Blindgänger getroffen und das letzte entkam einem Torpedo, der erst auftauchte und dann die Richtung verlor. Es war eine Zeit, in der sowohl die Kapitäne als auch die Mannschaften jede Gefahr auf sich nehmen mussten ohne große Erfolge verbuchen zu können.

Aggressiv wie immer stellte Morton den Antrag auf eine neuerliche Mission im Japanischen Meer. Es war *Waboos* siebte Patrouille auf der sie schließlich spurlos verschwand. Wahrscheinlich wurde sie in der Straße von La Perouse aus der Luft getroffen. Die Nachkriegsaufstellungen zeigen, dass Morton vorher noch vier weitere Schiffe versenkte und somit auf eine Summe von 19 Schiffen mit insgesamt 55000 BRT kam. Durch

Oben: Im Mai 1944 versenkte die USS *England* in nur zwölf Tagen sechs japanische U-Boote und schaffte damit einen Eintrag ins Rekordbuch. Die Schiffe waren Teil einer japanischen Patrouille, die in der Schlacht im Philippinischen Meer amerikanische Kriegsschiffe angreifen sollte. Das erste Opfer, die I-16, war mit 3000 Tonnen größer als die *England* selbst.

seine Verdienste wurde er zu dem Vorbild, das der Armee bis dahin gefehlt hatte. Außerdem waren in seinem ersten Offiziersstab Richard „Dick" O'Kane als stellvertretender Chef sowie George W. Grider.

In der rasch wachsenden Armee gingen diese beiden Männer mit der *Tang* und der *Flasher* auch mit ihren eigenen Leistungen in die Geschichte ein. Wie von den Japanern nach dem Krieg bestätigt wurde, war Grider der einzige amerikanische Kapitän, der große Schiffe von mehr als 100000 BRT versenkte.

Als die Anwesenheit von vielen amerikanischen Schiffen schließlich eine Auswirkung auf den Schiffsverkehr in den heimatlichen Gewässern der Japaner hatte, wurde die U-Boot-Abwehr wieder stärker genutzt. Wie bei allem, was die Japaner anfingen, war das Ergebnis auch hier ungewöhnlich. Sie errichteten 600 Meilen östlich ihrer Heimatinseln eine „Stolperschwelle" aus mit Funk ausgestatteten Fischerbooten, die für auftauchende U-Boote ein Hindernis darstellten. Ein innerer Kreis aus speziell dafür ausgestatteten Schiffen (von den amerikanischen Beobachtern oft als „Sampan" bezeichnet) war zusätzlich mit U-Boot-Abwehrschiffen verstärkt und schützte die Häfen. Anfangs belächelten die amerikanischen Kapitäne diese Maßnahmen, jedoch später akzeptierten sie diese Vorgehensweise, denn die Zahl der liquidierten U-Boote stieg 1943 auf 17 U-Boote, 1942 waren es nur sieben U-Boote gewesen.

Mehrere Versuche, die Linien „aufzurollen" schlugen fehl, weil die Patrouillenschiffe zu klein waren um sie mit Torpedos zu beschießen oder sie von einem schwankenden U-Boot mit Bordgeschützen zu versenken. Darüber hinaus waren sie sehr gut bewaffnet und verteidigten sich entschlossen. Derartige Angriffe hatten gewöhnlich zur Folge, dass die U-Boote selbst zu

Links: Die der amerikanischen „S"-Klasse ähnliche L3-Klasse wurde Anfang der zwanziger Jahre gebaut. Nur drei wurden fertig gestellt und dienten während des Zweiten Weltkriegs als Ausbildungsboote, bis sie im Mai 1945 vernichtet wurden.

Unten: Die Ha 201-Klasse (Typ STS) glich in ihrem Aufbau dem deutschen Typ XXIII: ein stromlinienförmiges Küstenboot mit verbessertem Unterwasser-Leistungsbereich. Mit Radar und Schnorchel ausgestattet sollten sie dabei helfen, die Invasion der Alliierten zu verhindern, aber nur zehn dieser Boote wurden bis Kriegsende fertig gestellt – keines rechtzeitig für einen Einsatz.

Gejagten wurden und ihren Angriff abbrechen mussten. Die übliche U-Boot-Abwehr war – bis auf die letzten Kriegsjahre – nicht mit Radar ausgestattet, aber sie nutzte das Sonar sehr effektiv.

Im November 1943, als die monatlichen Verluste der Japaner schon bei etwa 100 000 BRT lagen, richteten sie sowohl ein Kommando für die Eskorten als auch ein Konvoisystem ein. Um die dadurch entstehenden Verzögerungen zu vermeiden, fuhren sie in sehr kleinen Gruppen, was sich als Fehler herausstellte.

Die Rückeroberung der Salomonen durch die Alliierten und ihr Vormarsch nach Westen entlang der Nordküste Neuguineas machte es möglich, einige Stützpunkte nach Milne Bay, Neuguinea, vorzuverlegen. Durch diesen Schritt wurde der sonst von Brisbane aus unternommene Weg um 2400 Meilen kürzer. Als der Feind sich heftig dagegen wehrte, in die Defensive

Unten: Die riesige I-402 wurde zu einem tauchfähigen Treibstofftanker umgebaut um die japanischen Garnisonen auf entlegenen Inseln im Pazifik zu versorgen. Bis zu drei Wasserflugzeuge konnten darauf untergebracht werden. Erwähnenswert ist der hinter dem Turm ausgefahrene Schnorchel.

getrieben zu werden, stieg auf Grund der nötigen Truppen- und Materialbewegungen der Schiffsverkehr stark an. Deshalb wurde ein zusätzlicher U-Boot-Verband installiert und die Angriffe im Rudel gestartet, die sich aber als wenig erfolgreich erwiesen, da die Kapitäne zu sehr an Alleinarbeit gewöhnt waren und keiner Taktik trauten, die verstärkten Funkverkehr erforderte.

Die Idee war im Grunde nicht neu in der US Navy. Lockwood wusste, dass diese „Gruppenangriffe" schon 1920 geübt worden waren. Auch nächtliche „Gruppenangriffe" wurden durchgeführt, doch beide schlugen aus denselben Gründen fehl – mangelhafte Kommunikation und das Risiko des Zusammenstoßes. Vor seiner Versetzung in den Pazifik war Lockwood Marineattaché in London gewesen und hatte die Vor- und Nachteile der Methoden von Dönitz aus nächster Nähe erlebt. Als 1943 der Oberflächensuchradar mit dem Rundsuchanzeiger kombiniert wurde bedeutete das, dass die U-Boote nun mit einer gemeinsamen Anzeige arbeiten und parallel dazu ein Hochfrequenz-Funktelefon mit kurzer Reichweite nutzen konnten.

Für die Kapitäne und deren Löschmannschaften erfand man Planspiele, die auf der schachbrettartig gemusterten Tanzfläche des Offizierskasinos von Pearl Harbor in Szene gesetzt wurden.

Ha 201

Wasserverdrängung:	aufgetaucht 377 t
	getaucht 440 t
Maße:	53 m × 4 m × 3,4 m
Tauchtiefe:	110 m
Motorenanlage:	ein Dieselmotor mit 400 PS,
	ein E-Motor mit 1250 PS,
	eine Welle
Geschwindigkeit:	aufgetaucht 10,5 kn,
	getaucht 13 kn
Fahrbereich:	aufgetaucht 5600 km bei 10 kn,
	getaucht 185 km bei 2 kn
Bewaffnung:	2 × 533-mm-Torpedorohre und
	vier Torpedos
Besatzung:	22 Mann

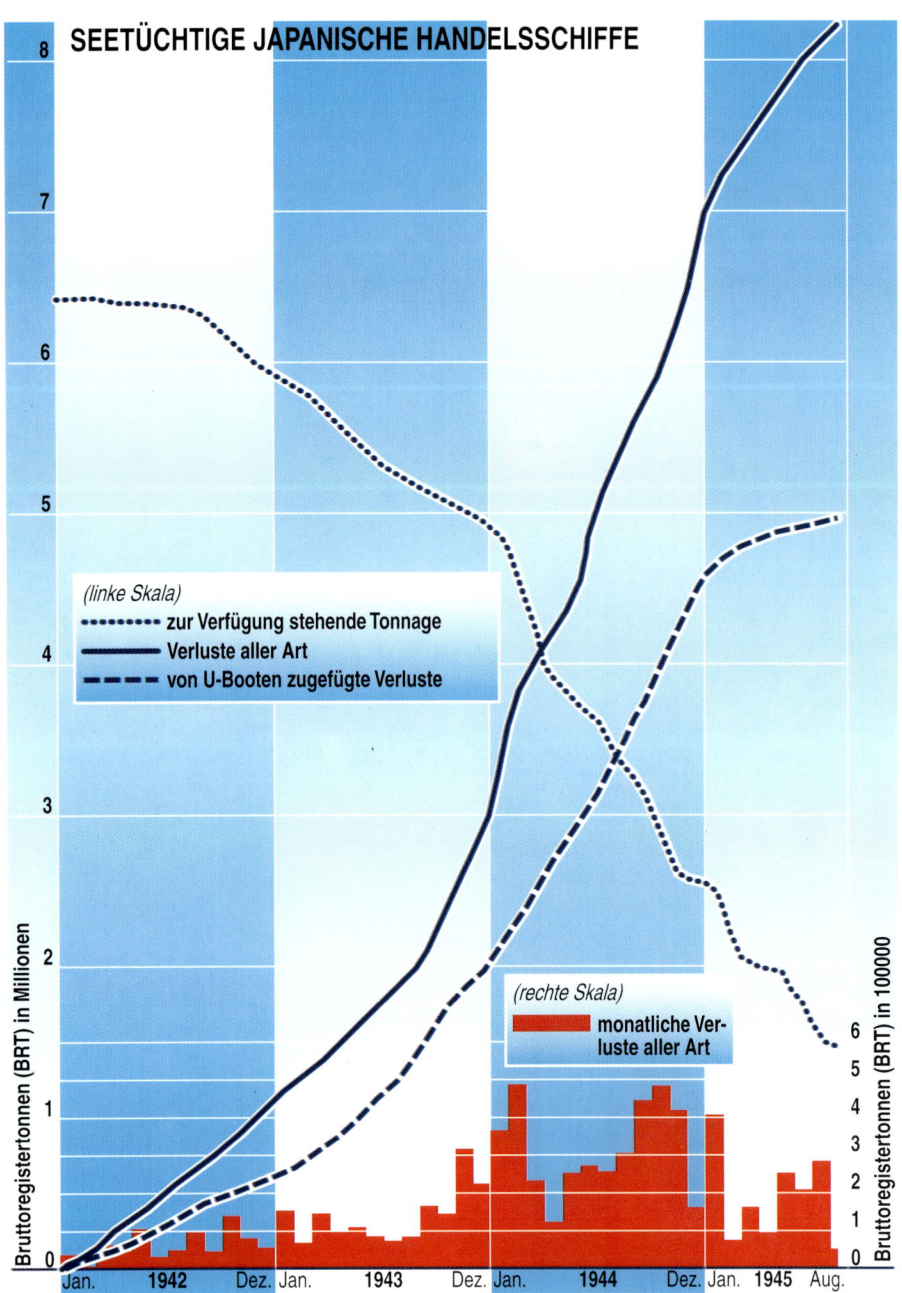

SEETÜCHTIGE JAPANISCHE HANDELSSCHIFFE

(linke Skala)
- ······· zur Verfügung stehende Tonnage
- ——— Verluste aller Art
- – – – von U-Booten zugefügte Verluste

(rechte Skala)
- ▮ monatliche Verluste aller Art

Bruttoregistertonnen (BRT) in Millionen

Bruttoregistertonnen (BRT) in 100000

Jan. 1942 Dez. Jan. 1943 Dez. Jan. 1944 Dez. Jan. 1945 Aug.

Links: Der Großteil der im Zweiten Weltkrieg versenkten japanischen Schiffe war ein Verdienst der amerikanischen U-Boote, die die japanische Handelsflotte Mitte 1945 fast vernichteten. Die japanische Marine war letztendlich aus Ölknappheit zum Erliegen gekommen und die Kriegswirtschaft erlebte beinahe einen völligen Stillstand.

Rechts: Die japanischen Streitkräfte konnten mit dem Tempo, mit dem die US Navy ihre Unterseestreitkräfte ausbauten, nicht mithalten. Sie ignorierten diesen Umstand bis es schließlich zu spät war.

zwischen Formosa und den Heimatinseln im Einsatz. Die Kommunikationsprobleme schienen unüberwindlich. Zwei Boote, *Shad* und *Greyback*, führten individuelle Angriffe auf separate Konvois durch, wobei die *Greyback* im Alleingang ein Schiff versenkte. Einem Gruppenangriff am nächsten kamen die beiden Boote, als sie gemeinsam einen weiteren Konvoi aus vier Schiffen angriffen, allerdings beschossen sie dabei beide das gleiche Schiff. Obwohl bessere Resultate angegeben wurden, versenkte dieses erste Rudel nicht mehr als drei Schiffe mit insgesamt 23 500 BRT. Um die Sinnlosigkeit von Rudeln zu beweisen, unternahm die *Greyback* danach eine „orthodoxe" Einzelstreife und versenkte zur Bestätigung dieser Auffassung allein drei Frachter und einen Zerstörer.

Davon unbeirrt entsandte Lockwood eine zweite Gruppe nach den Marianen. Wieder galten die „Ultras" als unerlässlich, aber die Kommunikation zwischen den Booten war nach wie vor schlecht. Die USS *Harder* traf als erste auf einen Konvoi und verfeuerte eine ganze Torpedoladung um drei Schiffe mit insgesamt nicht einmal 15 000 BRT zu versenken. Danach klinkte sie sich aus, weil sie keine Torpedos mehr hatte und zudem mit Motorproblemen kämpfte. Die USS *Pargo* stürzte sich auf einen neuen Konvoi. Wieder wurde eine ungeheure Menge an Torpedos abgefeuert um diesmal vier Schiffe zu 16 500 BRT zu versenken. Obwohl Lockwood diese ersten Operationen als Erfolg verbuchte, waren die Kapitäne weitaus weniger davon überzeugt. Es gab noch viel zu lernen.

In den letzten vier Monaten des Jahres 1943 fielen 700 000 BRT der japanischen Schiffe den U-Booten zum Opfer. Im Vergleich zu den Verlusten an den europäischen Kriegsschauplätzen war diese Zahl harmlos, aber Japan konnte die verlorenen Schiffe nicht so schnell ersetzen, abgesehen davon, dass eine immer größer werdende Anzahl dringend repariert werden musste. Die Amerikaner verloren ebenfalls mehrere U-Boote – wahrscheinlich dem Umstand geschuldet, dass ihre Kapitäne immer wagehalsiger wurden.

Sofern die japanische Armee überhaupt Radaranlagen installiert hatte, waren diese nicht übermäßig effektiv. Die wachsende Erfahrung der Alliierten hinsichtlich des Gebrauchs von Schallortungsanlagen war schon so weit gediehen, dass die exakte Lage eines Konvois angegeben werden konnte, eine Fähigkeit, die den Japanern fehlte. Sie setzten auf den Flugzeug-Magnetfeld-Anzeiger (MAD), der aus der Luft die getauchte Metallmasse eines U-Boots erkannte. Sie flogen in geringer Tiefe vor den Konvois her. Ihre Anzeigen schlugen nur kurz aus, wenn sie direkt über ein Zielobjekt flogen. Die Fluggeschwindigkeit ließ keine Zeit den Punkt exakt zu markieren, aber allein die Kenntnis über die Anwesenheit von U-Booten ermöglichte es der Eskorte, entsprechende Gegenmaßnahmen zu ergreifen. In Anbetracht des damaligen Standes der Technik ist es jedoch fraglich, ob die japanischen Flugzeug-Magnetfeld-Anzeiger jemals so effektiv waren wie behauptet wird.

Diese wurden schließlich auf Scheinattacken auf einlaufende freundliche Konvois ausgedehnt. Die Übungen bewiesen, dass Gruppenangriffe ohne gegenseitige Behinderung möglich waren, und darüber hinaus zeigte sich ein weiteres Mal die Nützlichkeit von Luftaufklärung.

Der technologische Vormarsch der USA ermöglichte bald auch den Einsatz eines frequenzmodulierten Sonars (FMS). Eigentlich war es entwickelt worden um Objekte in der Nähe anzuzeigen, doch schon bald stellte sich heraus, dass dieses Gerät wertvolle Dienste beim Aufspüren von Minen leisten konnte. Minen waren eine stille Gefahr, die immer präsenter wurde, je mehr die U-Boote in abgelegene Gebiete vordrangen.

Amerikanische „Wolfsrudel" umfassten meist nicht mehr als drei Schiffe. Pearl Harbors Aufgabe sollte darin bestehen ihnen Zielobjekte zu nennen, die durch den mittlerweile konstanten Nachrichtenfluss in Erfahrung gebracht wurden. Nach dem Einweisen nahmen die Rudel eine Suchlinie an, die über eine Radarreichweite von etwa sechs Meilen nicht hinausgehen

sollte. Radar konnte nun ohne Weiteres benutzt werden, da die Japaner in technologischer Hinsicht ins Hintertreffen geraten waren und keine Detektoren wie den deutschen Metox besaßen. Der Plan war folgendermaßen: das U-Boot, das zuerst auf einen Konvoi stieß, sollte über das Kurzstrecken-Funktelefon den genauen Standort mitteilen, damit die Geschütze der anderen U-Boote entsprechend justiert werden konnten. Nach dem Angriff sollten die Boote nacheinander in die Verfolgungsposition zurückfallen, zum einen um den Kontakt zueinander aufrechtzuerhalten und zum anderen um gegenüber den beschädigten Schiffen handeln zu können.

Die erste Gruppe bestehend aus drei Schiffen – Rudeltaktik scheint hier übertrieben – verließ Pearl Harbor im Oktober 1943. Mit der Gruppe unterwegs war Charles B. „Swede" Momsen als Abteilungsoffizier. Er war bei der Einführung der Rudeltaktik eine treibende Kraft gewesen, aber seine Anwesenheit wurde von den sonst unabhängig operierenden Kapitänen nicht geschätzt. Die von „Ultras" aus Hawaii geführte Gruppe war

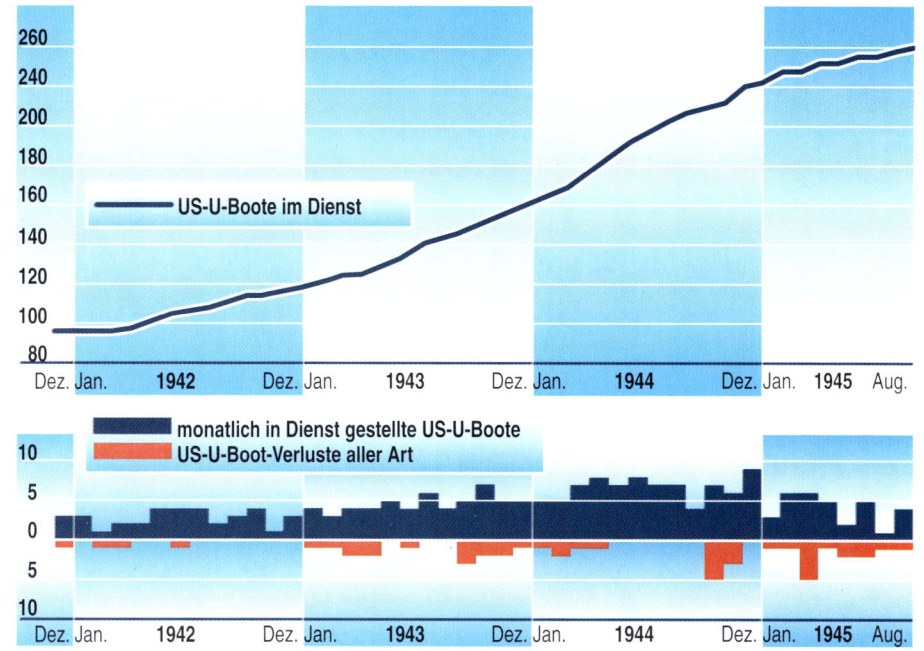

underneath the first chart:

260
240
200
180
160

—— US-U-Boote im Dienst

140
120
100
80

Dez. Jan. **1942** Dez. Jan. 1943 Dez. Jan. **1944** Dez. Jan. 1945 Aug.

■ monatlich in Dienst gestellte US-U-Boote
■ US-U-Boot-Verluste aller Art

10
5
0
5
10

Dez. Jan. 1942 Dez. Jan. **1943** Dez. Jan. 1944 Dez. Jan. **1945** Aug.

Obwohl bei den Angriffszielen der U-Boote Prioritäten gesetzt wurden, zeigte die Praxis diese spezielle Einschränkung letztendlich nur bei der Wahl des Patrouillengebiets. Ölvorräte standen stets ganz oben auf der Liste, aber bis Ende 1943 hatten die Öltanker nur geringe Verluste zu verzeichnen. Auf Grund ihrer Konstruktion und umfangreicher Pumpvorrichtungen waren sie nur schwer zu versenken. Ein Tanker mit einer Ladung Rohöl, das nicht in Fässern transportiert wird, ist nur schwer entzündbar.

Zum Unglück der japanischen Mannschaften transportierten sie oft Rohöl aus Indonesien, das sehr leicht und damit hochgradig entzündbar ist.

Als die Nachricht über die wachsende Ölknappheit der Japaner bekannt wurde, setzten die amerikanischen Strategen auch die Öltanker auf die Prioritätenliste. Die U-Boote wurden von „Ultra" zu den Konvois geführt, und schon Ende des Jahres 1943 lag die Zahl der Verluste bei 60 000 BRT pro Monat. (An dieser Stelle sollte erwähnt werden, dass Tanker normalerweise nicht nach Bruttoregistertonnen sondern nach Eigengewicht bemessen werden. Eine Zahl von 60 000 BRT entspräche also 85 000 Tonnen Eigengewicht). Durch den Bau neuer Transportschiffe und die Bewaffnung der alten gelang es den Japanern, ihre Tankertonnage bis Ende 1944 auf dem gleichen Niveau zu halten. Dennoch war der Ölimport vor dem Krieg

um die Hälfte höher, und Japan bestritt den Krieg mit immer geringer werdenden strategischen Reserven. Anfang 1944 brachten die Japaner den Großteil ihrer vereinten Flotte nach Singapur um sie näher an den Ölquellen liegen zu haben. Da sie aber an einen bestimmten Stützpunkt gebunden waren, schränkte sich ihre Bewegungsfreiheit dadurch ein.

Auf Grund der Abgelegenheit ihrer Routen war der Verlust an Öltankern früher sehr gering gewesen. Aber die Zahl der amerikanischen U-Boote nahm ständig zu. Jeden Monat wurden sieben bis neun weitere Schiffe in Dienst gestellt, bis auf die Wintermonate, in denen es jeweils nur vier Neuzugänge gab.

Die wachsende Kampfkraft und eine verstärkte Vorverlegung der Stützpunkte ermöglichte einen Blitzangriff auf den Tankerverkehr. Die Japaner fuhren damit fort, einen beachtlichen Teil ihrer Kampfflotte zum strategischen Stützpunkt auf den Trukinseln zu verlegen. Die Versorgung der auf dieser Insel stationierten Mannschaften war mit dem Befahren einer langen, anfälligen Route verbunden. Gleichzeitig waren sie so schlecht auf den Krieg vorbereitet, dass es vorkam, dass voll beladene Tanker untätig in Häfen lagen, weil die Lagerkapazitäten nicht ausreichten.

Gegen Ende des Jahres 1943 hatten die amerikanischen Streitkräfte mit ihrem Vormarsch auf den Inseln begonnen, die Gilbertinseln schon gesichert und den Angriff auf die Marshallinseln vorbereitet. Weil ältere und beschädigte U-Boote zurückgezogen und für Ausbildungszwecke verwendet wurden, blieb die Anzahl der eingesetzten Patrouille gleich, aber diese waren mit 340 versenkten Schiffen mit insgesamt 1,5 Millionen BRT doppelt so erfolgreich. Für diese Verbesserung gab es mehrere Gründe. Zum einen waren alle Hauptrouten der Japaner

Unten: Ein Notprogramm für den Bau von Tankern ermöglichte es den Japanern, die Stärke ihrer Tankerflotte aufrecht zu erhalten, aber die Hälfte ihrer restlichen Transportschiffe wurde 1944 versenkt. Hier sinkt ein weiteres Schiff, Ende 1943 von einem amerikanischen U-Boot aus beobachtet.

Oben: Ein *Kaiten* / Selbstmord-U-Boot wird von einem japanischen leichten Kreuzer zu Wasser gelassen. Die *Kaiten*, eigentlich umgebaute Torpedos, bewegten sich mit einer Geschwindigkeit von 30 km/h. Da die Bediener eine sehr eingeschränkte Sicht hatten, verfehlten sie die meisten Ziele.

mittlerweile bekannt. Zum anderen waren die älteren, zurückhaltenden Kapitäne von jungen, wagehalsigen Kollegen abgelöst worden. Darüber hinaus war das Torpedoproblem endlich gelöst und eine gute Trefferquote konnte erzielt werden. Mittlerweile war der Verlust der Japaner so groß, dass er nicht mehr ersetzt werden konnte. Der Warenimport war während des letzten Jahres um 18 % gesunken. Doch 1943 war nur der Anfang des U-Boot-Erfolges. 1944 zeigten sie, was sie wirklich konnten.

Im Laufe des Jahres 1943 verloren die Vereinigten Staaten insgesamt 17 U-Boote, 1944 waren es 19 Boote. Mindestens zwei jedoch konnten ihre Stärke bei einem heftigen Wasserbombenangriff unter Beweis stellen: die USS *Salmon* (Leutnant Kommandant Harley K. Naumann), im Rudel mit *Trigger* und *Sterlet*, überfiel einen Tanker, der ungewöhnlicher Weise von vier Fregatten begleitet war. Der Tanker, schon ohne Heck, bekam noch zwei weitere Schüsse aus den Rohren der *Salmon*. Daraufhin wurde sie von der Eskorte ausfindig gemacht und verlor als Folge des raschen Gegenangriffs die Kontrolle. Sie sank unter 152 Meter. Wasserbomben und Überdruck deformierten ihren Druckkörper. Schnell tauchte das unter Führung von Naumann stehende Boot mit einer Neigung von 15 Grad auf. Es war Nacht, aber während die Besatzung den schlimmsten Schaden zu beheben versuchte, machte die Eskorte die *Salmon* dennoch ausfindig. Eine Attacke konnte tatsächlich noch auf Grund der überlegenen Geschütze abgewehrt werden, der zweiten entkam sie nur Dank eines plötzlich einsetzenden Regengusses. Die Mannschaft brachte das Boot zwar noch in den heimatlichen Hafen, aber dort wurde es als Totalschaden eingestuft und nur noch für Ausbildungszwecke verwendet.

Nur zwei Wochen später griff die USS *Halibut* (Kommandant Ignatius J. „Pete" Galatin) einen Konvoi aus vier Schiffen an. Sie war Teil eines aus zwei Gruppen zusammengesetzten Ru-

dels von sechs Booten. Die *Halibut* wurde mittels Luftaufklärung gesichtet und mit einem kurzen, aber zielsicheren Feuer sowohl aus der Luft als auch vom Wasser aus außer Gefecht gesetzt. Arg ramponiert und mit ausgefallenen Systemen schleppte sie sich nach Saipan, anschließend wurde sie aus dem Dienst genommen.

Auf dem Höhepunkt ihrer Stärke waren die amerikanischen U-Boot-Streitkräfte in 117 Verbänden organisiert, von denen 64 in Pearl Harbor stationiert waren (SUBPAC = U-Boot-Streitkräfte Pazifik), der Rest wurde von Australien aus verwaltet (SUBSOWESPAC = U-Boot-Streitkräfte Südwestpazifik). Im Gegensatz zur deutschen Rudeltaktik, die zeitweise aus bis zu 40 Booten bestand, blieben die Amerikaner durchgängig bei aus drei Booten bestehenden Gruppen. Was die Namensgebung betrifft konnten die Amerikaner ohne Weiteres mit den Deutschen mithalten: teutonische Namen wie „Mordbrenner", „Reißwolf" und „Schlagetod" kann durchaus mit *Blair's Blasters*, *Clarey's Crushers* oder *Wilkin's Wildcats* verglichen werden.

Die strikte Einhaltung von Aktionen in den vorgegebenen Gebieten wurde mit der Zunahme von Verbänden immer weniger wichtig und die Zusammenarbeit zwischen benachbarten Einheiten nahm zu. Das war der Fall bei Kommandant Gordon W. Underwood, der mit der *Spadefish*, die *Peto* und die *Sunfish* anführte, und bei Kommandant Charles E. Loughlin, der mit der *Queenfish*, die *Barb* und die *Picuda* befehligte. Sie handelten gemeinsam in der typisch sehr lockeren Formation und waren anfänglich recht erfolgreich: die *Queenfish* umging drei Eskortschiffe und versenkte zwei kleinere Frachtschiffe mit einer Serie von sechs Torpedos. Nur wenige Stunden später verschoss auch Loughlin eine Serie von sechs Torpedos mit denen er ein weiteres kleines Frachtschiff versenkte, einen Tanker jedoch leider verfehlte. Als nächstes traf die *Barb* auf ein unge-

decktes, großes und modernes Frachtschiff, das von drei Schüssen getroffen wurde. Schließlich griffen *Queenfish*, *Barb* und *Peto* unter sehr schlechten Wetterbedingungen einen Konvoi bestehend aus zwölf Schiffen mit sechs Eskorten an, konnten aber mit 25 Torpedos nur zwei Schiffe versenken.

MacArthurs konstanter Vormarsch bedrohte die von den Japanern verstärkten Philippinen. Eine „Ultra"-Meldung lenkte die amerikanischen U-Boote zu einen Konvoi, der eine vollständige japanische Division sowie Flugzeuge und Treibstoff an Bord hatte. Die *Queenfish* umging die Eskorte und zerstörte einen mit Flugzeugen beladenen Frachter mit einer Salve von vier Torpedos. *Barb* löste ihre letzten sieben Torpedos in einem erfolglosen Angriff auf den Träger *Jinyo* und einen Frachter, woraufhin sie sich von der Gruppe entfernte. Am darauf folgenden Abend unternahmen die fünf verbleibenden Boote einen weiteren Gruppenangriff, bei dem sie zwei Gruppentransporter und drei Frachter versenkten und schließlich *Spadefish* der *Jinyo* ein Ende bereitete. In Einzelangriffen versenkten die Boote daraufhin vier Handelsschiffe. Die beiden U-Bootgruppen hatten nicht nur 17 Schiffe, einen Geleitträger und eine Fregatte vernichtet, sondern auch die Verteidigung der Philippinen erheblich geschwächt.

Im Verlauf des Jahres 1944 zeichnete sich die unabwendbare Niederlage der Japaner immer deutlicher ab. Auf seinem Vormarsch im Pazifik eroberte Nimitz die Marianen und somit einen entscheidenden Stützpunkt, von dem aus zum ersten Mal schwere Bomber gegen Japan eingesetzt werden konnten. Da für einen Luftangriff aber eine Strecke von 3000 Meilen geflogen werden musste, konnte für die Flugzeuge keine Deckung bereitgestellt werden. Die Boing B-29 musste ihre Einsätze deshalb in maximaler Flughöhe durchführen und zugunsten von Treibstoff die Anzahl der mitgeführten Bomben reduzieren. Trotz dieser Maßnahme kam es zu vielen Unfällen. Die U-Boote übernahmen die Aufgabe von „Lebensrettern" indem sie sich entlang der Fluglinie positionierten um die Piloten aufzunehmen, die auf dem langen Heimweg im Wasser notlanden mussten.

Bis auf diese Monate, in denen einige U-Boote zur Unterstützung größerer Operationen abgezweigt wurden, überschritt der japanische Verlust an Handelsschiffen 200 000 BRT. Auf Grund der Ölknappheit setzten sie den Schwerpunkt auf den Erhalt von Tankern. Dies geschah auf Kosten des Transports von anderweitigen Gütern und Personen. Auch die japanische Kaiserliche Kriegsmarine wurde 1944 durch patrouillierende U-Boote in Mitleidenschaft gezogen – sie verlor dadurch einen Schlachtkreuzer, sieben Flugzeugträger und neun Kreuzer.

Als sich der Kreis um Japan immer enger zog, wurden auch Flugzeugträger in dem Gebiet eingesetzt, das bis dahin allein den U-Booten vorbehalten gewesen war. In China stationierte Aufklärungsflugzeuge hatten sich stets als wertvoll erwiesen wenn es darum ging, Konvois auf abgelegenen Routen ausfindig zu machen. Ende 1944 starteten diese Flugzeuge auch von den Philippinen. Die Schiffe der Japaner hielten sich in küstennahen Gewässern auf und fuhren durch das seichte Wasser von einem Zufluchtsort zum anderen. Flugzeuge mit großer Reichweite schossen auf bewegliche Objekte und die amerikanischen Kapitäne merkten sehr bald, dass es besser war sofort zu tauchen, wenn ihr Radar die Nähe von Flugzeugen anzeigte.

Japan kompensierte seine Tankertonnage in übersteigertem Maße und schuf damit eine größere Kapazität als das Land angesichts solch heftiger gegnerischer Angriffe nutzen konnte. Da

Unten: Die USS *Torsk*, hier im Jahre 1952, versenkte einen Tag vor der Kapitulation noch ein japanisches Schiff. Japan hatte 4,8 Millionen Tonnen an Schiffen verloren, und die verbleibenden Handelsschiffe waren entweder reparaturbedürftig oder lagen in weit entfernten Häfen.

Oben: Die britischen Zwerg-U-Boote, die X-crafts, griffen im Juli 1945 in der Straße von Dschahor zwei japanische Kreuzer an, wobei sie die *Takao* versenkten und zwei „Victoria Cross" erhielten. Andere X-crafts kappten unter Wasser die Telefonleitungen zwischen Singapur, Hong Kong und Tokio.

großer Mangel an Stapelware herrschte, begann man den Schiffsbestand wieder auf Trockenfracht umzustellen. Anfang 1945 ereilten sie zwei Konvoi-Katastrophen, bei denen sie einmal 17 von 20 Schiffen und das zweite Mal 9 von 10 Schiffen verloren.

Im März 1945 liefen von Singapur keine Konvois mehr aus, das Südchinesische Meer war größtenteils aufgegeben. Da Japan den Krieg hauptsächlich wegen einer zukünftigen besseren Rohstoffversorgung begonnen hatte, war dies von bezeichnender Bedeutung.

Im Verlauf des Jahres 1945 nahm die Zahl der Versenkungen drastisch ab. Die wenigen Schiffe die noch unterwegs waren, transportierten nur kleine Ladungen mit den wichtigsten Gütern für eine demoralisierte Bevölkerung, deren Rationen jeden Tag weiter gekürzt wurden. Der Staat war mehr mit Überleben als mit Krieg führen beschäftigt, und als die feindlichen B-29 erst darangingen, die Häfen mit Minen zu übersäen, war Japan völlig blockiert. Der Abwurf der Atombomben beschleunigte

dann nur noch die Erkenntnis des Oberkommandos, dass man sich dem Unvermeidlichen fügen müsse.

Das Konvoiprinzip, das die Briten zweimal vor einer Niederlage bewahrt hatte, zeigte bei den Japanern keinen Erfolg. Ihr „offensiver" Kriegsethos räumte „defensiven" Maßnahmen wie dem Schutz der Handelsschiffe nicht die Bedeutung ein, die sie eigentlich verdienten. Zum Zeitpunkt der Kapitulation im August 1945 umfasste der Bestand an Schiffen noch 1,6 Millionen BRT, von denen allerdings beinahe eine Million dringend reparaturbedürftig und der Rest in weit abgelegenen Häfen untergebracht war.

Zu Anfang des Krieges waren die U-Boote schlicht und einfach das einzige Mittel gewesen mit dem die Vereinigten Staaten sich gegen die japanischen Militärs zur Wehr setzen konnten. Nach und nach waren sie zu einer ernst zu nehmenden Waffe der Vergeltung geworden. Die Versenkung von beinahe 4,8 Millionen BRT war vielleicht der bedeutendste der Beiträge, die schließlich zur Bezwingung des Feindes führten. Alle Ursachen zusammengenommen verlor die U-Boot-Streitkraft nur 52 Boote.

Die versenkte Tonnage durch die deutsche Marine war um einiges höher als die, die sich bei einer nachträglichen Aufstellung ergab, weil die Schiffe der Alliierten in der Regel größer waren.

Kapitel 4 – Amphibische Kriegsführung

Das Ende der Operationen um Dünkirchen im Juni 1940 verschloss den Briten das Tor zu Westeuropa. Ihre Vertreibung von Kreta 1941 kapselte sie endgültig ab. In dieser Zeit, in der die Nation in erster Linie um das nackte Überleben kämpfte, bombardierte Premierminister Churchill dennoch den Oberbefehlshaber des Imperial General Staffs mit Entwürfen, die sich mit der Weiterentwicklung von speziellen Schiffen beschäftigten, die Truppen und Fahrzeuge an einer feindlichen Küste absetzen könnten. Churchills direkte Absicht war es, den Feind durch Überfälle aus dem Gleichgewicht zu bringen, sein Endziel lag jedoch in der Befreiung ganz Europas. Gleich, ob dieses Ziel durch eine Überquerung des Kanals oder des weiten Mittelmeers zu erreichen wäre – eine völlig neue Form der Kriegsführung war gefragt.

Die wenigen Kräfte, die abgezweigt werden konnten, wurden zur Untersuchung der Probleme verwendet, die sich bei kombinierten Operationen, der Einführung von Truppen über besetzte Küstengebiete, deren Erhalt und, wenn nötig, deren Bergung stellten.

Es zeigte sich, dass diese Bemühungen nicht umsonst gewesen waren als Japan im Dezember 1941 den lange angedrohten Feldzug im Pazifik begann. In nur vier Monaten entstand ein ausgedehntes Inselreich, das, wie verschiedene amerikanische Kriegsvoraussagen schon befürchtet hatten, auch die Philippinen und Guam umfasste. Die Vereinigten Staaten forderten nichts anderes als den totalen Sieg über Japan. Doch die Route über den riesigen Westpazifik bis zu den Heimatinseln des Feindes war gespickt mit kleinen Inselgruppen, auf denen nun die Japaner starke Garnisonen und Luftstützpunkte errichtet hatten. Bereits im Frühling des Jahres 1942 hatten die USA mit den selben Problemen zu kämpfen wie die Briten, allerdings in weitaus größerem Ausmaß.

Die Schlachten, die Deutschland und Japan in den ersten Jahren des Zweiten Weltkriegs gewannen zeigten, dass ein Sieg der Alliierten von der amphibischen Kriegsführung abhing. Für die Befreiung Europas musste Hitlers „Atlantikwall" durchbrochen werden. Um Japans Inselreich zu Fall zu bringen, war eine neue Generation spezialisierter Kriegsschiffe und Strategien notwendig. Hier sieht man US-Truppen der 31. Infanteriedivision, wie sie von Infanterie-Landungsbooten aus an den Strand der Insel Morotai waten.

Die Anfänge der amphibischen Kriegsführung

Die Fortschritte in den Jahren zwischen den Kriegen waren von der bitteren Erfahrung in Gallipoli überschattet, dem traurigen Beispiel, das die Unzulänglichkeit einiger weniger Befehlshaber den Mut und die Opferbereitschaft von Tausenden kosten kann. Diese Operation galt weithin als der Beweis dafür, dass ein Angriff über eine nicht befestigte Küste unmöglich war. Weitsichtigere Beobachter erkannten jedoch, welche Punkte für ein erfolgreiches Gelingen noch verbessert werden mussten: Die Befehlshaber der an einem amphibischen Angriff beteiligten Streitkräfte brauchten eindeutig ein gemeinsames Ziel, zusammen mit einer im Vorfeld abgesprochenen Strategie, auf die sie zurückgreifen konnten. Die Stärken und Schwächen der feindlichen Verteidigung mussten vorher eingeschätzt und die dafür angemessenen Streitkräfte aufgestellt werden. Jedem Gegenstand und der gesamten Truppe musste der genaue Platz zugewiesen werden; es war schlicht und einfach nicht damit getan, Truppen und Kampftechnik an einem Strand abzusetzen und zu erwarten, dass sich unter Beschuss alles von selbst regeln würde. Als letzter Punkt schließlich sollte der Trumpf des Überraschungsangriffs ausgespielt und der einmal entstandene Vorsprung nicht wieder abgegeben werden.

Oben: Die Einstellung der Briten in Bezug auf amphibische Kriegsführung war von dem Gespenst der Schlacht bei Gallipoli überschattet. Die Versuche, mit Kriegsschiffen in die Seestraßen einzudringen, hatte schwere Verluste zur Folge. Zu diesen zählt auch das französische Kriegsschiff *Bouvet*, das hier in den Fluten versinkt. Die Landung von Bodentruppen führte zu einer blutigen Niederlage.

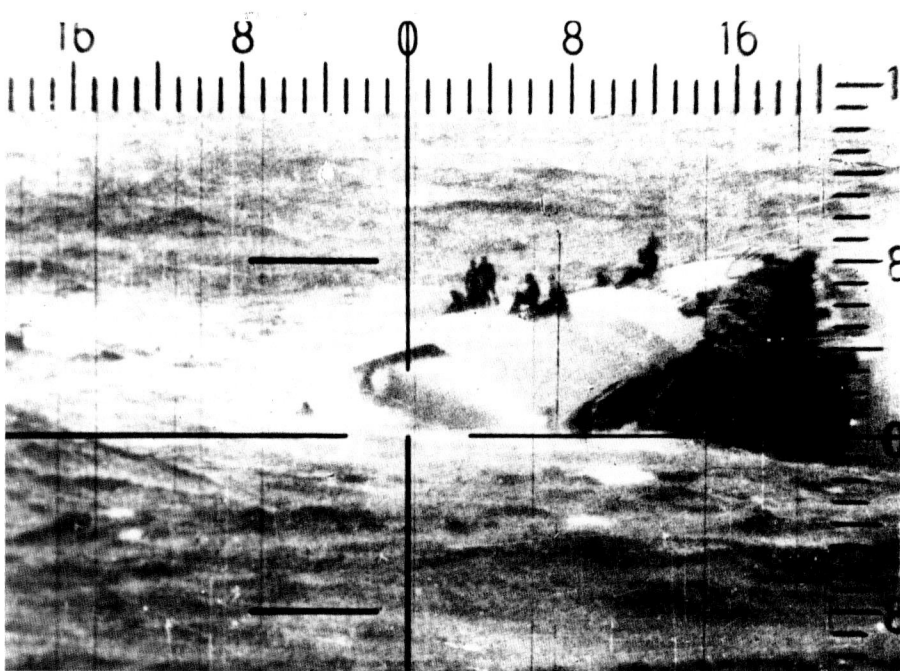

Die USA – amphibische Operationen vor dem Krieg

Das Marinekorps der Vereinigten Staaten wurde während des Ersten Weltkriegs stark vergrößert und seine Aufgabe als Basisverteidigung dahin gehend erweitert, dass es nun auch als Eliteinfanterie agieren sollte. Dadurch verschwammen die Grenzen zwischen Marine und Armee und die auf den Krieg folgenden radikalen Kürzungen in der Verteidigung stellten das Weiterbestehen der Seemacht in Frage. Der 1921 als Marineexpeditionskorps bezeichneten Streitkraft fehlte nach wie vor ein klar definierter Aufgabenbereich.

Zu Japans Errungenschaften aus dem Ersten Weltkrieg zählte u. a. ein Mandat über große Teile des Westpazifiks. Amerikanische Strategen rechneten mit dem Auftreten eines Interessenkonflikts und begannen mit der Entwicklung einer Strategie gegen das expandierte japanische Reich.

Im Dienste der Marine stand zu dieser Zeit Leutnant Oberst Earl H. Ellis, dessen exzentrischer Charakter an Lorenz von Arabien erinnerte. Er hatte ein herausragendes Talent dafür, die Situation des Gegners zu analysieren und rasch eine Vorgehensweise für dessen Niederschlagung zu entwickeln. Ellis' umfassendes Einschätzungsvermögen einer Situation reichte von der Taktik bis zur Strategie, aber im persönlichen Umgang war er sehr eigen. Schon vor Ausbruch des Ersten Weltkriegs erahnte er Japans eigentliche Absichten und verfasste für die Vereinigten Staaten Thesen über die Notwendigkeit, einige Inseln in Mikronesien zu erobern, die bis 1915 unter deutscher Kontrolle war.

Als Repräsentant der amerikanischen Armee unternahm er ausgedehnte Reisen zu den Inseln im Westpazifik – eine Odyssee, die sogar von der obersten Führungsspitze akzeptiert wurde.

Bevor er 1923 unter mysteriösen Umständen auf den Karolinen umkam, unterbreitete er dem damaligen Kommandanten des Marinekorps, Generalmajor John A. Lejeune, eine Reihe von Plänen und Ratschlägen. Letzterer rief daraufhin das Korps wieder ins Leben und überzeugte den Kongress, dass es nicht nur als Basisverteidigung, sondern als Angriffsspitze bei dem Vormarsch über den Pazifik agieren sollte. Von da an waren die Begriffe „Marinekorps" und „amphibische Kriegsführung" praktisch untrennbar.

Links: Blick vom schweren Kreuzer *Hipper* auf den Zerstörer *Glowworm* während eines einseitigen Duells vor Norwegen. Nachdem die *Glowworm* alle Torpedos verbraucht hatte und ihr nur wenige Geschütze blieben, wendete sie um ihren Gegner zu rammen.

Oben: Blick von der *Hipper* auf sich an den Rumpf klammernde Überlebende der *Glowworm.* Als die Einzelheiten der Operation bekannt wurden, verlieh man Korvettenkapitän Roope posthum das Victoria Cross.

Obwohl Klauseln in den Verträgen von Washington jegliche Befestigung der Inseln im Westpazifik untersagten, setzte Japan sich über das Verbot hinweg und nährte damit die Befürchtungen der Amerikaner. Über Jahre hinweg konzentrierte das Marinekorps seine knappen Mittel auf kleinere Probelandungen in der Karibik um neue Techniken und die dazugehörige Ausrüstung zu entwickeln. Sie stellten sich als so nützlich heraus, dass die amphibische Kriegsführung der Marine 1927 schließlich als Teil der nationalen Militärpolitik angesehen wurde.

Die Marine war in die Expeditionskorps Ost und West aufgeteilt und vorgeblich sowohl an die Atlantik- als auch die Pazifikflotte geknüpft. Aber in der Praxis war sie hauptsächlich damit beschäftigt, Unruhen in der Karibik niederzuschlagen und die amerikanischen Interessen in einem vom Krieg zerrissenen China zu wahren. Durch eine Umorganisation im Jahre 1933 entstand die Fleet Marine Force mit atlantischen und pazifischen Einheiten vom Umfang einer Brigade. Jede dieser Einheiten beinhaltete ein so genanntes Schützenregiment, das sowohl von leichter Artillerie als auch von Hilfsdiensten – z. B. Ingenieure und medizinisch geschultes Personal – unterstützt wurde.

Um ihre Unabhängigkeit zu vervollkommnen, wurden die Brigaden zusätzlich mit leichten Panzern und Flugzeugen ausgestattet, deren Piloten sich auf das Bombardieren im Sturzflug und die Nahkampfunterstützung der Soldaten an Land spezialisierten.

Ein Team von Spezialisten wurde aufgestellt, das auf Grund von Ellis' umsichtigen Berichten mit der Entwicklung von Landungsfahrzeugen auf Ketten (LVT) begann, mit denen die küs-

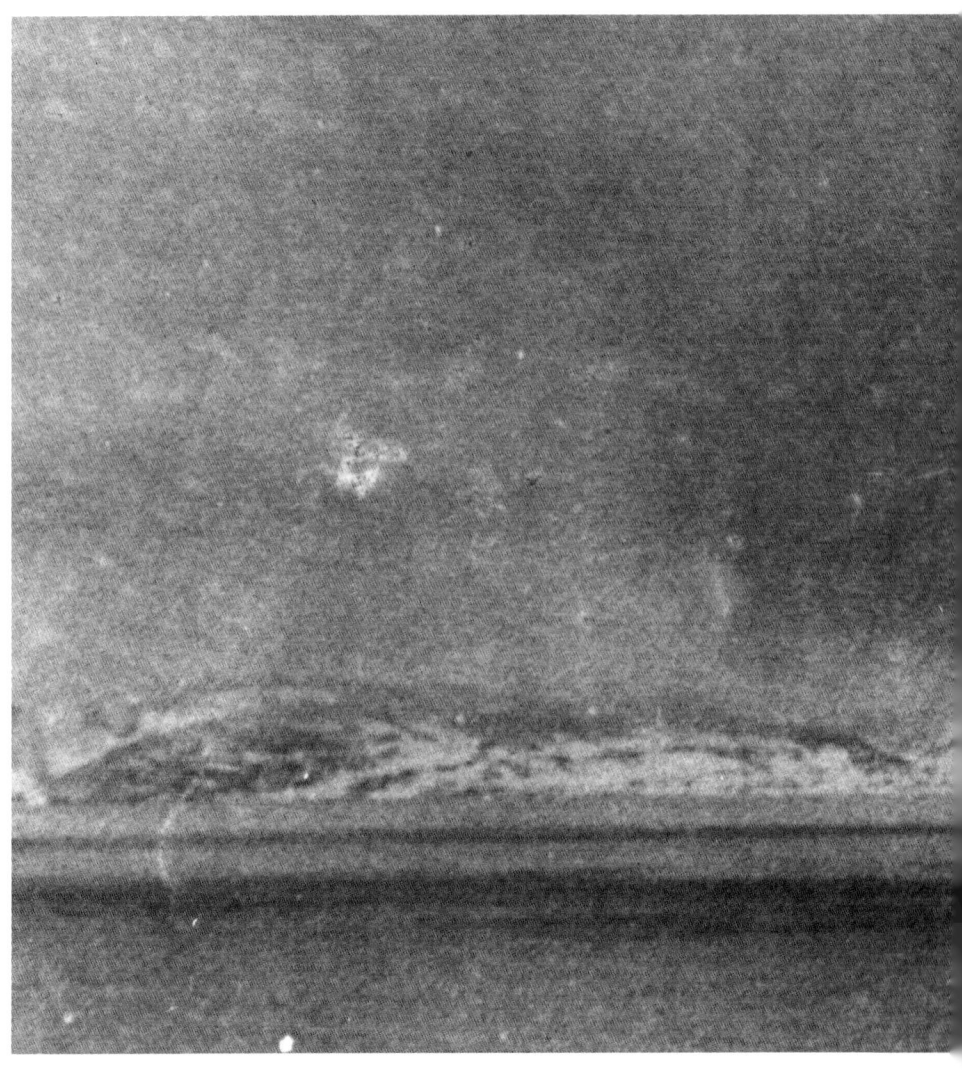

Oben: Der spektakulärste Verlust der deutschen Marine während der Invasion in Norwegen. Im Oslofjord wurde der schwere Kreuzer *Blücher* von einer norwegischen Torpedosalve getroffen und versenkt. Achtern befand sich die *Lützow*, deren vorderer Geschützturm von einer vom Land aus abgegebenen Salve abgeschossen wurde.

tennahen Riffe überwunden werden sollten, die alle potentiellen Objekte im Pazifik umgaben.

Das Jahr 1935 war bezeichnend. Zum einen wurde die erste bedeutende amphibische Übung auf Flottenbasis durchgeführt, zum anderen wurde das Vorläufige Handbuch für Landungsoperationen veröffentlicht. Dieses Werk beinhaltete die grundsätzliche Theorie einer völlig neuen Art der Kriegsführung. Der Schwerpunkt lag auf den wesentlichen Voraussetzungen für eine erfolgreiche Operation. Diese waren:

1. Organisation und Kommando

Die gesamte Formation, Angriffsstreitkraft der Marine genannt, sollte aus zwei Einheiten bestehen: der Angriffsgruppe der Fleet Marine Force und der Unterstützungsgruppe der Marine, deren Aufgabenbereich Begleitschutz und Feuerunterstützung umfasste. Die Befehlshaber jeder untergeordneten Einheit hatten direkt mit dem Kommandanten der Angriffsgruppe in Verbindung zu stehen, bis die Angriffsphase beendet und der Landekopf gesichert wäre. Der Befehlshaber der Fleet Marine Force sollte dann unabhängig operieren. Zu verantworten hatte er sich nur dem Befehlshaber des entsprechenden Gebiets.

2. Feuerunterstützung von See

Bevor die Truppen an Land gingen, musste die Verteidigung aufgeweicht werden. Die Feuerdeckung von See sollte auch während der Landung Unterstützung gewährleisten. Übungen hatten die Unerlässlichkeit einer Vorhut zur Aufklärung gezeigt. Sie sollte mit dem ersten Schwung an Land gesetzt werden um das Feuer von See zu den Zentren des Widerstandes und den schweren Waffen des Feindes zu lenken oder eventuelle Gegenangriffe

Links: Für das deutsche Zerstörer-Geschwader war Norwegen ein großes Unglück. Allein bei Narvik wurden zehn Zerstörer versenkt. Die *Erich Giese* (Foto) ging nach 21 Treffern in Flammen auf, die von dem Kriegsschiff *Warspitz* und dem Zerstörer *Beduin* abgefeuert wurden.

Oben: Ein britischer Zerstörer in Narvik nach den Einsätzen am 10. und 12. April. Dieser aggressive britische Gegenspieler versenkte die Hälfte der deutschen Zerstörer. Die deutsche Kriegsmarine hingegen feierte die Geschehnisse als einen heroischen Schlag gegen riesige Widerstände.

abzuwehren. Das bedeutete, das gefährlich nah an den eigenen Truppen geschossen werden würde. Deshalb wurden Marineoffiziere speziell für diesen Fall ausgebildet und zudem sollten sie mit Verbindungsoffizieren zusammen arbeiten. Die Kommunikationsmittel sollten widerstandsfähiger Art sein. Die hohe Geschwindigkeit des Seefeuers musste in Betracht gezogen werden: die damit verbundene flache Flugbahn bei kurzer Reichweite bedeutete, dass es für den Beschuss der abgewendeten Seite eines Hügels ungeeignet war.

3. Nahunterstützung aus der Luft

Die Flugzeuge als Ergänzung des Seefeuers mussten im Falle eines Mann-gegen-Mann-Kampfes zu Lande genauestens geführt werden. Marinepiloten zeigten sich für diese Aufgabe am Besten geeignet, weil sie die Schwierigkeiten zu Lande genau verstanden. Auch hier wurde auf die Dringlichkeit verlässlicher Kommunikationsmittel hingewiesen. Die Entfernungen, die bei dem Feldzug im Pazifik zurückgelegt werden mussten, übertrafen oft die Reichweite der landgestützten Luftstreitkräfte und anfänglich waren es die Piloten des Marinekorps nicht gewohnt, von Flugzeugträgern aus zu arbeiten. Dies musste geändert werden.

4. Schiff-Land-Bewegung

Das Handbuch hatte zwar die entscheidende Wichtigkeit eines schnellen und effektiven Transfers von Truppen und Kampf-

technik von einem Überseeschiff an den befestigten Strand erkannt, aber noch gab es keine praktische Lösung dafür. In den 9,75 Meter langen Higgins-Booten, die wie Dories an Bord eines Mutterschiffs untergebracht wurden, konnten bis zu 13 Soldaten landen. Frühere Modelle der bereits erwähnten Amphibienfahrzeuge (LVT) wurden ebenfalls auf ihre Tauglichkeit geprüft. Da das LTV seine Räder sowohl zur Fortbewegung im Wasser als auch zu Land nutzte, konnte es über die küstennahen Riffe fahren und über den Strand bis zur Baumgrenze gelangen. Dort konnten die Truppen besser geschützt aussteigen. Die als „Alligator" bekannten Amphibienfahrzeuge wurden bald aufs Engste mit dem Marinekorps in Verbindung gebracht, einzelne erhielten den Spitznamen „Gator". Ein Amphibienfahrzeug konnte zwar an Stelle von Truppen auch Lasten transportieren, war aber für diesen Zweck eher schlecht ausgestattet. Deshalb übernahmen die Amerikaner wo möglich die von den Briten entworfenen Landungsfahrzeuge, die bereits in den USA für die Briten hergestellt wurden.

5. Logistik

Das Handbuch empfahl, mit einem einzigen Transport eine Angriffseinheit von der Größe eines Bataillons mitsamt der Ausrüstung zu transportieren. In einer „Kampfladung" musste die Ausrüstung so gepackt werden, dass das Wichtigste zuerst ausgeladen werden konnte. Da dies bedeutete, dass schwere Waffen weit

Oben: Im 19. Jahrhundert wurden zu beinahe jedem Kolonialkrieg auch Seebrigaden herangezogen. 1914 stellte die Royal Navy eine improvisierte Division aus Bodentruppen zusammen um den belgischen Hafen Antwerpen zu verteidigen. An der Westfront blieben die Seestreitkräfte bis 1918.

Rechts: Ein von der Royal Navy geführter Panzerzug zur Verteidigung Antwerpens 1914. Die Luftstreitkräfte der Royal Navy stellten darüber hinaus Bodentruppen in Form eines Panzerverbandes bereit.

oben im Schiff gelagert wurden, zog es den Missmut der verantwortlichen Oberbefehlshaber nach sich. Bis zur Einführung des spezialisierten Angriffstransporters wurde viel improvisiert.

6. Sicherung des Landekopfes

Bis der Landekopf so weit aufgebaut war, dass er sich selbst versorgen und verteidigen konnte, war er auf Feuerunterstützung und logistische Hilfe von den Streitkräften auf See angewiesen. Allein für den Transport der doch erheblichen Menge an Versorgungsgütern war eine Einheit zu Wasser nötig, und eine weitere an Land um sie zu verteilen. Dies erforderte Personal, das speziell daraufhin geschult war, unter Beschuss zusammenzuarbeiten. In der Praxis übernahm der Befehlshaber der Landgruppe die Kontrolle, während ein auf See stationierter Zuständiger ihm Bericht erstattete.

1937 erschien das Vorläufige Handbuch für Landungsoperationen, ergänzt mit den bis dahin erlangten Erfahrungen, erneut. Nun wurde es Doktrin für Landungsoperationen genannt und galt als die „Bibel" für Operationen im Zweiten Weltkrieg. 1940 schließlich hatten die Amerikaner die Prinzipien der amphibischen Kriegsführung nicht nur formuliert, sondern auch genau so geübt wie es die schmale Finanzierung in Friedenszeiten nur zuließ. Die 27-monatige Schonzeit vom September 1939 bis Dezember 1941 ermöglichte eine grundsätzliche Aufstockung der anfänglich schmalen Basis, allerdings war dies nur eines von vielen wichtigen Programmen.

Entwicklungen in Großbritannien

Die Verwaltung und Kontrolle eines großen Reiches zwang die Briten oftmals Truppen zu politischen Krisenherden zu transportieren. Die ersten britischen Marineverbände entstanden während der Holländischen Kriege im 17. Jh. In der Folgezeit hing ihre Stärke vom Schicksal der Royal Navy ab. Marinetruppen dienten entweder als Infanteristen oder Artilleristen. Zur Zeit des Pax Britannica wurden auch Blaujacken in die militärischen Künste eingewiesen und ein Kriegsschiff sollte fähig sein, eine unabhängige Seebrigade von etwa 400 Mann zu unterhalten. Was die Intervention an Küsten betraf, so konnten die Seebrigaden auf eine lange, glorreiche Vergangenheit zurückblicken.

Vor Ausbruch des Ersten Weltkriegs wurde eine komplette Marinedivision mit einer Brigade Marineinfanteristen und zwei weiteren Brigaden Matrosen erstellt. Die Aufgaben der ausschließlich aus Reservisten bestehenden Einheit waren „die Verteidigung des Vaterlandes oder spezielle Einsätze wie z. B. die Eroberung eines vorgerückten Marinestützpunktes". Ihr Aufgabenbereich war damit dem des amerikanischen Marinekorps sehr ähnlich, bis sie 1914 dem unterbesetzten britischen Expeditionskorps in Frankreich angegliedert wurde.

Die Schlacht bei Gallipoli, an der ein großer Teil der Marinedivision teilgenommen hatte, galt als die erste größere amphibische Operation des modernen Zeitalters. Gleichzeitig lieferte der Erste Weltkrieg jedoch auch Beispiele für jene andere Art

des kombinierten Angriffs: den Überfall. Zeebrugge war ein gutes Beispiel für das, was beinahe als Spezialität der Briten bezeichnet werden könnte. Überfälle unterscheiden sich insofern von Expeditionen, als ihr Ziel klarer gefasst ist und die Streitkraft sich zurückzieht, sobald es erreicht ist.

Jenes umstrittene Genie, Admiral Sir John („Jacky") Fisher, trat als Oberster Seelord für die Landung einer Armee an der Küste Pommerns, nur 80 Meilen von Berlin entfernt, ein. Mit diesem gewagten Schritt hätte die festgefahrene westliche Front umgangen, die Hauptstadt direkt erreicht und der Krieg somit früher beendet werden können. Aber der Plan war zu radikal für die derzeitige Militärführung, so dass er von vornherein ein tot geborenes Kind war. Fisher hatte jedenfalls die

Notwendigkeit von spezialisierten Schiffen schon erkannt. Auf sein Geheiß wurden die Superkreuzer der Couragous-Klasse mit nur leichtem Tiefgang, die „Blechhülsen" mit ihren 15-Zoll-Geschützen für die Feuernahunterstützung, sowie eine Reihe flacher Fahrzeuge für den Truppentransport gebaut. Diese offiziell als X-und Y-Typ bezeichneten Motorleichter waren im Volksmund als „Käfer" bekannt.

Um eine Wiederholung von Gallipoli zu vermeiden versuchten die Briten nach dem Krieg, ihre Organisation zu verbessern. Eine Übung im Jahre 1924 simulierte einen Angriff Japans auf Singapur – in Bezug auf die Spannung zwischen den Vereinigten Staaten und Japan erscheint das bemerkenswert. Die Notwendigkeit von speziellen Truppentransportern stellte sich rasch heraus. Sie sollten dergestalt sein, dass die Angriffsschiffe, die die Männer an Strand bringen sollten, über einen Davit ins Wasser gelassen werden konnten. Als ebenso wichtig galten spezialisierte Boote, die Truppen und Fahrzeuge direkt über den Strand bringen konnten.

Ein übergreifendes Komitee aus Mitgliedern aller drei Bereiche und dem damaligen Handelsministerium wurde eingerichtet. Seine Aufgabe war es, Beschaffenheit und Anzahl der für eine Landung nötigen Fahrzeuge zu evaluieren und Probeprogramme für deren Produktion zu erstellen.

Innerhalb von zwei Jahren wurde das erste Motorlandungsboot gebaut. Dieses 16-Tonnen-Leichtgewicht besaß die Merkmale, die später den Standard ausmachen sollten, u. a. eine Vorderrampe und eine doppelte Beplattung. Der für eine leise Fortbewegung konzipierte Strahlantrieb erwies sich allerdings als zu schwach und der völlig flache Rumpf erforderte Bug- und Heckkrümmungen um das erneute Flottmachen zu erleichtern.

Im Jahr 1929 war das Komitee bei der Spezialisierung und Beschaffung des prototypischen Motorlandungsbootes MLC 10 angelangt, eine ausgebaute Version, die ein 12-Tonnen-Fahrzeug über 250 Meilen transportieren konnte. Von diesem Typ wurden zehn Fahrzeuge mit jeweils leicht unterschiedlichen

Spezialisierungen gebaut, die in den 30-iger Jahren viele nützliche Übungen ermöglichten. Da das Komitee sich als wertvoll erwiesen hatte, wurde es 1938 zu einem übergreifenden Ausbildungs- und Entwicklungszentrum ausgebaut. Es brachte das Sturmlandungsboot (LCA) hervor, das, um es auch von Standard-Davits zu Wasser lassen zu können, nur zehn Tonnen wog, aber trotzdem einen voll ausgerüsteten Infanteriezug beherbergen konnte. Die Serienproduktion dieses Angriffs-Landungsbootes lief 1940 an.

Ein schwerwiegender Fehler des Norwegenfeldzugs 1940 war, dass die Befehlshaber der einzelnen Einheiten kompromisslos individuell vorgingen. Dieser katastrophale Feldzug hatte u. a. den Verlust der meisten bis dahin gebauten Angriffsfahrzeuge zur Folge.

Beachtenswert ist die Tatsache, dass die Amerikaner in den Jahren zwischen den Kriegen die Doktrin für amphibische Kriegsführung entwickelten, während die Briten sich auf die notwendigen Fahrzeuge konzentrierten.

Ein Bereich, dem die Amerikaner nur geringe Aufmerksamkeit gewidmet hatten war die Überfahrt, die einer Landung meist vorausging. Die Briten hatten in Bezug auf dieses Thema zwei große Kategorien unterschieden: das „Landungsfahrzeug", für Schiff-Land-Bewegungen und kurze Fahrten auf offener See und das „Landungsschiff", das sich für lange Überfahrten eignete, jedoch zu groß war um den Strand einzunehmen. Die Grenze zwischen diesen beiden Kategorien sollte nach und nach verschwimmen.

Im September 1939 hatten sowohl die Amerikaner als auch die Briten ihre eigene Doktrin (wenn auch nicht unbedingt die notwendigen Mittel) zur amphibischen Kriegsführung entwickelt. Die Briten hielten das Überraschungsmoment für wichtig und setzten den Schwerpunkt auf nächtliche Angriffe. Die Amerikaner hingegen nahmen an, dass die lange Anfahrt über den Pazifik sowieso nicht unentdeckt bleiben würde und zogen einen Angriff bei Tage vor, dem ein Bombardement vorausgehen sollte. Die Amerikaner hatten den Wert von Nahunterstützung aus der Luft, wenn nicht anders möglich von Flugzeugträgern aus gestartet, bereits erkannt. Darin hatten sie den Briten einiges voraus.

Die amphibische Kriegsführung Deutschlands und Japans

Obwohl die beiden wichtigsten Alliierten das umfangreiche Wissen zur amphibischen Kriegsführung besaßen, waren auch andere Länder nicht völlig ohne Kenntnisse. Japans militärische Abenteuer in den 30-iger Jahren bedeuteten die Ausweitung der Macht über ein beeindruckend großes Gebiet, woraufhin dort bereits 1934 das erste spezialisierte Infanterie-Landungsschiff der Welt entstand. Der 9000-Tonner *Shinshu Maru* konnte mittels eines Schienentransports über das Heck bis zu 20 bereits beladene Daihatsu-Fahrzeuge ausschiffen. Diese konnten dann aufs Neue mit Ladung von der Größe eines leichten Panzers bestückt und schließlich von den schiffseigenen Kränen zurückgeholt werden. Eine beachtliche Anzahl von Wasserflugzeugen fanden darauf ebenfalls Platz. Darüber hinaus wurden sieben Frachtliner umgebaut. Auch während des Krieges im Pazifik baute Japan viele spezialisierte Landungsfahrzeuge, einige davon selbst entworfen, andere an westlichen Modellen orientiert.

Das deutsche Interesse an amphibischer Kriegsführung war anfänglich auf das Überqueren größerer Flüsse beschränkt. Erst als nach Dünkirchen klar wurde, dass Großbritannien keine Verhandlungsbasis suchen würde und das deutsche Oberkommando begann sich ernsthaft mit einer Invasion feindlicher Gewässer auseinander zu setzen. Doch eine weitere Grundvoraussetzung, die Überlegenheit in der Luft, wurde in der Schlacht um England unmöglich gemacht, wodurch das Vorhaben schon in den Anfängen stecken blieb.

Im April 1940 hatte Deutschland die Kühnheit und den Willen besessen, Norwegen und Dänemark zu erobern. Dieses Vorhaben war eine kombinierte Operation, für die praktisch die gesamte deutsche Flotte mobilisiert wurde um in beiden Län-

Oben: Als im Juni 1940 die letzten britischen Truppen aus Frankreich evakuiert werden mussten, drehten sich die Spezifizierungen hauptsächlich um ein Landungsfahrzeug, das Panzer an einem Strand absetzen konnte. Bis zum Jahresende waren die ersten Panzer-Landungsboote fertig gestellt. Das hier gezeigte Mk4 war das erste Schiff mit einem Panzerdeck über der Wasserlinie.

Links: Die *Thruster* war eines der vier bei Harland & Wolff in Auftrag gegebenen Panzer-Landungsfahrzeuge. Die Bugrampe ließ sich 440 Meter ausfahren um mittlere Panzer aufzunehmen – die maximale Ladekapazität lag bei 13 Panzern.

Rechts: April 1940: Deutsche Soldaten landen in Oslo. Damit beginnt die rasche Eroberung Norwegens.

Shinshu Maru – technische Daten

Wasserverdrängung:	9000 t Standard
Abmessungen:	150 m × 22 m × 8,16 m
Antrieb:	zwei Turbinen mit 8000 PS
Höchstgeschwindigkeit:	19 Knoten

Bewaffnung:	bis zu 8 × 76-mm-Flak,
	20 Landungsboote,
	20 Flugzeuge

Die *Shinshu Maru* war das erste speziell zur Anlandung gebaute Schiff der Welt. Sie wurde für die japanische Marine gebaut, lief 1935 vom Stapel und beförderte 20 Amphibienfahrzeuge, die mittels Heckklappen ausgesetzt werden konnten. Während der Invasion in Java im März 1942 wurde sie von einem defekten Torpedo eines japanischen Zerstörers versenkt. Daraufhin wurde sie gehoben und repariert, 1945 jedoch vor Formosa von einem amerikanischen Flugzeug erneut versenkt.

dern an Schlüsselpositionen Abteilungen zu landen, aber dies geschah an normalen Kais.

Die Russen hatten im Ersten Weltkrieg an der Küste Anatoliens erfolgreich eine Kombination aus Militärstreitkräften und der Flotte des Schwarzen Meeres eingesetzt. Dieser viel versprechende Anfang kam jedoch durch die Veränderungen nach der Revolution von 1917 schon wieder zu einem Ende. Die nach 1917 entstandene Sowjetunion hatte so viele innenpolitische Probleme, dass militärische Abenteuer im Ausland keinen Platz mehr hatten. Militärische Übungen beschränkten sich auf die Abwehr eines Einfalls über die Küste, wahrscheinlich in Erinnerung an die amphibischen Operationen der Alliierten im Zuge des misslungenen Feldzugs gegen den Bolschewismus im Jahre 1919. Dennoch waren ausgeführte Flankeneinfälle vom Meer aus im Zweiten Weltkrieg ein Kennzeichen sowjetischer Kriegsführung.

Amphibische Operationen der Briten

Premierminister Churchill begann früh ein so genanntes „System des Gegenangriffs" zu schaffen. Er richtete eine Zentrale für kombinierte Operationen ein, die anfangs von dem altgedienten Flottenadmiral Sir Roger Keyes geleitet wurde. Ihre Aufgabe war es, eine Reihe von Überfällen auf Kontinentaleuropa zu landen, die Besatzungsmacht in Schach zu halten und Erfahrungen für „Den Tag" zu sammeln. Die Hoffnung war, durch Festnahmen übergroße feindliche Garnisonen einnehmen zu können. Deren dadurch entstehende Inaktivität würde außerdem der Moral einen gewaltigen Schub geben.

Zehn Kompanien, zuerst „Angriffskompanien", dann „Kommandos" genannt, wurden aus der Königlichen Marine und der Armee rekrutiert. Für den Transport dieser Einheiten wurden ausgesuchte schnelle Handelsschiffe umgebaut. Sie sollten von ihren Davits aus auch die Sturmlandungsboote aussetzen können. Größere Modelle konnten sogar ihre normalen Ladevorrichtungen nutzen um Mittlere Landungsboote (Landing Craft, mechanised, kurz LCM) auszusetzen und einzuholen. Diese Fahrzeuge waren direkte Nachfolger der vor dem Krieg entwickelten ALC 1- und ALC 10-Klasse. Die wenigen, ausgesprochen wertvollen Schiffe dieses Typs wurden als (große) Infanterie-Landungsschiffe (Landing Ships, Infantry (Large),

Rechts: Das 1943 entwickelte Mittlere Landungsboot war ein seetüchtiges Schiff, das fünf mittlere Panzer oder bis zu neun DUKW-Amphibienfahrzeuge transportieren konnte. Mehr als 500 dieser Boote wurden in Auftrag gegeben. Bei den US-Landungen im Pazifik 1944 – 45 spielten sie eine Schlüsselrolle.

Unten: Die *Abercrombie* (Foto) wurde von einer Mine vor Salerno beschädigt, aber ihr Schwesterschiff *Roberts* war von der Normandie bis Walcheren im Dienst.

kurz LSI (L)) bezeichnet. Die bekanntesten waren die großen Glenn Line-Umbauten. Die schnellen Postschiffe, die einst über den Kanal gefahren waren, wurden zu kleinen oder mittleren Infanterie-Landungsschiffen umgebaut. Sie waren zwar handlich und verfügten über reichlich Platz zur Unterbringung der Truppen, eigneten sich jedoch nicht für schwere Fracht und neigten, wenn mit den zugehörigen Sturmlandungsbooten bestückt, zur Instabilität.

Für Operationen, die den Transfer von schweren Gütern, Panzern oder Artillerie erforderten, musste also ein anderes Transportmittel eingesetzt werden. Deshalb wurden einige Zugfähren und Tanker zum Transport von Mittleren Landungsbooten umgebaut, die über eine Rutsche am Heck oder über schwere Portale ins Wasser gelangten. Diese Schiffe stellten den Vorgänger des Docklandungsschiffes (Landing Ship, Dock, kurz LSD) dar. Doch das nur vorweg.

Am 3. März 1941 wurde der erste Überfall durchgeführt. Sein Ziel war die Fischverarbeitungsanlage auf den norwegischen Lofoten. Im Einsatz waren zwei mittlere Infanterie-Landungsschiffe mit einem Dutzend Sturmlandungsbooten und 500 Kommandos. Die Homefleet stellte sowohl Nah- als Ferneskorten für diesen so umfangreichen Schlag zur Verfügung. In nur sechs Stunden an Land zerstörten die Eindringlinge ihr Ziel, versenkten sieben feindliche Handelsschiffe und kehrten wohlbehalten mit mehr als 200 Gefangenen und 300 norwegischen Freiwilligen zurück.

Im selben Jahr fand ein weiterer, vergleichbarer Überfall auf Vaagsö statt, nach dem Hitler endgültig überzeugt war, dass die eigentliche Absicht der Alliierten die Invasion Norwegens sei. Daraufhin wurden starke deutsche Streitkräfte entsandt, die das Land garnisonieren sollten – sie wurden nicht einmal abgezogen, als der Soldatenmangel der Deutschen seinen Höhepunkt erreichte.

Im Sommer 1941 erkämpften sich Streitkräfte Großbritanniens und des Commonwealth trotz des starken Widerstandes der französischen Vichy-Truppen die Kontrolle über Syrien. Der Vorstoß, entlang der Küste Richtung Norden, wurde mit Hilfe eines (großen) Infanterie-Landungsschiffes durchgeführt, das hinter den französischen Linien ein Kommando zur Eroberung der Furten des Flusses Litani aussetzte. Für eine Streitmacht, die den Vorteil der Seekontrolle genoss, war dies eigentlich ein klassischer Zug, und doch kostete die Anlandung schwere Verluste auf beiden Seiten.

(großes) Infanterie-Landungsboot, technische Daten

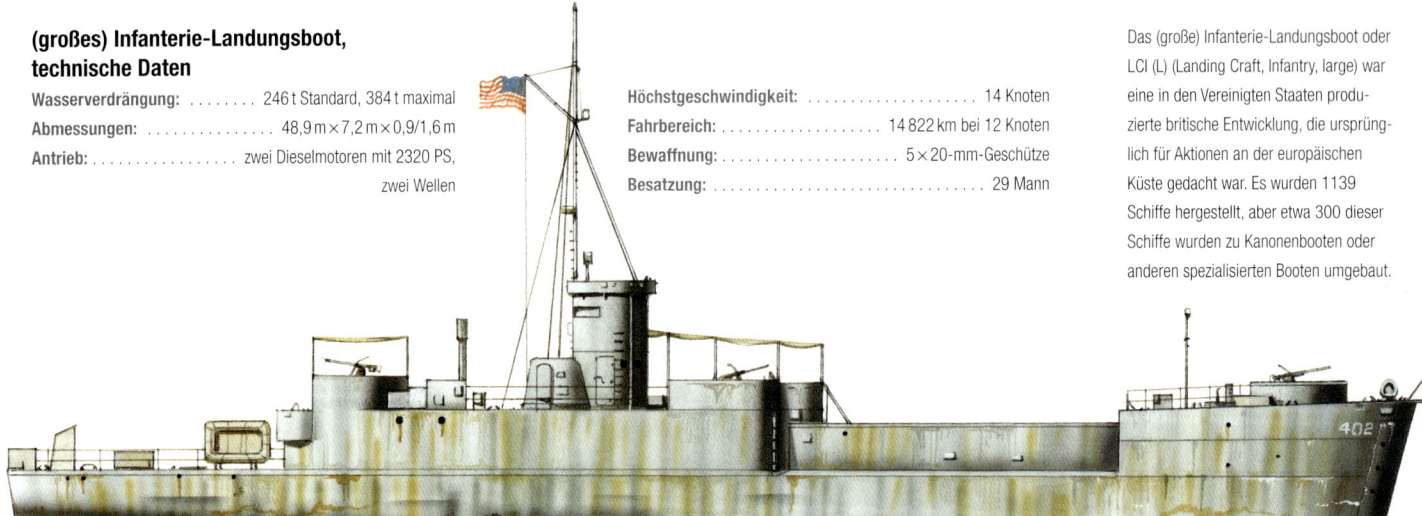

Wasserverdrängung:	246 t Standard, 384 t maximal	Höchstgeschwindigkeit:	14 Knoten
Abmessungen:	48,9 m × 7,2 m × 0,9/1,6 m	Fahrbereich:	14 822 km bei 12 Knoten
Antrieb:	zwei Dieselmotoren mit 2320 PS, zwei Wellen	Bewaffnung:	5 × 20-mm-Geschütze
		Besatzung:	29 Mann

Das (große) Infanterie-Landungsboot oder LCI (L) (Landing Craft, Infantry, large) war eine in den Vereinigten Staaten produzierte britische Entwicklung, die ursprünglich für Aktionen an der europäischen Küste gedacht war. Es wurden 1139 Schiffe hergestellt, aber etwa 300 dieser Schiffe wurden zu Kanonenbooten oder anderen spezialisierten Booten umgebaut.

Die Briten brachten den Feind weiterhin mit plötzlichen Einfällen wie den in St. Nazaire (um das einzige Trockendock im Atlantik zu zerstören, an dem das deutsche Schlachtschiff *Tirpitz* anlegen konnte) oder Bruneval (wo sie die brandneue deutsche Radaranlage an sich rissen) aus dem Gleichgewicht. Um in einem Gegenangriff jedoch dauerhafte Vorteile zu gewinnen, waren anspruchsvollere Techniken gefragt.

Um diese zu erproben, bot sich im Mai 1942 die Insel Madagaskar an. Sie war von den Vichy-Franzosen besetzt, aber da die Japaner ungehindert im Pazifik umherstreiften, hielt sich die Befürchtung, dass die Franzosen sich freiwillig, wie in Indochina, ergeben könnten und den Japanern somit einen Stützpunkt im Indischen Ozean verschaffen würden. Die Operation „Ironclad", deren Ziel die Sicherung von Schlüsselpositionen um die Hauptstadt Diego Suarez war, beanspruchte die noch wenig entwickelten planerischen Fähigkeiten bis aufs Äußerste. Da Großbritannien ca. 9000 Meilen entfernt war, musste die Operation von Südafrika aus geführt werden. Dafür waren fünf (große) Infanterie-Landungsboote nötig. Diese Fahrzeuge, ihre Mutterschiffe (die auch Transportfahrzeuge übersetzten), einige Tanker und ein Lazarettschiff brachen in drei Konvois organisiert auf. Der Begleitschutz wurde aus der Mittelmeer- und der Östlichen Flotte sowie einigen kleineren, bereits am Kap stationierten Verbänden gestellt. Die dabei angewandte Genauigkeit zeigte, dass die Briten aus ihrer misslungenen Operation im September 1941 gelernt hatten. Damals hatten sie versucht, Streitkräfte der Frei-Franzosen in Dakar, Senegal, zu landen, aber die Vichy-Franzosen hat-

Die Panzer-Landungsboote sollten Panzerwagen von den Panzer-Landungsschiffen ans Ufer bringen, falls letztere nicht bis an den Strand gelangen konnten. Sie waren als „drive throughs" gebaut, so dass sie als Brücke zwischen den Panzer-Landungsschiffen und dem Strand fungierten.

Panzer-Landungsboot LCT (7)

Wasserverdrängung:	513 t Standard, 900 t maximal
Abmessungen:	62 m × 10,4 m × 1,0/2,1 m
Antrieb:	2 Dieselmotoren mit 2800 PS, zwei Wellen
Höchstgeschwindigkeit:	13 Knoten
Fahrbereich:	6486 km bei 11 Knoten
Bewaffnung:	4 × 40-mm-Geschütze und 6 × 20-mm-Geschütze
Besatzung:	52 Mann

Links: Das große Infanterie-Landungsschiff *Glenroy* der Glenn-Klasse. Sie beförderten 24 Angriffs-Landungsfahrzeuge (LCA) und drei mittlere Panzergrenadier-Landungsfahrzeuge (LCM) mit 1100 Infanteriesoldaten. Bewaffnet waren sie mit sechs 101-mm-Gewehren.

Oben: Das US-Panzer-Landungsschiff LST-289 im April 1944 in Dartmouth, nach einer vorbereitenden Invasionsübung für die Landung in der Normandie. Vor Slapton Sands wurde sie von deutschen S-Booten angegriffen.

ten den Angriff erfolgreich abgewehrt. In Madagaskar übernahmen ausschließlich die Streitkräfte aus Großbritannien und dem Commonwealth die militärische Führung.

Der erste Angriff war gewagt: die Landung fand nachts in einer mit Riffen übersäten Bucht statt, die noch überwacht und nach Minen abgesucht wurde, als schon der erste Schwung nachfolgte. Durch diese Landung aber war es nun möglich, Diego Suarez von der Rückseite anzugreifen. Bei Sonnenaufgang nahmen Flugzeuge einen Angriff auf französische Flug-

plätze und Schiffe vor. Bereits am Nachmittag des ersten Tages hatte die von einem Kommando geführte Armee die Hauptstadt unter Kontrolle. Nur der auf einer geschützten Halbinsel gelegene Marinestützpunkt Antsirane hielt noch Stand, kapitulierte jedoch nach einem gewagten Vorstoß eines einzelnen Zerstörers, der dem Küstenfeuer ausgewichen war und eine Marineabteilung gelandet hatte.

Schon 1940 machte die Entwicklung von Panzern so schnelle Fortschritte, dass die 18-Tonnen-Ladekapazität eines Mittleren Landungsbootes sich bald als unzureichend herausstellte. Da der Einsatz von 40-Tonnern geplant war, ordnete der Premierminister den Bau eines „Panzer-Landungsbootes" an, das drei

dieser 40-Tonner transportieren und sie bei weniger als einem Meter Wassertiefe aussetzen konnte. Dieser Prototyp, als Panzer-Landungsboot (Landig Craft, Tank, kurz LCT) bezeichnet, entwickelte sich innerhalb von drei Jahren vom LCT (1) zum LCT (8), wobei eine Ladekapazität von acht 50-Tonnen-Panzern erreicht wurde. Auch der Fahrbereich verlängerte sich von 900 Meilen bei 10 Knoten auf 2500 Meilen. Doch nach wie vor handelte es sich um offene Schiffe, die sich auf Grund des geringen Tiefgangs und der plumpen Form nur sehr schwer manövrieren ließen und sich nicht besonders für Fahrten über offenes Meer eigneten. Zu diesem Zweck wurde das Panzer-Landungsschiff (Landing Ship, Tank, kurz LST) entwickelt.

Die Notwendigkeit, Panzerwagen „überall hin" zu schiffen, war bereits im November 1940 entstanden. Das Problem, das sich den Konstrukteuren stellte bestand darin, den Tiefgang trotz der benötigten Größe und Ladekapazität so gering zu halten, dass die Panzer direkt an den Strand gelangen konnten.

Schließlich erinnerte man sich daran, dass die Ölgesellschaft Shell 6000-Tonnen-Tanker mit geringem Tiefgang benutzt hatte, um Öl vom Maracaibosee zu im Meer liegenden Schiffen zu transportieren. Drei dieser Schiffe wurden daraufhin so umgebaut, dass sie jeweils 20 Panzer transportieren konnten: Die Mittelschiffsektion wurde seitlich an die obere Bordwand verlegt, so dass zwei lang gezogene Garagen entstanden. Der breite Bug wurde mit einem wasserdicht verschließbarem Tor versehen, das an der Unterkante eingehängt war. In herunter gelassenem Zustand konnte eine zweiteilige Rampe ausgefahren werden, über die die Fahrzeuge passierten. Mit den herkömmlichen Ladekränen wurden zusätzlich einige LCM geladen. Die vorhandenen Tanker- und Pumpenvorrichtungen dienten bereits als Einstellvorrichtung zum Trimmen von Bug und Heck beim Anlegen am Strand. Der Nachteil lag darin, dass die Geschwindigkeit auf neun Knoten begrenzt war und das Bugtor keinem großen Widerstand standhielt.

Obwohl die „Maracaibos" eher unhandlich waren, besaßen sie schon die wichtigsten Voraussetzungen für ein praktisches Panzer-Landungsschiff. Diese Charakteristika wurden auf die drei bereits erwähnten Panzer-Landungsschiffe (1) übertragen, die zu dieser Zeit im Bau waren. Die Panzer-Landungsschiffe (1), auch Boxer-Klasse genannt, hatten in etwa die gleiche Wasserverdrängung, ihre Sektionen waren jedoch viel feiner, so dass sie eine Geschwindigkeit von 16 Knoten erzielen konnten. Allerdings umfasste ihre Ladekapazität deshalb nur 13 Panzer. Bei einem weiter entwickelten Modell wurden die Tore in der Vertikale befestigt, in der Mitte geschlossen und durch ein zweites wasserdichtes Tor verstärkt. Ihr Tiefgang von 1,68 Metern machte eine ausfahrbare Rampe von etwa 62 Metern erforderlich.

Obwohl sich die Panzer-Landungsschiffe (1) als äußerst geeignet erwiesen, war ihr Aufbau zu komplex und zu kostspielig um die benötigte Anzahl herstellen zu können. Deshalb berieten sich die Briten mit den Amerikanern über ein vereinfachtes 3700-Tonnen-Modell – ein verlängertes Panzer-Landungsboot mit geschlossenem Deck. Dieses als Panzer-Landungsschiff (2) bezeichnete Schiff konnte den Atlantik mit einer Ladung von 1900 Tonnen überqueren, die zwischen dem unteren Deck (Panzer) und dem oberen Deck (Fahrzeuge) verteilt wurde. Ein Lastenaufzug verband die beiden Decks.

Wie die Briten, so begannen auch die Amerikaner die Serienproduktion in Fabriken und nicht in Werften. Die zeitliche Abstimmung war ungünstig, weil auch die Vereinigten Staaten bald in den Krieg eintraten. Die Arbeit an britischen Aufträgen begann Anfang 1942, aber als die Amerikaner den Wert des Panzer-Landungsschiffs (2) erkannten, behielten sie eine immer größer werdende Anzahl für den eigenen Einsatz. Von mehr als 1000 fertig gestellten Fahrzeugen wurde letztendlich nur jedes zehnte von den Briten eingesetzt. Auf Grund des daraus entstehenden Engpasses wurde eine weiter entwickelte Version, das Panzer-Landungsschiff (3), in britischen und kanadischen Werften in Auftrag gegeben. Die Unterschiede der 61 fertig gestellten Panzer-Landungsschiffe (3) zu dem vorherigen Modell lagen im Austausch der Dampfkolbenmotoren zu Gunsten von Dieselmotoren, wodurch die Geschwindigkeit auf 13 Knoten anstieg, und einer erhöhten Wasserverdrängung von 5000 Tonnen. Sowohl das Panzer-Landungsschiff (2) als auch das Panzer-Landungsschiff (3) hatte auf dem Deck Platz für Angriffs-Landungsboote, die von Derrickkränen über die Schiffsseite geladen wurden, oder ein Panzer-Landungsboot (6). Letzteres wurde von einem Kran an Bord gehievt, zu Wasser gelassen wurde es allerdings durch Krängung des Panzer-Landungsschiffs.

Ab Oktober wurde die britische Zentrale für kombinierte Operationen von dem umstrittenen Lord Louis Mountbatten geleitet. Er hatte in jedem Bereich den selben hohen Dienstgrad inne, war aber gleichzeitig an keinen gebunden. Churchill maß dieser Organisation eine hohe Bedeutung bei, was dadurch unterstrichen wurde, dass er Mountbatten einen Sitz im Komitee der Generalstabschefs gewährte.

Das Ende der Operation bei Dieppe, 19. August 1942. Unterstützt von 28 frühen Modellen des Churchill-Panzers, Nr. 3 und vier Kommandos versuchte die 2. Kanadische Division, den Hafen einzunehmen. Die Operation endete mit einer Katastrophe, in der mehr als die Hälfte der Angriffskräfte getötet, verletzt oder gefangen genommen wurde.

Links: Die Churchill-Panzer wurden bei ihrer Landung von deutschen Panzerabwehrkanonen beschossen. Hindernisse blockierten den Vormarsch ins Inland, und 28 Panzer gingen verloren.

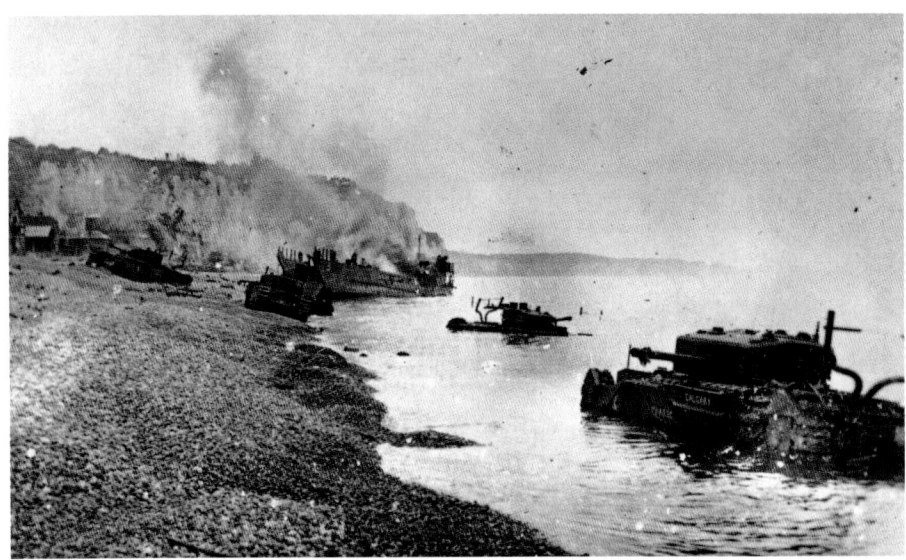

Das Unglück bei Dieppe

Als die Vereinigten Staaten in den Krieg eintraten, einigte man sich auf die Vorgehensweise „Deutschland zuerst", doch es kam zu Uneinigkeiten, als Großbritannien sich entschieden gegen das amerikanische Vorhaben stellte, eine Invasion auf das kontinentale Europa durchzuführen. In einem Kompromiss stimmte Großbritannien einem Überfall auf ein besetztes europäisches Ziel zu um Erfahrungen für die endgültige Invasion zu sammeln. Der französische Hafen Dieppe wurde zum Ziel auserkoren.

Dabei sollte geprüft werden, ob ein Hafen von mittlerer Größe so schnell erobert werden konnte, dass dem Feind keine Zeit zur Auflösung blieb. Es war nicht geplant, den Hafen zu okkupieren. Besondere Aufmerksamkeit galt der feindlichen Verteidigung, die, wenn sie auch nicht uneinnehmbar war, so doch eine harte Prüfung bedeutete. Da Dieppe in der Reichweite von britischen Flugplätzen lag, konnte ständige Deckung aus der Luft garantiert werden, wodurch sich auch gleich eine Gelegenheit bot, sich mit der deutschen Luftwaffe zu messen.

Die Operation war ursprünglich auf Juni 1942 festgesetzt, musste aber auf Grund von anhaltend schlechtem Wetter verschoben werden. Daraufhin tendierte die militärische Meinung zu einem gänzlichen Abbruch der als zu gefährlich erachteten Operation. Doch auf Drängen des Premierministers wurde sie schließlich im August 1942 durchgeführt.

Dieppe liegt in einem von hohen Klippen umgebenen Kessel. Auf diesen Klippen war eine feindliche Batterie positioniert. Eine rasche Eroberung des Ortes musste durch einen Frontalangriff geschehen, dem ein Kommandoangriff vorausgehen sollte um die feindliche Batterie außer Gefecht zu setzten. Ein vorbereitendes Bombardement kam aus Gründen politischer Akzeptanz nicht in Frage. Außerdem hätte es die Straßen blockiert und den Feind alarmiert.

An die 5000 Truppen, hauptsächlich aus Kanada, nahmen an dem Frontalangriff und den unmittelbaren Flankenangriffen teil, zusammen mit etwa 1000 britischen Kommandos und einer Abteilung amerikanischer Ranger, die die feindliche Batterie einnehmen sollte. Die Angriffsstreitkräfte setzten in neuen, 11,3 Meter langen (großen) Mannschafts-Landungsbooten, über. Neun verschiedene Infanterie-Landungsschiffe beförderten das Gros der Truppen und 24 Panzer-Landungsboote 58 neue Churchill-Panzer. Seestreitkräfte waren nur gering vertreten.

Die für die östliche Flanke zuständige Einheit begegnete in der Dunkelheit vor der Dämmerung einem feindlichen Konvoi, verlor sowohl den Zusammenhalt als auch den Überraschungsvorteil und landete die meisten Truppen an den falschen Plätzen an. Die Kommandos im Westen eroberten zwar ihr Ziel, fanden sich aber beim Vordringen ins Inland ohne Unterstützung wieder. Der Frontalangriff auf den Ort sollte dreißig Minuten nach dem Flankenangriff einsetzen. Er begegnete einem bestens gewarntem Feind, der nach wie vor im Stande war, ein vernich-

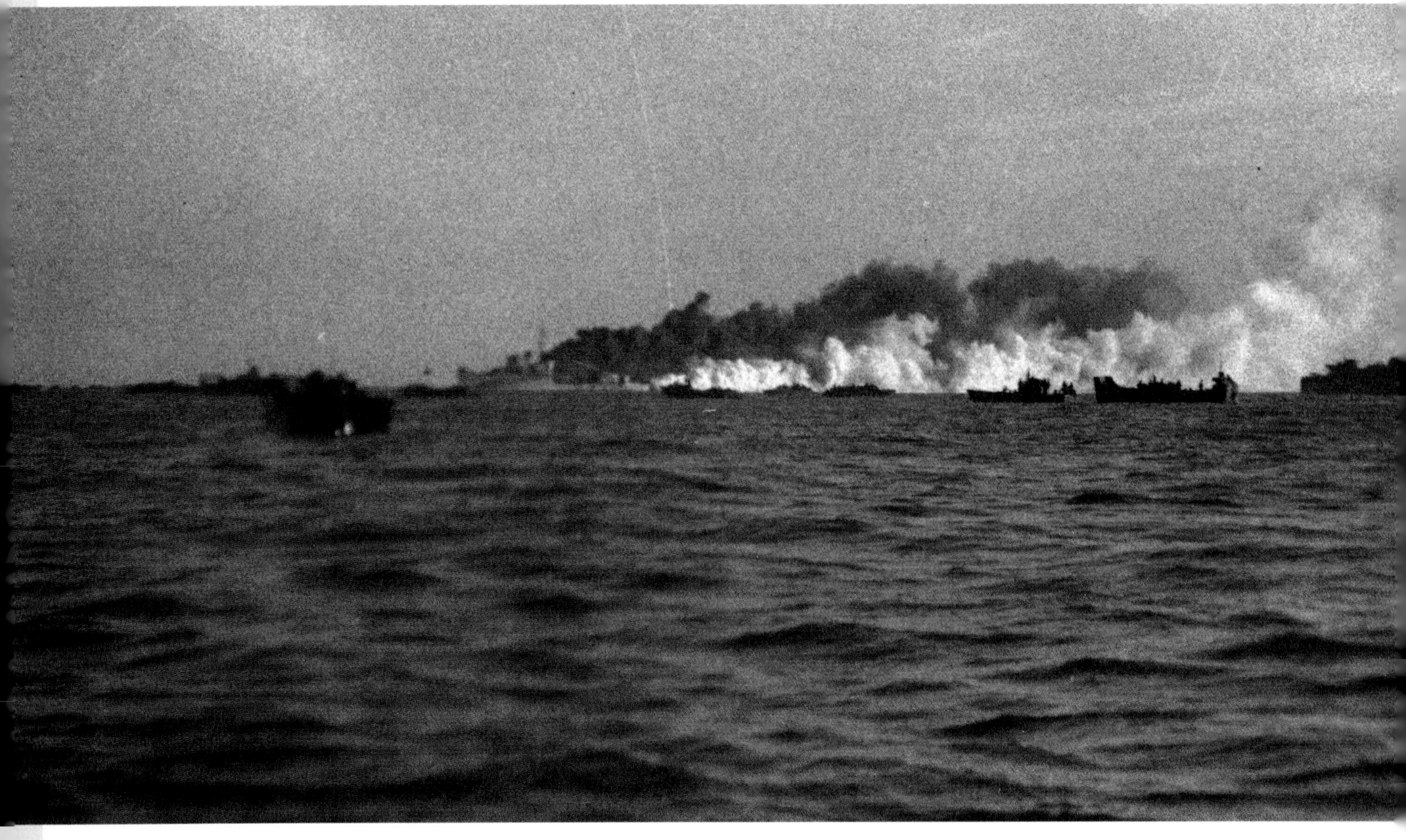

Oben: Der Zerstörer *Berkeley* war infolge eines deutschen Angriffs aus der Luft bereits nicht mehr einsatzfähig als Torpedos ihm bei seinem Rückzug aus Dieppe den Todesstoß versetzten.

Links: Ein Landungsfahrzeug auf dem Weg nach Dieppe, geschützt durch eine von Zerstörern gelegte Rauchwand. Ein Grund für die Katastrophe war die Stärke des deutschen Luftangriffs: die Luftwaffe wurde massiv eingesetzt und schoss über 100 Flugzeuge der Alliierten ab, während sie selbst nur 48 Maschinen verlor.

Rechts: Ein Zerstörer nähert sich den Landungsfahrzeugen bei ihrem Rückzug aus Dieppe. Dieser Träger für leichte Geschütze gehört zu den wenigen Fahrzeugen, die gerettet werden konnten.

tendes Flankenfeuer zu eröffnen. Nur 27 Panzer konnten gelandet werden, von denen es wiederum weniger als die Hälfte schaffte, weiter ins Land vorzudringen. Letzteren gelang es nicht, in die Stadt einzudringen, denn die war bereits mit Betonblöcken unzugänglich gemacht. Die Infanterie, ohne Unterstützung, wurde aufgehalten. Kleine Fahrzeuge rückten nah an die Küste um mit Rauchschutz Hilfe zu leisten, aber eine leichte Brise vereitelte den Versuch.

Schon um 09.00 Uhr war klar, dass eine Katastrophe drohte, doch die abgesprochene Zeit zum Rückzug konnte nicht vorverlegt werden, weil auch die Deckung aus der Luft fest in dem Plan verankert war. Die Kommunikation mit den Schiffszentralen war so schlecht, dass trotz der bereits hoffnungslosen Situation weiter Truppen zugeführt wurden. Um 13.00 Uhr wurden die letzten Soldaten abgezogen. Fast 2200 Gefangene und 1200 Tote blieben zurück. Alle gelandeten Panzer und 33 Landungsfahrzeuge, darunter auch einige Panzer-Landungsboote, waren verloren. Sogar in der Luft war der Ausgang katastrophal – die Briten hatten 106 Flugzeuge verloren, die Deutschen nur 48.

Eine schwere Lektion

In der Tat wurde aus den Ereignissen viel gelernt. Die schweren Verluste – etwa 68% der beteiligten Kanadier und 23% aus dem Kommando – dämpften den Tatendrang Amerikas in Bezug auf eine Invasion in Europa. Der Überfall zeigte, dass Angriffe auf ein größeres Hafengebiet nur wenig Zukunft hatten, obwohl Hitler nach St. Nazaire und Dieppe genau darin die Absicht der Alliierten vermutete.

Ein schweres vorbereitendes Bombardement mit großkalibrigen Seegeschützen wurde mittlerweile als wichtiger erachtet als der Überraschungsmoment. Spezielle Panzerwagen sollten

Unten: Während einer Übung in England setzt das Infanterie-Landungsschiff *Prince Baudouin* drei Angriffs-Landungsboote aus. Die Katastrophe bei Dieppe hatte zur Folge, dass die Doktrin für Landungen noch einmal überarbeitet wurde – nun wurde es als günstiger erachtet, über einen nicht befestigten Strand anzugreifen anstatt einen feindlichen Hafen zu erobern.

Die *Llangibby Castle* war eines der vielen britischen Handelsschiffe, die zum Dienst als Infanterie-Landungsschiff umgebaut wurden. Die meisten Schiffe kamen bei einer bestimmten Landung zum Einsatz und kehrten dann wieder in den Dienst des Seehandels zurück, anstatt im Erwarten der nächsten amphibischen Operation lange untätig vor Anker zu liegen. Die Glenn-Klasse, deren Daten hier genannt werden, wurde für die Blue Funnel/Glenn/Shire-Dienste im Fernen Osten gebaut und 1941 umgebaut.

Daten der Glenn-Klasse

Wasserverdrängung:	9800 BRT
Abmessungen:	155,7 m × 20,3 m × 8,5 m
Antrieb:	zwei Dieselmotoren mit 12 000 PS, zwei Wellen
Höchstgeschwindigkeit:	18 Knoten
Fahrbereich:	22 250 km bei 14 Knoten
Bewaffnung:	3 × Doppel-101-mm-Geschütze, bis zu 8 Zweipfünder-Flak, bis zu 12 × 20-mm-Flak
Ladekapazität:	2 Mittlere Landungsboote, 12 Angriffs-Landungsboote und deren Besatzung, 1087 Soldaten
Besatzung:	291 Mann

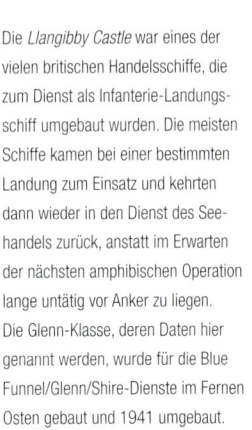

Oben: 9. September 1943: Amerikanische Landungsfahrzeuge auf dem Weg zur Küste für die Salerno-Landung, begleitet von dem britischen Kreuzer *Mauritius* der Fiji-Klasse. Die Deutschen reagierten schnell, indem sie Verstärkung in der Gegend stationierten – Neapel wurde erst am 1. Oktober erobert.

entwickelt werden um Hindernisse am Strand zu beseitigen, und die Angriffsfahrzeuge selbst sollten angemessen bewaffnet werden, damit sie ihre Einheiten unterstützen konnten. Besonders wichtig sollte die Aufstellung einer ständigen Marinestreitkraft werden, die speziell für die amphibische Kriegsführung ausgebildet und mit verlässlichen Kommunikationsmitteln ausgestattet wurde.

Die Erfahrung von Dieppe setzte die Entwicklung einer breiten Palette von unterstützenden Landungsbooten in Gang. Mit Geschützen bewaffnete Modelle konnten mit Standard-Geschütztürmen, Steilfeuergeschützen oder einer Auswahl an 20- oder 40-mm-Automatikwaffen bestückt werden. Die gefürchteten mit Raketen bewaffneten Typen konnten in Sekundenschnelle 22 Tonnen Sprengmaterial abfeuern, um unmittelbar vor dem Einsatz der Angriffstruppen eine ganze Fläche zu verwüsten. Diese Entwicklungen bewährten sich vor allem im Pazifik.

Sogar ein Reparaturlandungsboot (Landing Craft, Emergency Repair, kurz LCE) wurde entwickelt, mit dem „überflutete" Fahrzeuge und beschädigte Angriffsschiffe geborgen und geschleppt werden konnten.

Nach Dieppe begannen die Briten, Angriffsfahrzeuge um eine bestimmte Armeeformation – normalerweise eine Division – zu

gruppieren. Hierbei wurden die benötigten Fahrzeuge unter einem ranghohen Marineoffizier versammelt und von diesem befohlen. Um eine enge Zusammenarbeit verknüpft mit schnellen Entscheidungen zu erzielen, brachte man die Befehlshaber und den Stab eines jeden beteiligten Bereichs in einer designierten Schiffszentrale unter. Meist handelte es sich dabei um einen kleinen Passagierdampfer, der über die notwendigen Unterbringungsmöglichkeiten verfügte und zusätzlich mit Kommunikationsgeräten ausgestattet wurde. Auch dieses Konzept war den Amerikanern entliehen, die schon dazu übergingen, neue Schiffskörper speziell für diesen Zweck einzurichten.

Die Landungen in Nordafrika

Im November 1942 marschierten die Alliierten in Nordafrika ein (Operation „Torch"). Eine sorgfältige Planung war gefragt, da allein aus Großbritannien 12 Konvois für Landungen bei Algier und Oran überführt werden mussten. Aus den Vereinigten Staaten kamen drei Konvois für simultane Landungen an der Atlantikküste bei Lyautey, Fedala und Safi. Die Gruppen hatten mit ungleicher Geschwindigkeit verschieden große Entfernungen zu überbrücken, mussten aber alle pünktlich ankommen. Ihr Eintreffen sollte geheim gehalten werden.

In der Zeit vor den Panzer-Landungsschiffen war die sofortige Eroberung eines Hafens noch unerlässlich, weshalb nun die Häfen in Algier, Oran und Safi von kleinen Kriegsschiffen eingenommen werden sollten. Die Amerikaner waren in Safi erfolgreich – bald rollten ihre Panzer über den Kai an Land. Die Briten trafen in den anderen Häfen jedoch auf zähen Widerstand und scheiterten mit großen Verlusten an Menschenleben. Unterstützungsschiffe retteten die Situation, indem sie mit Hilfe von Luftaufklärung Festungen und Batterien unter Beschuss nahmen. Der Widerstand der Vichy-Franzosen kam gegen Morgen zum Erliegen.

Die starke Brandung erwies sich vor allem an der Atlantikküste als Problem. Die Steuermänner mussten ganz offensichtlich besser ausgebildet werden. Zu oft setzten sie ihre Ladung nicht am richtigen Ort ab oder beschädigten sie beim Aussetzen. In Casablanca und Oran starteten französische Marineeinheiten einen Gegenangriff, erlitten dabei aber große Verluste ohne nennenswerte Erfolge zu erzielen.

An der Mittelmeerküste wurden große Sprünge Richtung Osten gemacht um die Häfen in Bône und Bougie einzunehmen. Über diese Entfernung konnte keine Deckung aus der Luft mehr gewährleistet werden, so dass die feindlichen Luftstreitkräfte den vor der Küste liegenden Schiffen beträchtlichen Schaden zufügten.

Amphibische Angriffe im Mittelmeer

Nachdem Nordafrika im Zuge der Operation „Torch" befreit worden war, blieben den Strategen nur acht Monate bis zum nächsten Angriff. Dies war der eindeutig vorhersehbare Angriff auf Sizilien (Operation „Husky"), auch wenn größte Mühe darauf verwendet wurde, den Feind glauben zu machen, der An-

Oben: Vorbereitung der Angriffs-Landungsboote für die Landung in Salerno. Am 3. September setzte die britische achte Armee von Sizilien nach Kalabrien über. Der amphibische Angriff auf Salerno hatte zum Ziel, Neapel zu erobern und die Deutschen am Aufbau einer Verteidigungslinie im Süden Italiens zu hindern.

Rechts: Truppen und Kampftechnik – inklusive einer 40-mm-Bofors-Flak – kommen bei Salerno an Land. Die Landung wurde von der 5. Armee der Vereinigten Staaten (US 6. Korps und britischer 10. Korps) unter dem Befehl von Generalleutnant Mark Clark geführt.

griff würde in eine andere Richtung gehen. Wieder wurden die Landungen in britische und amerikanische Zonen unterteilt, denn wo die Alliierten zusammen arbeiteten, integrierten sie die Truppen selten ineinander. Der Angriff wurde von zwei britischen Armeekorps, einer kanadischen Division und der amerikanischen 7. Armee vollzogen. Er fand sowohl östlich als auch westlich des Kaps Passero, dem südlichsten Punkt der Insel statt und hatte die Eroberung der unverzichtbaren Flugplätze und der Häfen an der Ostküste zum Ziel.

Eine glückliche Fügung brachte 15 britische Konvois, die von verschiedenen Punkten zwischen Malta und dem Fluss Clyde gestartet waren und sieben amerikanische Konvois aus Nordafrika zusammen. Die Verfügbarkeit von mehr als 500 Panzer-Landungsschiffen, Panzer-Landungsbooten und großen Infanterie-Landungsschiffen veränderte die Situation enorm, da die sofortige Eroberung eines Hafens damit unnötig wurde.

Zur Feuerunterstützung und für den Fall, dass die italienische Flotte eventuell Angriffe unternahm, wurden sechs Kriegsschiffe und 15 Kreuzer gestellt. Ein feindlicher U-Boot-Angriff wurde von 160 Zerstörern mit Eskorten abgewehrt, die dabei ein Dutzend der gegnerischen Schiffe versenkten. Da die Gewässer

Oben: M4 Sherman-Panzer warten bei Bizerte darauf, auf Panzer-Landungsschiffe geladen zu werden. Im Zuge der Mittelmeerlandungen verfeinerten die Alliierten ihre Technik der amphibischen Landungen zusehends, obwohl die harte Gegenwehr der Deutschen die Landungen bei Salerno und Anzio beinahe scheitern ließ.

Links: Das südafrikanische Kontingent bei Salerno umfasste 1991 Swazi-Nebelkörper, die hier in Castellammare darauf warten, geladen zu werden.

Rechts: Leuchtspuren im Himmel über Palermo, während britische Kriegsschiffe das Feuer auf deutsche Bomber richten, die den Landekopf angreifen. An der Intervention der Luftwaffe nahm das Dornier Do-217 teil, das das Kriegsschiff Roma mit FX.1 400 Gleitbomben versenkte.

nach drei Jahren Krieg stark vermint waren, blieben 40 Minensuchboote ununterbrochen im Einsatz.

Einige U-Boote der Royal Navy fungierten als Navigationshilfe um die letzten Schritte der Vor-Angriffs-Phase zu führen. Die günstigen Wetterbedingungen wurden durch eine steife Brise geschmälert. Im Sektor der Briten vereitelte sie einen Vor-Landungs-Angriff durch Segelflugzeuge, von denen die meisten ins Meer stürzten. Eine starke Brandung bereitete den kleinen Landungsschiffen Probleme, aber glücklicherweise war der Widerstand nur gering. Auf Grund unvorhergesehener Sandwellen blieben die Panzer-Landungsschiffe zu weit vor der Strandgrenze stecken, so dass das Ausladen nur sehr langsam mit Hilfe von Amphibienfahrzeugen (als DUKW bezeichnet) vonstatten ging.

Im amerikanischen Sektor führten Fallschirme den Vor-Landungs-Angriff durch. Obwohl der Wind sie auseinander riss und der Feind mit einem prompt organisierten Gegenangriff antwortete, waren sie erfolgreich. Die Strände in diesem Gebiet waren einer heftigen Brandung ausgesetzt und darüber hinaus

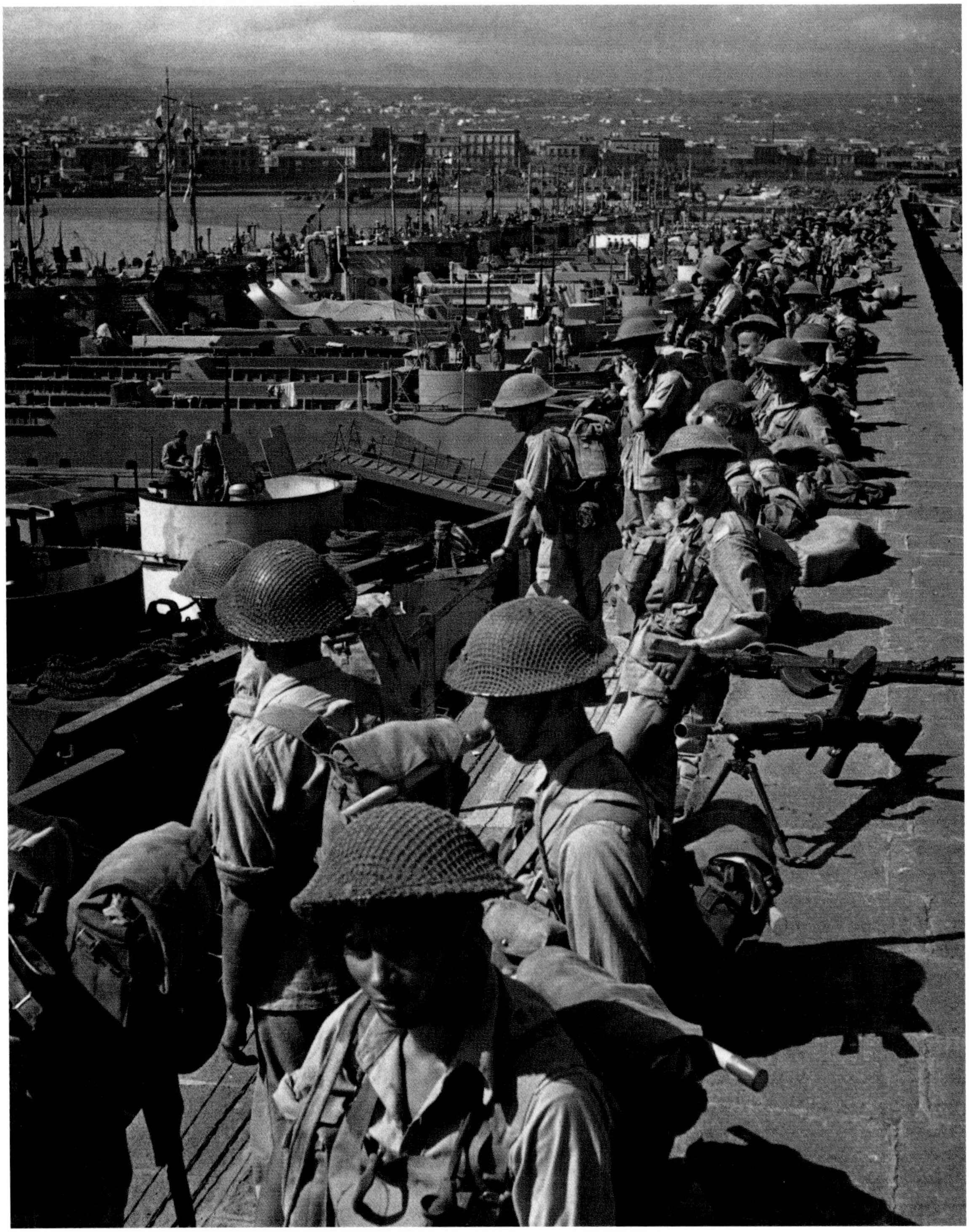

Oben: Kompanie „C", 2. Bataillon, Regiment Northants wartet auf dem Kai in Catania darauf, für die Landung in Salerno an Bord eines Landungsschiffes zu gehen.

stark vermint. Die Nahunterstützung aus der Luft funktionierte nur schlecht, so dass das Feuer von See ausreichen musste bis genügend Artillerie und Waffen an Land waren.

Dieser fünfwöchige Feldzug gegen Sizilien fand hauptsächlich entlang der Küsten statt, was eine ständige Unterstützung von See garantierte. Ein großer Unterschied zu den Operationen im Pazifik war, dass der Feind sich gekonnt und kämpfend zurückzog, anstatt sich bis zum letzten Mann zu verteidigen. Die Deutschen z. B. besetzten mit zahlreichen Batterien die Straße

von Messina und trotzten der Überlegenheit der Alliierten, indem sie über 100 000 Soldaten und 10 000 Fahrzeuge nach Italien schafften. Dafür machten die Deutschen regen Gebrauch von den vielseitig verwendbaren Siebelfähren, motorisierten Doppelrumpffahrzeugen mit einem Deck, die über Land transportiert und für den Einsatz in Küstengewässern, in Flussmündungen und auf Flüssen wieder zusammengebaut werden konnten.

Da die lange, bergige Halbinsel Italiens den Verteidigern zahlreiche Vorteile bot, schien es den Alliierten sinnvoll, ihre Überlegenheit auf See für umfassende Angriffe entlang der Küste auszunutzen. Der erste, auf Salerno (Operation „Avalanche"), wurde nur drei Wochen nach der Eroberung Siziliens

durchgeführt. Für den Transport der britischen achten Armee über die Straße von Messina wurden dringend Landungsboote benötigt, denn die amerikanischen Panzer-Landungsschiffe wurden für den Dienst an anderen Kriegsschauplätzen abgezogen und auch für die Invasion in Nordfrankreich – die erst in neun Monaten stattfinden sollte – wurden bereits Kräfte gesammelt. Die deshalb recht hastige Vorbereitung stiftete u. a. auch dadurch Verwirrung, dass sie wiederholt Planänderungen mit sich brachte.

Das Überschwemmungsgebiet des Flusses Sele zwischen Salerno und Paestum bot ganze 20 Meilen, die sich bestens für eine amphibische Landung eigneten. Die Einnahme dieses Gebiets würde die Nachhut der Achsenarmee zum Rückzug nach

Süden zwingen und die Eroberung des Hafens von Neapel im Norden ermöglichen. Doch dieser Tatsachen war sich der Feind gleichermaßen bewusst.

An der Landung in Salerno waren zwei Korps beteiligt. Die Aufgabe der Briten war die rasche Eroberung des strategisch wichtigen Flughafens Montecorvino, während die Amerikaner sich zu ihrer Rechten auf die Anhöhen konzentrierten, die die darunter liegende Ebene bewachten. Es wurden 15 Konvois eingesetzt, von denen die meisten nun mit geringerem Aufwand von Nordafrika übersetzen konnten, mit einem Aufenthalt in Sizilien um die Angriffsschiffe zu betanken.

Wieder riefen die noch vor der Dämmerung begonnenen Landungen anfänglich wenig Widerstand hervor, doch mit Ta-

gesanbruch wurde auch das Feuer der feindlichen Artillerie stärker. Probleme gab es hinsichtlich der instabilen Situation auf dem Wasser, die den Kundschaftern eine effektive Arbeit nicht erlaubte. Deshalb waren es nicht die schweren Kriegsschiffe, die die beste Feuerunterstützung gaben, sondern kleine, nah an der Küste operierende Zerstörer.

Salerno lag außerdem knapp außerhalb der Reichweite der Flugzeugdeckung. Auf Grund des Mangels an Flugzeugträgern wurden britische sonst für Versuche benutzte Flugzeugträger vorübergehend für die Unterstützung aus der Luft herangezogen. Bei Windstille reichte ihre Geschwindigkeit nicht aus um die hochleistungsfähigen, aber sehr zerbrechlichen Supermarine Seafires, deren Verschleißrate erschreckend war, sicher starten zu lassen.

Oben: Die Invasionsflotte auf dem Weg nach Salerno, mit Ballonsperren in der Luft um niedrige Luftangriffe abzuwehren. Die Operation sollte zeitlich mit dem Frontenwechsel Italiens zusammenfallen, aber die deutschen Streitkräfte auf der Halbinsel sahen den Treuebruch voraus. Obwohl nur wenige italienische Einheiten starken Widerstand leisteten, gelang es den Deutschen, rechtzeitig genügend Truppen nach Neapel zu bringen um den Vormarsch der Alliierten aufzuhalten.

Ein neues Übel für den küstennahen Schiffsverkehr kam in Form der deutschen ferngesteuerten Gleitbomben. Das altgediente Kriegsschiff *Warspite* wurde von einer der drei auf sie abgezielten Bomben schwer beschädigt. Auf die einflussreichere

und wichtigere Schiffszentrale war ebenfalls ein Angriff vorgesehen. Sie blieb verschont, doch zeigte sich dabei die Gefahr der Konzentrierung aller wichtigen Elemente auf einem Schiff.

Auch wenn Salerno anfänglich ein riskantes Unternehmen gewesen war, stabilisierte sich die Situation nach fünf Tagen harter Kämpfe. Etwa zwei Wochen später war Neapel erobert. Die Deutschen schrieben den Erfolg der Alliierten ihrer Überlegenheit in der Luft und der Feuerunterstützung von See zu.

Ein interessanter Nebenpunkt zu diesen groß angelegten strategischen Operationen war der gelegentliche Einsatz von Sondertruppen für taktische Bewegungen. Entgegen der amerikanischen Seestreitkräfte besaßen die britischen Kommandos keine direkt zur Einheit gehörige Artillerie, Bewaffnung oder logistische Unterstützung. Kurz nach dem Beginn der Operation in Salerno wurde eine Formation hinter den Linien des Feindes im Bereich des Hafens Termoli an der adriatischen Küste gelandet. Der fliehende Feind hatte anfänglich vorgehabt, sich dem Gegner hinter dem Fluss Bivorno entgegenzustellen, aber mit der Truppe in Termoli im Rücken setzte er seinen Rückzug fort.

Mit dem Einbruch des Winters kam der Vormarsch der Alliierten vor der so genannten „Gustavlinie" zum Stillstand, während der Feind sich hinter den reißenden Flüssen Sangro und Garagliano verteidigte. Um diese Linie zu durchbrechen, wurde im Januar 1944 eine weitere große Landung (Operation „Shingle") nahe des kleinen Hafens Anzio unternommen, nur 30 Meilen von Rom entfernt.

Wieder mangelte es an Landungsfahrzeugen. Um nur zwei Divisionen anzulanden, mussten sogar Einheiten aus dem Indischen Ozean herangeholt werden. Diese kleine Gruppe war auf etwa zehn feindliche Divisionen angesetzt, die sich hinter dem Garagliano verschanzt hatten – es war nicht überraschend, dass Anzio lange nichts weiter als ein bewaffnetes Nest war, dessen Aufbau und Erhalt die Navy einiges kostete.

Rechts: 6. Juni 1944: Amerikanische Mittlere Landungsboote überholen die US-Infanterie-Landungsschiffe LCI-323 und ein Panzer-Landungsboot kurz vor den Invasionspunkten an der Küste. Innerhalb von 16 Stunden landeten über 13 000 Alliierte in der Normandie.

Links: Die Geschütze, die die *Bismarck* versenkten, greifen im Juni 1944 die deutschen Positionen in der Normandie an. Die *Rodney* hatte 1943 in Oran einige Zielobjekte bombardiert und dabei Probleme mit dem 406-mm-Geschütz entdeckt.

Rechts: Mit gehisster Kriegsflagge bombardiert der Kreuzer *Ajax* der Leander-Klasse deutsche Geschützbatterien landeinwärts des „Gold"-Strandes in der Normandie. Sieben Kriegsschiffe und 23 Zerstörer gaben bei dem Angriff am 6. Juni Feuerunterstützung.

Der längste Tag

Die Nachrichten eines im Grunde überflüssigen Angriffs auf die Insel Elba und zu letztlich der Eroberung Roms, wurden im Juni 1944 von der lange erwarteten Invasion in Nordfrankreich in den Schatten gestellt. Der Feind wusste, dass es seine Niederlage bedeutete, würden die Alliierten hier Fuß fassen können. Deshalb machte er das Beste aus dem „Atlantikwall" und der „Festung Europa", aber in Wahrheit war die Küste zu ausgedehnt um sie an mehr als den verletzlichsten Punkten verteidigen zu können. Zwei deutsche Armeen wurden deshalb zurückgehalten. Sie sollten zum geeigneten Zeitpunkt an den am schlimmsten betroffenen Orten eingesetzt werden.

Den Alliierten musste es gelingen, einen starken Landekopf einzurichten, ein massiv bewaffnetes Lager, von dem aus der Ausbruch schließlich gemacht werden würde. Während sie den Feind in dem Glauben ließen, dass sie dafür einen großen Hafen benötigten, bauten sie in aller Schnelle riesige Beton- und Stahlkonstruktionen, die einen Hafen ersetzen sollten. Diese

„mulberries" wurden über den Kanal geschleppt und als vorübergehende Häfen in den britischen und amerikanischen Sektoren versenkt. Die Ergänzung dazu waren die „Gooseberries", entbehrliche Schiffe, die übergesetzt und an Bug und Heck im seichten Wasser angebohrt wurden, so dass sie praktisch unzerstörbare Wellenbrecher darstellten.

Durch umfangreiche Täuschungsmanöver wurde vermieden, dass die Deutschen Ort und Zeit der Invasion erraten konnten. Die Überlegenheit in der Luft, zusammen mit den kurzen Entfernungen, die es zu überbrücken galt, ermöglichte eine schwere Beschädigung der feindlichen Straßen- und Schienenverbindungen – damit sollte der Feind daran gehindert werden, die Reserve einzusetzen. Diese Anschläge wurden großflächig durchgeführt um das eigentlich ins Auge gefasste Gebiet nicht zu verraten.

Wie bei Angriffen in Europa üblich, so spielte sich auch die Operation „Overlord" an getrennt amerikanischen und britischen bzw. Commonwealth-Küstenstreifen ab. Das Ausmaß dieser Operation übertraf bisherige Auseinandersetzungen.

Oben: Britische Truppen untersuchen einen zerstörten deutschen Stützpunkt. Diese von dickem Stahlbeton geschützte Panzerabwehrkanone sollte die Landungsfahrzeuge bei ihrer Ankunft am Strand zerstören.

Rechts: Eine außer Gefecht gesetzte Sturmgeschütz-Angriffskanone in der Normandie. Die Feuerunterstützung von See war oft entscheidend wenn es darum ging, deutsche Gegenangriffe zu unterbinden oder die nächste Angriffsphase der Alliierten vorzubereiten.

Am 6. Juni 1944 sollten vier Korps auf mehr als 50 Meilen Strand landen. Bis zum 10. Juni sollte darüber hinaus 500 000 Mann, 80 000 Fahrzeuge und fast 200 000 Tonnen an Vorräten an Land sein.

Obwohl die Operation ein Erfolg war, lief sie nicht reibungslos ab. Feuerunterstützung von See wurde zwar von neun Kriegsschiffen mit schwerer Bewaffnung, 24 Kreuzern und 76 Zerstörern gewährleistet, aber ein Vor-Angriffs-Bombardement hätte

das Überraschungsmoment zerstört. Viele kritische Stützpunkte blieben unberührt. Überdurchschnittlich viele Flugzeuge standen zum Einsatz bereit, aber es fehlte ihnen an der von Marinefliegern im Pazifik entwickelten ausgereiften Nahunterstützungstechnik. Strände wurden noch in letzter Minute mit Unterstützungsfahrzeugen, bewaffnet mit Raketen und Kanonen, aufgestockt. Wie üblich war dies ein großartiger Schub für die Truppenmoral, aber auch diese Fahrzeuge konnten weder Hindernisse am Strand noch Widerstandsnester zerstören.

Die Operation „Overlord" war aufs Genaueste geplant, doch

es fehlte die Stärke eines erfahrenen Teams wie das Spruance-Turner-Smith-Trio im Pazifik. Amerika hatte sich zu Gunsten der begrenzt einsatzfähigen DUKW über die Nachfrage an Panzer-Landungsfahrzeugen hinweggesetzt, weshalb nun schwer beladene Truppen unter Beschuss durch hüfthohes, unruhiges Wasser an den Strand waten mussten.

Als die Deutschen versuchten, zu den Stränden vorzudringen, traf sie das von Luftaufklärern dirigierte schwere Seefeuer schon 17 Meilen vor dem Strand. Berichte des Feindes bestätigen im Nachhinein den zerstörenden, demoralisierenden Effekt.

Um die Nichtigkeit auch der größten Unternehmungen der Menschen zu beweisen, setzte am 19. Juni ein dreitägiger Sturm ein. Die „Mulberries" der Amerikaner sowie 800 verschiedene Schiffe wurden schwer beschädigt. Dringend benötigte Vorräte blieben aus. Da auch die Luftstreitkräfte betroffen waren, gelang es jetzt dem Feind seine Bodentruppen einzusetzen. Wäre der Sturm eine Woche früher aufgekommen, hätte aus „Overlord" leicht eine Katastrophe werden können. Doch so waren schon mehr als eine Million Soldaten Anfang Juni auf dem Festland gelandet.

20. November 1944: US-Truppen landen am Strand von Butaritari auf den Gilbertinseln, gedeckt von Bombardements aus der Luft und von See. General Smiths knapper Kommentar 72 Stunden später: „Makin eingenommen"

Eine weitere Landung, jene in Südfrankreich im August 1944 (Operation „Dragoon"), ist vom strategischen Standpunkt her schwer zu vertreten, ihre Absicht war es jedoch, den fliehenden Feind noch mehr unter Druck zu setzten. Die letzte amphibische Operation auf europäischem Boden war die Eroberung der niederländischen Insel Walcheren. Sie war zwar in ihrem Ausmaß nicht mit den Kämpfen im Pazifik zu vergleichen, an Gefechtseifer stand sie ihnen jedoch in nichts nach.

Am 4. September 1944 stürmten die voranschreitenden alliierten Streitkräfte den großen belgischen Hafen in Antwerpen. Obwohl dieser strategische Punkt dringend benötigt wurde, konnte er nicht genutzt werden, solange die einlaufenden Schiffe noch den Einzugsbereich des Feindes durchqueren mussten, der sich auf den Inseln im Norden verschanzt hielt. Walcheren, beschrieben als eine Insel von der Form einer Untertasse, umrandet von Deichen, die das unter dem Meeresspiegel liegende Innenland schützen, war unzugängliches, schlammiges Sumpfland bevor die Königliche Luftwaffe mit ihrer Seeabwehr eine Bresche schlug. Der Graben bei Westkapelle war von deutschen Batterien mittleren Kalibers flankiert, die etwa ein Drittel der Inselumgebung abdeckten.

Ein spichwörtlicher Wald aus Hindernissen am Strand machte einen Angriff bei Tage unumgänglich, aber der dafür vereinbarte Novembertag war so trübe, dass er die Unterstützung von Luft und See und sogar die Artillerie am anderen Flussufer beträchtlich einschränkte. Der Ablenkungsangriff auf Flushing war zwar erfolgreich, aber nicht umfangreich genug. Vier Kommandogruppen wurden über den Graben gebracht. Sie waren fast völlig auf die Unterstützung von 27 mit Kanonen bewaffneten Landungsschiffen angewiesen. Diese reagierten jedoch hervorragend. Sie drängten weit nach vorn und wurden, als ein Hagel von Geschützen sie fast versenkte, an Land gebracht um den Kampf dort fortzusetzen. Die Angreifer trugen einen Triumph davon, der sie 8000 Opfer gekostet hatte. Nur sieben der Unterstützungsfahrzeuge kehrten zurück. Es wurden 30 000 Gefangene gemacht, Walcheren besetzt und der Weg nach Antwerpen von Minensuchbooten freigemacht.

Amphibische Operationen im Pazifik

Mitte 1942 verstärkten die Japaner ihr neues Reich und planten längerfristig zu expandieren. Sie hatten die meisten der Salo-monen unter Kontrolle und leichte Streitkräfte auf der Insel Tulagi stationiert um eine Flugbootbasis einzurichten. Die Amerikaner hatten sich mittlerweile wieder so weit erholt, dass sie einen eingeschränkten Gegenangriff in Erwägung zogen.

Neue Konstruktionen und kampfbereite Truppen waren eigentlich schon für die Landungen in Nordafrika vorgemerkt, die erst in vier Monaten stattfinden sollten. Die Landung auf Guadalcanal – Operation „Watchtower" – musste mit dem vorhandenen Potenzial durchgeführt werden. Die Beteiligten nannten sie eine „Groschenoperation".

Guadalcanal

Drei verschiedene Regimenter der US Marine wurden in aller Schnelle ausgebildet und in 19 großen Transportern und vier kleinen, praktischen und schnellen Zerstörern, die aus altgedienten Schiffen gebaut waren, übergesetzt. Mitsamt den Unterstützungseinheiten umfasste das Personal 19 000 Mann. Die Streitkräfte kamen aus den Vereinigten Staaten, Australien und Neukaledonien. Die größte Einheit der Luftdeckung war ein Sonderverband mit drei Flugzeugträgern, der unter dem Befehl von Vizeadmiral F. J. („Jack") Fletcher stand. Mit seinen Erfolgen im Korallenmeer und bei Midway hatte er sich schon einen Namen gemacht.

Wie alle amphibischen Operationen im Pazifik, so wurde auch der Angriff auf Guadalcanal am 7. August 1942 bei Tage ausgeführt, aber auf Grund der geringen Opposition fielen die meisten vorbereiteten Bomben auf einen verlassenen Dschungel. Die Aufstellung ging sehr langsam vonstatten, da die 36 Fuß langen Higgins-Boote und ihre mit Rampe ausgestatteten Nachfolger, die Mannschafts-Landungsboote (R), nur von einigen wenigen Mittleren Landungsbooten unterstützt wurden. Abge-

Unten: Die Landungspunkte der Amerikaner auf Guadalcanal waren gerade noch im Bereich der auf Rabaul stationierten japanischen Flugzeuge. Dieses Mitsubishi G4M „Betty", vom Zerstörer *Ellet* aus gesehen, wurde am 8. August vor Tulagi abgeschossen.

Rechts: Die Bemühungen der Japaner, ihre Truppen auf Guadalcanal zu verstärken oder zu versorgen, wurden fortlaufend von der „Cactus Air Force" zunichte gemacht. Die *Kinugawa Maru* strandete nach einem amerikanischen Luftangriff am 15. November 1942.

Die 1942 in Dienst gestellten Higgins-Boote zählten zu den meistgenutzten Schnellbooten der US Navy während des Zweiten Weltkriegs. Über 200 dieser Boote wurden hergestellt. Bei den Operationen auf den Salomonen und den Philippinen waren sie umfangreich im Einsatz.

sehen davon kamen die Stockungen am Strand auch deshalb zustande, weil die Mannschaft offensichtlich eher zum Kämpfen als zum Kistenschleppen gekommen war. Nichtsdestotrotz befanden sich bei Einbruch der Nacht 11 000 Mann an Land und ihr Angriffsziel, der noch im Bau begriffene Flugplatz, war schon erobert.

Doch jenseits der Straße, auf der benachbarten Insel Tulagi, machten die Amerikaner ihre erste Erfahrung mit einer japanischen Garnison, die bereit war, sich bis zum letzten Mann zu verteidigen, von 1500 Mann blieben nur 100 am Leben. Die Angreifer hatten 100 Opfer zu verzeichnen, derer es viel mehr gewesen wären, hätte es die Nahunterstützung nicht gegeben. Einige Zerstörer wagten sich von ortskundigen Lotsen geführt wiederholt weit in das Riff vor, das die Insel umgab.

Am zweiten Tag antworteten die Japaner mit wütenden Luftangriffen, doch Fletchers Luftpatrouillen (CAP) deckten die Transportmittel, von denen dadurch nur eines verloren wurde.

Nun traf Fletcher die immer noch umstrittene Entscheidung, sich zurückzuziehen, vorgeblich, um Treibstoff zu tanken. Zur selben Zeit war ein Verband feindlicher Kreuzer nach Tulagi unterwegs. Ein Aufklärungsflugzeug entdeckte ihn, identifizierte ihn jedoch falsch, so dass keine Maßnahmen ergriffen wurden. Der Verband kam in den frühen Morgenstunden des 9. August an und überraschte die Unterstützungseinheit der Alliierten (von etwa der gleichen Größe) völlig. In dieser Schlacht, die später als Schlacht von Savo bekannt wurde, wurden die Alliierten von Kanonen und Torpedos niedergezwungen.

Glücklicherweise verließen die Japaner den Ort wieder so schnell wie sie gekommen waren, wobei sie die Transportfahrzeuge, also das Hauptangriffsziel, unberührt ließen. Dem Befehlshaber der amphibischen Operation, der nun weder auf Luft- noch auf Bodenunterstützung zurückgreifen konnte, blieb nichts anderes übrig, als sich zurückzuziehen. Er ließ 16 000 Mann zurück, die die dortige Position stärken und den Flug-

hafen einsatzbereit machen sollten. Dies gelang ihnen, und der sechsmonatige Kampf um Guadalcanal begann.

Wo das Handbuch herangezogen worden war, hatte es gut funktioniert, aber Fletchers Rückzug stellte sich als fatal heraus. Die starke Gegenwehr der kleinen Garnison auf Tulagi hatte den Küstenkommandanten überzeugt, dass in Zukunft Angriffe auf eine organisierte Verteidigung besser vermieden werden sollten, doch auf den kleinen pazifischen Inseln stellte sich das als schwierig heraus.

Von entscheidender Wichtigkeit war die Partnerschaft zwischen dem Befehlshaber der amphibischen Streitkräfte, dem Konteradmiral Richmond K. Turner, und dem Kommandanten des V. amphibischen Verbands, Generalmajor Holland M. Smith gewesen. Da beide starke Persönlichkeiten waren, gab es in ihrem Umgang oft Spannungen, aber ihr vereintes Können sollte entscheidenden Einfluss auf die großen Unternehmen haben, die noch bevorstanden.

Yukikaze – technische Daten

Wasserverdrängung:	2035 t Standard
Abmessungen:	118,5 m × 10,8 m × 3,76 m
Antrieb:	zwei Dampfturbinen mit Generator, mit 52 000 PS, zwei Wellen
Höchstgeschwindigkeit:	35 Knoten
Fahrbereich:	9250 km bei 15 Knoten
Bewaffnung:	5 × 127-mm-Kanonen, 4 × 25-mm-Flak, 8 × 610-mm-Torpedorohre
Besatzung:	240 Mann

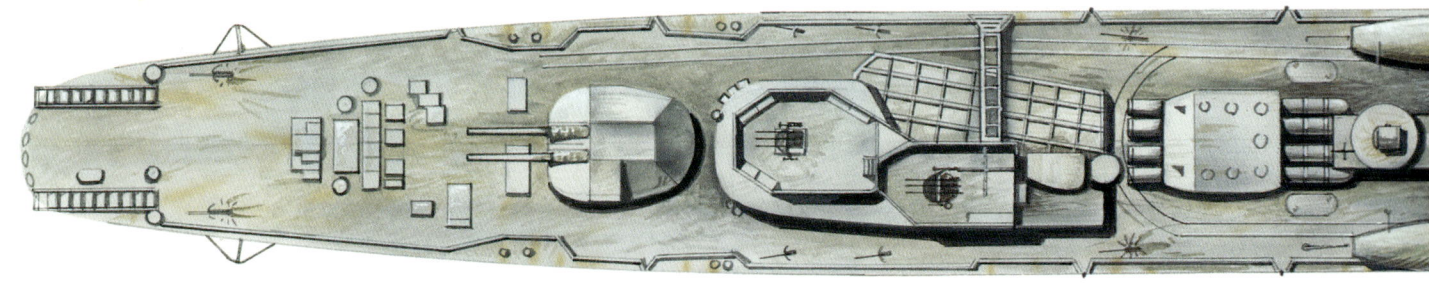

Higgins – technische Daten

Wasserverdrängung:	35 t
Abmessungen:	23,7 m × 6,32 m × 1,52 m
Antrieb:	drei Benzinmotoren mit 4500 PS, drei Wellen
Geschwindigkeit:	41 Knoten
Fahrbereich:	555 km bei 41 Knoten
Bewaffnung:	4 × 533-mm-Torpedos 1 × 40-mm-Geschütze, 2 × 20 mm-Geschütze
Besatzung:	17 Mann

Im Vergleich zu anderen bedeutenden Kriegsprogrammen der Vereinigten Staaten schien jenes für die amphibische Kriegsführung – zumindest aus Sicht der Betroffenen – gefährlich langsam in Gang zu kommen. Die ersten zehn der unschätzbar wichtigen Panzer-Landungsboote wurden Ende des Jahres 1942 in Dienst gestellt, aber auf Grund der „Deutschland zuerst"-Politik der Alliierten schickte man sie in europäische Gewässer. Auf der pazifischen Bühne wurde zum ersten Mal am 3. Juni 1943 eine Kombination aus Panzer-Landungsschiffen und Panzer-Landungsbooten eingesetzt, als die Amerikaner im Zuge des Vormarsches entlang der Salomoninseln Rendova angriffen.

Da Panzer im Pazifik nur in geringer Anzahl eingesetzt wurden, konnten mit den Panzer-Landungsschiffen auch Truppen und Kampftechnik direkt an den Strand gebracht werden, wodurch das riskante und zeitaufwändige Umsteigen von Angriffstransportern und Lastschiffen wegfiel. In frühen Operationen transportierten die Panzer-Landungsschiffe die Laster bereits fer-

Oben: Die USS *Helena* feuert ihre letzte Salve, kurz bevor sie während dem Gefecht vor Kolombangara am 5. Juli 1943 den japanischen Torpedos zum Opfer fällt. Im Schutze der Dunkelheit landete die japanische Marine Truppen und Vorräte und zeigte damit ihr hervorragendes Können im Bezug auf nächtliche Angriffe. Erst Mitte 1943 ließen der überlegene Radar der Amerikaner und neue Taktiken die Überlegenheit der Japaner zusammenbrechen.

Die amphibischen Landungen der Amerikaner lösten eine lange Serie von nächtlichen Angriffen zwischen den Überwasserstreitkräften aus. Da die japanischen Zerstörer im Besitz der besten Torpedos der Welt waren, galten sie als besonders gefährlich und fügten den alliierten Streitkräften einige heftige Niederlagen zu. Hier ist die *Yukikaze* zu sehen, der einzige von 18 Kagero-Klasse-Zerstörern, der den Krieg überstand.

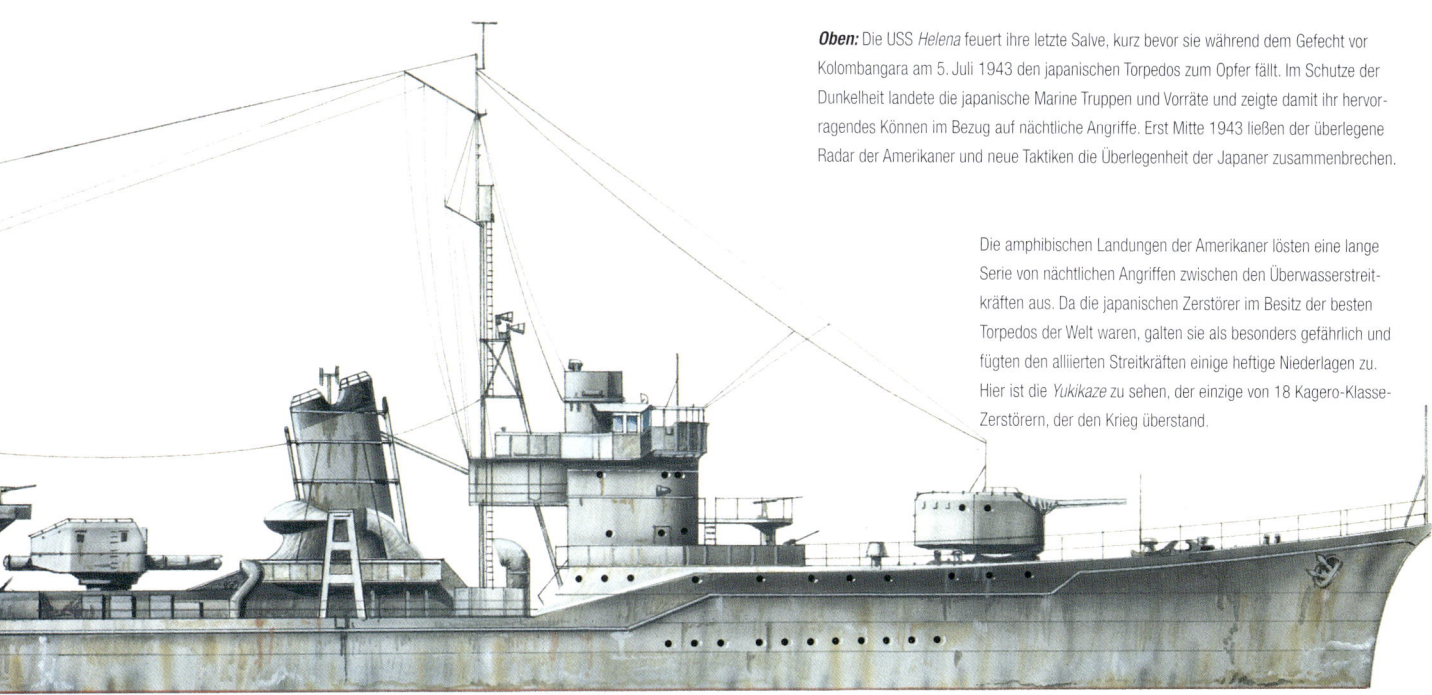

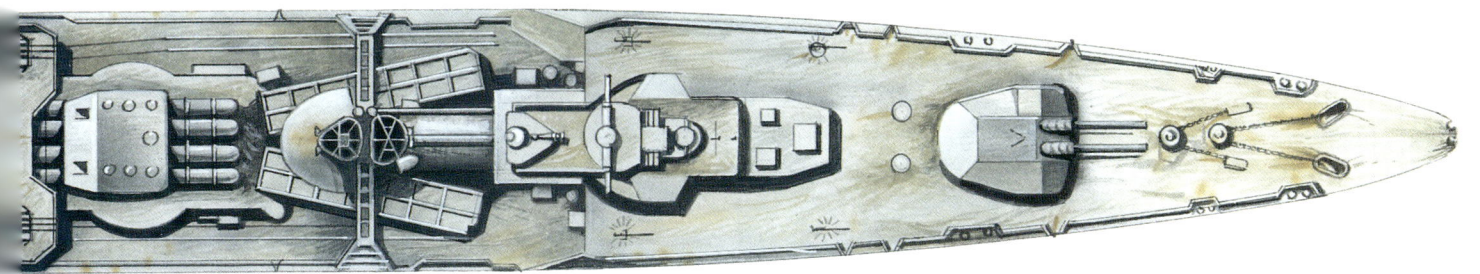

LSD1-8 – technische Daten

Wasserverdrängung:	4270 t Standard	Bewaffnung:	1 × 127-mm-Geschütz (US-Schiffe)
	7950 t maximal		oder 1 × 76-mm-Geschütze (britische Schiffe)
Abmessungen:	139,5 m × 22 m × 5,3 m		und zstl. bis zu 16 × 20 mm-Geschütze
Triebwerk:	zwei Dampfkolbenmotore mit 11 000 PS,	Ladekapazität:	zwei LCT (3) oder LCT (4)
	zwei Wellen		oder drei LCT (5) oder 36 LCM,
Höchstgeschwindigkeit:	17 Knoten		Besatzung der Landefahrzeuge
Fahrbereich:	14 830 km bei 15 Knoten	Besatzung:	254 Mann

tig geladen um sie schneller absetzen zu können. Diese Verfahrensweise lastete jedoch die Kapazität nicht voll aus, weshalb man dazu überging, achtern am Panzerdeck die Fracht zu verstauen und vorn die schon geladenen Lastwagen. Letztere sollten einige Fahrten unternehmen um das Schiff zu entladen.

Als weitere wichtige Errungenschaft stellten sich die Schlepper heraus. Sie konnten jene Strände mit Dammwegen versehen, an denen die Panzer-Landungsschiffe auf Grund einer zu flachen Neigung weit draußen aufsetzten. Kurz vor dem Anlanden warf das Panzer-Landungsschiff achtern einen Warpanker aus. So blieb das Schiff mit dem Bug in Küstennähe und konnte notfalls schnell wieder abziehen.

Im Südwestpazifik, angefangen mit Neuguinea, waren die III. und IV. amphibischen Verbände hauptsächlich mit Land-Land-Bewegungen beschäftigt. Hier erwiesen sich die aus Zerstörern hervorgegangenen APD bei der Anlandung von etwa 250 Marineinfanteristen als unschätzbar wichtig. Dafür benutzten sie ihre Mannschafts-Landungsboote (R) (im transpazifischen Insel-Feldzug waren die meisten Amphibienfahrzeuge für Nimitz' „V. Phib" reserviert).

Der Angriffsspitze folgten leicht bewaffnete Panzer-Landungsboote mit den Panzerführern der Landungstruppen und Infanterie-Landungsschiffe mit den Truppen. Die Infanterie-

Landungsschiffe der Amerikaner hatten keine Rampen, sondern Gangways für die Besatzung oder Laufplanken an jedem Bug.

Gegen Ende des Jahres 1943 wurde das erste Docklandungsschiff (LSD) in den Dienst gestellt. Das LSD, ein selbst fahrendes Schwimmdock, war praktisch eine vollständige Angriffsstreitmacht. In seinem Inneren konnten derartige Kombinationen wie drei kleine oder zwei voll beladene Panzer-Landungsboote, 14 Mittlere Landungsboote oder 41 Amphibienfahrzeuge untergebracht werden. Ergänzende Truppentransporte und Frachtschiffe waren nach wie vor von Nöten.

Der Insel-Feldzug

Während sich die Streitkräfte im Südwestpazifik mühsam zu ihrem letzten Ziel, den Philippinen, vorarbeiteten, untersuchte Nimitz den direkten Weg nach Japan über die unter Mandat stehenden Gebiete. Die Inselgruppen hatten Namen, die bald sehr vertraut klingen sollten: die Gilbert- und Marschallinseln, die Karolinen und die Marianen.

Unten: Im Dezember 1943 landete das US-Panzer-Landungsschiff LST-341 am Segi Point, New Georgia. Der Decksaufbau war getarnt.

Die USS *Belle Grove* war das zweite Schiff der ersten Klasse der amerikanischen LSD (Docklandungsschiffe). Obwohl sie seit 1942 in großen Stückzahlen für die US Navy gebaut wurden, war der Entwurf aus Großbritannien und die ersten Modelle wurden in US-Werften für die Königliche Marine gebaut. Nur sieben Stück wurden jedoch letztendlich an die Briten geliefert, während die US Navy 20 Schiffe für sich behielt. Das LSD, eigentlich ein selbst fahrendes Trockendock, stiftete die Grundidee für das heutige ro-ro-Frachtschiff.

Oben: Der Zerstörer USS *McCalla* der Gleaves-Klasse einen Tag, bevor er in Dienst gestellt wurde, am 26. Mai 1942. Diese Art der Tarnung war im Feldzug auf den Salomonen unter den amerikanischen Zerstörern weit verbreitet.

Links: Auf Tarawa fielen im November 1943 4500 Mann der japanischen Marine. Ihr Kommandant, der Konteradmiral Keiji Shibasaki, wurde am ersten Tag von amerikanischem Seefeuer getroffen, aber der Widerstand dauerte noch drei Tage an. Es wurden nur 17 japanische Gefangene gemacht. Die 2. Marinedivision der Vereinigten Staaten verzeichnete 997 Opfer, 88 Vermisste und 2233 Verwundete.

Von diesen Inseln, die doch nur als kleine Hügel aus dem Wasser des Ozeans herausragten, waren meist nur eine oder zwei jeder Gruppe groß genug um von strategischem Nutzen zu sein. Nimitz wollte nur diese einnehmen und alle anderen überspringen, die möglicherweise besetzt sein könnten – sie isolieren und „am Rebstock verdorren lassen".

Den Verträgen von Washington zum Trotz, hatte Japan geeignete Inseln ausgebaut um ein Netz aus Flugplätzen, Flugboot-Stützpunkten in Lagunen und Einrichtungen für die Flottenvorhut zu errichten. Obwohl Nimitz' Ressourcen nicht unerschöpflich waren, weshalb die Operationen nacheinander durchgeführt werden sollten, überschnitten sich die einzelnen Schritte um den Zeitplan zu straffen. Als Erstes mussten die Gilbertinseln erobert werden, da sie zwischen den von den Alliierten besetzten Ellice-Inseln und den Marschallinseln lagen.

Oben: Während des nächtlichen Einsatzes vor Tassafaronga im November 1942 verlor der schwere Kreuzer *Minneapolis* durch einen japanischen Torpedo seinen Bug. Hier ist er zu Reparaturzwecken auf dem Weg nach Pearl Harbor. Drei seiner Schwesterschiffe waren zwei Monate vorher bei der katastrophalen Niederlage bei der Insel Savo versenkt worden.

Links: 12. November 1942: Die USS *President Jackson* dreht bei einem Angriff japanischer Flugzeuge von Rabaul hart nach Backbord. Rechts ist gerade ein japanisches Flugzeug auf den Kreuzer *San Francisco* gestürzt. In der nächsten Nacht kehrten die Überwasserstreitkräfte der Japaner zurück und belegten Henderson Field mit Feuer, wobei sie eines ihrer Schiffe in einem wilden Nahkampf mit amerikanischen Zerstörern und Kreuzern verloren.

USS Ancon – technische Daten

Wasserverdrängung:	13 910 t
Abmessungen:	132,59 m × 19,2 m × 7,32 m
Antrieb:	Dampfturbinen mit 6600 PS, eine Welle
Höchstgeschwindigkeit:	17 Knoten
Bewaffnung:	2 × 127-mm-Geschütze, 8 × 40-mm-Geschütze, 20 × 20-mm-Geschütze
Besatzung:	insgesamt 875 Mann

Unten: Die Versuche, Landungen von Kriegsschiffen aus zu steuern hatten Kommunikationsprobleme mit sich gebracht. Deshalb wurden speziell für diesen Zweck Schiffszentralen eingerichtet. Die USS *Ancon*, ein ehemaliger Liner, wurde zum ersten Flaggschiff der amphibischen Streitkräfte der US Navy umgebaut. Sie diente in Salerno, in der Normandie und Okinawa als Schiffszentrale.

Oben: Der Angriff auf Iwo Jima, 19. Februar 1945. Iwo war die blutigste Schlacht in der Geschichte des US Marinekorps und die einzige Schlacht des Krieges im Pazifik, bei der die amerikanischen Streitkräfte mehr Soldaten verloren als die Japaner.

Rechts: An Land unterstanden 22 000 Japaner dem gut geführten Befehl des Generalleutnants Kuribayashi, der vorher die Kaisergarde angeführt hatte. Von seinen Truppen überlebten nur 200 Mann und auch er selbst kam ums Leben. Die USA verzeichnete auf ihrer Seite 6891 Tote und fast 19 000 Verletzte.

Die einzigen drei Inseln von Bedeutung – Tarawa, Makin und Abemama – waren nur 700 Meilen vom nächsten Flugplatz der Alliierten entfernt. Aber erst im Oktober 1943 würden wieder genügend Flugzeugträger bereitstehen um dieses Manko zu beheben. Mit sieben zugesagten neuen Flottenträgern und sieben zusammengestellten Hilfsträgern wollte Nimitz sich im November in Bewegung setzen. Die Aufstellung der Truppen war äußerst schwierig, da für die Gilbertinseln 35 000 Mann benötigt wurden und für die Marschallinseln nur zehn Wochen später 85 000 Mann.

Links: US-Kommandanten im Zentralpazifik (von links): Admiral Nimitz, Generalleutnant Emmons, Vizeadmiral Fletcher, Vizeadmiral Spruance und Generalleutnant Buckner. Letzterer war das ranghöchste Kriegsopfer der US-Armee. Er kam am 18. Juni 1945 bei Okinawa in einem Artilleriefeuer der Japaner ums Leben.

Unten: Vorräte werden von Landungsbooten an den Strand von Iwo Jima gebracht. Die unzähligen *kamikaze*-Angriffe auf die vor Land liegende Flotte schafften es nicht, die Invasoren zu vertreiben. Noch bevor die letzte Besatzung die Garnison verlassen hatte, landeten B-29 auf dem Flugplatz der Insel.

Betio, der wichtigste Teil Tarawas, war das Angriffsziel der 2. Marinedivision und für die Theorie der amphibischen Kriegsführung die erste große Probe aufs Exempel. Betio hatte die Form eines lang gezogenen Dreiecks von etwa 3200 Metern Länge und, am breitesten Punkt, 550 Meter Breite. In einem Netz aus sich gegenseitig unterstützenden Festungen hatten 4500 Kämpfer unter dem Kommando eines Konteradmirals feste Stellung bezogen.

Die Prognose für die Gezeiten zeigte, dass die Wassertiefe zur X-Zeit zu gering sein würde um die Fahrzeug- und Mannschafts-Landungsboote über die Riffs um die Insel steuern zu können. Holland Smith verließ sich deshalb auf Panzer-Landungsfahrzeuge, einige neu, andere schon lange im Dienst befindlich. Sie sollten nacheinander die Soldaten von den Landungsbooten holen. Turner hielt nicht viel von den langsamen Amphibienfahrzeugen, und erst eine heftige Auseinandersetzung mit Smith ließ ihn seine Meinung ändern.

Am 20. November 1943 um 04.40 wurde auf Betio ein Luftangriff von drei Flugzeugträgern und ein zweieinhalbstündiges Bombardement von drei Kriegsschiffen, vier Kreuzern und mehreren Zerstörern gestartet. Ungeschickterweise hatte man die altgediente *Maryland* aus Pearl Harbor zur Schiffszentrale erkoren – ihre Salven lösten schwere Erschütterungen aus, die die feinen Kommunikationsmittel außer Gefecht setzten. Der Zeitplan konnte nun nicht mehr flexibel gestaltet werden.

Die in drei Züge unterteilten Panzer-Landungsfahrzeuge mussten bis zum Strand über sechs Meilen zurücklegen. Da sie kurzzeitig den Zusammenhalt verloren hatten, kamen sie etwa 30 Minuten zu spät an, in denen sich die Verteidiger von dem Bombardement erholen und ihre Streitkräfte auf die offensichtlichen Angriffspunkte konzentrieren konnten. Als sich die Schlepper und ihre Besatzung dem Strand näherten, erwartete sie ein fürchterlicher Gegenschlag, ausgeführt von kaum beschädigten Festungen. Die Fahrzeuge, die nicht sofort gänzlich zerstört wurden, waren im Großen und Ganzen so durchlöchert, dass sie nicht mehr wie geplant zum Riff zurückkehren konnten.

Weitere Soldaten von den Mittleren Landungsbooten wa-

Links: Das Kriegsschiff *Idaho* leistet Feuerunterstützung für die Landungen auf Okinawa. Hier bemühte sich der japanische Kommandant nicht, die Wasserlinie zu verteidigen, da das Unterstützungsfeuer der Amerikaner zu stark war. Stattdessen konzentrierte er die Verteidigungskräfte im Landesinneren, wo sie den US-Aufklärern verborgen blieben.

Unten: Landungsboote am Strand von Okinawa, unterhalb des Berges Suribachi. Auf der Insel befanden sich etwa 110 000 japanische Soldaten, von denen 95 % ums Leben kamen. Auch 150 000 Inselbewohner starben (ein Drittel der Bevölkerung).

153

Oben: Die japanischen Zerstörer der Fubuki-Klasse nahmen in großer Anzahl am „Tokioexpress" auf den Salomonen teil. Von 1943 an stieg die Gefahr amerikanischer Luftangriffe, so dass bis zu 14 25-mm-Kanonen angebracht wurden.

Technische Daten

Wasserverdrängung:	2090 t
Abmessungen:	118,35 m × 10,36 m × 3,2 m
Antrieb:	zwei Dampfturbinen mit Generator, mit 50 000 PS, zwei Wellen
Höchstgeschwindigkeit:	37 Knoten
Fahrbereich:	8700 km bei 15 Knoten
Bewaffnung:	6 × 127-mm-Geschütze, 9 × 610-mm-Torpedorohre mit 18 Torpedos
Besatzung:	197 Mann

Oben: US-Truppen betrachten das Wrack eines Kawanishi H8K Flugbootes (Alliierter Codename „Emily") auf dem Makin-Atoll. Die Japaner errichteten Flugbootstützpunkte überall im Land und hatten vor, H8Ks bei einem Angriff auf Oahu einzusetzen. Dieses 10-Mann-Flugzeug hatte zur Verteidigung 5 × 20-mm-Kanonen und vier Maschinengewehre bei einer Reichweite von 4500 Meilen zur Verfügung.

ren Angehörige der leichten Artillerie und schwer bepackte Marineinfanteristen verließen das gestrandete Boot auf Höhe des Riffs und wateten ins hüfthohe Wasser. Viele stolperten über die schroffen Korallen oder wurden verwundet – sie ertranken unter ihrem schweren Gewicht. An Land versuchten etwa 1500 Überlebende verzweifelt sich gegenüber dem Feind zu wehren,

dessen Festung nur einem Direktangriff mit Flammenwerfern nachgab.

Den ganzen Tag hindurch blieb der Ausgang im Ungewissen, da auch die riesige Armada vor der Küste nicht zu Hilfe eilen konnte. Ohne Kommunikation konnten die Kommandanten der Streitkräfte den weiteren Transport nicht unterbinden, so dass

Links: Präsident Roosevelt mit General MacArthur und Admiral Nimitz. Seine Kommandanten verfolgten zwei unterschiedliche Routen nach Japan, eine Tatsache, die als Vergeudung von Ressourcen bezeichnet werden könnte, hätten die Amerikaner nicht die Vorteile einer industriellen Vormachtstellung auf ihrer Seite gehabt.

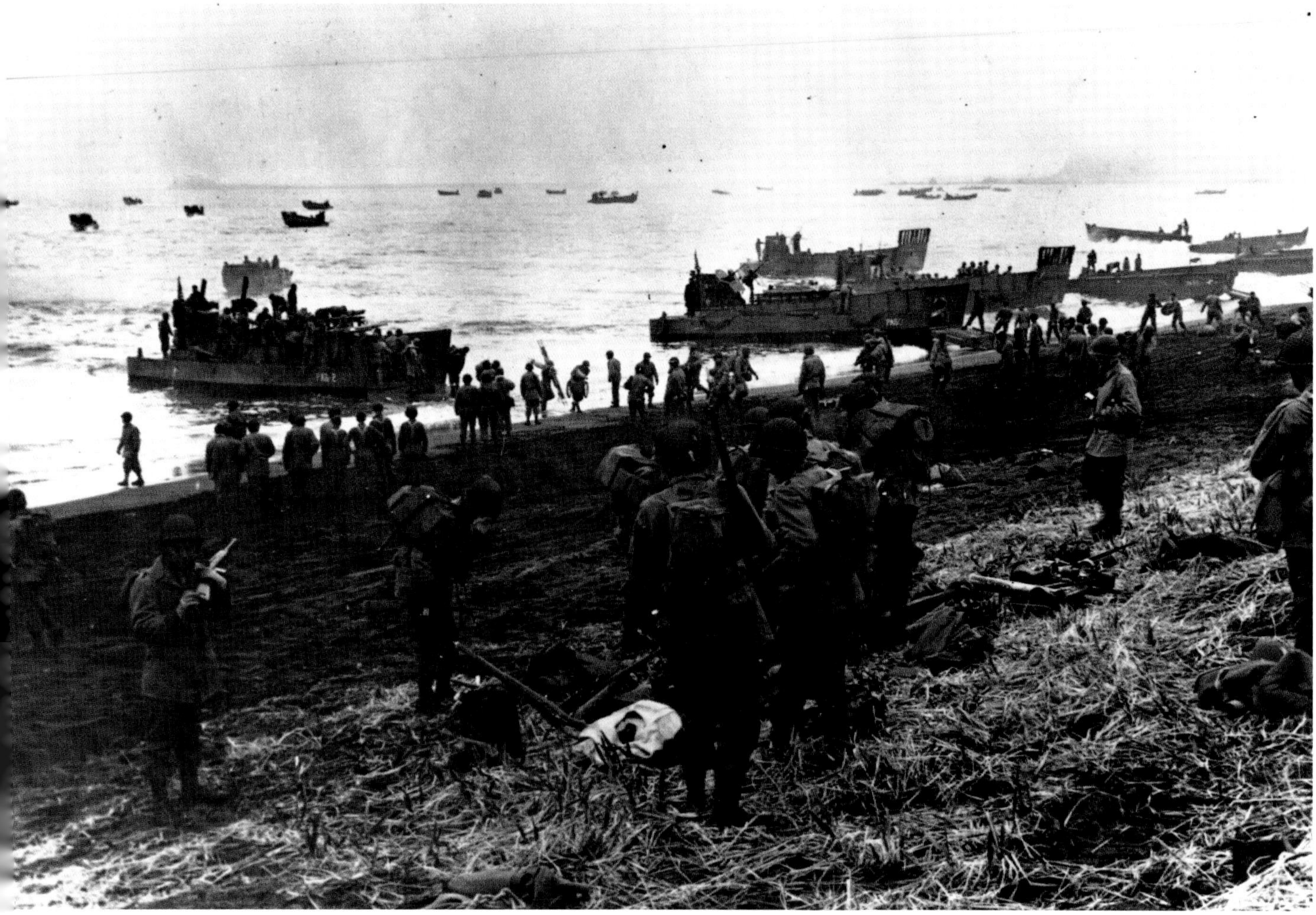

Links: Amphibische Schlepper landen auf Enwietok auf den Marschallinseln, wo das amerikanische Bombardement nichts als verkohlte Baumstämme zurückließ. Diese Amphibienfahrzeuge waren ein großer Fortschritt, da die US-Streitkräfte damit die Strandverteidigung überrennen und ins Inland vordringen konnten.

Oben: 11. Mai 1943: US-Truppen gehen in der Bucht von Massacre der Insel Attu der Äleuten an Land. Bei ihrem schneller Vormarsch überrannten sie Insel.

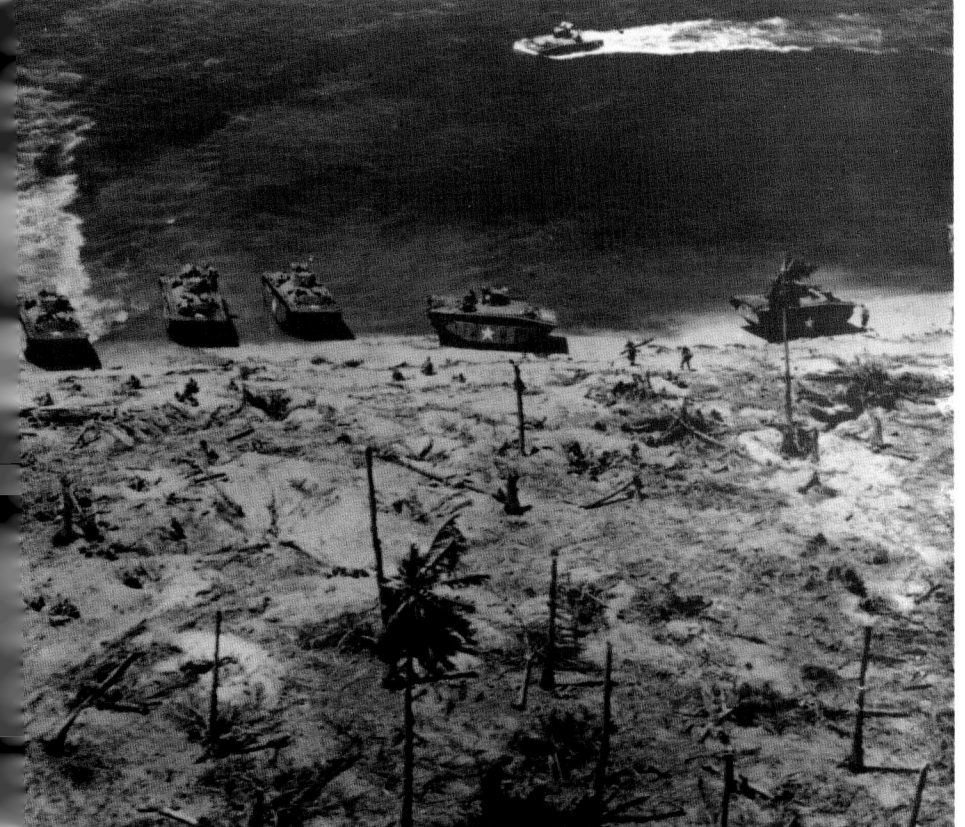

Mittlere Landungsboote mit noch nicht benötigter Last vor dem Riff unter Beschuss warten mussten. Am Ende dieses quälenden Tages waren die Strandtruppen auf 5000 Mann verstärkt, aber ein Drittel von ihnen war bereits gefallen.

Es dauerte 72 Stunden um Betios blutige Fläche von 300 × $4046{,}8\,m^2$ einzunehmen. Auf einer Nachbarinsel gelandete Artillerie unterstützte den Einsatz. Mehr als 1000 Amerikaner kamen ums Leben. 90 Panzer-Landungsfahrzeuge wurden verloren, zwei Drittel ihrer Besatzung kamen um.

Seit dem Bürgerkrieg hatten die Vereinigten Staaten kein Blutvergießen in solchem Ausmaß mehr erlebt, und noch lag ein langer Weg vor ihnen. Die schockierte Öffentlichkeit, die die Operation oft verurteilte, beeinflusste in großem Maße die Planung für den Angriff auf die Marschallinseln.

In einem vorbereitenden Zug wurde das nicht besetzte Majuro-Atoll als Ankergrund für die Flotte eingenommen und der Rest der Gruppe zu den Hauptzielen Kwajalein und Roi-Namur

Links: Während des Krieges im Pazifik kombinierten sowohl die Amerikaner als auch die Japaner amphibische Angriffe mit dem Einsatz von Luftlandetruppen. Hier landen US-Fallschirmjägereinheiten auf Neuguinea, November 1943.

Unten: Dezember 1943: B-25 Mitchell-Bomber der 5. US-Armeeinheit begleiten einen US-Marineinfanteristen transportierenden Konvoi auf dem Weg nach Kap Gloucester.

geschleust. Hier sollten die noch ungeschwächte 7. Infanteriedivision und die 4. Marinedivision zum Einsatz kommen. Luftaufklärung von den schnell errichteten Flugplätzen auf den Gilbertinseln erkundete haargenau die Positionen der 8000 Verteidigungspunkte auf der Insel. Das neue Ziel war nicht nur die Niederkämpfung der festen Verteidigungsanlagen, sondern deren völlige Zerstörung. Zu diesem Zweck standen Admiral Spru-

ance sechs Flotten und sechs Hilfsträger zur Verfügung, die von sechs neuen Kriegsschiffen unterstützt wurden. Darüber hinaus übernahmen altgediente Kriegsschiffe und acht Begleitträger die Nah- und Luftunterstützung.

In drei Tagen setzten die von den Trägern durchgeführten Angriffe die feindlichen Luftstreitkräfte außer Gefecht; drei Nächte andauerndes Störungsfeuer von See ließ die Verteidigung

zerbröckeln. Am 1. Februar 1944 kamen die Versorger bis auf weniger als eine Meile heran und die Angriffsschiffe drängten geschützt von einem Kugelhagel voraus. Mit Raketen bewaffnete Infanterie-Landungsboote folgten. Die unauffällig auf winzigen Nachbarinseln stationierte Artillerie hielt ein konstantes Flankenfeuer aufrecht. Anders als in Tarawa erreichte der erste Teil der Soldaten den Strand, als die Verteidiger noch von den

Oben: Bei einem weiteren Einsatz entlang der Küste Neuguineas durchqueren amerikanische Landungsboote auf dem Weg nach Hollandia die Humboldt-Bucht. Wiederholt umging MacArthur japanische Festungen, indem er die amerikanische Überlegenheit zu Wasser und in der Luft erfolgreich dafür nutzte, Landeköpfe hinter der feindlichen Front einzurichten.

Links: Ein Flammenwerferteam läuft während der Schlacht um Bougainville in den nördlichen Salomoninseln an der Leiche eines japanischen Schützen vorüber. Während des Inselfeldzugs wurden Flammenwerfer massiv eingesetzt. Sie gehörten zu den wenigen Waffen, die gegen die von den Japanern besetzten Bunker ankam.

vielfältigen Auswirkungen der 6000 Tonnen Sprengstoff gelähmt waren. Unter den jetzt zahlreich vorhandenen Panzer-Landungsfahrzeugen waren Modelle mit verbesserten Schutzvorrichtungen und am Geschützturm befestigten Kanonen.

Roi-Namur war schon am Ende des zweiten Tages in amerikanischer Hand, Kwajalein jedoch dauerte beinahe eine Woche, da die herkömmliche Kriegsführungsmethode der Armee in diesem Fall nicht so angebracht war wie die der Marine. Über 30

Operationen waren von Nöten um das gesamte, gut verteidigte Atoll zu unterwerfen, doch dank der überwältigenden Feuerstärke und einer um vieles verbesserten Planung blieb die Zahl der Opfer unter 400 Mann. Die Japaner, die bis zum bitteren Ende gekämpft hatten, verloren 8000 Mann – es ergaben sich am Ende weniger als 300.

Im Juni 1944 bewegte sich der amphibische Moloch der Amerikaner weiter in Richtung der Marianen. Wieder sollten

drei Hauptinseln angegriffen werden – Guam im Süden, Saipan und Tinian im Norden. Von diesen drei Inseln war Saipan die härteste Nuss. Es war keine Koralleninsel, sondern eine 13 Meilen lange und fünf Meilen breite Insel mit einem bergigen, bewaldeten Inland. Die Küstenriffe stellten das übliche Problem dar. Beinahe 30 000 Mann der japanischen Armee und Marine bewachten die Insel, auf der auch die japanische Bevölkerung zahlreich vertreten war. Es war dort sehr einfach, Gräben auszu-

Links: Die Panzerabwehr-Kompanien der US Marine waren mit M3 Halbkettenfahrzeugen ausgestattet, die mit einem 75-mm-Geschütz bewaffnet waren. Sie wurden 1945 von M7 105-mm-Panzerhaubitzen ersetzt – jeweils vier wurden einem Regiment zugesprochen. Die Gefahr eines japanischen Panzerangriffs war mehr als gering; was die Marineinfanteristen brauchten war eine gepanzerte Feuerunterstützung für die Niederschlagung japanischer Festungen.

Mogami-Klasse – technische Daten

Wasserverdrängung:	Standard 12 400 t
Abmessungen:	203,9 m × 20,2 m × 5,8 m
Antrieb:	Turbinen mit Generator, mit 150 000 PS, vier Wellen
Bewaffnung:	10 × 203-mm-Geschütze, 8 × 127-mm-Geschütze, 8 × 25-mm-Flak, 12 × 610-mm-Torpedorohre
Flugzeuge:	drei Wasserflugzeuge
Besatzung:	850 Mann
Klasse:	Mogami, Mikuma, Suzuya, Kumano

heben und es gab Festungen genug um eine verzweigte Verteidigungsanlage in der Tiefe auszubauen.

Die Größe der Insel und ihr dichtes Blätterdach schränkten die Luftaufklärung erheblich ein. Das dem Angriff vorausgehende Bombardement war zu kurz und übersah ein niedriges Tal völlig, da sich die Flieger eher parallel zu den Landungsstränden hielten, die mit japanischen Mörsern und leichter Artillerie gespickt waren.

Der Anfang des Angriffs sollte von der 2. und 4. Marinedivision übernommen werden, doch auf Grund von schlechter Positionierung entstand zwischen den beiden Einheiten ein Abstand von einer halben Meile. In diesen drangen die Japaner ein, um in der perfekten Position die Strände mit Flankenfeuer belegen zu können.

Auch unter schwächer werdendem Beschuss weigerten sich manche Fahrer von Panzer-Landungsfahrzeugen, ihre Truppen wie befohlen weiter landeinwärts abzusetzen. In der Tat kehrten sie manchmal sogar um, ohne Vorräte oder Munition auszuladen, auf die die Truppen doch angewiesen waren. Die meisten der 700 Panzer-Landungsfahrzeuge wurden von den 64 Panzer-Landungsschiffen ausgesetzt. Zwei Docklandungsschiffe setzten bereits mit Panzern geladene Mittlere Landungsboote über. 24 Stunden lang hielten sich die Kräfte der beiden Seiten die Waage.

Einmal gelandet, drangen die Invasoren kontinuierlich nach vorn, doch es dauerte noch 23 Tage, bis Saipan sich ergab. Der Einsatz von Lazarettschiffen verringerte die Zahl der Todesopfer, aber dennoch kamen etwa 3400 Mann ums Leben oder galten als vermisst und 13 000 waren schwer verwundet. Auf der gegnerischen Seite wurden fast 24 000 Opfer gezählt, aber noch 1800, hauptsächlich koreanische Soldaten, wurden zur Aufgabe gezwungen.

Da die Situation auf Saipan den Einsatz von Reservestreitkräften erfordert hatte, musste der Angriff auf Guam verschoben werden. Doch dafür wurden die bereits gelernten Lektionen

Oben: Am 15. Juni 1944 griff das 5. amphibische Korps der USA Saipan an. Die Eroberung der Marianen verschaffte den USAAF (amphibische Streitkräfte der US-Armee) Stützpunkte, von denen aus die B-29 Japan erreichen konnten. Saipan fiel am 9. Juli. Einer der japanischen Befehlshaber, der dort Selbstmord beging, war Admiral Nagumo, Befehlshaber des Überfalls auf Pearl Harbor 1941.

Links: Oktober 1943: *Minneapolis, San Francisco* und *New Orleans* bombardieren japanische Positionen auf der Insel Wake.

Die japanischen schweren Kreuzer mit 203-mm-Geschützen stellten sich auf den Salomonen als tödliche Gegner heraus. Ihre mächtigen Waffen waren für die alliierten Streitkräfte eine unangenehme Überraschung. Die hier dargestellte Mogami-Klasse war die Antwort auf die US Brooklyns und hatte 15 × 152-mm-Geschütze an Bord, die 1939 durch 10 × 203-mm-Geschütze ersetzt wurden.

Links: Nach 17 Tagen Seebombardement und Luftangriffen kehren die US-Streitkräfte am 20. Juli 1944 wieder nach Guam zurück. Einzelne Besatzungsmitglieder der japanischen Garnisonen verschwanden im Dschungel und wurden dort nach Kriegsende aufgefunden. Zwei einzelne Soldaten ergaben sich erst 1960.

Unten: US-Seesoldaten unter Beschuss auf Guam. Die Insel wurde am 10. April eingenommen. Bis dahin war der Großteil der 20 000-Mann-Garnison gefallen oder hatte Selbstmord begangen. Die USA verzeichneten 1023 Tote und 6777 Verletzte.

wieder beherzigt: Das Vorgefechtsbombardement war so heftig, dass die Garnisonen – die genau so groß waren wie die auf Saipan – ins Hinterland fliehen mussten. Die Insel wurde mit einem Drittel des Aufwandes eingenommen.

So wie Guadalcanal der Auslöser für mehrere bedeutende Marineoperationen gewesen war, hatte auch der Angriff auf die Marianen seine Folge: die Schlacht im Philippinischen Meer. Mit neun Flugzeugträgern und 430 Flugzeugen stürzte sich die japanische Flotte auf Spruance' 5. Flotte. Doch die Amerikaner waren nicht nur in Besitz doppelt so vieler Flugzeugträger, sondern hatten diese auch noch durch eine „Geschützlinie" abgeschirmt, die wiederum von einer aggressiven Kampfpatrouille unterstützt wurde, die mit neuer Munition mit Abstandszünder kämpfte. In dieser Schlacht, die später als „das große Truthahn-Schießen bei den Marianen" bekannt wurde, verloren die Japaner etwa 450 Flugzeuge (darunter auch landgestützte) und drei Flugzeugträger. Die Flugzeugbesatzung erlitt Verluste, die nicht mehr ausgeglichen werden konnten. Angesichts der überwältigenden und stetig zunehmenden Stärke der trägergestützten Luftstreitkräfte der Vereinigten Staaten verlor die Flotte Japans als effektive Streitmacht an Bedeutung.

Die Richtung, in die sich Nimitz und MacArthur auf ihrem Vormarsch bewegten, ließ die Japaner bereits ahnen, dass die

Die Panzer-Landungsschiffe 614, 667 und 555 landen Schlepper und Kräne im Golf von Lingayen, Januar 1945. Admiral Nimitz bemerkte nach dem Krieg, dass er nicht so viele Angriffe auf von Japanern gehaltene Atolle befohlen hätte, hätte er gewusst, wie schnell die Konstruktionseinheiten der Navy Luftstützpunkte bauen konnten.

Philippinen das nächste große Ziel sein würden. Dennoch entwickelte MacArthur vier umfassende Alternativpläne um alle Eventualitäten auszuschließen. Ende September und Anfang Oktober 1944 bekämpften die Trägerstreitkräfte der Amerikaner die mittleren und nördlichen Inseln der Philippinen, Okinawa und Formosa, wobei ihnen nicht weniger als 1800 japanische Flugzeuge zum Opfer fielen.

Am 20. Oktober landeten zahlreiche Angriffsstreitkräfte praktisch ohne Widerstand auf der zentral gelegenen Philippineninsel Leyte. Die Erwartung war, dass der Feind, jeglicher lo-

kaler Luftstreitkräfte beraubt, den Rest seiner Flotte opfern würde. Und so war es.

Der Plan der Japaner sah vor, die ihrer Flugzeuge beraubten Flugzeugträger als Köder zu benutzen um die Luftdeckung der Amerikaner abzulenken. Daraufhin sollten starke Überwasserstreitkräfte gleichzeitig von Norden und Süden auf Leyte zustreben. Um ein Haar wäre das Vorhaben gelungen, doch das Ergebnis war letztendlich nur eine Reihe von vier Angriffen – gemeinhin bekannt als die Schlacht im Golf von Leyte – in denen die japanische Flotte vernichtet wurde. Ihr Fehler war es ge-

wesen, sich auf landgestützte Luftstreitkräfte zu verlassen – ohne sich darüber im Klaren zu sein, dass diese Luftstreitkräfte nicht mehr existierten.

Da die Philippinen sich aus einem ausgedehnten, komplexen Gebiet zusammensetzen, wurden viele amphibische Schiffe in der Gegend gelassen. Diese mussten sich mit zwei neuen Gefahren auseinandersetzen: Zum Einen begann die Taifunsaison. Die Sicherungsflotte, die das Feld behaupten musste (die 3. Flotte Admiral Halseys) wurde davon erheblich in Mitleidenschaft gezogen – sie verlor drei Zerstörer und viele Schiffe wur-

den beschädigt. Die Flugzeugträger waren sogar so zerstört, dass 150 Flugzeuge Totalschäden erlitten. Zum Anderen begannen die *kamikaze*-Flüge der Japaner. Die Eskortflugzeugträger, die vor Samar die Landstreitkräfte unterstützten, gerieten unter den Beschuss dieser Selbstmordflugzeuge.

Im Norden marschierte Nimitz unbarmherzig weiter. Durch die Besetzung der Marianen lag Japan nun in der Reichweite der neuen schweren Bomber Boing B-29 „Superfortress". Doch die Strecke war sehr lang, so dass die Bombenladung begrenzt und ein Begleitschutz unmöglich war. Deshalb wendeten die Amerikaner ihre Aufmerksamkeit zuerst Iwo Jima zu, einer 2 × 4-Meilen-Insel, einer Vulkaninsel auf halbem Weg nach Japan.

Unten: Vor der Landung der Amerikaner auf Neuguinea im April 1944 greifen US-Flugzeuge japanische Positionen in Hollandia an.

Iwo Jima

Die Japaner hatten vorausgesehen, dass die zwei Flugplätze der Insel eine leichte Beute für die Amerikaner sein würden und sie deshalb mit 20 000 Mann verstärkt. Ihr Befehl lautete, die beiden Orte zu befestigen und sie bis auf den letzten Mann zu verteidigen, nachdem sie den *kamikaze*-Fliegern genügend Zeit gelassen hätten, die Versorgungsschiffe vor der Küste unschädlich zu machen. Und in der Tat war die Insel eine Festung. Die Vulkankrone des Suribachi thronte über beiden in Frage kommenden Landungsstränden und die Hänge des Berges ließen sich gut für die Positionierung von Artillerie nutzen.

Die Garnison hatte die Insel mit einem Netz aus Festungen überzogen, die oft bis weit unter die Erde reichten und durch ein wahres Labyrinth aus Gängen miteinander verbunden waren. So konnte sie dem Feind sowohl in unmittelbarer Nähe der Ufer als auch auf dem Festland Widerstand leisten.

Spruance rechnete bereits mit dem Angriff der *kamikaze*-Flieger. Aus diesem Grund rüstete er die Flugzeugträger seiner 5. Flotte (elf Flottenträger und fünf Hilfsträger) vor allem mit Jagdflugzeugen aus. Schon drei Tage vor dem Angriff ließ er durchgängige Anschläge auf jeden japanischen Flugplatz durchführen, der sich möglicherweise an dem Kampf beteiligen könnte. Außerdem nahmen vier Kriegsschiffe die Berghänge

Oben: Viele Infanterie-Landungsboote wurden zur Benutzung von Feuerraketen umgebaut. Sie eröffneten ein massives Sperrfeuer kurz bevor der Angriff vollzogen wurde. Dieses Infanterie-Landungsboot feuert auf Morotai, September 1944.

Unten: Die Versorgung während des amerikanischen Vormarsches im Zentralpazifik ging während der Fahrt vonstatten, in einem Ausmaß, das keiner anderen Marine jemals gelang. Hier tankt der Zerstörer *Patterson* von *Makin Island* während der Operation im Golf von Lingayen im Januar 1945.

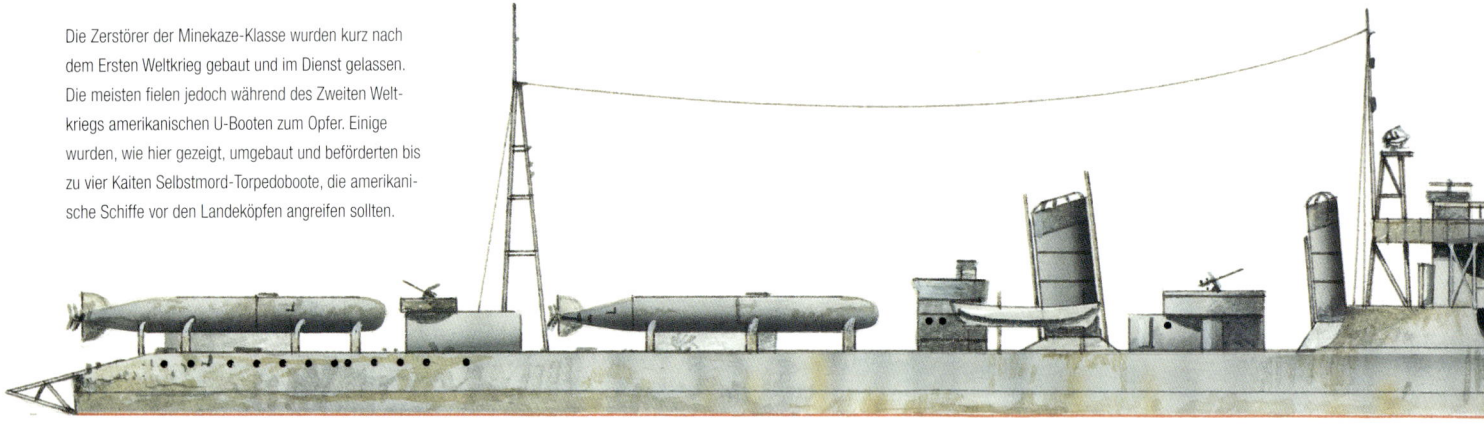

Die Zerstörer der Minekaze-Klasse wurden kurz nach dem Ersten Weltkrieg gebaut und im Dienst gelassen. Die meisten fielen jedoch während des Zweiten Weltkriegs amerikanischen U-Booten zum Opfer. Einige wurden, wie hier gezeigt, umgebaut und beförderten bis zu vier Kaiten Selbstmord-Torpedoboote, die amerikanische Schiffe vor den Landeköpfen angreifen sollten.

Technische Daten

Wasserverdrängung:	Standard 1215 t
Abmessungen:	102,5 m × 9 m × 2,89 m
Antrieb:	Dampfturbinen mit Generator, mit 38 500 PS, zwei Wellen
Höchstgeschwindigkeit:	39 Knoten
Fahrbereich:	6670 km bei 14 Knoten
Bewaffnung:	4 × 120-mm-Geschütze, 6 × 533-mm-Torpedorohre
Besatzung:	148 Mann

zwei Tage lang unter Beschuss. Sie verwendeten schwere Kaliber, mit denen sie die geschützsicheren Feuerstellungen aus Beton buchstäblich aus dem Felsen holten, in den sie gebaut waren. Die meisten Festungen blieben jedoch unentdeckt.

Am 19. Februar gingen die 3., 4. und 5. Marinedivision unter einem beispiellosen Sperrfeuer – begleitet von mit Raketen und Napalm ausgerüsteten Flugzeugen – an Land. Die Panzer-Landungsboote kamen, von unterstützenden Landungsbooten gedeckt, im Rahmen des Zeitplans am Strand an, doch dort erwartete sie ein unvorhergesehenes natürliches Hindernis: der Strand war von weichem, vulkanischem Kalktuff überzogen, der den Fahrzeugen keinen Widerstand bot. Sie sanken ein oder gerieten in große Löcher, die das Bombardement in Fülle gerissen hatte.

Als die Verteidiger aus ihren Zufluchtsorten in der Tiefe hervorkamen, stand den Seesoldaten ein mörderisches Feuer bevor. Ihr Panzerschutz, der unbeweglich am Strand lag, konnte ihnen keine Unterstützung bieten, und so rückten sie unter dem Schutz des Seefeuers Zentimeter um Zentimeter vor, indem sie den in Gräben verschanzten Feind mit Flammenwerfern und Handgranaten bekämpften.

Die Wetterbedingungen wurden währenddessen zusehends schlechter und die Ufer waren bald mit zerstörten, schiffbrüchigen Booten jeglicher Art übersät – während der feindliche Beschuss weiter ging.

Doch unaufhaltsam wurde Iwo Jima Stück für Stück erobert. Im Ganzen dauerte die Operation sechs Wochen, in denen alle Rekorde gebrochen wurden. Die Zahl der amerikanischen Gefallenen überstieg 7000 Mann – 14 % davon Marinepersonal. Die 19 000 Verwundeten stellten ein schwerwiegendes Versorgungsproblem dar. Das Seabee-Bataillon hatte sogar schon während der Entscheidungsschlachten mit dem Bau eines Behelfsflugplatzes begonnen, von dem am 7. April die ersten P-51 Mustang-Jäger starteten um die B-29 bei ihren Luftanschlägen auf Japan zu unterstützen.

Die Schlacht von Okinawa

Bevor Nimitz sich an den letzten großen Schritt – die Invasion der japanischen Heimatinseln – wagen konnte, benötigte er einen vorgeschobenen Stützpunkt, der groß genug war um als Sprungbrett zu dienen und den Bedarf an Nachschub gewährleisten konnte. Anfangs erschien Formosa geeignet, wurde dann aber zu Gunsten von Okinawa wieder verworfen. Okinawa lag

Unten: Der Minenleger *Aaron Ward* (DM-34) wurde am 5. Mai von nicht weniger als fünf *kamikaze*-Fliegern getroffen.

Rechts: Verletzte werden von der *Franklin* geborgen, nachdem am 19. März ein *kamikaze*-Flieger durch ihr Deck gebrochen war.

nur 340 Meilen von Japans südlichstem Punkt entfernt. Bis zu dem amerikanisch besetzten Teil der Philippinen, dem nächstgelegenen Punkt, von dem aus eine große Streitmacht aufgestellt und versorgt werden konnte, waren es 900 Meilen.

Okinawa umfasst etwa 1300 km². Die Insel ist gebirgig, und relativ dicht bevölkert. Strategisch gesehen war diese Insel von großer Wichtigkeit, denn sie verfügte über fünf Flugplätze. Die Japaner würden alles tun um sie in ihrem Besitz zu halten. Mit Blick auf die Notwendigkeit, sich die Flugplätze unverzüglich für Verteidigungszwecke zu eigen zu machen, sollten die Landungen in der Nähe von zwei Flugplätzen stattfinden. Darüber hinaus war eine in vier Divisionen unterteilte Front geplant und das Anlanden sollte sich über fünf Meilen der Küste erstrecken. Insgesamt wurden für den Einsatz drei Marine- und vier Infan-

teriedivisionen eingeplant, eine weitere Infanteriedivision stand in Reserve. Damit würden 287 000 Mann einem Feind gegenüberstehen, dessen Stärke auf 77 000 Soldaten geschätzt wurde.

Für den Angriff am 1. April wurden acht Transportgeschwader benötigt. Sie umfassten jeweils 15 Angriffstransporter, 6 Angriffsfrachtschiffe, 25 Panzer-Landungsschiffe, zehn (mittelgroße) Landungsschiffe und ein Docklandungsschiff.

In der Schlacht von Iwo Jima hatte sich gezeigt, dass ein sicherer Ankerplatz sowohl der Flottenversorgung als auch der Unterstützung zu Gute kam. Eine Neuerung bei der Operation von Okinawa war deshalb die vorherige Eroberung der kleinen Inseln des Kerama Retto. Aus dieser Maßnahme entstand ein weiterer Vorteil, nämlich die Eroberung von 250 Selbstmordbooten, die noch nicht in das Verteidigungsschema eingeglie-

Oben: Boeing B-29 „Superfortress" auf den Marianen, von wo aus sie die japanischen Heimatinseln erreichen konnten. Der Großteil der japanischen Industrie wurde bis zum Sommer 1945 durch das strategische Bombardement der Amerikaner zerstört.

Unten: Oktober 1944: Der schwere Kreuzer *Portland* legt während der amerikanischen Landung im Golf von Leyte auf den Philippinen eine Rauchwand. Die Bemühungen der Japaner, diesen Angriff zu unterbinden, führten zur größten Seeschlacht der Geschichte.

dert waren. Bis zum 1. April hatten die Amerikaner auf diesen Inseln einen Flugbootstützpunkt errichtet.

Bei späteren Landungen wurden mit großem Erfolg Unterwasser-Sprengteams eingesetzt. Sie setzten sich aus „Froschmännern" zusammen, die von Angriffstransportern abgesetzt wurden um die Strände auszukundschaften und die Stärke der Verteidigung zu bewerten. Weiterhin sollten sie Hindernisse beseitigen, vorübergehende Navigationshilfen errichten und Fahrrinnen in hinderliche Riffe sprengen.

Noch bevor die Waffen auf Iwo Jima endgültig schwiegen, begannen mit tagelangem Luft- und Schiffsartilleriebombardements die Landungsvorbereitungen für Okinawa, das wie verlassen schien. Nur *kamikaze*-Flieger bedrohten aus weiter Entfernung die Schiffe, da die Kampfaufklärung der 5. Flugzeugträgerflotte sie in Schach hielten.

Rechts: März 1945: Von einem Infanterie-Landungsboot vor Okinawa steigen Raketen in den Himmel. Feuerbeschuss dieses Ausmaßes brachte die Japaner von ihrer gängigen Taktik ab, die Verteidigung direkt an der Wasserlinie zu beginnen.

Der eigentliche Angriff traf auf keinen Widerstand. Die Japaner hatten sich im Gebirge positioniert – ein taktisches Zugeständnis an die Stärke der amphibischen Landungen, die mittlerweile nicht mehr an der Wassergrenze aufgehalten werden konnten. Auf Okinawa sollten die Angreifer erst weit im Landesinneren auf die Verteidiger treffen, wo sie außerhalb der Reichweite ihrer Feuerunterstützung von See waren. Die Garnison widerstand länger als jede andere, wodurch die Schiffe vor der Küste wochenlangen *kamikaze*-Angriffen ausgesetzt wa-

ren. Darüber hinaus startete die japanische Kaiserliche Marine mit ihren kümmerlichen Resten einen letzten aufopfernden Anschlag: Er begann am 6. April, als die Gruppe sich einschiffte. Sie kam nicht weit, denn die amerikanischen Flugzeuge setzten sie einem wahren Bombenhagel aus und ihre eigene Luftdeckung existierte nicht mehr. Bevor die Mission abgebrochen werden konnte, wurden das „Super-Kampfschiff" *Yamato* und einige kleinere Schiffe versenkt.

Admiral Turner plante derweilen einen Angriff auf die *kami-kaze*-Flieger, indem er einen Sicherungsring aus 16 mit Radar ausgestatteten Zerstörern bildete. Sie erteilten frühzeitige Warnung und lenkten die Kampfpatrouillen, doch damit zogen sie ebenso Angriffe auf sich, die einige Schiffe schwer beschädigten.

Während der 82 blutigen Tage, die es dauerte, die Insel zu unterwerfen, sah sich die Flotte zehn groß angelegten *kamikaze*-Angriffen ausgesetzt, die durch Torpedobeschuss und Bombardements aus der Luft ergänzt waren. Einzelne Selbstmordmissionen traten jeden Tag auf. Mit einem Einsatz von ungefähr 2800 Flugzeugen, die Hälfte davon *kamikaze*, versenkten die Japaner 21 Schiffe und beschädigten weitere 66, von denen zwei Drittel nicht mehr repariert wurden. Die Zahl der Opfer unter den See- und Handelsstreitkräften lag bei 5000 Mann, an Land fielen 7600 Mann.

Den Vereinigten Staaten gelang es nur auf Grund ihrer großen Überzahl, aus dieser Schlacht als Sieger hervorzugehen. Der Fall Okinawa beschleunigte das Ende des Krieges. Auch die hartnäckigsten der japanischen Führer mussten die unausweichliche Niederlage akzeptieren. Nach der letzten Warnung in Form von zwei Atombomben ergaben sie sich bedingungslos. Die apokalyptische Landung auf den japanischen Heimatinseln konnte glücklicherweise vermieden werden.

Kapitel 5 – Die Marinestreitkräfte

Die Anfänge

Der Amerikaner Eugene Ely war der erste Pilot, der mit einem Luftfahrzeug schwerer als Luft von Deck eines Kriegsschiffes startete und auch wieder dort landete. 1911, ein Jahr später, folgte ein britischer Versuch. In den ersten Jahren des 20. Jahrhunderts war die Luftfahrt noch eine neue, aufregende Angelegenheit; viele junge Männer in den großen Kriegsflotten arbeiteten daran, Flugzeug und Schiff – allerdings zu noch nicht klar umrissenen Zwecken – miteinander zu verbinden.

Der Erste Weltkrieg trieb diese Entwicklung voran. Die Royal Navy, die auf sämtlichen Kriegsschauplätzen zur See eine wichtige Rolle spielte, hatte bis zum Waffenstillstand im Jahre 1918 das Potenzial der Luftfahrt für die Aufklärung, für den Angriff auf Schiffe, für den Schutz vor feindlichen Schiffen und zur Unterstützung der an Land stationierten Flugboote genutzt.

Die Flugaufklärung erweiterte den Sichtbereich der Flotte und verschaffte dem Befehlshaber Vorteile bei der Entscheidungsfindung. Die damaligen Mittel erlaubten dabei nur den Einsatz von Wasserflugzeugen, die unter günstigen Bedingungen auf See gestartet und zurückgeholt werden konnten.

Im Ersten Weltkrieg kamen die ersten Flugzeug mit beiklappbaren Flügeln auf, fanden die ersten erfolgreichen Angriffe auf gegnerische Schiffe statt, bei denen Torpedos aus der Luft abgeworfen wurden oder von Wasserflugzeugträgern gestartete Maschinen gegen Ziele an Land flogen. Die Deutschen bauten bei der weiträumigen Aufklärung vor allem auf ihre Zeppelin-Luftschiffe, die Dauerflüge absolvieren konnten und eine ansonsten nur von leistungsfähigen Jagdflugzeugen erreichbaren Steiggeschwindigkeit hatten. Gegen diese Luftschiffe setzten die Briten schwimmfähige Flugzeuge ein, die sie von kurzen, am Schiffsbug aufgebauten Plattformen starten ließen und von See zurückholten, wo die Maschinen nach dem Einsatz wasserten. Mit der Einführung des Katapults, eines Behelfs, dessen Entwicklung stärker von der US-Navy betrieben wurde, konnte die Startfrequenz erhöht werden.

Das Hauptproblem blieb das Bergen der auf dem Wasser gelandeten Flugzeuge; nach einigen erfolglosen Versuchen mit Schiffen, die mit einem Startdeck am Bug und einem Landedeck achtern ausgestattet waren, baute Großbritannien die *Argus* (Verdrängung 15 800 t), den ersten klassischen Flugzeugträger. Ihr durchgehendes Deck, das über einem Hangar für die Spezialflugzeuge lag, bestimmte die Gestalt der heutigen Flugzeugträger. Allerdings wurde das Schiff einen Monat zu spät fertig gestellt, um noch an den Kampfhandlungen des Ersten Weltkrieges teilnehmen zu können.

Im April verfügte der Royal Naval Air Service (RNAS) über 55 000 Mann Personal und 3000 Flugzeuge, die auf fast 150 gesonderte Kommandobereiche verteilt waren. Leider wurde der RNAS dann mit dem Royal Flying Corps (RFC) zur Royal Air Force (RAF) zusammengeschlossen. Anders als bei den Flotten der Vereinigten Staaten und Frankreichs unterstanden der britischen Royal Navy von da an bis gegen Ende der dreißiger Jahre zwar die Flugzeugträger, nicht aber die an Bord befindlichen Flugzeuge. Diese Regelung sollte während des Zweiten Weltkrieges große Auswirkungen auf das Potenzial der Marineluftwaffe haben.

Zum Zeitpunkt des Waffenstillstandes hatte das US-Marinefliegerkorps über 1400 Flugzeuge, das unabhängige US-Marinekorps weitere 600 Maschinen aufzubieten. Nicht weit hinter den Amerikanern rangierten die Franzosen, ebenfalls von Anfang an Enthusiasten der Marinefliegerei, mit rund 1250 Flugzeugen.

Zwischen den Kriegen

Der Erste Weltkrieg war ein Konflikt gewesen, dessen Ausmaß alles bis dahin Dagewesene übertraf; ihm folgten in den 1920-er Jahren umfangreiche Rüstungsbeschränkungen und Abrüstungsmaßnahmen. Der Aufgabenbereich der RAF wurde eingeschränkt und die Gesamtstärke auf lediglich ein Dutzend Ge-

Ein Bomber des Typs Nakajima B5N (Codename „Kate" bei den Alliierten) fällt der Flak der USS *Yorktown* zum Opfer. Die Flugzeugträger beherrschten später den Krieg im Pazifikraum und wiesen den gewaltigen Schlachtschiffgeschwadern bei den Kampfhandlungen auf See eine lediglich unterstützende Rolle zu. Die japanischen Trägerflugzeuge hatten eine größere Reichweite als ihre amerikanischen Gegner, besaßen jedoch keine lecksicheren Treibstofftanks und waren nicht gepanzert.

Oben: Die *Argus*, hier Ende 1942 vor der afrikanischen Küste, wurde 1917 zu einem Trägerschiff umgebaut. Ihre Fliegergruppe sollte 1919 immer wieder Angriffe auf die internierte deutsche Schlachtflotte unternehmen.

Links: Die *Furious*, der Letzte von Admiral Fishers leichten Schlachtkreuzern, der mit 18-Zoll-Geschützen (457 mm) ausgerüstet werden sollte, wurde 1917 zu einem Flugzeugträger umgebaut. Von diesem Schiff startete 1918 ein erfolgreicher Luftangriff gegen den Zeppelin-Stützpunkt Tondern.

Rechts: Eine Sopwith Pup wird aus dem Hangar an Deck gehievt. Versuche, mit diesen Maschinen auf der *Furious* zu landen, wurden durch die aus den Schornsteinen aufsteigenden Abgase und durch das zu kurze Landedeck zunichte gemacht. Nach dem Unfalltod von Korvettenkapitän Dunning im Jahre 1918 stellte man die Landungen vorläufig ein.

schwader reduzierte (was dem Finanzministerium beträchtliche Einsparungen brachte).

Im Gegensatz dazu musterte die Royal Navy die im Krieg zu Flugzeugträgern umgebauten Schiffe aus und ergänzte ihren Bestand mit dem umgebauten Schlachtschiff *Eagle* (Verdrängung 22600t) und der *Hermes* (Verdrängung 10900t), dem ersten Kriegsschiff, das von Anfang an als Flugzeugträger konzipiert war. Zusammen mit der *Furious*, einer noch existierenden Übergangslösung, besaß die Flotte vier einsatzfähige Trägerschiffe, die sich allerdings in Leistungsfähigkeit, Bewaffnung und Geschwindigkeit stark voneinander unterschieden. Es sollte sich zum wiederholten Male zeigen, dass es nicht lohnte, auf einem noch relativ unerforschten Gebiet die Vorreiterrolle zu spielen.

Trotz ihrer großen Luftwaffenabteilung schaffte die Kriegsmarine der USA erst 1922 den ersten echten Flugzeugträger an. Der 11500-Tonner *Langley* entstand durch Umbau eines eigentlich ungeeigneten Kohlefrachters, der eine Geschwindigkeit von nur 14 Knoten erreichte. Japan, das während des Ersten Weltkrieges sowohl mit den USA als auch mit Großbritannien verbündet war, erhielt von beiden Nationen Hilfe beim Aufbau seiner Marineluftstreitkräfte. Der erste japanische Flugzeugträger *Hosho* stammte ebenfalls aus dem Jahr 1922, war allerdings ein umgebauter Tanker mit einer Verdrängung von nur 7550 Tonnen. Frankreich besaß trotz seines Interesses an der Marinefliegerei außer der mit einfachen Mitteln modifizierten *Foudre* bis dahin noch keinen Flugzeugträger. Die großen Flotten der Alliierten starteten zur Zeit des Waffenstillstands ein umfangreiches Programm zum Bau von Großkampfschiffen. Keine wollte ihre Pläne aufgeben, und das Bestreben, nicht hinter den anderen zurückzubleiben, war Rechtfertigung genug, das Bauprogramm weiterzuführen. Um einem weiteren Flottenwettrüsten zu entgehen, ohne dass dabei eine Seemacht ihr Gesicht verlieren musste, beriefen die Vereinigten Staaten Ende 1921 die Washingtoner Konferenz ein. Die Unterzeichnerstaaten des Washingtoner Flottenabkommens einigten sich auf eine Begrenzung ihrer Gesamttonnage sowie auf die Quote und die Größe von Ersatzschiffsrümpfen.

Das Abkommen sollte – unbeabsichtigterweise – einen gro-

ßen Einfluss auf die Entwicklung des Flugzeugträgers (und auch des Kreuzers) haben. Artikel VII des Abkommens erlaubte den USA und dem British Empire bei Trägerschiffen eine Flottenstärke von insgesamt 135000 Tonnen, Japan 81000 Tonnen sowie Frankreich und Italien je 60000 Tonnen. Artikel IX begrenzte die Größe der einzelnen Träger auf 27000 Tonnen, enthielt aber eine wichtige Bestimmung, die den Signaturstaaten den Umbau von jeweils zwei noch unfertigen Schiffsrümpfen zugestand, die man ansonsten hätte verschrotten müssen. Die Schiffe durften eine Standardverdrängung von maximal je 33000 Tonnen haben. Diese Klausel war auf die Bedingungen der US-Navy zugeschnitten, denn sie ließ den Umbau von zwei der geplanten 43500-Tonnen-Schlachtkreuzern der Lexington-Klasse zu. Die Schiffe wären aber selbst dann niemals im Rahmen der Tonnagebegrenzung fertig gestellt worden, wenn es nicht eine weitere Vereinbarung (Teil 3, Paragraph 1 (d)) gegeben hätte, die zur Verbesserung des Schutzes vor Bomben und Torpedos einen Spielraum von 3000 Tonnen einräumte. Die im November 1921 bereits im Dienst befindlichen Schiffe durften als Versuchsschiffe eingestuft werden und zählten nicht bei der Feststellung der Gesamttonnage.

Japan plante, auf die gleiche Weise wie die USA mit ihren Lexingtons zwei 40000-Tonnen-Schlachtkreuzer der Agami-Klasse umzurüsten. Die Arbeiten dazu hatten jedoch kaum begonnen, als das Namensschiff durch ein Erdbeben schwer beschädigt wurde. An seine Stelle kam das halb fertige Schlachtschiff *Kaga*, das sich allerdings als kürzer erwies und, was noch wichtiger war, etwa 3,5 Knoten weniger Fahrt machte als das andere, 30 Knoten schnelle Schiff. Beide zusammen hatten einen Anteil von 56000 Tonnen an der für die japanische Kriegsflotte vereinbarten Höchstverdrängung.

Großbritannien war mit dem Bau seiner geplanten „1921-er Schlachtkreuzer" nicht so weit vorangekommen, dass es die Schiffe in Washington als Trumpf einsetzen konnte. Die Royal Navy arbeitete damals an der *Eagle* und der *Hermes*, die zusammen eine Verdrängung von 33500 Tonnen hatten. Da es den Briten im Gegensatz zu den anderen Seemächten an großen halb fertigen Schiffsrümpfen fehlte, bestimmten sie für den Umbau

zwei Schwesterschiffe der *Furious* – die *Glorious* und die *Courageous*. Beide waren keine reinrassigen Schlachtkreuzer, brachten es mit ihrer kürzeren und schlankeren Form aber auf eine Geschwindigkeit zwischen 30 und 32 Knoten. Da sich durch das Hangardeck ein großer Abstand zwischen Schwimmwasserlinie und Oberdeck ergab und die Flugdecks keine zu niedrige Position haben durften, stand bei all den Umbauten auch das Problem, die Stabilität der Schiffe zu verbessern. Es gab unterschiedliche Lösungsansätze zur Ableitung der Warmluft aus den Schornsteinen, die zu unerwünschten Turbulenzen führte, und auch über die Zusammenlegung aller Befehlszentralen eines Schiffes zu einer „Insel" auf Deck gingen die Meinungen auseinander. Die von den ersten Marinefliegern noch als hinderlich gefürchtete „Insel" erwies sich hier als bester Kompromiss.

So kam die US-Navy fast durch Zufall zu zwei riesigen Flugzeugträgern, die auch bald die Vorteile ihrer Größe vorführten. Während die britischen und japanischen Träger nur Platz für 48 bis 50 Flugzeuge hatten, konnten die Schiffe der Lexington-Klasse bis zu 90 Maschinen unterbringen. Sie liefen mit einer Dauergeschwindigkeit von 34 Knoten, die weit über der Kriegsflotte lag, und zeigten den Kampfwert unabhängig operierender Trägerschiffe.

1919, als für Großbritannien kein ernst zu nehmender Feind in Sicht war, hatte dessen Regierung die berüchtigte „Ten Year Rule" angenommen, nach der man bei den Verteidigungsausgaben davon ausgehen durfte, dass sich das British Empire in den folgenden zehn Jahren an keinem großen Krieg beteiligen werde. Regelmäßig verlängert, machte die Bestimmung das Finanzministerium zum obersten Herrn über die Verteidigungsfähigkeit des Landes. Dem öffentlichen Sektor wurden darüber hinaus Sparmaßnahmen auferlegt, die zu einer Notlage und in der Flotte zu solchem Unmut führten, dass eine Meuterei ausbrach.

Vor diesem Hintergrund bemühte sich die Royal Navy darum, die Marinefliegerabteilung wieder unter ihre Kontrolle zu bekommen, so wie es bei den Flotten der anderen Seemächte bereits der Fall war. Mit der Gründung der RAF verlor die Marine dann ihre fähigsten und begeistertsten Flugpioniere an die Luftwaffe. Sogar der Posten des Fünften Seelords, der für die Marinefliegerkräfte verantwortlich war, wurde abgeschafft. Um für die neue, einheitliche Luftwaffe eine positive Identität zu schaffen, sprach man der RAF die Hauptrolle auf dem Gebiet der strategischen Bombardierung zu. Das erwies sich allerdings nicht nur als zu unflexibel, sondern entfernte die RAF auch von den Erfordernissen der Marine und des Heeres, aus denen sie hervorgegangen war.

Ein wirksames Argument für die Schaffung einer vereinten Luftwaffe war das kostspielige Nebeneinander zweier militärischer Bereiche gewesen, die beide über Flugzeuge verfügten. Klüger handelnd und über die Erfordernisse eines Krieges hinausgehend, gründeten die USA einen gemeinsamen Ausschuss, der die Interessengrenzen für jede Waffengattung festlegte und

Oben: Die *Ark Royal* wurde 1938 in den Dienst der Royal Navy gestellt. Auf ihren gepanzerten Flugdecks und Hangars hatten zwar mehr als 60 Maschinen Platz, doch das Trägerschiff hatte niemals seine gesamte Fliegereinheit an Bord.

deren gemeinsame und besondere Bedürfnisse berücksichtigte. Der Weg, den dieser Ausschuss ging, verlief bei weitem nicht glatt, doch man verfolgte ihn weiter. Auch ein Bureau of Aeronautics (BuAer) wurde eingerichtet, das den Chief of Naval Operations (CNO) zu Entwicklungsfragen beriet.

Die Schaffung einer vereinten Luftwaffe in Großbritannien hatte nichtsdestoweniger einen großen Eindruck hinterlassen, und da der Kongress deren potenzielle Vorteile erkannte, unternahm die Heeresluftwaffe einen entschlossenen Versuch, die RAF von der ersten Stunde an zu dominieren. Mit dem Durchpeitschen einer Reihe von Bombardierungsversuchen an entbehrlichen amerikanischen und vormals deutschen Kriegsschiffen im Jahre 1921 „bewies" Brigadegeneral William Mitchell, dass seine Flugzeuge jeden Schiffstyp zerstören konnten. Da die Versuche an stationären, unbemannten Zielen durchgeführt worden waren, besagten die von niemandem kontrollierten Ergebnisse natürlich nur sehr wenig. Dennoch war allein die Tatsache, dass solche relativ primitiven Flugzeuge in der Lage waren, Schlachtschiffe zu versenken, beeindruckend. Eine wirklich wertvolle Lehre war die Erkenntnis, dass die „Minen"wirkung eines knappen Fehlwurfs für ein Schiff gefährlicher sein konnte als ein direkter Treffer.

Die amerikanischen Flottenmanöver, darunter auch die „Bombardierung" der strategisch wichtigen Schleusentore Gatun Locks am Panamakanal, demonstrierten die Fähigkeit der Flugzeugträger, Küstenziele anzugreifen, ohne dass der Angegriffene vorher gewarnt werden konnte. Sie zeigten auch, dass der Befehlshaber eines Trägerverbandes im Hinblick auf den Rest der Flotte taktische Freiheit brauchte. Die offensichtlichen Möglichkeiten waren ein großer Anreiz, die Lebensdauer und Robustheit der Flugzeuge selbst zu verbessern. Eine weitere und

sehr verheißungsvolle Entwicklung war das Sturzfliegen mit Bombenflugzeugen, mit dem die damals noch mangelhafte Qualität der Bombenabwurfzielgeräte ausgeglichen werden sollte.

Trotz der offiziellen Ansicht, dass die Sicherheit des Empire auf See immer stärker von der Kooperation der Marine mit landgestützten Flugzeugen, hauptsächlich jedoch mit Flugzeugen auf seegängigen Trägerschiffen abhänge, suchte das Finanzministerium die Zahl der Großbritannien zugestandenen Träger von sieben auf zwei zu reduzieren. Auch von der ärmer gemachten Royal Air Force angegriffen, konnte sich das britische Marineflugwesen der 20-er Jahre nur schlecht entwickeln. Neben den endlosen Reibereien hinsichtlich der Verproviantierung und Ausbildung des Personals an Bord gab es zwischen beiden Waffengattungen Probleme, da man sich nicht über die Aufgaben der Flugzeuge einigen konnte. Wegen der beschränkten Platzkapazität auf einem Trägerschiff wurde der Einsatz der Flugzeuge als Mehrzweckmaschinen gefordert; die Admiralität definierte sie nach Anzahl und Leistung, das Luftfahrministerium wiederum nach ihrer Bestimmung. Letzteres überwachte auch die Produktion. Anstelle der erhofften Zusammenarbeit der Waffengattungen kam es zu einem zwei Jahrzehnte andauernden Gerangel, das schließlich zu der nahe liegenden Entscheidung führte, die Fleet Air Arm (FAA) der Marine zu unterstellen. Der Übergang war allerdings erst im Mai 1939 abgeschlossen.

Die Royal Navy stellte nach dem Umbau der drei Schiffe der Courageous-Klasse in den Jahren zwischen den beiden Weltkriegen nur noch einen Flugzeugträger, die *Ark Royal*, in Dienst. Damit hatte Großbritannien das vereinbarte Maximum von sieben Trägerschiffen und die im Flottenabkommen festgelegte Gesamthöchsttonnage für ihre Flugzeugträger erreicht. Bei Ausbruch des Zweiten Weltkrieges besaß die britische Marineluftwaffe allerdings nur 340 Flugzeuge, von denen zwei Drittel trägergestützte Maschinen waren.

In Großbritannien war man der Meinung, dass die Kriegsflotte noch immer das Instrument war, mit dem sich Kampfhandlun-

Unten: Um das Washingtoner Flottenabkommen zu umgehen, baute Japan die 1929 entworfene *Ryujo* als 10 000-Tonnen-Trägerschiff. An der Spitze eines Verbandes schwerer Flugzeugträger fahrend, wurde die *Ryujo* am 24. August 1942 in der Schlacht bei den östlichen Salomonen von Flugzeugen der *Enterprise* und der *Saratoga* versenkt.

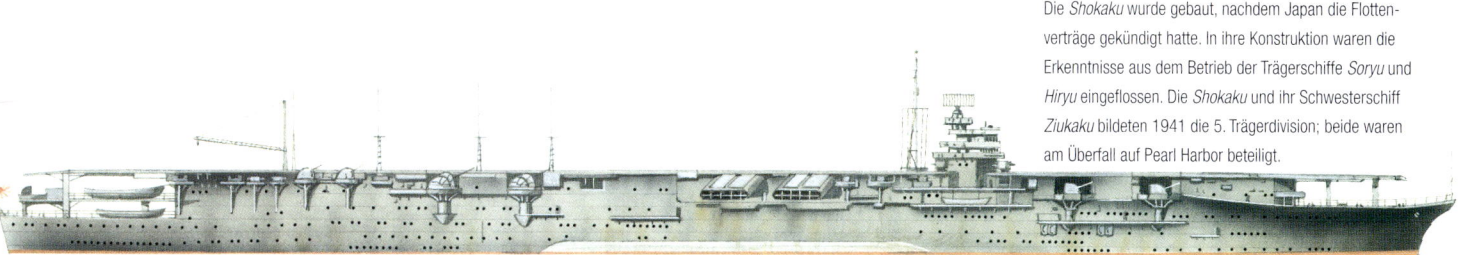

Die *Shokaku* wurde gebaut, nachdem Japan die Flotten-
verträge gekündigt hatte. In ihre Konstruktion waren die
Erkenntnisse aus dem Betrieb der Trägerschiffe *Soryu* und
Hiryu eingeflossen. Die *Shokaku* und ihr Schwesterschiff
Ziukaku bildeten 1941 die 5. Trägerdivision; beide waren
am Überfall auf Pearl Harbor beteiligt.

Schiffsdaten

Verdrängung:	32 000 t bei voller Ladung
Maße:	257,5 m × 26 m × 8,9 m
Antrieb:	Dampfturbinen mit einer Leistung von 160 000 PS auf 4 Wellen
Höchstgeschwindigkeit:	34 Knoten
Panzerung:	Gürtel 215 mm
Bewaffnung:	16 125-mm-Geschütze, 36 25-mm-Geschütze
Flugzeuge:	72
Besatzung:	1660 Mann
Klasse:	*Shokaku, Zuikaku*

gen entscheiden ließen; daher bestand die Hauptaufgabe der FAA in der weiträumigen Aufklärung, in Torpedoangriffen, die die Geschwindigkeit der feindlichen Schiffe verlangsamen und den Gegner zum Kampf zwingen sollten, in der Schussbeobachtung zur Verbesserung der Treffgenauigkeit der Schiffsartillerie und in der Beobachtung des Luftraumes zum Schutz der Flotte vor feindlichen Luftangriffen. Zum Torpedieren kam später noch das Bombardieren aus der Höhe und aus dem Sturzflug. Die genannten Aufgaben dienten lediglich der Unterstützung der Kriegsflotte; es bedurfte erst des Beispiels der Amerikaner und der Japaner, die demonstrierten, dass von Trägerschiffen gestartete Luftangriffe für sich genommen schon eine Waffe waren.

Die Japaner fühlten sich durch die Festlegungen des Washingtoner Flottenabkommens in einen zweitklassigen Status eingestuft. Mit der genehmigten Gesamtverdrängung von 81 000 Tonnen bei Trägerschiffen wurde zwar Japans Stellung als dominierende Seemacht im westlichen Pazifik anerkannt, doch es kriselte weiter. Bei ihrem Chinafeldzug setzten die Japaner ihre Flugzeugträger als Truppentransporter und daneben in konventioneller Manier zur Unterstützung militärischer Operationen an Land ein. Die japanische Industrie stellte nicht länger ausländische Flugzeuge in Lizenz her, sondern hatte bereits eigene leistungsfähige Typen, darunter auch Trägerflugzeuge, entwickelt. Die Trägerschiffe reichten ohnehin nicht aus, und da auf die *Kaga* und die *Akagi* schon fast zwei Drittel der erlaubten Höchsttonnage fielen, griffen die Japaner auf kleine Flugzeugträger zurück. Die 1933 fertig gestellte *Ryujo*, ein 10 600-Tonner mit einer Geschwindigkeit von 29 Knoten, zeigte jedoch, dass solche Schiffe zu klein waren.

Die weltweite Verurteilung seines Vorgehens in China veranlasste Japan im Februar 1933, sich aus dem Völkerbund zurückzuziehen und im Oktober 1934 seine vertraglichen Verpflichtungen aufzukündigen. Der finanziell bereits abgedeckte 15 900-Tonner *Soryu* hätte die vertraglich festgelegten Zahlen ohnehin überschritten, und nun nutzte man die Gelegenheit, die Verdrängung des Schwesterschiffes *Hiryu* auf 17 300 Tonnen zu erhöhen. Vom Kampfwert der Flugzeugträger überzeugt, hatte die japanische Kriegsmarine bis Dezember 1941 zwei große umgebaute Schiffe, die *Zuiho* und die *Shoho*, sowie zwei 26 000-Tonner der Shokaku-Klasse angeschafft.

Das anhaltende amerikanische Interesse an Luftschiffen für den Einsatz bei der Marine erlitt mit dem Absturz der *Akron* im Jahre 1933 ein vorzeitiges Ende. Zusammen mit der Besatzung kam bei dem Unfall auch Konteradmiral William A. Moffett, der Chef des BuAer, ums Leben. Moffett war derjenige gewesen, der die Marinefliegerei durch ihre ersten ungewissen Anfänge geführt hatte. An seine Stelle trat der ebenfalls sehr tüchtige und fähige Konteradmiral Ernest J. King, der später CNO wurde und auf die persönliche Unterstützung des marinebegeisterten Präsidenten Roosevelt bauen konnte.

Nach dem Umbau der Schiffe der Lexington-Klasse musste der bereits erwähnte Ausschuss über die Aufschlüsselung der restlichen 69 000 Tonnen für Flugzeugträger entscheiden. Für die begrenzten Möglichkeiten kleiner Schiffe vom Typ *Hermes* oder *Hosho* hatte man sich von Anfang an nicht begeistern können. Der US-Navy lag an einem Trägertyp, der Platz für möglichst viele Flugzeuge hatte und die nahezu sagenhafte Geschwindigkeit von 35 Knoten erreichte. Der Ausschuss wollte eine Standardserie und schrieb unter Berücksichtigung der vertraglich festgelegten Höchstgrenze von 27 000 Tonnen pro Schiffskörper drei, vier bzw. fünf Rümpfe mit einer Verdrängung von 23 000, 17 250 bzw. 13 800 Tonnen vor. Die Konstruktionsentwürfe zeigten, dass die Platzkapazität für Flugzeuge mit der Schiffsgröße stark zunahm und dass die Realisierung der ge-

Oben: 1939 waren die britischen Träger mit Flugzeugen bestückt, deren Leistungsfähigkeit weit unter der der amerikanischen oder japanischen Maschinen lag; dieser Qualitätsunterschied vergrößerte sich während des Krieges noch. Der hier abgebildete Torpedobomber vom Typ Farey Swordfish wurde erst nach 1945 außer Dienst gestellt.

wünschten Geschwindigkeit kostspielig war. Ein 27 000-Tonner beispielsweise, der „nur" 32,5 Knoten Fahrt machte, hatte Raum für 60 Flugzeuge; verringerte man die angestrebte Höchstgeschwindigkeit um 5 Knoten, dann ließen sich 72 Maschinen unterbringen. Eine hohe Geschwindigkeit war u. a. aber wichtig um die Flugzeugträger unabhängig von den mit nur 21 Knoten fahrenden Schlachtschiffen operieren zu lassen.

In Anbetracht der Tatsache, dass die Trägerschiffe der Lexington-Klasse ihre volle Leistungsfähigkeit erst noch unter Beweis stellen mussten, fielen die Entscheidungen schwer, doch wie die Japaner optierte auch die US-Navy für die Höchstzahl an kleineren Trägerschiffen. Ihr nächster Flugzeugträger, die *Ranger* (CV 4), war daher ein 13 800-Tonner. Obwohl die *Ranger*, die etwas unter 30 Knoten Fahrt machte, so viel kleiner als die *Lexington* war, verfügte ihr Hangardeck aufgrund der geschickten Konstruktion über eine annähernd gleiche Zahl von Stellplätzen. Insgesamt konnte sie 70 Flugzeuge aufnehmen.

Um die Masse des Trägers möglichst gering zu halten, wurde

nur der Hangar ausgebaut; das Flugdeck bestand lediglich aus einem leichten Aufbau aus Holzplanken, die auf einer Lage Feinblech aufgebracht waren. Das verbesserte die Stabilität, und man konnte an den Seitenwänden des Hangars große Öffnungen lassen, die wiederum das Aufwärmen der Flugzeuge unter Deck ermöglichten.

In Dienst gestellt, ließen die Schiffe der Lexington-Klasse rasch die Nachteile der *Ranger* besonders bei hohem Seegang deutlich werden. Die zu schmale Konstruktion der *Ranger* besaß weder einen zuverlässigen Schutz noch bot sie Spielraum für nachträgliche bauliche Änderungen. So nutzten die Amerikaner den Rest der festgelegten Tonnage (55 000 t) für den Bau von zwei Flugzeugträgern – der *Yorktown* (CV 5) und der *Enterprise* (CV 6) – mit jeweils etwa 20 000 Tonnen Verdrängung. Das war ein Minimum, das eine Dauergeschwindigkeit von 32,5 Knoten, den Einbau eines gepanzerten Hangardecks und die Unterbringung eines Geschwaders von rund 80 Flugzeugen erlaubte. Die Zusammensetzung des Geschwaders variierte, doch in der Regel gehörten je 20 Prozent Jäger, Bomben- und Torpedoflugzeuge dazu; der Rest waren Aufklärungs- und Sturzkampfmaschinen.

Die noch verbliebenen knapp 14 000 Tonnen verwendeten die Amerikaner für den Bau der *Wasp* (CV 7), einer verkleinerten Variante der *Yorktown*. Sie war kürzer als die *Ranger*, hatte vollere Sektionen und ein größeres Flugdeck. Mit ihr wurde der

am Deckrand liegende Aufzug eingeführt, der weder im Hangar noch auf dem Flugdeck wertvollen Platz beanspruchte. Ihr Nachteil war eine zu geringe Geschwindigkeit. Bei Windstille brauchten die Flugzeuge lange Startstrecken, was den nutzbaren Flugdeckbereich reduzierte und die zum Starten eines Angriffs notwendige Zeit verlängerte.

Die aufeinander folgenden neuesten Versionen des „Plan Orange" veranschaulichte den Amerikanern die entscheidende Bedeutung der Flugzeugträger in einem künftigen Krieg auf der anderen Seite des Pazifik. Man bereitete Pläne für den sofortigen Umbau von Passagierschiffen und Kreuzern zu kleinen Flugzeugträgern vor. Die ebenfalls fliegereibegeisterten Japaner und Briten prüften die gleichen Möglichkeiten, Letztere insbesondere unter dem Aspekt des Schutzes ihrer Handelsschiffe.

Von 1933 an war die US-Navy von der Unterstützung einflussreicher Personen, u. a. auch des Präsidenten begünstigt. Die National Industrial Recovery Administration und die Public Works Administration brachten mit Bestellungen über 32 Kriegsschiffe, u. a. auch die CV 5 und die CV 6, neues Leben in die durch die Depression geschwächten Werften. Man begann mit der zusätzlichen Bereitstellung von 1000 Flugzeugen für die Kriegsmarine und das Marinekorps, und im März 1934 folgte der Vinson-Trammell Act, der ein Fünfjahresprogramm zur Erneuerung der Flotte genehmigte. Auf der Grundlage dieses Programms

Oben: Start einer Fairey Fulmar von der *Victorious* (1942 in Scapa Flow). Die Fulmar war eine schwerfälliges zweisitziges Jagdflugzeug, das 1940 in Dienst gestellt wurde.

Rechts: Entfernen des Eises auf dem Vorschiff der *Victorious*, die zur Unterstützung des Geleitzuges PQ 12 auf der arktischen Route operierte.

sollte die US-Navy modernisiert und unter restloser Ausschöpfung der im Washingtoner Flottenabkommen genehmigten Höchstwerte erweitert werden; die Vereinbarung sollte ohnehin ungültig und 1936 nochmals Gegenstand von Verhandlungen werden.

Im Gegensatz zu den westlichen Demokratien hatte Japan – ganz legal – Schiffe gebaut, bis die vorgeschriebenen Grenzwerte erreicht waren. Das daraus entstandene Kräfteverhältnis bewegte sich nun näher an 5:4 als an den vertraglich festgelegten Anteilen von 5:3. Obwohl auch die USA ganz vertragstreu handelten, hatte eine solch großzügiger Zufluss an Mitteln verständlicherweise einen bedenklichen Einfluss auf Japan. Nachdem die Japaner vergeblich eine gemeinsame Obergrenze für ihre beiden Flotten gefordert hatten, kündigten sie Ende 1934 an, dass sie sich nach Ablauf des Vertrages im Jahre 1936 nicht länger an die Beschränkungen gebunden fühlen würden.

Mit der Beschleunigung des Rüstungswettlaufes erweiterten

Unten: Der deutsche Flugzeugträger *Graf Zeppelin* war im April 1940 fast fertiggestellt, als die Arbeiten daran auf Hitlers Befehl eingestellt wurden. Er sollte mit 30 Sturzkampfbombern des Typs Ju 87 und einem Dutzend Messerschmitt-Jägern Bf 109 bestückt werden. Zusammen mit Schiffen wie die *Bismarck* hätte der Träger die Geleitzüge der Alliierten ernsthaft bedrohen können.

die Amerikaner 1938 den Vinson-Trammell Act. Man begann mit den Konstruktionsarbeiten für die Schiffe der Essex-Klasse (CV 9), doch da für diese Arbeiten eine Dauer von rund 15 Monate veranschlagt war und ein weiterer Träger dringend gebraucht wurde, genehmigte das Gesetz den Bau einer dritten Einheit der Yorktown-Klasse. Im Oktober 1941 wurde nach nur 25-monatiger Bauzeit die *Hornet* (CV 8) fertig gestellt.

Da ein weiterer Krieg in Europa nahezu unvermeidlich schien, reagierte auch Großbritannien und legte 1937 die ersten beiden Trägerschiffe mit geschützten Flugdecks auf Kiel. Die noch im Bau befindliche „Ark Royal" war mit zwei Hangars ausgestattet, die die Stellkapazität, doch auch den Freibord erhöhte. Obgleich das Flugdeck damit trockener war, konnte es nicht gepanzert werden. Im Gegensatz zur amerikanischen Bauweise wurde das Flugdeck beidseitig von einer doppelten Hangarwand gestützt, die die Zahl der Flugzeugstellplätze auf 60 verringerte.

Inzwischen war der Einwand vorgebracht worden, dass die Existenzberechtigung des Trägerschiffes, die Flugzeuge, vor Bombenangriffen praktisch nicht geschützt seien. Deshalb besaßen die neuen 23 000-Tonner *Illustrious* und *Victorious* ein so genanntes „gepanzertes Flugdeck". Die zusätzliche Masse verlangte aber den Verzicht auf ein zweites Hangardeck. Schließlich wurden sechs im Großen und Ganzen ähnliche Einheiten gebaut, deren Fertigungszeiten (37 bis 48 Monate für die ersten drei und noch länger für die neueren, verbesserten Schiffe der Implacable-Klasse) weit über den vergleichbaren Zeiten der Amerikaner lagen. Dieses fast gemächliche Bautempo, das von der dringenden Notwendigkeit eines Geleitschutzes für die von deutschen U-Booten bedrohte Handelsflotte diktiert war, sollte die Schlagkraft der Royal Navy im Zweiten Weltkrieg stark beeinträchtigen.

Von den übrigen Unterzeichnerstaaten des Washingtoner Flottenabkommens machte sich nur Frankreich an den Bau eines neuen Flugzeugträgers. Der einzige Kandidat für einen Umbau war hier das halb fertige Schlachtschiff *Béarn*. Mit seiner Geschwindigkeit von maximal 21,5 Knoten war es hoffnungslos langsam, und die geplante Stellkapazität für 40 Flugzeuge lag in der Praxis dann bei etwas über 25. Da Deutschland in den 20-er Jahren nicht mehr als Bedrohung galt, kümmerten sich die Franzosen in erster Linie um ihre traditionellen Rivalen, die Italiener. Die Interessen beider Länder konzentrierten sich auf das Mittelmeer, und da beide in der Lage waren, an ihren Küsten Flugzeuge zu stationieren, war der Anreiz, sich kostspielige Trägerschiffe zu leisten, gering. Letzten Ende sollte sich Frankreich kein Anlass bieten, diese unkluge Entscheidung zu bedauern, doch für Italien erwies sie sich als verhängnisvoll.

Auf das Wiedererscheinen der Seemacht Deutschland Ende der 30-er Jahre reagierte Frankreich zu spät. Es begann mit dem Bau zweier 18 000-Tonnen-Träger, der *Painlévé* und der *Joffre*,

Rechts: Die *Béarn*, der einzige Flugzeugträger, den Frankreich in den Jahren zwischen den beiden Weltkriegen besaß, entstand durch den Umbau eines halb fertigen Schlachtschiffes der Normandie-Klasse.

Technische Daten der *Graf Zeppelin*

Verdrängung:	33 500 t bei voller Zuladung
Maße:	262,5 m × 36,2 m × 8,5 m
Antrieb:	4 Getriebeturbinensätze/200 000 PS
Geschwindigkeit:	34 Knoten
Fahrbereich:	8000 Meilen bei 1 Knoten
Panzerung:	8 mm
Bewaffnung:	16 150-mm-Geschütze
	12 105-mm-Geschütze
	22 37-mm-Geschütze
	28 20-mm-Geschütze
Flugzeuge:	42
Besatzung:	1760 Mann
Klasse:	*Graf Zeppelin, Peter Strasser*

die zum Zeitpunkt des deutschen Einmarsches 1940 noch nicht einmal den Stapellauf hinter sich hatten.

Die deutsche Kriegsmarine kam dem Einsatz von Flugzeugträgern viel näher. 1934 verließ Deutschland den Völkerbund, und Hitler erklärte im Jahr darauf den Versailler Vertrag mit seinen Rüstungsbeschränkungen für unverbindlich. Zur Überraschung der internationalen Öffentlichkeit konnte sich Deutschland mit Großbritannien über ein Verhältnis der Gesamtflottenstärken von 35:100 einigen. Der deutsche Plan basierte auf der Vorstellung, bis 1942 eine „ausgewogene Flotte" zu bauen. Dazu gehörten zwei 22 000-Tonnen Trägerschiffe, die 1936 auf Kiel gelegt wurden. Der erste – *Graf Zeppelin* – wurde im Dezember 1938 vom Stapel gelassen. Er war für eine Geschwindigkeit von 33,5 Knoten und eine gemischte, 40 Maschinen umfassende Bestückung aus Ju 87 (Stuka) und Bf 109 (Jäger) ausgelegt. Die 700 Flugzeuge, über die das Deutsche Reich laut Versailler Vertrag für die Verwendung bei der Marine verfügen durfte, wurden allerdings von Reichsluftfahrtminister Hermann Göring blockiert, der eifersüchtig über die in seinem Verantwortungsbereich liegende militärische Luftfahrt wachte. Ein Grund dafür, dass die *Graf Zeppelin* nie in Dienst gestellt wurde, war der Mangel an geeigneten Flugzeugen. Bei Kriegsausbruch

stand nur die Hälfte der versprochenen 27 Geschwader, die mit der Marine zusammenarbeiten sollten, zur Verfügung.

Die landgestützte Luftwaffe war für die Operationen aller großen Flotten zwar wichtig, doch ihre Wirksamkeit litt in den meisten Fällen unter den Rivalitäten zwischen den Waffengattungen. Die italienische Flotte musste anfangs mit 100 veralteten Flugbooten vom Typ Cant auskommen, die noch der Luftwaffe unterstanden. Mit Hilfe der deutschen Luftwaffe sollte dieser Missstand eigentlich behoben werden, doch die Deutschen, von ihrer Geringschätzung für die italienische Flotte gebremst, zogen es vor, ihre Flugzeuge direkt zur Unterstützung der Geleitzüge einzusetzen. So litten die Aktivitäten der italienischen Flotte weiter unter den bestehenden Verhältnissen, und der Versuch, zwei Passagierschiffe zu Flugzeugträgern umzubauen, misslang.

Die Royal Air Force indessen erkannte die Bedeutung der Zusammenarbeit mit der Marine und gründete 1936 die Coastal Command. Bei Ausbruch des Zweiten Weltkrieges ersetzte sie die vielen Flugzeugtypen durch amerikanische Maschinen des Typs Lockheed Hudson und durch Sunderland-Flugboote mit mittlerer Reichweite. Die Organisation verfügte im September 1939 jedoch noch nicht über ihre endgültige Stärke und es fehlte ihr an zuverlässigen Angriffsflugzeugen und Torpedobombern.

Luftmacht auf den europäischen Meeren und auf dem Atlantik

Die Operationen in diesen Gebieten gliederten sich in zwei hauptsächliche Kategorien – die Unterstützung der Flotte und der Kampf gegen die U-Boote, von dem bereits in Kapitel 2 die Rede war. 1939 wurde die deutsche Kriegsmarine in einen militärischen Konflikt gestürzt, für den sie überhaupt noch nicht gerüstet war. Sie musste eine größere Konfrontation vermeiden und spielte daher nur eine untergeordnete Rolle, als die deutsche U-Bootoffensive ihren Lauf nahm.

Die erste Möglichkeit bot sich der Royal Navy im April 1940, als faktisch jede deutsche Überwassereinheit für die Invasion in Dänemark und Norwegen mobilisiert war. Dieses kühne und sehr gewagte Unternehmen überraschte die Briten, und die Antwort der Alliierten darauf kam nur stückweise. In den Heimatgewässern befand sich nur ein Flugzeugträger, die *Furious*, doch die *Ark Royal*, die kurze Zeit vorher in Richtung Mittelmeer in See gestochen war, hatte zwei Geschwader nagelneuer Skua-Sturzkampfbomber zurückgelassen. Die Flugzeuge waren

zur Verstärkung der Verteidigung von Scapa Flow zwar auf den Orkney-Inseln stationiert, griffen aber, am äußersten Rand ihres Aktionsradius operierend, im Hafen von Bergen den deutschen Leichten Kreuzer *Königsberg* an. Die *Königsberg* lag nach dem Ausschiffen ihrer Truppenverbände mit einem Maschinenschaden im Hafen, als sie durch einen Präzisionsangriff der Stukas bei nur minimalen Nebenschäden liquidiert wurde. Das war ein hoffnungsvoller Anfang für eine Angriffstechnik, deren Potenzial bei der Royal Navy niemals voll ausgenutzt wurde.

Militärisch gesehen war die Gegenoffensive der Alliierten in Norwegen eine Katastrophe, doch die *Furious*, die durch die *Ark Royal* und die *Glorious* rasch Verstärkung erhielt, unterstützte nicht nur die Operationen an Land, sondern beförderte auch die Jagdflugzeuge der RAF zu den nördlichen Flugplätzen. Im Verlauf des unvermeidlichen Abzugs der Alliierten im Juni 1940 ging die *Glorious* als zweites britisches Trägerschiff ganz unnötigerweise verloren. Sie hatte ohne zwingenden Grund selbständig operiert; auf Deck standen dicht gedrängt RAF-Jäger, was nach späteren Behauptungen den Einsatz der Combat Air Patrol (CAP) verhinderte. Möglicherweise hätte sie die Pläne der um-

Oben: Die *Argus* und die *Eagle* zusammen mit dem Schlachtschiff *Malaya* im März 1942 im Mittelmeer, hier von dem Kreuzer *Hermione* aus gesehen. Die Trägerschiffe waren zum Transport von Spitfires nach Malta eingesetzt. Für den Transport von 31 Maschinen waren vier Einsätze nötig, da sich auf den Flugzeugträgern nur wenige Maschinen mit starren Tragflächen unterbringen ließen.

herstreifenden deutschen Panzerkreuzer *Scharnhorst* und *Gneisenau* durchkreuzen können, wenn sie sich an die korrekten Verfahrensweisen gehalten hätte. Die *Glorious* wurde schließlich versenkt; dabei fand ein großer Teil der Besatzung den Tod.

Im selben Monat wurde das Mittelmeer zu einer Zone lebhafter Kämpfe, da Frankreich als Verbündeter verloren ging und Italien zum Gegner Großbritanniens wurde. Die Italiener verfügten über Flotte und Luftwaffe zur Beherrschung dieses Kriegsschauplatzes, und so wurde die *Ark Royal* zur Unterstützung der angejahrten *Eagle* entsandt. Die *Ark Royal* wurde auf Gibraltar stationiert, von wo sie zusammen mit einem Schlachtkreuzer und Hilfsschiffen als Force H im Mittelmeer wie auch im Atlantik operieren konnte.

Standardtyp der britischen Torpedoflugzeuge war der Doppeldecker Fairey Swordfish, dessen Äußeres und Leistung der Tatsache widersprachen, dass er erst 1936 bei der FAA in Dienst gestellt worden war. Die nur geringe praktische Erfahrung der Besatzungen mit Torpedoflugzeugen schlugen sich dann auch in einer mangelhaften Leistung beim Einsatz in Norwegen nieder.

Paradoxerweise richteten sich die ersten Torpedoangriffe der Swordfish-Maschinen im Mittelmeer nicht gegen italienische, sondern gegen französische Ziele. Nach der Kapitulation Frankreichs lagen in den Kriegshäfen Mers el-Kebir bei Oran (Algerien) und Dakar (Senegal) noch große Schiffsgeschwader – Verbände, deren Loyalität nicht geklärt war. Trotz der Versicherung der Franzosen, die Schiffe keinesfalls in die Hände der Deutschen fallen zu lassen, konnte Großbritannien einen solchen Fall nicht riskieren.

In Mers el-Kebir gelang es den Briten nicht, die Schiffsbesatzungen auf ihre Seite zu ziehen; ein Ultimatum wurde von den Franzosen zurückgewiesen. Die angemessen verstärkte Force H hatte nun die unangenehme Aufgabe, ihren ehemaligen Verbündeten anzugreifen. An Fallschirmen abgeworfene Magnetminen konnten den Ausbruch des Schlachtschiffes *Strasbourg* nicht verhindern, und bei zwei halbherzigen Luftschlägen durch jeweils sechs Torpedoflugzeuge wurde nicht ein Treffer erzielt. Das Schwesterschiff *Dunkerque* lief mit Schäden durch großkalibrige Geschütze auf Grund. Da die Schäden offensichtlich nicht irreparabel waren, starteten weitere sechs Swordfish-Maschinen zum Angriff. Ein Torpedo traf einen längsseits liegenden bewaffneten Trawler. Als er sank, detonierte dessen gesamter Vorrat an Wasserbomben, die dem Schlachtschiff noch mehr Schäden zufügten. Zwei weitere Versuche, die *Dunkerque* völlig zu zerstören, wurden von französischen Jagdflugzeugen vereitelt.

In Dakar ließ eine Swordfish von der *Hermes* ein Torpedo am Heck des neuen Schlachtschiffes *Richelieu* auftreffen. Der Schaden war so groß, dass das Schiff nicht vor Ort repariert werden konnte.

Trotz des akuten Mangels der Royal Navy an Flugzeugträgern diente die *Argus* nur Ausbildungszwecken und wurde für Transportfahrten zusammen mit der *Furious* nach Malta oder Takoradi eingesetzt, wohin sie Jagdflugzeuge der RAF brachte.

Die Operationen im Zusammenhang mit Malta führten zu den ersten Kontakte mit den Italienern, die einen merklichen Re-

Oben: Die 1938 in Dienst gestellte Blackburn Skua war der erste Eindecker, den die Fleet Air Arm einsetzte und der eine Doppelrolle auch als Jäger spielen sollte. 1940 versenkten Skua-Maschinen, an der äußersten Grenze ihres Aktionsradius fliegend, in Norwegen den deutschen Kreuzer *Königsberg*. Es war der erste Angriff von Sturzkampfbombern, mit dem ein im Einsatz befindliches Kriegsschiff vernichtet wurde. Vor dem Krieg wurden nur 190 Skua in Auftrag gegeben; nach den Verlusten von 1940 in Norwegen und Frankreich wurde dieser Flugzeugtyp 1941 nur noch zu Ausbildungszwecken benutzt.

Rechts: Die *Cleopatra*, von der Brücke ihres Schwesterschiffes *Euryalus* gesehen, lässt hinter sich eine tarnende Nebelwand entstehen (Seeschlacht bei Syrt, März 1942). Konteradmiral Vian hatte sich zunächst gegen ein italienisches Schlachtgeschwader, dann gegen einen konzentrierten Luftangriff zur Wehr setzen müssen. Dabei wurde die *Cleopatra* an der Brücke von einer 6-Zoll-Granate getroffen und die *Euryalus* von dem italienischen Schlachtschiff *Littorio* mit 15-Zoll-Granaten eingedeckt.

spekt vor den britischen Trägerflugzeugen erkennen ließen, obwohl ihre eigenen Bomber sie überboten. Die neuen, mit acht Bordgeschützen ausgerüsteten Fairey Fulmar enttäuschten als Jäger, wurden jedoch durch den Kauf von amerikanischen Grumman F4F Wildcat (in der FAA anfangs Martlet genannt) ergänzt. Diese Maschinen zeigten die Robustheit und Zuverlässigkeit, die für den Einsatz auf See so wichtig waren. Ihre vier 0.5-kalibrigen Maschinenkanonen hatten eine größere zerstörerische Wirkung als die britischen Bordgeschütze mit ihrem Kaliber .303.

Die der Mittelmeerflotte angegliederte HMS *Eagle* war in Alexandria stationiert. Lag sie in den Zeiten zwischen den Einsätzen im Hafen, dann operierten ihre 18 Swordfish-Maschinen von kleinen Flugplätzen an Land. Da sie erst im Raum Nordafrika und dann an den Küsten des Roten Meeres eingesetzt waren, entwickelten sich ihre Besatzungen zu sehr erfahrenen und tüchtigen Männern.

Die HMS *Illustrious*, das erste der neuen Trägerschiffe mit gepanzertem Deck, wurde im Mai 1940 fertig gestellt. Sie begleitete die *Eagle* in einem der zahlreichen Geleitzüge nach Malta. Das Überleben der Inselfestung war wichtig für den Sieg über die Truppen der Achsenmächte in Nordafrika, doch die Unterhaltung dieses britischen Stützpunktes war für die Royal Navy eine

nicht endende, mühevolle Aufgabe. Die Operationen der britischen Marine umfassten nicht nur den Schutz von Handelsschiffen vor Luftangriffen von der Küste her oder die Suche nach den überall lauernden U-Booten, sondern auch die nötigen Vorkehrungen gegen einen Ausfall der italienischen Flotte. Die sechs neuen oder modernisierten Großschiffe Italiens waren den Schlachtschiffveteranen von Admiral Cunningham hinsichtlich ihrer Schnelligkeit, Bewaffnung und Anzahl überlegen.

Um diese Unausgewogenheit zu beseitigen, plante Cunningham einen Angriff mit zwei Trägerschiffen auf den süditalienischen Stützpunkt Tarent. Durch einige Pannen bedingt, wurde bei diesem Unternehmen schließlich nur die *Illustrious* eingesetzt, die einige der erfahrensten Swordfish-Besatzungen mit ihren Maschinen an Bord hatte. An dem Angriff, der in der Nacht vom 11. zum 12. November 1940 stattfand, nahmen nur 21 Flugzeuge teil. Der Verband aus elf Torpedoflugzeugen und zehn Maschinen, die Spreng- und Leuchtbomben geladen hatten, flog in zwei Wellen an. Während die Bomber die Verteidiger ablenkten, umflogen die anderen Maschinen mit niedriger Geschwindigkeit und in sehr geringer Höhe die Haltetaue der zahlreichen Sperrballons. Vier Torpedos, von denen eines nicht explodierte, schlugen in das ungeschützt liegende Schlachtschiff *Littorio* ein, die

Cavour und die *Duilio* erhielten je einen Treffer. Die zu kleinen Sprengstoffkapseln der 18-zölligen Flugzeugtorpedos und das flache Wasser bewahrten die Italiener vor dem völligen Verlust; nur die *Cavour* wurde nie wieder voll einsatzfähig hergestellt.

Cunningham verlor bei dem Unternehmen zwei Flugzeuge, den Italienern hingegen blieben nach dem Angriff nur noch zwei einsatzfähige Schlachtschiffe. Entgegen allen Behauptungen war Tarent keine Anregung für den japanischen Angriff auf Pearl Harbor, zu dem bereits vor dem 11. November 1940 ausführliche Planspiele stattgefunden hatten, hat aber sicherlich die Möglichkeit eines solchen Angriffs unterstrichen.

Obwohl der Schlag gegen die italienische Flotte ein wichtiger und für Großbritannien verlustarmer Erfolg war, hatte der Hauptteil der gegnerischen Flotte schön nebeneinander verankert im Hafen gelegen und hätte durch einen Luftangriff mit einem größeren Flugzeugverband überwältigt werden können. So bekamen die Briten die Abwesenheit der Trägerschiffe *Courageous* und *Glorious* nie stärker zu spüren als bei Tarent.

Deutschland, das die Royal Navy inzwischen als schlimmste Bedrohung für das Überleben seiner Truppen in Nordafrika erkannt hatte, kommandierte im Januar 1941 das X. Fliegerkorps nach Sizilien ab. Dieser starke Luftwaffenverband war auf Angriffe gegen Schiffe spezialisiert. Innerhalb weniger Tage durchbrach ein Verband seiner Stukas die Verteidigung der *Illustrious* und landete sieben schwere Bombentreffer.

Die Schäden waren wahrscheinlich die schlimmsten, die ein Flugzeugträger überstehen musste, doch sie waren nicht tödlich. Und es war nicht das gepanzerte Flugdeck, das die *Illustrious* rettete, sondern die im Großen und Ganzen robuste Konstruktion und der Umstand, dass es an Bord kein unkontrollierbares Feuer gegeben hatte. Eine 250-kg und zwei 500-kg schwere Bomben waren in der Mitte des Decks eingeschlagen und drei weitere Bomben (zwei 250 kg und eine 500 kg schwere) waren im hinteren Aufzugschacht bzw. in dessen Umgebung explodiert. Der Aufzug selbst besaß keinen Panzerschutz, doch sein Schacht war durch gepanzerte Zwischenwände vom Hangar getrennt. Die siebente, eine 500-kg-Bombe, hatte als einzige den gepanzerten Teil des Flugdecks getroffen, hatte ihn durchschlagen und war dann im Hangar explodiert. Vor Malta durchschlug der letzte Treffer mit einer 500-kg-Bombe das ungepanzerte hintere Ende des Flugdecks.

Sechs Monate nach ihrem Schwesterschiff *Illustrious* wurde die *Formidable* in Dienst gestellt und dann ebenfalls ins Mittelmeer abkommandiert. Während der Räumung Kretas im Mai 1941 erhielt auch sie an beiden Enden des Flugdecks Treffer von 500-kg-Bomben, die weitere Flugzeugstarts verhinderten.

Im März desselben Jahres war eine Reihe britischer Militärgeleitzüge, von der italienischen Flotte unbehelligt, von Ägypten nach Griechenland unterwegs gewesen. Von ihrem deutschen Verbündeten getadelt, schickten die Italiener schließlich ein starkes Geschwader an einen Punkt südlich von Kreta. Von einem auf Malta stationierten Sunderland-Flugboot alarmiert, verließ Admiral Cunningham Alexandria mit drei von seinen Schlachtschiffen und der *Formidable*. Da sie keine Geleitzüge fanden, dafür aber von leichten britischen Verbänden bedrängt wurden, kehrten die Italiener wieder um. Cunningham nahte überraschend, doch das Flaggschiff *Vittorio Veneto* war 5 Knoten schneller als die betagte *Queen Elizabeth*, und so musste seine Fahrt verlangsamt werden, damit ein Gefecht zustande kommen konnte. Ein erster Versuch, bei dem die auf Kreta stationierten Swordfish die neuen Albacore-Torpedobomber der *Formidable* unterstützten, blieb erfolglos. Ein zweiter Versuch von nur fünf Maschinen der *Formidable* wurde mit einem Höhenangriff von RAF-Maschinen des Typs Blenheim koordiniert. Achtern getrof-

Fairey Albacores starten von der *Victorious* zu einem
Schlag gegen das Schlachtschiff *Tirpitz* (März 1942).
Der Angriff wurde durch die niedrige Geschwindigkeit
dieser veralteten Flugzeuge vereitelt, die zu kämpfen
hatten, um ein 30 Knoten schnelles Schlachtschiff bei
Gegenwind zu überholen.

Oben: Die halb fertige *Graf Zeppelin* in Gotenhafen unter einem Tarnnetz liegend (1942). Die Pläne zu ihrer Fertigstellung wurden zugunsten des Baues von U-Booten aufgegeben, und so diente sie bis 1945 als Depotschiff.

fen, stoppte die *Vittorio Veneto* kurz, machte aber bald wieder 20 Knoten. Als sich die Dunkelheit verdichtete, fand ein Verband von zehn Albacore-Maschinen das italienische Geschwader und machten, nachdem sie das Flaggschiff verfehlt hatten, den Schweren Kreuzer *Pola* manövrierunfähig. Zu dem zurückgelassenen Schiff gesellten sich später zwei Schwesterschiffe und eine Zerstörerdivision. Dieser Verband wurde von den mit Radar ausgerüsteten Briten geortet, die die italienischen Kreuzer durch einen kurzen Beschuss vernichteten; das Gefecht ist als Seeschlacht von Matapan in die Geschichte eingegangen. Die Flugzeuge der *Formidable* waren zwar nicht für Nachteinsätze ausgerüstet, doch es war ihnen in dem Angriff der Marineluftwaffe gelungen, einen Feind zum Kampf zu veranlassen.

Die britischen Marineluftstreitkräfte waren nur zwei Monate später in der gleichen Mission erfolgreich, als das neue deutsche Schlachtschiff *Bismarck* in den Atlantik ausbrach, um auf Kaperfahrt zu gehen, dabei auf den britischen Schlachtkreuzer *Hood* stieß und ihn versenkte. Von der *Prince of Wales*, dem Begleitschiff der *Hood*, beschädigt, kehrte das deutsche Schiff wieder um. Es wurde von britischen Kreuzern beschattet und von der *Victorious*, dem dritten der neuen britischen Flugzeugträger, verfolgt. Ein Flugzeug der *Victorious* warf ein Torpedo ab, das auf dem Panzergürtel des Schiffes auftraf und nur geringe Schäden verursachte. Dann verlor man den Kontakt zur *Bismarck*, entdeckte sie jedoch nach 31 Stunden wieder. Die von Gibraltar beorderte Force H befand sich in einer günstigen Position um dem gegnerischen Schiff den Weg abzuschneiden, und von der *Ark Royal* starteten 14 Swordfish zum Angriff, der irrtümlich, aber glücklicherweise ohne Folgen den Kreuzer *Sheffield* traf und bei dem sich durch Zufall herausstellte, dass die britischen

Unten: Verladen von 114-mm-Munition auf den britischen Flugzeugträger *Victorious*. Die Entwicklung von Munition mit Annäherungszünder verstärkte die Feuerwirkung der Flak der alliierten Kriegsschiffe in den letzten beiden Kriegsjahren deutlich.

Matrosen schaufeln Schnee von dem 205 m langen Flugdeck der *Victorious*, die zur Sicherungsgruppe des Geleitzuges PQ 12 nach Russland gehört. Der *Victorious* voraus
dampft das Schlachtschiff *King George V.*

Magnettorpedopistolen schlecht funktionierten. Verdrossen wiederholte man den Angriff. Im schwindenden Licht fanden zwei Torpedos ihr Ziel. Eines beschädigte die Schrauben der *Bismarck* und blockierte die Ruderanlage. Die *Bismarck* trieb nun langsam und ziellos auf dem Wasser; ihr Schicksal war besiegelt. Am nächsten Morgen wurde das Schiff von schweren britischen Einheiten abgefangen und mit Geschützfeuer und Torpedos auf Grund geschickt.

Die Kriegsmarine bot ihren Gegnern während des Krieges noch ein paar solcher Gelegenheiten. Ihre schweren Überwassereinheiten lagen geschützt in abgelegenen norwegischen Fjorden, von wo sie die Murmansk-Route der alliierten Geleitzüge bedrohten. Die britische Home Fleet, für gewöhnlich von einem Trägerschiff begleitet, stellte gegen diese Manöver starke Deckungskräfte bereit.

Im März 1942 war die *Tirpitz*, das Schwesterschiff der *Bis-*

Unten: Ein italienischer Torpedobomber des Typs SM 79, hier vom Zerstörer *Jervis* aus betrachtet, greift trotz des Feuerhagels der Luftabwehr eines britischen Kriegsschiffes an, als sich ein Geleitzug mit dem Ziel Malta der Insel nähert (Aufnahme vom März 1942).

marck, unterwegs zu einer Stelle, an der sich die Routen zweier Geleitzüge kreuzten. Von den Briten geortet, wurde sie Ziel eines Angriffs von zwölf Albacore-Maschinen der *Victorious*. Es herrschte heftiger Wind, die *Tirpitz* fuhr mit Höchstgeschwindigkeit und es gelang den Bombern nicht, eine günstige Abwurfposition zu erreichen. Dass der Angriff fehlschlug, war zweifellos eine Anklage gegen ein System, das tapfere Männer mit derart schlechten Flugzeugen ausrüsten ließ.

Vier Monate später ordnete man die Beschattung des Geleitzuges PQ 17 an, da die gefürchtete *Tirpitz* wieder unterwegs war. Obwohl sie PQ 17 nie sichtete, wurden die einzelnen Schiffe eine leichte Beute der Torpedobomber der deutschen Luftwaffe, auf deren Konto schließlich der Verlust von 14 der 22 Schiffe ging.

Da sich sämtliche britische Flugzeugträger im Mittelmeer befanden um die Blockade Maltas zu brechen, wurde der nächste Schiffskonvoi nach Nordrussland von der *Avenger*, dem ersten der neuen britischen Geleitträger, begleitet. Der Zug wurde nicht von den schweren deutschen Überwassereinheiten, sondern von 200 Flugzeugen angegriffen. Die *Avenger* konnte lediglich zwölf Maschinen eines älteren Modells der Sea Hurricane und drei Swordfish einsetzen. Die erste Aktion von deutscher Seite war ein

Scheinangriff, der die Verteidiger fortlocken sollte. Daraufhin griffen 40 Maschinen gleichzeitig den Geleitzug an. Ihre Torpedos trafen acht Schiffe. Die Briten änderten ihre Taktik, und die *Avenger*, die zuvor in den Geleitschutz der Schiffskonvois eingegliedert war, durfte eigenständig operieren. In einer Reihe von Gefechten versenkten die Angreifer insgesamt 10 Schiffe, verloren selbst aber 41 Flugzeuge. Von den vier abgestürzten Hurricane waren drei dem Flakfeuer des Geleitzuges zum Opfer gefallen.

Ein oder zwei Angreifer wurden von den Bordgeschützen der Hurricane getroffen, die von dem Handelsschiff *Empire Morn* aufgestiegen waren. Die *Empire Morn* gehörte zu den 35 behelfsmäßig umgebauten Einheiten (CAM-Schiffe), die ihren Status als Handelsschiff zwar behielten, deren Vorderdeck aber mit einem Startkatapult ausgerüstet war. Damit konnte die ältere Hurricane („Hurricat") und die Fulmar gestartet werden, deren vorrangiges Ziel gegnerische Aufklärungsflugzeuge waren. Am Ende des Fluges mussten die Piloten notwassern und von ihrem Schiff aufgenommen werden, wenn sie zu weit von der Küste entfernt waren.

Die schweren Einheiten der Deutschen in Norwegen bedrohten weiterhin die Flanke der arktischen Geleitzugroute und das

Schiffsdaten (nach 1939)

Verdrängung:	36 080 t bei voller Zuladung
Maße:	242 m × 31,1 m × 9,6 m
Antrieb:	4 Dampfturbinen mit Wellenantrieb/ 120 000 PS
Höchstgeschwindigkeit:	30 Knoten
Panzerung:	Hauptgürtel 229 mm
Bewaffnung:	6 381-mm-Geschütze
	20 Geschütze Kaliber 114-mm
	28 Zweipfünder-Maschinenkanonen
	64 20-mm-Geschütze
Flugzeuge:	2 Supermarine Walrus
Besatzung:	1200 Mann
Klasse:	*Renown, Repulse*

Der Schlachtkreuzer *Renown* so wie er im Juli 1942 aussah. Er operierte den größten Teil des Jahres 1941 zusammen mit dem auf Gibraltar stationierten Flugzeugträger *Ark Royal* als Kerngruppe der Force H sowohl im Mittelmeer als auch im Atlantik. Im Gegensatz zu ihrem Schwesterschiff *Repulse* wurde die *Renown* in der Zeit von 1936 bis 1939 rekonstruiert und mit zwanzig Fla-Geschützen (Kaliber 4,5 Zoll) ausgerüstet.

Oben: Die Fairey Albacore (bei der Flotte „applecore" – Apfelgehäuse) genannt) war eine modernisierte Swordfish. Obwohl von ihr fast 800 Stück gebaut wurden, konnte sie die berühmte „Stringbag" nie völlig ersetzen. Wie die Swordfish war auch die Fairey Albacore mit einem 18-Zoll-Torpedo bestückt.

Dunkel des nordischen Winters schränkte noch immer die Operationen der Flugzeugträger ein. Für eine leichte Entspannung der Situation sorgte die Home Fleet mit der Versenkung der *Scharnhorst* am zweiten Weihnachtsfeiertag des Jahres 1943, doch die *Tirpitz* blieb ein Problem.

Das große Schlachtschiff war von einem britischen Kleinst-U-Boot schwer getroffen worden, doch der Schaden erschien von außen nicht sichtbar. 1944 setzte die Royal Navy daher die wachsend Zahl ihrer Trägermittel in mehreren energischen Angriffen gegen das Schiff ein. Diese waren bekannt für den Einsatz zahlreicher Geleitträger (CVE) und für die mittlerweile allgemeine Verwendung amerikanischer Flugzeuge – der Grumman F6F Hellcat, der F4F Wildcat und der prächtigen Vought F4U Corsair – die neben der Seafire, der Swordfish und dem neuen Sturzkampfbomber Barracuda operierten.

Der Ankerplatz der *Tirpitz* war von Torpedoschutznetzen umgeben. An der Küste befanden sich Flak-Standorte und Nebelwandinstallationen. Die Flugplätze der Jäger waren leicht erreichbar, und die Möglichkeit einer Annäherung feindlicher Maschinen wurde durch das steil abfallende Gelände eingeschränkt. Da im Vorfeld der Landung der Alliierten in der Normandie die Reserven der Flotte versammelt wurden, konnte man im März 1944 eine Kampfgruppe aus zwei Flottenträgern und vier Geleitträgern zusammenzustellen. Sie hatten eine Transportkapazität von insgesamt 39 Sturzkampfbombern, 12 Torpedoflugzeugen und 110

Oben: Mit der *Renown* und der *Duke of York* achternaus bereitet sich die *Victorious* auf den Start von 12 Albacore zum Schlag gegen die *Tirpitz* vor. Zwei Maschinen wurden während des Angriffes von den Fla-Geschützen des Schlachtschiffes abgeschossen, und die Torpedos verfehlten ihr Ziel. Da dem Schwesterschiff der *Tirpitz*, der *Bismarck*, ein einziger Treffer mit einem 18-Zoll-Torpedo zum Verhängnis geworden war, brachte Kapitän Topp am Nachmittag des 9. März 1944 die *Tirpitz* mit einiger Erleichterung sicher in den Vestfjord.

Links: Die *Repulse* wurde auf Churchills Befehl mit dem alten Schlachtkreuzer *Prince of Wales* nach Singapur geschickt. Beide Schiffe wurden am 10. Dezember 1941 von zweimotorigen japanischen Bombern, die aus Vietnam kamen, vor Malaya versenkt. Bei einem zweiten Angriff von einem halben Dutzend G4 („Betty") erfolgten mindestens drei weitere Torpedotreffer, die die *Repulse* kentern ließen. Admiral Philips, Kapitän Leach und 335 Offiziere und Matrosen gingen mit dem Schiff unter.

Jägern, von denen die Corsair je eine 500-kg-Bombe und die Hellcat-Maschinen 250-kg-Bomben tragen konnten.

Die Operation war gut geplant. Der Angriff kam völlig überraschend. Er wurde von zwei Jägern angeführt, die das Schiff und alle an der Küste stationierten Schutzeinrichtungen im Tiefflug attackierten. Flak und Nebelwandinstallationen wurden beschädigt, und die Verteidiger bemerkten nicht die Sturzkampfbomber, die in großer Höhe anflogen. Von nur wenig Abwehrfeuer empfangen, erzielten die Stukas neun Treffer; ein Schlag verfehlte nur knapp sein Ziel. Eine Stunde später startete ein zweiter Angriff dieser Art gegen eine in voller Alarmbereitschaft stehende Verteidigung. Die Piloten klinkten trotz vorheriger Übungsflüge ihre Bomben im Kampfeseifer bei zu geringer Höhe aus. Deshalb traf nur eine 800-kg-Bombe ihr Ziel und durchschlug die Horizontalpanzerung der *Tirpitz*, explodierte aber nicht.

Mit weiteren Operationen im Juli und August 1944 sollte die *Tirpitz* endgültig ausgeschaltet werden, doch die Angreifer stießen auf eine verstärkte Verteidigung und es zeigte sich, dass die Bomben der Trägerflugzeuge zu klein waren, um dem Schiff vernichtende Schäden zuzufügen. Da Torpedos keine Alternative waren, beförderten RAF-Maschinen vom Typ Lancaster die *Tirpitz* schließlich mit „Tallboys", 6 Tonnen schweren Bomben, ins Jenseits.

Links: Unfälle an Deck
waren ein gewohntes Risiko
bei den Einsätzen der Trägerflugzeuge. Diese Grumman
F6F Hellcat des 800. Ge-
schwaders zerbrach 1943
an Bord der *Ravager*. Die
USA lieferten in der Zeit von
1943 – 1945 fast 1200
Maschinen des Typs F6F an
die Royal Navy.

Rechts: Start einer Albacore
von der HMS *Formidable*. Die
Albacore-Maschinen dieses
Trägerschiffes griffen 1941 in
der Schlacht bei Kap Mata-
pan erfolgreich die *Vittorio
Veneto* und den Schweren
Kreuzer *Pola* an. Bei dieser
Begegnung wurden drei ita-
lienische Kreuzer zerstört.

1945 verfügte Großbritannien über reichlich Kampfmittel, die ihre bereits merklich dezimierten Ziele aufs Korn nahmen, und die Marineluftwaffe war in der Lage, auch von ihrer Seite den Druck auf die feindliche Kriegsmaschinerie zu verstärken, indem sie ihre Operationen gegen die Eisenerztransporte aus Norwegen intensivierte.

Luftunterstützung für amphibische Angriffsoperationen

Bei den Seelandungen der Alliierten in Marokko und Algerien im November 1942 mussten die Trägerschiffe und deren Flugzeuge den beteiligten Verbänden Schutz und Nahunterstützung aus der Luft geben, bis die erforderlichen Flugplätze eingenommen waren. An dieser Stelle flogen die bereits auf Gibraltar stationierten amerikanischen und britischen Flugzeuge ein und setzten die Arbeit fort, so dass sich die Trägerverbände auf andere Aufgaben konzentrieren konnten. Die Amerikaner begaben sich in den Pazifik, und die Briten blieben auf der Hut vor der ständigen Bedrohung durch die italienische Flotte und machten den gegen die Küstenschifffahrt gerichteten Luftangriffen ein Ende.

Im Juli 1943 erfolgte die Landung der Alliierten auf Sizilien; die Luftunterstützung für diese Operation kam direkt aus Malta und von den kurz zuvor eingenommenen Flugplätzen in Nordafrika. Zwei Trägerschiffe hielten wiederum Ausschau nach der leisesten Bewegung der italienischen Flotte. Zwei Monate später landeten die Alliierten bei Salerno, das schon fast außerhalb der Reichweite der auf Sizilien stationierten Jagdfliegerkräfte lag. Also starteten von vier Geleitträgern und vom Deck des Reparaturschiffes *Unicorn* Flugzeuge, um Luftunterstützung zu geben. Allerdings waren die Schiffe fast ausschließlich mit Jägern des Typs Seafire bestückt. Es war praktisch windstill und die Geleitträger fuhren langsam, so dass sich zu schnelle Anflüge, harte Landungen und ein unnormal hoher Verschleiß nicht vermeiden ließen. Die Situation verschlimmerte sich noch durch den unerwartet hohen Zeitaufwand für die Einnahme eines wichtigen Küstenflugplatzes. Vier Tage intensiven Einsatzes der Fliegerkräfte verschlangen fast den gesamten Jägerverband, dessen Überlebende dann an Land gebracht wurden, um dort von einem provisorischen Startstreifen aus zu operieren.

Für den Sprung nach Südfrankreich im August 1944 wurden die Dienste der Geleitträger – sieben britische und zwei ameri-

Links: Die *Eagle* mit einer Decksla-
dung Spitfire-Maschinen auf dem Weg
nach Malta. Sie war als verbessertes
Schlachtschiff der Klasse Iron Duke für
Chile geplant und wurde dann zum
Flugzeugträger umgebaut. Während
der Operation „Pedestal" wurde die
Eagle im August 1942, im Geleitzug
nach Malta unterwegs, versenkt.

Rechts: Die britischen Flugzeugträger
besaßen 1945 bis zu sechs Aufbauten
für Achtfach-Flugabwehrgeschütze
(Zweipfünder). Die Kanonen hatten
eine Feuergeschwindigkeit von bis zu
115 Schuss pro Minute und verschossen 40-mm-Munition bis zu einer
Maximalhöhe von rund 3960 Metern.

kanische – erneut in Anspruch genommen. Sie konnten 225 Flugzeuge an Bord nehmen; die Maschinen wurden, da die deutsche Luftwaffe keinen wesentlichen Widerstand leistete (sie befand sich im Einsatz gegen die alliierten Landungstruppen in der Normandie), als Jagdbomber gegen speziell ausgesuchte Ziele eingesetzt.

Trägerschlachten im Pazifik

Die Manöver in Friedenszeiten hatten Japan wie auch den USA die Möglichkeiten einer Kriegführung mit Flugzeugträgern gezeigt. Die schreckliche Realität wurde erstmals am 7. Dezember 1941 vorgeführt. Es war kein Irrtum vonseiten der Japaner. Wenn der Schicksalsschritt eines Schlages gegen Pearl Harbor gegangen werden musste, dann hatte der Angriff mit stärkster Kraft zu erfolgen. Es wurden alle sechs einsatzfähigen Trägerschiffe versammelt und unter dem Kommando des fähigen Vizeadmirals Nagumo auf ihre Aufgabe vorbereitet. Der Hauptteil der Unterstützungsgruppe bestand lediglich aus Tankern und Hilfsschiffen, denn die Japaner hatten keinen Einsatz von Überwasserkriegsschiffen im Sinn.

40 japanische Torpedobomber und 49 Sturzkampfbomber starteten gegen die sieben amerikanischen Schiffe, die in Pearl Harbor vor Anker lagen. Mit ihnen waren weitere 51 Stukas und 43 Jäger unterwegs, die die Verteidigung ausschalten sollten. Die überwältigende Stärke des einen Angriffs hätte bereits genügt, um den Auftrag voll und ganz zu erfüllen, doch es folgte ein zweiter Schlag mit einer noch größeren Anzahl von Kampfflugzeugen. Im Nachhinein betrachtet, hätten diese Maschinen eigentlich besser auf die ortsfesten Einrichtungen an Land gelenkt werden sollen. Ziel der Japaner war gewesen, die als Vorposten stationierten Einheiten der amerikanischen Pazifikflotte zu vernichten. Die Wracks von fünf Schlachtschiffen und 188 Flugzeugen zeugten davon, in welchem Maße das Ziel erreicht worden war. Japan hatte lediglich 29 Flugzeuge verloren.

Die im Fernen Osten folgende große japanische Offensive war für die Vereinigten Staaten und deren Verbündete ein zehn Wochen dauernder Alptraum. Obwohl sie beträchtliche Kräfte aufzubieten hatten, fehlte es an gemeinschaftlichem Handeln und zunehmend an dem Willen, mit einem Feind fertig zu werden, der überall zu sein schien und über den man nur wenig wusste. In Wahrheit gingen die Japaner manche Risiken ein, stellten jedoch fest, dass sich ihre Kühnheit auszahlte. Ihre Bewegungen waren so geplant, dass sie entweder innerhalb des Aktionsradius ihrer landgestützten Luftdeckung stattfanden oder von einem Flugzeugträger unterstützt wurden. Die hoch im Kurs stehenden Seeflugzeugträger wurden umfassend eingesetzt, ihre Flugzeuge waren behände genug um Angriffs- und Verteidigungsaufgaben übernehmen zu können. Zur Unterstützung und Aufklärung wurden eilig vorgeschobene Seeflugzeugstützpunkte eingerichtet, die mit dem für Japan günstigen Kriegsverlauf rasch mit vorrückten. Der zügige Bau von Flugplätzen auf den im Westpazifk verstreuten zahlreichen Inseln ließ schon bald ein Luftunterstützungsnetz entstehen, das ein Vordringen feindlicher Überwasserkräfte in das abgesicherte Gebiet zum Risiko machte.

Gleichzeitig mit dem Angriff auf Pearl Harbor hatten Landungen auf der Malaiischen Halbinsel stattgefunden. Der britische Premierminister Churchill, der bemüht war zu zeigen, dass er es ernst meinte, hatte die Großkampfschiffe *Repulse* und *Prince of Wales* nach Singapur abkommandiert. Japan zeigte sich unbeeindruckt. Die Bewegung der Schiffe, die ohne den Schutz träger- oder landgestützter Flugzeuge operierten, wurde aufmerksam verfolgt. Die Japaner schickten einen beeindruckenden Kampfverband aus 34 Bombern und 54 Torpedoflug-

zeugen aus Indochina los, die die Verteidigung der beiden Schiffe vollständig ausschalten. Der Verlust der *Repulse* und der *Prince of Wales* war ein fürchterlicher Schlag für das britische Prestige, doch deren Einsatz war eine politische Entscheidung gewesen, die ohne Rücksicht auf die teuer bezahlten Erfahrungen von Norwegen und Kreta getroffen worden war. Auch hier zeigte es sich, dass Flottenoperationen in Gewässern, über die der Gegner die Luftherrschaft besaß, sehr riskant waren.

Die Flugzeugträger Admiral Nagumos gaben ständig Anlass zur Sorge, da sie in Verbänden unterschiedlicher Zusammensetzung operierten. Trotz zermürbender Verluste brachten sie 188 Flugzeuge zusammen, die mit 54 auf Celebes stationierten Bombern einen besonders zerstörerischen Angriff auf den Hafen von Darwin flogen. Dieser schwere Schlag gegen ein Ziel auf dem australischen Kontinent löste Angst vor einer japanischen Invasion aus.

Die Amerikaner brachten eilig ihre *Yorktown* durch den Panamakanal und erhöhten damit die Anzahl ihrer Flugzeugträger im Pazifik auf vier. Jedes Trägerschiff bildete den Kern eines selbständigen operativen Verbandes. Diese Verbände konnten je nach Erfordernis zusammengelegt werden, so wie es im März 1942 der Fall war, als die *Lexington* und die *Yorktown* mit über 100 Flugzeugen einen Angriff auf Lea (Neuguinea) starteten. Die Unerfahrenheit der Amerikaner und die noch immer über ein großes Gebiet verteilte japanische Kriegsmarine zeitigten allerdings nur magere Ergebnisse.

Ebenfalls in dieser Zeit fertig gestellt und eilends in den Pazifik geschickt wurde die *Hornet*. Sie wurde insgeheim mit 16 zweimotorigen Bombern vom Typ Boeing B-25 beladen, die unter dem Befehl von Oberst Doolittle zum Angriff auf Tokio starteten und dann nach China weiterflogen. Die unter der Bezeichnung „Dreißig Sekunden über Tokio" bekannt gewordene Aktion richtete zwar nur wenig Schaden an, doch ihre Folgen versetzten Japan in Aufruhr und steigerten die Kampfmoral der Amerikaner in einer besonders schwierigen Zeit entscheidend.

1942 hatte Japan einen Großteil seiner Ziele erreicht; Nagumo verlegte daher seine Trägerschiffe in den Indischen Ozean um die noch immer auf Ceylon stationierten Kräfte der Royal Navy auszuschalten. Großbritannien hatte dort u. a. drei Flugzeugträger, von denen zwei – die *Formidable* und die *Indomitable* – neu waren. Zusammen mit der *Hermes* verfügten sie über 37 Jagd- und 58 Torpedoflugzeuge. Die fünf gegnerischen Trägerschiffe dagegen hatten 105 Jäger – alle vom Typ Mitsubishi „Zero" –, 114 Sturzkampfbomber und 123 Torpedoflugzeuge aufzuweisen. Die kleinere *Ryujo* operierte selbständig im Golf von Bengalen gegen die Handelsschifffahrt entlang der indischen Küste.

Admiral Somerville, der britische Befehlshaber, war sich der gegnerischen Absichten und seiner eigenen beschränkten Möglichkeiten wohl bewusst. Er hielt sich vernünftigerweise an die Realitäten und verließ sich auf den rund 600 Meilen südwestlich gelegenen geheimen Stützpunkt auf den Addu-Inseln. Bei Tage hielt er sich westlich von Ceylon und näherte sich den Inseln nur bei Nacht. Sein Schwachpunkt war, dass er nicht genau wusste, wann die Japaner angreifen würden. Als der Verband zum Auffüllen der Vorräte einige Tage abwesend war, schlug Nagumo am 5. April 1942 gegen Colombo los.

Die Jägerfliegerverteidigung der RAF wurde schwer getroffen, konnte jedoch die Zahl der Opfer im Hafen – es wurden nur zwei der 34 Schiffe versenkt – und die Schäden an den Einrichtungen an Land gering halten. Bedenklicher war der Anblick zweier Schwerer Kreuzer, die bei einem Nebenangriff von 88 Flugzeugen überwältigt wurden. Bei einer solch großen Angreiferzahl war die Zerstörung der besten Schiffe praktisch garantiert.

Die Vereinigten Staaten schlagen zurück. Hier hebt einer von Oberstleutnant Doolittles Bombern vom Typ B-25 Mitchell von der USS *Hornet* zum Angriff auf Tokio (18. April 1942) ab.

Vier Tage später überraschte Nagumo seinen Gegner Somerville erneut und griff Trincomalee an. Die Hafenbesatzung war glücklicherweise von einem britischen Patrouillenflugzeug gewarnt worden, so dass sich die Schiffe in Sicherheit bringen konnten. So fanden die 85 Angreifer nur wenige lohnenswerte Ziele, entdeckten aber bald die *Hermes* und mehrere kleinere Schiffe, die alle zerstört wurden.

Während dieses verhängnisvollen Vorfalles hatte die Fliegergruppe der *Ryujo* Verheerungen unter den ohne Geleitschutz fahrenden Schiffen angerichtet, die sich in den indischen Küstengewässern drängten. Innerhalb von fünf Tagen waren ihr 23 Handelsschiffe und 100 000 BRT Schiffsraum zum Opfer gefallen.

Nagumo war von einem starken Verband unterstützt worden, zu dem auch vier Schlachtschiffe gehörten, die allerdings wie beim Überfall auf Pearl Harbor keine Aufforderung zum Schießen erhalten hatten. Die japanischen Flugzeugträger waren nach einer neuen Art der Seekriegführung 20 Wochen lang ohne Unterbrechung an Operationen beteiligt gewesen, hatten ihren Gegnern enorme Schäden zugefügt, selbst aber keine hinnehmen müssen. Als sie am 10. April 1942 aus dem Indischen Ozean abzogen, geschah das nicht um die Schiffe instandsetzen zu lassen, sondern um an einer neuen strategischen Operation teilzunehmen.

Schlacht in der Korallensee: Die erste Trägerschlacht

Admiral Yamamoto, der Oberbefehlshaber der japanischen Vereinigten Flotte, war durchdrungen von der Vorstellung einer „Entscheidungsschlacht" – einer modernen Version der Schlacht bei Trafalgar, die eine gegnerische Flotte ein für alle Mal ausschalten würde. Pearl Harbor hatte für die Amerikaner nicht gezählt, da deren Trägerschiffe nicht in Mitleidenschaft gezogen worden waren. Yamamoto plante daher einen groß angelegten Flotteneinsatz zu seinen Bedingungen zu provozieren. Er hatte vor, das Midway-Atoll einzunehmen, das nahe genug bei den Hawaii-Inseln lag, als dass die Amerikaner eine solche Drohung würden ignorieren können. Einmal herbeigelockt, sollte die US-Flotte dann von den überlegenen japanischen Verbände aus dem Hinterhalt überfallen werden.

Oben: Doolittles kühner Angriff mit 16 B-25, die mit je vier 250-kg-Bomben beladen waren, schockierte und erniedrigte das japanische Oberkommando und hob in einer schwierigen Zeit die Kampfmoral der Amerikaner.

Bevor diese Operation beginnen konnte, musste allerdings erst der südöstliche Bereich des neuen japanischen Imperiums gesichert werden. Dazu gehörte die Einnahme der Salomonen und bestimmter entlegener Inseln sowie der lang gestreckten östlichen Halbinsel des Papua-Territoriums. Die Japaner, die sich bereits an dessen Nordküste eingerichtet hatten, mussten das an der Südseite gelegene Port Moresby einnehmen. Der direkte Weg über Land verlief durch eine Wildnis aus dschungelbedeckten Bergen. Deshalb entschieden sich die Japaner für einen weiteren „Sprung" über das Meer. Es war typisch für ihre komplexe Planung, dass sie dieses Vorhaben sogleich mit einer Operation zur Eroberung Tulagis auf den südlichen Salomonen verbanden. Jeder Invasionsverband besaß eine eigene Unterstützungsgruppe, und das dritte Geschwader mit dem leichten Trägerschiff *Shoho* war als Unterstützung für alle anderen Kräfte verfügbar.

Yamamoto schätzte richtig ein, dass der Umfang der Operation seinen Plan bezüglich des Midway-Atolls beeinträchtigte, sah aber voraus, dass er ausreichen würde um einen amerikanischen Gegenstoß zu fesseln. Er nahm also einen weiteren Verband mit zwei Trägerschiffen hinzu, die sich im Osten aufhielten und jedem störenden amerikanischen Geschwader in den Rücken fallen sollten. Er begab sich mit der Absicht in die Korallensee, den ersten Kampf in der Geschichte austragen zu lassen, bei dem sich in der Hauptsache Trägerschiffe gegenüberstanden, und plante das Unternehmen entsprechend.

Die Japaner waren sich nicht bewusst, in welchem Ausmaß die Amerikaner mit Hilfe der Australier und Briten bereits den japanischen Marinecode entschlüsselt hatten. Es wies vieles auf ein Manöver gegen Port Moresby hin, dem eine größere Operation im Zentralpazifik folgen sollte. Admiral Nimitz, der Oberbefehlshaber der Streitkräfte im pazifischen Raum, kommandierte Konteradmiral Frank Fletcher mit der *Lexington* und der *Yorktown* in die Korallensee.

Die erste Nachricht kam von der japanischen Landung auf Tulagi. Statt weiter ruhig in Deckung zu bleiben, schickte Fletcher die *Yorktown* los um einzugreifen. Die Schläge ihrer Fliegerkräfte richteten nicht viel aus, verrieten aber, dass die Amerikaner um die japanischen Pläne wussten. Admiral Takagi, der Befehlshaber eines Trägerverbandes, ließ die Wasserflugzeuge seiner Überwasserschiffe im Nebel nach Fletcher suchen, während Fletcher ausschließlich auf landgestützte Fliegerkräfte angewiesen war. Zum Nachteil für die Amerikaner erstreckte sich das Kampfgebiet über zwei Befehlszonen, und es blieb ein wichtiger Abschnitt an der Grenze zwischen beiden unkontrolliert. Am Morgen des 7. Mai glaubte jede Seite die Hauptkräfte des Gegners ausgemacht zu haben. Beide irrten sich. Die Amerikaner griffen mit 93 Flugzeugen die *Shoho*-Gruppe an, während die Japaner gegen einen Tanker und dessen Geleit losschlugen. Beide Angriffe waren erfolgreich, hatten aber die falschen Ziele getroffen.

Die USS *Lexington* wurde bei einem Angriff durch japanische Nakajima B 5 während der Schlacht in der Korallensee von drei bis fünf Torpedos getroffen. Die Leckwehr machte das Schiff zwar innerhalb von 30 Minuten wieder einsatzfähig, doch dann entzündeten sich im Schiffsinnern entstandene Treibstoffdämpfe explosionsartig.

Während des japanischen Angriffs entdeckte ein Wasserflugzeug Fletchers Gruppe, doch ein kleiner Angriffsverband aus den 27 Flugzeugen, die Takagi aufzubieten hatte, wurde durch die amerikanische CAP abgeschlagen und kehrte unverrichteter Dinge und unter Schwierigkeiten zu den Trägerschiffen zurück.

Am 8. Mai kam es dann zum großen Zusammenstoß. Beide Admirale hatten aus den Ereignissen des Vortages gelernt und ließen Aufklärungsflugzeuge aufsteigen, deren Suche auch von Erfolg gekrönt war. Fast gleichzeitig starteten 69 japanische und 82 amerikanische Trägermaschinen zu Angriffen auf den Gegner. Die Fliegerkräfte der *Yorktown* und der *Lexington* griffen getrennt an. Sämtliche Torpedos verfehlten ihre Ziele, die zu weit entfernt waren; die *Shokaku* allerdings erhielt drei Bombentreffer.

Fletchers noch unerfahrene Luftüberwachung ließ die Japaner zu nah herankommen, bevor sie Gegenmaßnahmen er-

griff und so wurden zwar 20 gegnerische Maschinen abgeschossen, doch die *Lexington* wurde mindestens zweimal torpediert und von zwei kleinen Bomben getroffen. Das Schiff hätte die Schäden überstanden, wenn nicht die Treibstoffhauptleitungen gerissen wären. Flugzeugbenzin und feuergefährliche Dämpfe lösten eine Kette von Explosionen aus, die den Träger schließlich zerstörten. Der wendigeren *Yorktown* gelang es, einer ganzen Reihe von Torpedo- und Bombentreffern zu entkommen; sie wurde jedoch von einem großen Geschoss getroffen, das tief in ihrem Innern explodierte. Die starke Beschädigung des Schiffes beeinträchtigte den Flugbetrieb jedoch nicht.

Die Schlacht in der Korallensee zeigte, dass die erfahreren Japaner in gewissem Maße im Vorteil gewesen waren, aber eine strategische Niederlage erlitten hatten – obwohl sie es waren, die dem Gegner die größeren Schäden zugefügt hatten. Sie gaben ihr Ziel, Verbände in Port Moresby anzulanden, endgültig auf.

Den Amerikanern wiederum war klar geworden, dass die Leistung ihrer Fliegerkräfte verbessert und dass in die Luftangriffsverbände ein höherer Anteil von Jagdflugzeugen eingegliedert werden musste. Die Japaner brauchten vier Monate für die Instandsetzung der *Shokaku* und mussten deren unbeschädigtes Schwesterschiff *Zuikaku* abziehen, um deren verloren gegangene Flugzeuge zu ersetzen und neue Besatzungen auszubilden. Dass die Träger nicht einsatzfähig waren, sollte bei der nächsten, entscheidenden Begegnung zwischen amerikanischen und japanischen Flugzeugträgern eine große Rolle spielen.

Entscheidung bei den Midway-Inseln

Admiral Yamamoto befand sich noch auf dem Weg nach den Midway-Inseln. Deren Besetzung hatte an sich nur geringe Bedeutung; sie sollte lediglich die Amerikaner zum Handeln verleiten. Der Funkverkehr zur Vorbereitung des Unternehmens konnte von den Amerikanern nur zu einem kleinen Teil aufgefangen und entschlüsselt werden. Doch Stück für Stück ergab sich für Nimitz' Kryptographen ein Bild von den japanischen Absichten. Eine unschätzbare Information war die Nachricht, dass der Feind die Einnahme von Port Moresby durch eine Seelandungsoperation aufgegeben hatte und sein Ziel nun mit einem Vorstoß über Land zu erreichen trachtete. Somit konnten die amerikanischen Flugzeugträger für die kommende Kraftprobe abgezogen werden.

Die Amerikaner unternahmen verzweifelte Versuche, die beschädigte *Yorktown* wenigstens notdürftig zu reparieren. Da ein großer Teil der Fliegerkräfte des

Trägers die Schlacht in der Korallensee überstanden hatte, konnten die Flugzeugverbände der anderen Trägerschiffe vergrößert werden. Die verbesserten F4F mit beiklappbaren Tragflächen machten zwar einige Vorteile der japanischen Zeros wett, doch waren die meisten Torpedoflugzeuge noch immer Maschinen vom Typ Douglas TBD Devastator. Von dem als Ersatz gedachten Typ Grumman TBF Avenger stand nur ein Schwarm zur Verfügung.

Yamamotos Plan enthielt auch diesmal wieder ein Täuschungsmoment. Außer einem Flottengefecht und der Besetzung der Midway-Inseln schlug der Admiral eine Landungsoperation auf den weit im Norden gelegenen westlichen Aleuten vor. Da ihm noch immer die beiden größten Flugzeugträger fehlten, musste er mit vier Trägerschiffen für den Midway-Kampfverband auskommen. Von übermäßig optimistischen Berichten über die Größe der Schäden an den gegnerischen Schif-

fen irregeführt und in Unkenntnis der Tatsache, dass die Amerikaner von seinen Plänen wussten, hielt er seine Streitmacht jedoch für angemessen groß. Deren Gesamtstärke lag zwar weit über der seines Gegners, doch da die Streitmacht nach dem sehr komplexen Schlachtplan aufgeteilt werden musste, machte Yamamoto ihre Teilkräfte verwundbar. Den Angriff auf die Aleuten, die die Amerikaner nicht für strategisch wichtig hielten, hielt Nimitz für ein Täuschungsmanöver und ignorierte ihn entsprechend. Die Japaner hatten hier drei kleinere Flugzeugträger eingesetzt, deren 90 Flugzeuge für den Ausgang der folgenden Schlacht bei den Midway-Inseln wahrscheinlich entscheidend gewesen wären.

Es war bekannt, dass Admiral Nagumo den Angriff auf Midway von Nordwesten her führen wollte. Die ame-

Während Feuerlöschtrupps versuchten, die Brände im
Schiffsinnern zu löschen, ging der Flugbetrieb auf der
Lexington noch zwei Stunden nach der Explosion weiter.
Wegen der großen Hitze musste der Maschinenraum
geräumt werden, und am 8. Mai, kurz nach 17 Uhr, gab
Kapitän Sherman den Befehl zum Verlassen des Schiffes.
An Bord des riesigen Flugzeugträgers befanden sich
etwa 2700 Mann, die die Katastrophe überlebt hatten
und alle evakuiert werden konnten. Das brennende
Wrack wurde bei Nacht durch Torpedos versenkt.
Die Schlacht in der Korallensee wurde als erste Seeschlacht berühmt, in der die Überwasserverbände
einander gar nicht zu Gesicht bekamen
und die Gegner einander nur mit Trägerflugzeugen angriffen.

Die brennende *Yorktown*. Drei Stunden, nachdem ihre eigenen Fliegerkräfte in der Schlacht bei den Midway-Inseln die *Soryu* versenkt hatten, wurde ihr Flugdeck von drei Bomben japanischer Stukas durchschlagen, die das Schiff in Brand setzten.

Rechts: Bereits eine Stunde später war das Feuer gelöscht und die *Yorktown* wieder unterwegs. Am Nachmittag flogen jedoch zehn Nakajima B 5 einen Überraschungs-angriff auf das Trägerschiff, das Backbord von mehreren Torpedos getroffen wurde. Als die *Yorktown* 26° Schlagseite hatte, gab Kapitän Buckmaster den Befehl das Schiff zu verlassen. Ein Teil der Flieger-kräfte des Trägers startete später von der *Enterprise* zu einem Vergeltungsschlag und versenkte die *Hiryu*. Das Wrack des Flugzeugträgers wurde kürzlich von Dr. Robert Ballard geortet, der vorher bereits die Überreste der *Bismarck* und der *Titanic* ent-deckt hatte.

rikanischen Trägerschiffe *Enterprise* und *Hornet*, die unter dem Befehl von Konteradmiral Fletcher standen, wurden also im Nordosten postiert.

Am frühen Morgen des 4. Juni 1942 starteten rund 200 Meilen westlich von Fletchers Verband 108 Flugzeuge zu einem Angriff, der die Verteidigungsanlagen des Atolls sturmreif machen sollte. Obwohl von den 25 Maschinen der Verteidiger 19 verloren gingen, konnten sie doch verhindern, dass die Japaner allzu großen Schaden anrichteten. Da Nagumo von der Anwesenheit der drei amerikanischen Träger nichts wusste, befahl er die Vorbereitung seiner Flugzeuge für eine zweite Angriffswelle, die sich nicht wie ursprünglich geplant gegen die feindlichen Schiffe, sondern erneut gegen Midway richten sollte. Das Umrüsten wurde durch einen Luftangriff von der Insel aus behindert, wo man jedes nur verfügbare Flugzeug mobilisierte.

Es war kurz nach 7 Uhr, und der Angriffsverband von zwei unter Spruance' Befehl stehenden Trägerschiffen befand sich bereits in der Luft. 7.28 wurden die US-amerikanischen Flugzeugträger von einem japanischen Wasserflugzeug gesichtet, doch ein entsprechender Bericht deutete die Anwesenheit von nur einem Träger an. Nagumo, nun verunsichert, ließ die Angriffsvorbereitungen einstellen und wartete auf eine Bestätigung. Er hatte noch immer keine Entscheidung getroffen, als sein erster Angriffsverband zurückkehrte. Es war jetzt etwa 9 Uhr, und auf amerikanischer Seite stiegen nach den 97 Flugzeugen von Spruance' Trägerschiffen 35 Maschinen von der *Yorktown* auf.

Die ersten amerikanischen Verbände handelten unkoordiniert, und ihre schwerfälligen Torpedoflugzeuge wurden wegen des mangelnden Jagdschutzes von den japanischen Jägern abgeschossen. Ihr Angriff brachte allerdings die gegnerische CAP auf eine geringe Flughöhe und sorgte dafür, dass Nagumos geschlossene Formation den Zusammenhalt verlor, da die Flug-

Oben: Eine der SBD-Maschinen der *Yorktown* kehrt zurück. Sie war an dem erfolgreichsten Angriff beteiligt, den seegestützte Flugzeuge je geflogen haben – an der Versenkung der Flugzeugträger *Kaga*, *Akagi* und *Soryu* am Morgen des 4. Juni 1942. Die japanische CAP wurde mit einer ersten Attacke amerikanischer Torpedobomber niedergehalten, dann gingen die Flugzeugträger, auf deren Decks eine voll getankte Maschine neben der anderen stand, nacheinander in Flammen auf.

Links: Start einer Grumman F4F-4 Wildcat am Morgen des 4. Juni von der *Yorktown*. Die Maschinen dieses Typs hatten Mühe, sich gegen die Furcht erregende japanische Zero zu behaupten, doch die Piloten lernten, sich nicht auf Einzelkämpfe mit der „Zeke" einzulassen, sondern die Geschwindigkeit und Beschleunigung ihrer schwereren Jagdflugzeuge auszunutzen.

Der vierte japanische Flugzeugträger bei den Midway-Inseln entging der Vernichtung, da er sich rund 200 Meilen nördlich von der Hauptstreitmacht befand. Konteradmiral Yamaguchi entschied sich dafür, die Schlacht fortzusetzen und unternahm einen Angriff, bei dem die *Yorktown* versenkt wurde. Als die Amerikaner zu ihrem letzten Schlag an diesem Tag ausholten, ließ Yamaguchi seine Flugzeuge gerade für einen weiteren Angriff vorbereiten. Die *Hiryu* wurde durch mehrere direkte Treffer in Brand gesetzt und am 5. Juni, kurz nach 3 Uhr aufgegeben, obwohl sie sich dann noch sieben Stunden über Wasser hielt. Der Admiral, der Kapitän und 416 Mann Besatzung gingen mit dem Schiff unter.

zeugträger zu Ausweichmanövern gezwungen waren. Die Japaner konnten von ihren Trägerschiffen keine zusätzlichen Jäger starten lassen. Ihre Aufmerksamkeit war so von den amerikanischen Torpedoflugzeugen in Anspruch genommen, dass der Anflug feindlicher Sturzkampfbomber hoch über ihnen unbemerkt blieb. Die meisten Maschinen waren über ihr Ziel hinausgeschossen und näherten sich aus einer unerwarteten Richtung

10.20 Uhr begannen drei Schwadrone im Sturzflug mit dem Angriff auf die drei japanischen Trägerschiffe, die in Sicht waren. Innerhalb von vier Minuten erhielten die *Kaga*, die *Akagi* und die *Soryu* drei, vier bzw. drei Treffer und waren nur noch brennende Wracks. Allerdings ließen die Japaner von der *Hiryu* nach kurzer Zeit 18 Sturzkampfbomber mit Jagdschutz aufsteigen. Die wenigen amerikanischen Flugzeuge, die zu dieser Zeit nicht im Einsatz waren, schlugen den Angriff ab. Dennoch gelang es den Japanern, der *Yorktown* drei Bombentreffer zu verpassen. Der Träger, der danach in Flammen stand, stoppte für kurze Zeit, bis das Feuer unter Kontrolle war und setzte seine Fahrt dann fort. Von der *Hiryu* waren indessen zehn Torpedoflugzeuge und sechs Jäger zu einem letzten Vergeltungsschlag gestartet. Zwei Torpedos trafen ihr Ziel, und die *Yorktown*, die schwere Schlagseite hatte und ohne Stromversorgung war, musste aufgegeben werden. Zuvor war von ihr noch ein Such-

Links: An der Küste des Midway-Atolls stationierte Flugzeuge flogen einen Angriff auf die näher kommende japanische Flotte. Hier dreht die *Hiryu* scharf ab, um den Bomben einer B-17 Flying Fortress zu entkommen. Sechzehn von diesen schweren Bombern griffen aus einer Höhe von rund 6000 m an und deckten die *Hiryu* mit ihren Bomben ein, die allerdings ihr Ziel verfehlten.

Unten: Die *Hiryu*, die nach dem letzten Angriff der Amerikaner an diesem 4. Juni Schlagseite hat und in Flammen steht. Am Abend entband Admiral Yamamoto Admiral Nagumo von seinem Kommando und forderte zu einem Nachtgefecht der japanischen Überwasserschiffe mit der amerikanische Flotte auf.

Nach den Landungsoperationen der USA auf den Salomonen kam es zu einigen nächtlichen Operationen der Überwasserschiffe, als die Japaner versuchten, Verstärkungen für ihre Garnison auf Guadalcanal heranzuführen. An den Kampfhandlungen nahmen auch Schwere Kreuzer der Northampton-Klasse teil. Die *Northampton* selbst wurde am 1. Dezember 1942 in der Schlacht bei Tassafaronga durch Torpedos versenkt.

verband gestartet, der die *Hiryu* aufspürte. Von der *Enterprise* hoben 24 Stukas ab und machten sich – gezwungenermaßen ohne Jagdschutz – auf den Weg. Obwohl die *Hiryu* mit hoher Geschwindigkeit lief, wurde sie bei dem glänzend ausgeführten Angriff der Amerikaner von drei Bomben getroffen. Wie bei den anderen Trägerschiffen zuvor, brach auch bei ihr ein unkontrollierbarer Brand aus. Sie wurde von ihren Geleitschiffen torpediert, doch es dauerte noch 17 Stunden, bis sie endlich sank.

Auch die *Yorktown* hielt lange durch; um sie vielleicht doch noch zu retten, ging eine Bergungsmannschaft an Bord. Ins Schlepp genommen, war sie aber ein leichtes Ziel für den Gegner, und so wurde sie am 7. Juni von einem U-Boottorpedo getroffen und versenkt.

Die Nachricht, dass sich seiner Streitmacht drei große amerikanische Flugzeugträger entgegengestellt hatten, von denen nur einer außer Gefecht gesetzt worden war, erreichte Yamamoto erst spät. Der Admiral befahl seinen verstreuten Verbänden sich zu konzentrieren, den „fliehenden Feind" anzugreifen und Midway einzunehmen. Das Ausmaß der Katastrophe wurde nur langsam sichtbar, und inzwischen hatten die beiden noch einsatzfähigen Trägerschiffe von Admiral Spruance zusätzlich einen Schweren Kreuzer versenkt und einen weiteren manövrierunfähig gemacht.

Deutlicher als die Schlacht in der Korallensee stellte der Kampf bei den Midway-Inseln, bei dem die hauptsächliche Waffe, die Flugzeuge, zu Hunderten eingesetzt und zu Dutzen-

den geopfert wurde. Das Hauptziel auf beiden Seiten war die Vernichtung der gegnerischen Trägerschiffe. Die starken Überwassereinheiten, die an der Schlacht beteiligt waren, suchten nicht den Kampf mit ihresgleichen, sondern hielten sich bei den Flugzeugträgern um sie zu schützen.

Amerika schlägt zurück: Salomonen

Durch den Erfolg bei den Midway-Inseln beflügelt, nahmen die Amerikaner nur zwei Monate später Guadalcanal und Tulagi ein. Die Landungsoperationen steigerten die seit dem Sieg ohnehin gute Kampfmoral noch. Ein Rückschlag war allerdings die verhängnisvolle Schlacht bei der Insel Savo. Nachdem Fletcher seine Flugzeugträger voreilig abgezogen hatte, löschte ein japanischer Kreuzerverband am 9. August ein Geschwader der Alliierten, das das Landungsgebiet decken sollte, praktisch aus.

Admiral Yamamoto beeilte sich, Guadalcanal wieder unter japanische Kontrolle zu bringen. Er versuchte 1500 Soldaten unter dem Schutz einer Deckungsgruppe anlanden zu lassen, zu der auch zwei Trägerschiffe der Shokaku-Klasse gehörten. Der kleinere Flugzeugträger *Ryujo* hatte den Auftrag, Henderson Field, den inzwischen in Betrieb genommenen Flugplatz auf Guadalcanal, auszuschalten, und ein vierter Träger, die *Taiyo*, war mit Ersatzflugzeugen unterwegs. Zur Aufklärung wurden auf Kreuzern stationierte Wasserflugzeuge und Maschinen des Spezialträgerschiffes *Chitose* eingesetzt.

Die Amerikaner hatten drei Flugzeugträger in dem Gebiet –

Technische Daten der USS *Northampton*

Verdrängung:	12 350 t bei voller Ladung
Maße:	183 m × 20,1 m × 4,95 m
Antrieb:	Getriebeturbinen mit 160 000 PS auf 4 Wellen
Höchstgeschwindigkeit:	32,5 Knoten
Fahrbereich:	10 000 Meilen bei 15 Knoten
Panzerung:	Hauptgürtel 76 mm
Bewaffnung:	9 203-mm-Geschütze
	8 127-mm-Geschütze
	6 533-mm-Torpedorohre
Flugzeuge:	4
Besatzung:	1200 Mann
Klasse:	*Northampton, Chester, Louisville, Chicago, Houston, Augusta*

die *Saratoga*, die nun Fletchers Flaggschiff war, die *Enterprise* und die *Wasp*. Jedes Trägerschiff bildete den Mittelpunkt eines Verbandes, zu dem auch ein Kreuzer für die Fliegerabwehr gehörte. Unglücklicherweise musste der *Wasp*-Verband kurz vor dem japanischen Angriff zum Betanken abkommandiert werden, konnte also nicht an der folgenden Schlacht bei den östlichen Salomonen teilnehmen.

Den ganzen 23. August führten beide Seiten Erkundungen durch, um Position, Stärke und Absichten des Gegners festzustellen. Gelegentliche Sichtungen der stark zersplitterten japanischen Verbände und ein sehr schlechter Funkempfang vermittelten Fletcher ein wirres taktisches Bild. Der Angriff der *Ryujo* auf

Links: Bei einem schnellen Wendemanöver des Schweren Kreuzers *Mikuma* und der *Mogami* in den frühen Morgenstunden des 5. Juni (die Ausguckmänner hatten das Periskop des amerikanischen U-Bootes *Tambor* gesichtet) kollidierten beide Schiffe. Von den Midway-Inseln gestartete Angreifer und amerikanische Trägerschiffe vernichteten die *Mikuma*.

Henderson Field am folgenden Tag war jedoch deutlich genug. Daraufhin starteten 13.45 Uhr 30 Sturzkampfbomber und 8 Torpedobomber von der *Saratoga*. Sie waren erst 30 Minuten in der Luft, als die Aufklärung in einem weiteren Bericht meldete, dass Nagumos zwei große Flugzeugträger keine 60 Meilen weit entfernt seien. Fletcher war klar, dass die „Schnüffler" des Gegners ihn bereits entdeckt haben mussten; da er den Angriff nicht mehr abblasen konnte, ließ er jedes nur verfügbare Flugzeug auf die Verteidigung seiner Verbände vorbereiten.

Gegen 15.50 Uhr wurde die *Ryujo* von den Amerikanern angegriffen. Die meisten ihrer Flugzeuge befanden sich noch über Guadalcanal. Die verbliebenen neun Jäger starteten zu spät, und das Trägerschiff wurde mit vier Bomben und einem Torpedotreffer zerstört.

Nagumo hatte unterdessen 27 Sturzkampfbomber samt einem aus 10 Maschinen bestehenden Jagdschutz aufsteigen lassen. Fletcher schickte dem Verband 53 Jäger entgegen, die allerdings so mangelhaft eingewiesen wurden, dass sich der Feind ungestört auf die *Enterprise* konzentrieren konnte. Von ihren Zerstörern umringt und dicht gefolgt von dem Schlachtschiff *North Carolina* empfing die *Enterprise* und deren Verband die feindlichen Flugzeuge mit heftigem Sperrfeuer. Die Japaner führten ihren Angriff dennoch aus und trafen die *Enterprise* mit

drei Bomben. Die Situation des Schiffes war trotz der heldenhaften Anstrengungen seiner Feuerlöschtrupps schlimm. Die CAP war durcheinandergebracht und nicht betankt, da entdeckten die Amerikaner auf ihren Radarschirmen Nagumos nachstoßenden Angriffsverband. Die *Enterprise* überstand die Kämpfe schließlich, weil es den Japaner nicht gelang, sie aufzuspüren.

Obwohl der *Wasp*-Verband nun zurückkehrte, lag Fletcher vor allem daran, die *Enterprise* zu retten, und so steuerte er ostwärts, um sich abzusetzen. Nagumo hatte zu viele Flugzeuge verloren, um ihn daran zu hindern. Sein Verstärkungskonvoi setzte die Fahrt bis zum folgenden Tag fort, kehrte aber wegen der steigenden Verluste durch die Angriffe landgestützter Flugzeuge, darunter auch viermotoriger Boeing B-17, schließlich zurück.

In dem Bemühen die Japaner zurückzuschlagen, hatten die Amerikaner einen weiteren Sieg errungen – allerdings auf

Kosten der Einsatzfähigkeit der *Enterprise*, deren Reparatur zwei Monate dauerte. Der bereits kritische Mangel an Flugzeugträgern verschlimmerte sich am 31. August, als die *Saratoga* vom Torpedo eines japanischen U-Bootes getroffen wurde und daraufhin sechs Wochen im Dock liegen musste.

Doch es sollte noch schlimmer kommen. Den Amerikanern standen jetzt nur die Trägerschiffe *Wasp* und *Hornet* zur Verfügung; eines davon mussten sie im Gebiet um Guadalcanal lassen, um dort bei Tage die Luftherrschaft aufrechtzuerhalten. Der Verschleiß der bei Henderson Field stationierten Marinefliegerkräfte machte zudem regelmäßige Ersatzlieferungen erforderlich. Am 15. September waren beide Träger mit der Deckung von sechs Transporten beschäftigt, die ein Marineregiment auf die Insel bringen sollten. Die Flugzeuge der scheinbar geschützten und abgeschirmten *Wasp* sollten gerade zum Angriff starten, als das Schiff von drei U-Boottorpedos getroffen

Unten: Landung einer Douglas SBD Dauntless auf der USS *Ranger*. Es waren knapp 6000 Maschinen dieses Typs gebaut worden: Ein Großteil der 1942 – 1943 versenkten wichtigen japanischen Kriegsschiffe ging auf das Konto dieser Flugzeuge.

Rechts: Die *Ryujo* war ein U-Boot-Schlepper mit 15 000 Tonnen Verdrängung, der 1942 zu einem Flugzeugträger umgebaut wurde. Da sie für Trägerverbände zu langsam war, wurde sie bis zu ihrer Zerstörung im März 1945 bei Kure als Ausbildungsschiff genutzt.

wurde. Da deren Gefechtsköpfe bedeutend größer waren als die der Flugzeugtorpedos, richteten sie immensen Schaden an. Gerissene Treibstoffleitungen ließen immer neue Brände ausbrechen, und das Schiff musste aufgegeben werden. Später wurde kritisiert, dass die Trägerschiffe fast vier Tage lang an ein begrenztes Operationsgebiet gebunden gewesen waren und der Gegner so ihre Position feststellen konnte, und dass sie mit relativ geringer Geschwindigkeit gefahren waren um ihrer Zerstörereskorte Treibstoff zu sparen.

Im Oktober 1942 unternahmen die Japaner größte Anstrengungen um Guadalcanal zurückzuerobern. In dieser Zeit ersetzte Nimitz den Oberkommandierenden der Streitkräfte im Südpazifikraum (ComSoPac), Vizeadmiral Ghormley, durch den übermäßig aggressiven Admiral William F. Halsey, und an die Stelle von Admiral Fletcher, dessen Handlungen mitunter schwer nachzuvollziehen waren, trat Konteradmiral Thomas C. Kinkaid.

Da es den japanischen Landstreitkräften nicht gelang, Henderson Field einzunehmen, wurden ihre Operationen auf der Insel von der Kaiserlichen Flotte mit operativen Überwasserverbän-

den unterstützt. Deren bedenkenlose nächtliche Bombardements drohten das Flugfeld völlig zu zerstören. Da die Japaner voraussahen, dass ihr Vorgehen eine Intervention der US-Navy auslösen würde, zog sich Nagumo mit seinen großen Trägerschiffen und der kleineren Zuiho als Ferndeckung zurück. Die Vermutung der Japaner bestätigte sich, denn Kinkaid verfolgte die Entwicklungen sehr genau, war dem Gegner aber trotz seiner beiden Flugzeugträger deutlich unterlegen.

Am Morgen des 26. Oktober machte sich bei Nagumos Verband Treibstoffmangel bemerkbar; auch hatten Kinkaids pausenlose Aufklärungsflüge die Fliegerverbände zermürbt. Der amerikanische Trägerverband war vor 7 Uhr von einem japanischen Wasserflugzeug ausgemacht worden, und innerhalb einer Stunde waren 62 Flugzeuge unterwegs, denen in Abständen drei weitere Gruppen von 24, 20 bzw. 29 Maschinen folgten. (Die letzte Gruppe war von der Junyo, einem vierten Trägerschiff, gestartet und unterstützte die Bombardierungsverbände.) Auch Nagumo war entdeckt worden, und so waren auch in der Gegenrichtung drei Verbände mit 29, 19 bzw. 25 Flugzeugen gestartet.

Da Amerikaner wie Japaner mit dem Schlimmsten rechneten, hatten beide starke Luftpatrouillen im Einsatz.

Für Nagumo hatte der Tag schlecht begonnen. Zwei mit Bomben beladene Aufklärungsflugzeuge der Enterprise hatten die Zuiho aufgespürt und sie, selbst bis zuletzt unentdeckt, überraschend angegriffen. Ihre Bomben hatten das Deck aufgerissen, so dass das Schiff keine Flugzeuge mehr aufnehmen konnte.

Da die gegnerischen Trägerverbände nur etwa 200 Meilen voneinander entfernt waren und so viele luftgestützte Formationen bereit waren, rechneten die Amerikaner mit Problemen beim Jagdschutz. Die Hornet, deren Luftpatrouille zu dicht und zu niedrig flog, wurde von zwei Torpedos, vier Bomben und zwei japanischen Flugzeugen getroffen, die direkt auf sie niederstürzten und das Schiff in nur zehn Minuten in ein Wrack verwandelten. Die Flugzeuge der Hornet fanden jedoch die Shokaku und setzten sie mit vier oder sechs Bombentreffern für die folgenden neun Monate außer Gefecht. Das Schiff überstand den Angriff nur, weil die Japaner ihre Sicherheitsvorkehrungen verschärft hatten, nachdem drei ihrer Flugzeugträger in der

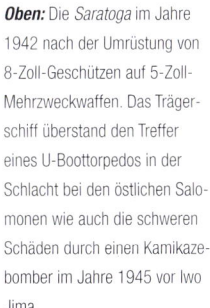 **Oben:** Die *Saratoga* im Jahre 1942 nach der Umrüstung von 8-Zoll-Geschützen auf 5-Zoll-Mehrzweckwaffen. Das Trägerschiff überstand den Treffer eines U-Boottorpedos in der Schlacht bei den östlichen Salomonen wie auch die schweren Schäden durch einen Kamikazebomber im Jahre 1945 vor Iwo Jima.

Rechts: Ein japanischer Zerstörer wird vor Bougainville von einem amerikanischen Flugzeug angegriffen (September 1942). Die japanischen „Tokio-Express"-Verbände mussten Guadalcanal lange vor der Morgendämmerung verlassen, um am Tage außerhalb der Reichweite der Cactus-Luftwaffe zu sein.

Schlacht bei den Midway-Inseln unkontrollierbaren Bränden zum Opfer gefallen waren.

Vom Kampf noch unversehrt, bereiteten sich die *Enterprise*, die *Zuikaku* und die *Junyo* auf einen zweiten Angriff vor, während ein japanischer Überwasserangriffsverband eilig in Richtung der beschädigten *Hornet* lief.

Gegen 11 Uhr wurde die *Enterprise* von der zweiten japanischen Angriffswelle erfasst; ihre Luftabwehr war geschwächt und durch ein U-Boot abgelenkt, das gerade einen Zerstörer aus der Deckungsgruppe des Trägers torpedierte. Sie manövrierte hin und her, dicht hinter ihr war das neue Schlachtschiff *South Dakota*, das den japanischen Flugzeugen ein fürchterliches Sperrfeuer entgegenschickte. Die Geschütze beider Schiffe holten vielleicht zwei Dutzend Angreifer vom Himmel, doch die *Enterprise* wurde von zwei der 23 ausgeklinkten Bomben getroffen und von einer nur knapp verfehlt. Glücklicherweise konnte sie sämtlichen Torpedos ausweichen, denn kurze Zeit später musste sie ihre eigenen Flugzeuge und auch die Maschinen der *Hornet* aufnehmen. Da in der Nähe noch zwei unbeschädigte japanische Träger kreuzten, wurde die *Enterprise* aus dem Kampfgebiet abkommandiert.

Weniger Glück hatte die USS *Hornet*. Ins Schlepptau genommen, hielt sie sich trotz der Schäden durch weitere Angriffe von Flugzeugen der *Junyo* standhaft. Als schließlich keine Hoffnung mehr bestand, sie von dem gegnerischen Überwasserangriffsverband loszubekommen, erhielten ihre Begleitschiffe den Befehl sie zu versenken. Mit neun Torpedoeinschlägen und mehr als 400 Treffern von 5-Zoll-Geschossen musste der brennende Flugzeugträger gegen 22 Uhr seinem Schicksal überlassen werden. Nur 30 Minuten später trafen die Japaner ein und versuchten nun ihrerseits, das Wrack ins Schlepptau zu nehmen. Erst als dieses Unterfangen fehlschlug, versenkten sie das Schiff mit vier weiteren Torpedotreffern.

Nach der Schlacht bei Santa Cruz hatten die Amerikaner im Pazifik keine verwendbaren Flugzeugträger mehr, und ihrer Bitte um die leihweise Überlassung eines Trägerschiffes konnten die Briten nicht nachkommen. Der günstigste Aspekt der Kämpfe war der Verschleiß der altgedienten Besatzungen der japanischen Marinefliegerkräfte gewesen. Im Südwestpazifik waren die Japaner nun jedoch im Vorteil; dass sie die Situation nicht sofort nutzten, war ein Zeichen ihrer allgemeinen Enttäuschung über das Versagen beim Kampf um Guadalcanal. Als wichtige Konsequenz ergab sich daraus, dass Nagumo, der fähigste japanische Trägerschiffadmiral, seines Postens enthoben wurde.

Das sollte das letztemal sein, dass die Japaner die Oberhand

behielten, denn am letzten Tag des Jahres 1942 wurde das Namensschiff der neuen Exeter-Klasse in Dienst gestellt; ihm folgte zwei Wochen später der erste Leichte Flugzeugträger der Independence-Klasse, deren Schiffe aus schnellen Kreuzerrümpfen gebaut wurden. Von da an wurden regelmäßig neue Träger in Dienst gestellt und, was ebenso wichtig war, immer mehr Flugzeugbesatzungen ausgebildet. So zäh der Feind auch kämpfte – die Entscheidung über den Kriegsausgang war gefallen.

Das Jahr 1943 sollte als eine Art Urlaub vom Krieg der Flugzeugträger vergehen, da die US-Navy mit der Entwicklung ihrer neuen Schiffseinheiten beschäftigt war. Die Angriffsträgerschiffe (CV) wie auch die Leichten Flugzeugträger (CVL) wurden mit neuen Flugzeugtypen ausgerüstet. An die Stelle der F4F Wildcat kamen nun F6F Hellcat und F4U Corsair, und der Sturzkampfbomber SBD Dauntless machte dem SB2C Helldiver Platz. Da die Japaner nicht über eine so gute industrielle Basis wie die Amerikaner verfügten, klammerten sie sich an die Verbesserung der vorhandenen Typen, wodurch sie noch weiter hinter ihrem Gegner zurückblieben.

Vor allem waren die letzten Monate der hinausgezögerten Agonie Guadalcanals von den Aktivitäten der Japaner gekennzeichnet, die in nächtlichen Aktionen amerikanische Stellungen bombardierten und mit dem „Tokio-Express" Verstärkungen auf die Insel brachten. Am Tage beherrschten die amerikanischen Fliegerkräfte von Henderson Field, die „Cactus-Luftwaffe", das Gebiet. Sie wurden vom Fliegerverband der arg mitgenommenen *Enterprise* unterstützt, die mit einem Heer von Instandsetzungspersonal an Bord weit im Süden sicher stationiert war.

Unten: Die USS *Enterprise* während der Schlacht bei Santa Cruz am 26. Oktober 1942. Ihr Ruf als Glücksschiff bestätigte sich, als eine Regenwand den Flugzeugträger vor dem japanischen Luftangriff verbarg, der dann die *Hornet* traf und versenkte.

Rechts: Eine Nakajima B5 vom Fliegerverband der *Zuikaku* passiert bei ihrem Torpedoangriff auf die *Hornet* einen amerikanischen Kreuzer. Von zwei Torpedos und drei Bomben getroffen, musste die *Hornet* später aufgegeben werden.

Bis Mitte November 1942 war es den Japanern gelungen, ihre militärischen Kräfte auf Guadalcanal schneller als die Amerikaner aufzubauen. Doch sie akzeptierten schließlich, dass der Sieg auf der Insel zu große Opfer fordern würde. In diesem Monat kam es zu zwei heftigen nächtlichen Gefechten der Überwasserkräfte; im Kampf um Guadalcanal konnten sich die Amerikaner durchsetzen, zwei Wochen später siegten die Japaner im Nachtgefecht bei Tassafaronga.

Die Rückkehr der *Saratoga* gegen Ende November ermutigte die Amerikaner. Bald darauf trafen auch zwei große Geleitträger der Sangamon-Klasse ein, die zuvor an den Landungsoperationen in Nordafrika beteiligt gewesen waren.

Anfang Februar 1943 räumten die Japaner einen Teil Guadalcanals, machten sich bezeichnenderweise aber daran, die von ihnen gehaltenen Stellungen zu verstärken. Die US-amerikanische Abwehr entdeckte, dass eine ganze Infanteriedivision zur Verstärkung der Stützpunkte im östlichen Neuguinea herangebracht werden sollte. Auf acht Transporte verteilt und von eben-

Oben: Die USS *Ellyson*, ein Zerstörer der Gleaves-Klasse, hier während der Operationen vor den Salomonen von Deck des Trägerschiffes *Wasp* gesehen. Die *Ellyson* wurde 1954 an die japanische Marine übergeben.

Unten: Das 13 000-Tonnen-Linienschiff *Argentina Maru* wurde 1943 in Nagasaki zu einem Geleitträger umgebaut. Das unter dem Namen *Kaiyo* in Dienst gestellte Schiff hatte nur 24 Flugzeuge an Bord und wurde für Transporte und zur Ausbildung von Flugzeugbesatzungen verwendet.

Rechts: Landung einer Grumman F6F Hellcat auf der *Yorktown* (CV 10) im Sommer 1943. Die Hellcat war größer und schneller als die F4F und war unter Verwendung der Konstruktionsdaten einer erbeuteten Zero entwickelt worden. Mit ihrer Flug- und Steiggeschwindigkeit übertraf sie den japanischen Jäger allerdings.

sovielen Zerstörern und einem Luftschirm gedeckt, wurde der Verband von landgestützten amerikanischen und australischen Flugzeugen angegriffen. Etwa 130 alliierte Jagdflugzeuge fesselten die Aufmerksamkeit der Luftsicherung, während 200 Bomber in Höhen- und Tiefflugangriffen die Schiffe aufs Korn nahmen. Die amerikanischen B-25 wendeten dabei erstmals eine als „skip bombing" bezeichnete Technik an, bei der die Maschinen in sehr geringer Höhe anflogen und dann praktisch von unten her eine 500-Pfund-Bombe abzuwerfen, die direkt auf die Schiffswand traf und sie durchschlug. Bei 37 derartigen Angriffen wurden 28 Treffer erzielt. Für die Japaner war der Angriff in jeder Hinsicht eine Katastrophe. Sie verloren alle Transporter und vier Zerstörer; von 6900 Soldaten an Bord überlebten nur 2400. Für die Amerikaner kam die Schlacht in der Bismarcksee einem bedeutenden militärischen Sieg gleich.

Der berühmte und gefürchtete „Tokio-Express" wurde vor allem mit einem Mittel, den landgestützten Flugzeugen, bekämpft. Das nächtliche Abfangen durch Überwasserverbände hatte nur wirre und blutige Scharmützel zur Folge, doch wenn die japanischen Zerstörer bei ihren raschen Manövern aufgehalten wurden, dann konnten die Flugzeuge sie mitunter bei Tagesanbruch aufbringen, ehe die Schiffe aus deren Reichweite entkamen.

Landgestützte Flugzeuge wurden auch zu einem Handstreich eingesetzt, nachdem der amerikanische Nachrichtendienst in Erfahrung gebracht hatte, dass Admiral Yamamoto einen Inspek-

tionsbesuch auf den zentralen Salomonen plante. Zeitplan und Route der Reise waren seinen Gegnern bis ins Detail bekannt, und so wurde Yamamotos Flugzeug von amerikanischen Langstreckenjägern des Typs Lockheed P-38 abgefangen und abgeschossen. Admiral Koga, der Nachfolger Yamamotos, glaubte zwar

Oben: Zum Schutz vor Luftangriffen fuhren die amerikanischen Flugzeugträger in Begleitung schneller Schlachtschiffe, die reichlich mit Fla-Geschützen bestückt waren. Hier fährt die *Saratoga* im Sommer 1943 Seite an Seite mit einem Schlachtschiff der North-Carolina-Klasse.

(CVE) und dazu fünf neue Schlachtschiffe, zwölf Kreuzer und über 60 Zerstörer haben würde.

Während die neuen Schiffe zur Deckung der großangelegten amphibischen Operationen eingesetzt waren, fand auch die schon so oft instandgesetzte *Saratoga* Verwendung in der 7. US-Flotte. Anfang November 1943 ließ Admiral Koga den japanischen Stützpunkt in Rabaul (Neubritannien) mit nicht weniger als sieben schweren Kreuzern und leichteren Einheiten verstärken. Er beabsichtigte, sich dem amerikanischen Vormarsch entlang der Salomonen entgegenzustellen. Da das riesige Geschwader die amerikanischen Operationen in der Salomonensee nicht unerheblich bedrohte, wurden die USS *Saratoga* und der Leichte Flugzeugträger *Princeton* losgeschickt um den Verband anzugreifen. Beide liefen mit einer Geschwindigkeit von 27 Knoten auf den Gegner zu; sie hatten ein Großaufgebot von 97 Flugzeugen an Bord und brauchten eine landgestützte Luftpatrouille zu ihrem Schutz. Der Schlag traf die Japaner unvorbereitet. Vier ihrer Kreuzer wurden schwer beschädigt, die Angreifer verloren zehn Flugzeuge.

Da Rabaul als Marinestützpunkt vernichtet werden musste, starteten die Amerikaner sechs Tage später mit drei ihrer neuen Flugzeugträger und 180 Flugzeugen einen weiteren Angriff. Im

auch weiterhin an eine „Entscheidungsschlacht", reichte aber in keiner Weise an die Fähigkeiten seines Vorgängers heran.

In den vier großen Trägerschlachten bis Santa Cruz hatten die japanischen Flugzeugträger über 500 Maschinen und die meisten davon samt ihren Besatzungen verloren. Dazu kam, dass weitere 170 Flugzeuge für den Kampf auf den Salomonen auf Stützpunkte an Land überführt wurden. Im Gegensatz dazu vergrößerten die USA ihre Streitmacht im Pazifik rasch. Mitte März 1943 wurde „MacArthur's Navy" in 7. Flotte und Halseys Kräfte in der Südpazifikzone in 3. Flotte umbenannt. Bis Juli tra-

fen drei neue Trägerschiffe (CV) und drei Leichte Flugzeugträger (CVL) auf dem Kriegsschauplatz ein. Sie waren dabei, als die Amerikaner im September und Oktober die japanischen Flugplätze im Gebiet der Gilbert-Inseln immer wieder angriffen um der Luftverteidigung vor dem ersten großen amphibischen Sturmangriff das Rückgrat zu brechen. Für die schnelle Rettung der Besatzungen abgeschossener amerikanischer Flugzeuge wurden nun auch U-Boote und Seelandungsfahrzeuge eingesetzt. Admiral Nimitz konnte jetzt kühn planen, denn er wusste, dass er in Kürze zehn CV und CVL sowie sieben Geleitträger

Oben links: CV 10, die zweite Einheit der Essex-Klasse, fuhr zunächst unter dem Namen USS *Bon Homme Richard*, bekam jedoch nach dem Verlust der *Yorktown* im Jahre 1942 einer Tradition der US-Navy zufolge deren Namen. Bis Kriegsende wurden 17 Träger der Essex-Klasse in Dienst gestellt. Eine solche Produktionsleistung konnte Japan nicht erreichen.

Unten: Am 22. Mai 1943 versenkte ein Flugzeug der USS *Bogue* das deutsche U 569 im Atlantik. Das war der erste derartige Erfolg eines US-Geleitträgers. Die Maschinen der *Bogue* versenkten in jenem Jahr noch zwei und 1944 weitere drei U-Boote. Zur Ortung getauchte U-Boote setzten mit Radar ausgerüstete TBM Avengers hydroakustische Funkbojen ab.

Oben: Das Flugdeck des Geleitträgers *Monterey.* Der umgebaute Kreuzer nahm an zahlreichen großen Operationen teil; seine Flugzeugverbände unterstützten die Landungen auf Makin, Kwajalein, Hollandia, Saipan und Tinian. Die *Monterey* gehörte 1944 in der Schlacht im Philippinenmeer zum operativen Kampfverband TF 58.

Rechts: Die *Lexington* (CV 16), ein weiterer Träger der Essex-Klasse, der den Namen eines berühmten untergegangenen Flugzeugträgers fortleben ließ. Hier kreuzt sie, von Deck des Geleitträgers *Cowpens* gesehen, vor den Marshall-Inseln. Wie viele Schiffe ihrer Klasse hatte auch die *Lexington* noch eine lange Nachkriegskarriere und war insgesamt fast 50 Jahre im Dienst.

Hafen befanden sich zwar nur noch wenige lohnende Ziele, doch die folgende Luftschlacht strapazierte die Kräfte der Verteidiger arg. Noch größere Verluste brachte der Versuch der Japaner, die amerikanischen Flugzeugträger anzugreifen, die zur gegenseitigen Unterstützung in dichter Formation fuhren. Wochenlang griffen nun auch landgestützte Fliegerkräfte an und schalteten Rabaul als Flottenstützpunkt aus. Die starke japanische Garnison blieb jedoch bestehen, und der Hafen von Rabaul wurde nicht etwa durch Bodentruppen eingenommen, sondern umgangen.

Als die 5. US-Flotte zur Unterstützung der Landungsoperationen auf den Gilbert-Inseln im Einsatz war, mussten gut unterrichtete Japaner bereits die Hoffnungslosigkeit ihrer Lage erkannt haben, denn die Amerikaner verfügten hier über sechs CV und fünf CVL, die zusammen mehr als 700 Flugzeuge in den Kampf schicken konnten. Unterstützt von einer größtenteils neuen Überwassergruppe, die fünf schnelle Schlachtschiffe begleitete, stellte der gesamte Verband eine nahezu unschlagbare Streitmacht dar, zu der noch weitere Einheiten stoßen sollten.

Die riesige Trägerstreitmacht ermöglichte es, auch größere Risiken einzugehen, und so wurden bei den Kämpfen innerhalb von 14 Tagen ein Essex-Träger sowie ein CVL von Lufttorpedos getroffen und mussten ins Dock. Der Geleitträger *Liscomb Bay* wurde von einem U-Boot torpediert und sank. In letzterem Fall zeigte sich, dass die C-3-Rümpfe, die man zum Bau der meisten Geleitträger verwendet hatte, zu klein waren, um die riesigen Mengen an Flugzeugbenzin und Munition zu schützen, die diese Schiffe transportierten, denn die *Liscomb Bay* wurde bei einer Reihe von schweren Explosionen zerstört.

Anfang 1944 waren die Flugzeuge der Trägerschiffe der 5. US-

Flotte unter Vizeadmiral Marc A. Mitscher im Vorfeld der Landungen auf den Marshall-Inseln eine Woche lang über den japanischen Flugplätzen im Einsatz. Die amerikanischen Landungsoperationen verliefen dann auch ohne Störungen durch die gegnerische Luftabwehr. Nach der Ergänzung der Fliegerkräfte durch Geleitträger und mit der Unterstützung eines umfassenden Flottenverbandes konnte der schnelle Trägerverband nun in jeder Phase des „Inselspringens" eine lokale Luftherrschaft garantieren. Zwischendurch operierte er u. a. auch gegen die japanischen Marinestützpunkte auf Truk und Yap und zwang die japanische Flotte zum Rückzug auf die weiter entfernten Palau-Inseln.

Der als Task Force (TF) 58 bezeichnete Trägerverband unter Vizeadmiral Mitscher war in vier Task Groups (TG) – TG 8.1 bis TG 8.4 – gegliedert. In dieser Phase der Kampfhandlungen begleitete jede TG drei Trägerschiffe (CV und CVL). Jeder verfügte über einen eigenen Deckungsverband aus Kreuzern und Zerstörern. Zur Unterstützung des Gesamtverbandes fuhren sechs neue Schlachtschiffe, darunter auch die ersten beiden Einheiten der Iowa-Klasse, mit.

Der Schlag gegen den japanischen Marinestützpunkt auf Truk war besonders eindrucksvoll. Im Tiefflug angreifende Jäger schalteten noch vor dem Eintreffen der Bomber einen Großteil der Verteidigung aus. Die Bombenflugzeuge flogen Angriffs-

wellen, die die Japaner in Atem hielten. Hier fanden auch die ersten trägergestützten Nachtbombardements statt, die sich bis in den nächsten Tag zogen. In 1250 Einsätzen und unter Verlust von 25 Flugzeugen zerstörten die Angreifer etwa ein Dutzend Klein- und Hilfsschiffe. Zu einer Zeit, da der verfügbare Schiffsbestand aufgrund der Aktivitäten der amerikanischen U-Boote ohnehin rasch dahinschmolz, versenkten die Fliegerkräfte auch noch rund ein Dutzend Handelsschiffe mit insgesamt über 130 000 BRT. Von den 300 japanischen Flugzeugen auf Truk wurden mindestens 250 zerstört.

Den Japanern mangelte es mittlerweile an Trägerschiffen, Trägerflugzeugen und geschulten Flugzeugbesatzungen, und so

Links: Vizeadmiral Marc A. Mitscher am 8. Juni 1944 an Bord seines Flaggschiffes *Lexington.* Nach der Schlacht im Philippinenmeer unterstützten die Fliegerverbände der von Mitscher befehligten TF 58 die amerikanischen Soldaten auf Saipan. Der japanische Widerstand auf der Insel war fast erloschen; zwei Tage zuvor hatte sich Admiral Nagumo erschossen.

Oben: Angriff der TF 58 im Februar 1944 auf den japanischen Marinestützpunkt auf den Truk-Inseln. Die Vereinigte Flotte hatte den Ankerplatz bereits verlassen, doch den amerikanischen Luftangriffen fielen immerhin zwei Kreuzer, vier Zerstörer und 34 Handelsschiffe zum Opfer.

die hoffnungsvollsten Flieger wurden für den Dienst auf den verbliebenen Trägerschiffen abgezogen.

Mit der wachsenden Zahl von Geleitträgern verfügte „MacArthur's Navy" auch über einen zuverlässigen Bestand an Fliegerkräften. Zur Task Force 78 gehörte die TG 78.1, die aus drei Einheiten der Sangamon-Klasse (umgebaute Tanker) mit je 31 Flugzeugen bestand, sowie die TG 78.2 mit drei umgebauten Schiffen des Typs C 3, von denen jedes 26 Flugzeuge unterbringen konnte. Die Trägerschiffe der 5. US-Flotte unter Mitscher wurden also in erster Linie im April 1944 für den langen Weg nach Hollandia an der Nordküste Neuguineas gebraucht. Unterstützung bei den folgenden Landungsoperationen gab dann die TF 78.

Der amerikanische Sturmangriff auf Saipan im Juni 1944 schien Admiral Koga eine Gelegenheit zu der „Entscheidungsschlacht" zu bieten, die er noch immer suchte. Der Hauptteil der Kaiserlichen Marine war als 1. Mobile Flotte unter dem Befehl von Vizeadmiral Ozawa reorganisiert worden. Sie war wie die großen amerikanischen Verbände in drei Gruppen gegliedert, die jeweils einem operativen Verband (TF) entsprachen.

stellten sie ihre so genannte 1. Luftflotte zusammen, die das Netz von Inselflugplätzen nutzen und den Kampf mit dem Gegner suchen sollte. Dieser Verband erwies sich in seiner Qualität wie auch in der Quantität als mangelhaft; die Piloten waren nur unzureichend ausgebildet, da Zeit und Treibstoff knapp waren, und

Technische Daten der *Chuyo*

Verdrängung:	17 830 t
Maße:	180,1 m × 22,5 m × 8 m
Antrieb:	Getriebeturbinen/ 25 200 PS an 2 Wellen
Höchstgeschwindigkeit:	21 Knoten
Fahrbereich:	8000 Meilen bei 19 Knoten
Panzerung:	8 mm
Bewaffnung:	8 127-mm-Geschütze *(Taiyo)* 8 (später 22) 25-mm-Geschütze
Flugzeuge:	27
Besatzung:	800 Mann
Klasse:	*Taiyo, Unyo, Chuyo*

Unten: Die japanischen Geleitträger der Taiyo-Klasse brachten es nur auf eine Geschwindigkeit von 21 Knoten und hatten weder Startkatapulte noch Fangeinrichtungen. Sie waren für den Transoprt von Flugzeugen nach entfernten Stützpunkten vorgesehen.

Zwei waren in erster Linie Flugzeugträgergruppen, die von Kreuzern und Zerstörern unterstützt wurden. Die dritte war eine starke Überwasserangriffsgruppe, zu der auch drei Leichte Trägerschiffe gehörten. Ozawa konnte den 15 Flugzeugträgern seines Gegners selbst nur neun entgegensetzen und war daher von der Unterstützung durch Küstenfliegerkräfte abhängig.

Mitscher nahm eine Position westlich von Saipan ein; aus dieser Richtung musste Ozawa höchstwahrscheinlich kommen. Jenseits von Saipan lagen die Inseln Guam, Rota und Yap. Ozawas Plan bestand darin, seine Trägerschiffe weit im Westen, außerhalb von Mitschers Reichweite, zu halten. Seine Flugzeuge konnten dann die amerikanische Streitmacht angreifen und zu den Inselflugplätzen weiterfliegen, dort betankt werden und Mitscher auf dem Rückweg ein zweitesmal angreifen. Da Ozawa nur über 470 Flugzeuge verfügte – Mitscher hatte 960 – würde der Plan, vorausgesetzt er funktionierte, seine ungünstige Situation ausgleichen.

Der Umstand, dass die japanischen Offiziere ihre Verluste gegenüber Vorgesetzten nur widerwillig zugaben, rächte sich nun. Ozawa war von seinen Untergebenen nicht unterrichtet worden, dass die 1. Luftflotte soeben eine Woche heftigster Angriffe der TF 58 durchgestanden und dabei über den Marianen und Iwo Jima vielleicht 200 Flugzeuge verloren hatte. Und die kommende Schlacht würde wieder von Flugzeugträgern entschieden werden.

Admiral Spruance, der Befehlshaber der 5. US-Flotte war mit

Rechts: Ein von den Truk-Inseln gestarteter Bomber des Typs Nakajima B6N (Codebezeichnung „Jill" bei den Alliierten) fällt während der Kampfhandlungen bei die Karolinen im April 1944 den Geschützen der USS *Yorktown* zum Opfer.

Rechts: Die SBD Dauntless sollte eigentlich 1943 durch die SB2C Helldiver ersetzt werden, doch die Übernahme der „großschwänzige Bestie" bereitete Schwierigkeiten, und so wurde erst Mitte 1944 eine große Zahl der Maschinen in den Dienst der Marine gestellt. Die abgebildeten „Bestien", die hier gerade von einem Angriff auf Iwo Jima im Juli 1944 zurückkehren, gehören zum Fliegerverband der *Yorktown*.

Unten: Absturz eines japanischen Flugzeuges ins Meer. 1944 waren die Ausbildungsprogramme für Flugzeugbesatzungen so verkürzt, dass viele Piloten kaum das taktische Fliegen beherrschten und auf dem Weg zu den amerikanischen Flottenverbänden lediglich ihren erfahrenen Führern folgten, um dann am Ziel ihren ersten und häufig auch letzten Angriff zu starten.

frisch betankten Schiffen und aufgefüllten Vorräten unterwegs, als sein Verband am Abend des 18. Juni von einem japanischen Aufklärungsflugzeug gesichtet wurde. Spruance wusste von der Anwesenheit Ozawas, der auf die Morgendämmerung wartete, kannte jedoch nicht dessen Position.

In den Morgenstunden des 19. Juni befahl Spruance einen Präventivschlag gegen die Insel Guam. Zur gleichen Zeit wurde jedoch die Annäherung japanischer Flugzeuge gemeldet. Gegen 8.30 Uhr waren von drei kleinen japanischen Trägerschiffen 69 Maschinen aufgestiegen. Sie wurden nicht nur auf den amerikanischen Radargeräten verfolgt, sondern auch von einer Funkaufklärungsabteilung abgehört. Spruance schickte ihnen Hellcats entgegen, und nun zeigte sich die mangelnde Erfahrung der Japaner, die ihre Formation vor dem Angriff umgruppieren mussten und deren Jagdschutz seine Aufgabe auch nur schlecht erfüllte. 42 japanische Maschinen wurden abgeschossen, auf amerikanischer Seite ging eine Hellcat verloren. Das Ergebnis des Angriffs war ein einziger Bombentreffer, den das Schlachtschiff *South Dakota* erhielt.

Die TG 58.7 unter Vizeadmiral Willis A. Lee hatte sich um sieben neue Schlachtschiffe formiert. Die Schiffe waren mit radargestützten Waffen ausgerüstet, die Munition mit Annäherungszünder verschossen. Die Gruppe hatte eine Position eingenommen, die an die Sicherungszonen der CAPs grenzte und musste jedem feindlichen Piloten, der die Trägerschiffe verfehlt hatte, als verlockendes Ziel erscheinen. Tatsächlich aber war das Ganze eine Falle.

Hundert Meilen entfernt und eine halbe Stunde nach dem ersten japanischen Angriff folgte der zweite, der diesmal von Ozawas Hauptgruppe kam. Deren 128 Flugzeuge wurden in 115 Meilen Entfernung von amerikanischen Radargeräten ausge-

macht. Gerade rechtzeitig flogen Hellcat-Patrouillen los. Jäger und Sperrfeuer aus den Fla-Geschützen richteten ein Blutbad unter den Angreifern an, von denen nur 31 überlebten und wie geplant nach Guam weiterflogen, wo sie über ihren Flugplätzen amerikanische Störpatrouillen antrafen. Spruance' TF 58 hatte keine Schäden erlitten.

Ozawa indes verlor seinen neuen Flugzeugträger *Taiho*, den eines der 25 amerikanischen U-Boote torpediert hatte, die in diesem Gebiet operierten. Die *Taiho* behielt zwar ihre Geschwindigkeit bei, füllte sich aber allmählich mit Dämpfen aus den geris-

senen Treibstoffleitungen. Rund sechs Stunden später explodierte sie; 80 Prozent der Besatzung kamen dabei ums Leben.

Ozawa, der nur unzureichend über seine Verluste informiert war, schien zu glauben, dass all seine verschollenen Flugzeuge nach Guam geflogen waren und wie geplant bei der Rückkehr Spruance angegriffen hatten. Daher wurde kurz nach 10 Uhr ein dritter Angriffsverband losgeschickt. Dessen 47 Flugzeuge hatten eine mangelhafte Zieleinweisung erhalten, verfehlten Lees Artilleriefalle und griffen überraschend von Norden an. Ihr müder Anflug traf auf eine kraftlose amerikanische Verteidigung.

Oben: Die *Enterprise* im Mai 1944 mit Maschinen des Typs TBF Avenger und F6F Hellcat an Deck. Sie war an fast jeder großen Trägerschlacht im Pazifik beteiligt und wurde gegen Ende des Krieges speziell für Nachtjägeroperationen eingesetzt.

Es folgte eine einstündige Pause, in der amerikanische Suchflugzeuge wiederum vergeblich versuchten, Ozawa aufzuspüren. Ozawa hatte gegen 11 Uhr einen vierten und letzten Angriff gestartet. Seine 82 Flugzeuge, die erneut auf falschem Kurs waren, griffen unkoordiniert an oder verfehlten das Ziel und flogen direkt nach Guam. Sie gerieten auf die eine oder andere Art in Mitschers rollende Verteidigung. Von den 82 Maschinen, die sich auf den Weg gemacht hatten, wurden 73 abgeschossen bzw. machten Bruchlandungen auf der Insel.

Ozawas Schwierigkeiten mehrten sich, als die *Shokaku*, seine

„Veteranin" von Pearl Harbor, von drei oder gar vier Torpedotreffern eines weiteren amerikanischen U-Bootes erschüttert wurde. Etwa drei Stunden später ging sie unter.

Obwohl bis dahin nur etwa 100 seiner Flugzeuge zurückgekehrt waren, machte man den japanischen Admiral glauben, dass der Großteil seiner Luftstreitmacht Spruance merklichen Schaden zugefügt habe und inzwischen wohlbehalten auf Guam angekommen sei. Ozawa ließ daher in der Absicht, den Kampf fortzusetzen, seine Schiffe neu betanken.

Die Luftschlacht vom 19. Juni, die man später auch „das

Oben: Die *Ranger*, der erste spezialgefertigte Flugzeugträger der US-Navy, als Ausbildungsschiff (Aufnahme von 1944). Sie war 1943 bei den Landungsoperationen der Alliierten in Nordafrika und bei Angriffen auf Norwegen eingesetzt.

große Truthahnschießen bei den Marianen" nannte, hatte Japan rund 300 Flugzeuge gekostet. Auf amerikanischer Seite holte man zu einem kraftlosen Gegenschlag aus, und Mitscher unternahm nichts weiter, um den noch immer unsichtbaren Ozawa zu finden. Fast durch Zufall sichtete ein Suchflugzeug am 20. Juni gegen 15.40 Uhr die Japaner endlich. Wie Spruance erwartet hatte, steuerte der Verband etwa nordwestwärts. Es war zwar schon spät und die Entfernung beträchtlich, doch gegen 16.30 Uhr befanden sich 77 Sturzkampfbomber, 54 Torpedobomber und 85 Jagdflugzeuge der TF 58 in der Luft, wurde an Bord der Trägerschiffe eine zweite Angriffswelle vorbereitet.

Als die Flugzeuge gegen 18.40 Uhr auf Ozawa stießen, ging bereits die Sonne unter. Die Angreifer verloren keine Zeit und torpedierten zweimal das große Hilfsträgerschiff *Hiyo*, das zwei Stunden später sank. Die *Zuikaku* wurde durch Bomben schwer getroffen, während die *Junyo*, das Schwesterschiff der *Hiyo*, nur leichtere Schäden davontrug. Drei Begleittanker wurden zerstört, mehrere andere Schiffe beschädigt. Die Amerikaner verloren zwar 20 Flugzeuge, doch die Hellcats hatten dafür zwei Drittel von Ozawas CAP vernichtet. Zu diesem Zeitpunkt gab es auf den verbliebenen japanischen Trägerschiffen gerade noch 35 Flugzeuge.

Die davongekommenen amerikanischen Maschinen kehrten erst, geleitet von den auf Mitschers legendäre Anweisung hell erleuchteten Schiffen, in tiefer Nacht auf ihre Flugzeugträger zurück. Nach einer Wegstrecke von fast 600 Meilen und den Manövern beim Angriff hatten die Maschinen kaum noch Treibstoff; 80 Flugzeuge, die über den Trägern kreisten und auf eine Landemöglichkeit warteten, mussten notwassern. Dabei kamen 49 Besatzungen ums Leben.

Mitscher drängte Spruance, die Schlacht am folgenden Tag fortzusetzen, doch Spruance hatte in erster Linie die Aufgabe, die Landungsoperationen auf Saipan zu decken und weigerte sich, darüber hinaus etwas zu unternehmen. Die Schlacht im Philippinenmeer stellte einen Wendepunkt für das maritime Gleichgewicht im Pazifik dar. Den Japanern waren lediglich sechs Trägerschiffe geblieben, die aber praktisch keine geschulten Flugzeugbesatzungen mehr hatten. Zwar besaßen ihre Überwassereinheiten genügend Feuerkraft, doch hätten die vorhan-

denen Einheiten angesichts der Stärke der TF 58 nur geringe Hoffnungen davonzukommen. Man schätzte ein, dass es ein Jahr dauern würde, bis die Verluste wieder ausgeglichen wären, doch da Japan so viel Zeit nicht haben würde, waren seine beste Antwort auf die Situation die Kamikazeflieger.

Die britische Pazifikflotte

Nach fast fünf Kriegsjahren wurde die Britische Ostflotte zu einer beachtlichen Kraft entwickelt, die man nicht ständig ihrer Stärken berauben musste, um sie bei Operationen andernorts einzusetzen. Mitte 1944 konnte Admiral Somerville drei neue Flugzeugträger in den Kampf schicken, um den Golf von Bengalen zurückzugewinnen. Diese Streitmacht, die nur zwei Jahre zuvor in den europäischen Gewässern eine so große Wirkung gehabt hätte, kam nun eigentlich zu spät, denn der Feind im Osten besaß zwar noch eine erhebliche Kampffähigkeit, war

Rechts: Die zum Untergang verurteilte *Gambier Bay* im Kampf vor der Insel Samar, von einem anderen Leichten Flugzeugträger des Verbandes von Admiral Spruance betrachtet. Hier ist soeben eine japanische Salve über das Schiff hinweggegangen. Rechts hinter den Wasserfontänen ist am Horizont einer von Admiral Kuritas Schweren Kreuzern zu sehen.

Blick von der *White Plains* (CVE 66) während der Kämpfe vor Samar. Hier wurden drei amerikanische Zerstörer versenkt, als sie versuchten, die verwundbaren Flugzeugträger vor Kuritas Schlachtgeschwader zu schützen. Die Überlebenden verbrachten, ständig auf der Hut vor Haien, zwei Nächte im Wasser, ehe sie gerettet wurden.

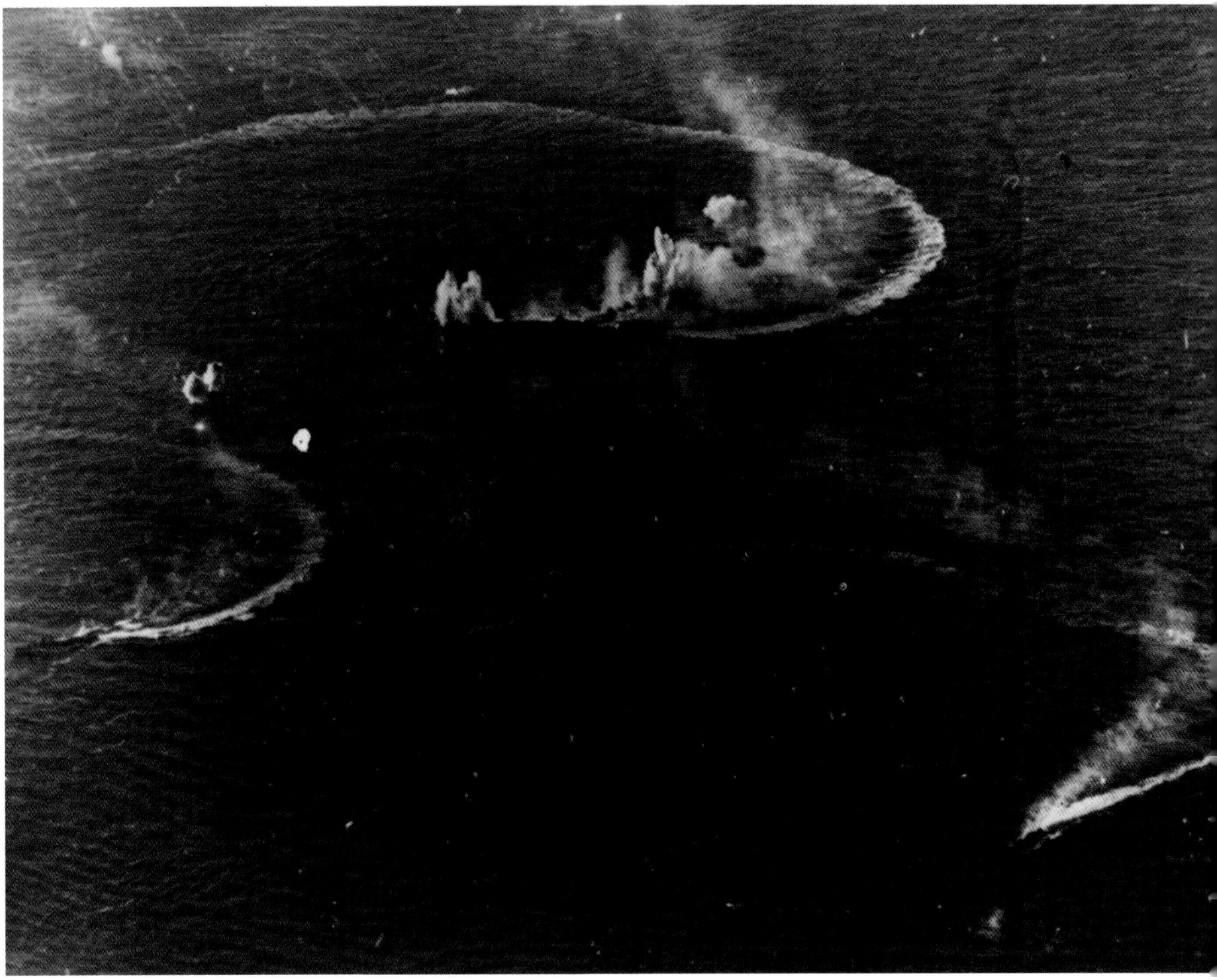

Oben: Mit weit weniger wirksamer Fla-Waffen als ihre Gegner ausgestattet, suchten sich die japanischen Flugzeugträger im Falle eines Angriffs durch ständigen raschen Kurswechsel zu schützen. Hier ist die *Zuikaku* in der Schlacht im Philippinenmeer (20. Juni 1944) von detonierenden Bomben eingedeckt. Das Schiff überstand die Attacke, wurde aber im Oktober desselben Jahres vor Kap Engaño versenkt.

aber schon geschlagen. Großbritannien hatte zwar den Pazifikeinsatz der Royal Navy an der Seite der Amerikaner durchgesetzt, doch das Unangenehme daran war, dass sie dort weder willkommen war noch gebraucht wurde. Wie ein vormals gefeierter Schauspieler am Ende seiner Karriere nur noch eine unbedeutende Erscheinung ist, so entsprach die Britische Ostflotte mit ihrem imposanten Namen doch kaum mit einer amerikanischen Task Group. Ihre Schiffe eigneten sich schlecht für die ausgedehnten Operationen auf diesem Kriegsschauplatz, und da der Nachschub nur unzureichend organisiert war, verließ sich die Flotte auf die Hilfe der Amerikaner.

Den Verlust der Insel Saipan schrieben die Japaner ihrer Marine zu, die die „Entscheidungsschlacht" verloren hatte. Die japanische Regierung trat zurück, doch obwohl sich jetzt, da die Mutterinseln in Reichweite der schweren amerikanischen Bomber lagen, ein neuer Realismus zeigte, stand den ersten Bemü-

Während der Schlacht im Golf von Leyte begannen die Japaner die Kamikazeangriffe bewusst als Kampfmittel einzusetzen. Hier treibt die *St. Lo* brennend auf dem Wasser; ein japanischer Bomberpilot hatte sich am 23. Oktober 1944 mit seiner Maschine auf das Schiff gestürzt. Als der Geleitträger immer mehr Schlagseite bekommt, retten sich die Seeleute mit einem Sprung vom Flugdeck ins Wasser.

Links: Nach der Katastrophe bei den Midway-Inseln ließen die Japaner die Schlachtschiffe *Ise* und *Hyuga* zu Trägerschiffen umbauen. Im Hangar, der anstelle von zwei 14-Zoll-Geschütztürmen eingebaut wurde, hatten beide Schiffe Platz für jeweils 22 Wasserflugzeuge.

hungen um ein Ende der Feindseligkeiten ein großes Beharrungsvermögen der japanischen Militärs entgegen.

Japan erwartete das nächste große Manöver der Amerikaner. Da sich ein Angriff gegen Formosa, die Ryukyu-Inseln wie auch gegen die Philippinen richten konnte, hatte Admiral Toyoda, der Oberbefehlshaber der japanischen Vereinigten Flotte und Nachfolger Kogas, für jeden dieser Fälle einen Plan entwickelt. Er wusste, dass er ohne Unterstützung durch eine starke Trägerstreitmacht auf das hundertprozentige Engagement seiner Flotte bauen musste und dass ein solches Engagement sicherlich einen zweiten Entscheidungskampf bringen würde. Über dessen Ausgang hegte er allerdings nur schwache Illusionen.

Die amerikanischen Operationen hatten jetzt eine solchen Umfang angenommen, dass Nimitz zu einer neuen Strategie griff und entweder Spruance oder Halsey als Flottenbefehlshaber einsetzte. Einer befand sich auf See, während der andere an Land das nächste Manöver plante. So kam es ab September 1944 zu einem regelmäßigen (und verwirrenden) Wechsel der Flottenbefehlshaber. Die Operationen stützten sich auf die von Spruance befehligte 5. Flotte und auf die 3. Flotte unter Halsey; Mitschers Trägerverband hieß einmal TF 58 und dann wieder TF 38.

Halsey, der sich bewusst war, dass sämtliche große Operationen der japanischen Flotte von einer landgestützten Luftsicherung abhingen, setzte nicht weniger als 17 Trägerschiffe ein, die er in vier Gruppen aufteilte und die über ein ausgedehntes Gebiet hinweg die gegnerischen Flugplätze unbrauchbar machen sollten. Das ließ die Japaner weiterhin im Unklaren über den nächsten Schritt der Amerikaner und kostete sie rund 600 Flugzeuge. Die Angreifer selbst verloren nur 90 Maschinen, für die allerdings – anders als bei den Japanern – sofort Ersatz zur Hand war.

Die Zweifel der Japaner wurden schließlich beseitigt, als die Amerikaner am 20. Oktober 1944 auf der zentralphilippinischen Insel Leyte landeten. Die geplanten japanischen Gegenmaßnahmen waren wie gewöhnlich sehr kompliziert.

Die Landungsstrände waren sowohl von Norden her über die San-Bernardino-Straße als auch von Süden durch die Surigao-Straße erreichbar. Da der gesamte Bestand der 3. US-Flotte zur Seeseite hin lag, planten die Japaner, Halseys bekannte ungestüme Art auszunutzen und Ozawas Trägerverband, der praktisch keine Flugzeuge mehr hatte, als Köder anzusetzen. War Halsey erst einmal nach Norden gelockt, dann würden starke An-

Die *Yamahiro*, hier aus dem Cockpit eines Flugzeuges der *Enterprise* betrachtet, schlägt sich am Morgen des 24. Oktober 1944 in die Surigao-Straße durch. Ihre 14-Zoll-Geschütze sind auf volle Erhöhung gebracht, da sie sogar ihre Hauptbewaffnung gegen die anfliegenden amerikanischen Maschinen einsetzt. Die *Yamahiro* übersteht den Angriff schließlich, gerät am Abend aber in das Feuer von Admiral Lees Schlachtschiffen.

Am selben Tag kämpfte sich Admiral Kuritas Nordverband durch die Sibuyan-See. Hier vollführt ein Superschlachtschiff der Yamato-Klasse während eines Angriffs amerikanischer Flugzeuge eine scharfe Wendung. Die *Musashi*, einer dieser Ozeanriesen, sank nach 19 Torpedo- und vielleicht 20 Bombentreffern.

Tarnanstriche wie dieser hier waren während der Überwasseroperationen im Gebiet der Salomonen bei den amerikanischen Zerstörern sehr verbreitet. Die ersten Zerstörer der Fletcher-Klasse liefen im Februar 1942 vom Stapel; bis September 1944 wurden 175 Einheiten fertiggestellt.

Technische Daten der *Fletcher*

Verdrängung:	2050 t
Maße:	114,76 m × 12,4 m × 5,41 m
Antrieb:	2 Sätze Getriebedampf- turbinen/60 000 PS
Höchstgeschwindigkeit:	37 Knoten
Fahrbereich:	6500 Meilen bei 15 Knoten
Panzerung:	Seiten 19 mm
Bewaffnung:	5 127-mm-Geschütze
	3 40-mm-Zwillingsgeschütze
	4 20-mm-Geschütze
	10 533-mm-Torpedorohre
Besatzung:	295 Mann

griffsgruppen der japanischen Überwasserkräfte, von landgestützen Flugzeugen gedeckt, von beiden Wasserstraßen gleichzeitig losschlagen und die amerikanische Seelandungsflotte in einer klassischen Zangenbewegung vernichten.

Der Plan musste zeitlich genau abgestimmt werden, da an der Operation vier getrennt handelnde Gruppen beteiligt waren. Ozawa musste sich von Japan an einen Punkt nordöstlich der Philippinen begeben, wo er seine Anwesenheit publik machen würde. Vizeadmiral Shima würde Japan ebenfalls verlassen und eine Position westlich der Inseln einnehmen, wo er mit dem von Brunei kommenden Vizeadmiral Nishimura zusammentreffen sollte. Beide zusammen würden dann den südlichen Angriffsverband bilden. Der nördliche Angriffsverband unter Vizeadmiral Kuritas Schiffe würden von Singapur starten und ihren Weg ebenfalls über Brunei nehmen. Wegen des Mangels an Treibstoff dürften diese Verbände erst in allerletzter Minute starten, wenn die aus etwa 400 Flugzeugen bestehende 2. Luftflotte auf den philippinischen Flugplätzen verteilt wären.

Da die amerikanische Aufklärung das Gebiet westlich der Philippinen noch nicht lückenlos abdeckte, hätte Kuritas Gruppe, der bei weitem stärkste Verband des Unternehmens, vielleicht ungesehen bleiben können, wenn sie in der Palawan-Passage

nicht auf amerikanische U-Boote gestoßen wäre. Die U-Boote sichteten die Japaner am 23. Oktober, versenkten zwei Schwere Kreuzer und beschädigten einen dritten. Einer davon, die *Atago*, war Kuritas Flaggschiff. Der Verlust nötigte Kurita, die Operation unter einem ungünstigen Vorzeichen zu starten, da er auf das Superschlachtschiff *Yamato* wechseln musste.

Admiral Halsey reagierte auf die Sichtung Kuritas, indem er drei von Mitschers Trägergruppen nahe an die östlichen Philippinen heranbrachte, um den Aktionsradius der Schiffe zu vergrößern, und eine vierte Gruppe, die TG 38.1, zum Betanken abkommandierte. Suchflugzeuge nahmen erstmals am 24. Oktober gegen 8.15 Uhr Fühlung zu Kuritas Verband auf, doch bevor ein Angriff gestartet werden konnte, wurde die TG 38.3 unter Konteradmiral Frederick A. Sherman zum Ziel der gegnerischen 2. Luftflotte. Ozawa, dem daran lag, entdeckt zu werden, mischte sich mit 76 seiner 116 verfügbaren Flugzeuge ein. Unter beträchtlichen Opfern gelang es den Angreifern, einen Bombentreffer auf dem Leichten Träger *Princeton* zu landen. Die Bombe detonierte im Hangar, in dem dicht an dicht aufgetankte und bewaffnete Flugzeuge standen. Die Amerikaner waren zu sehr beschäftigt um zu bemerken, dass einige der Angreifer Trägerflugzeuge waren, und so blieb Ozawas Anwesenheit unbemerkt.

Da sich die Japaner auf Sherman konzentrierten, hatten die beiden anderen amerikanischen Verbände freie Hand. Der größte Teil von Kuritas rollenden Luftpatrouillen war abgezweigt worden, um gegen die TG 38.3 vorzugehen, so dass nur wenige Jäger zur Verfügung standen, die die nachfolgenden überwältigenden Luftschläge der Amerikaner ablenken konnten. Das riesige Schlachtschiff *Musashi* wurde nach zahlreichen Bomben- und Torpedotreffern schließlich versenkt. Mit seinen Schiffen, die immer mehr Schäden aufwiesen, machte sich Kurita auf den Weg durch die Sibuyan-See. Von rollenden Angriffen aufgehalten, änderte er gegen 15 Uhr schließlich seinen Kurs. Die Kursänderung blieb nicht unbemerkt und wurde Halsey gemeldet, der allerdings nicht erfuhr, dass Kurita 75 Minuten später seine alte Richtung wieder eingeschlagen hatte. Diese Manöver sollten später große Auswirkungen haben, doch im Augenblick war Kurita auf dem Weg nach San Bernardino – allerdings zu spät für das geplante Treffen mit Nishimura und Shima vor der Insel Leyte.

Nishimura und Shima, die die südliche Angriffsgruppe bilden sollten, gelang es nicht, ihre Kräfte zu vereinigen, da letzterer mehr als 40 Meilen zurückgeblieben war. Selbst wenn sich ihre Kräfte vereinigt hätten, dann hätte die Gruppe nur über

Oben: Nach Japans Niederlagen im Philippinenmeer und im Golf von Leyte beherrschte die US-Navy den Pazifikraum. Hier sind die Trägerschiffe *Wasp, Yorktown, Hornet, Hancock, Ticonderoga* und *Lexington* zu sehen, die sich im Dezember bei den Ulithi-Inseln aufhielten.

Links: Da die US-Navy die Nachschubversorgung auf See meisterhaft beherrschte, konnte sie wie keine andere Flotte Operationen über große Entfernungen durchführen. Hier betankt die *Merrimack* (AO 37) im Juli 1945 vor der japanischen Küste ein Trägerschiff der Essex-Klasse.

Rechts: Die USS *Essex* nimmt während der Operationen vor Okinawa im April 1945 von der USS *Mercury* (AK 42) einen großen Vorrat an Zigaretten der Marke Lucky Strike an Bord.

zwei Schlachtschiffe und drei Schwere Kreuzer verfügt, die sich gegen die fünf Großschiffe und zehn Kreuzer, mit denen Kurita gestartet war, nahezu bedeutungslos ausnahmen.

Als sich Nishimura und Shima am Morgen des 24. Oktober der Straße zwischen Negros und Mindanao näherten, wurden sie von einem Suchflugzeug der TG 38.4 gesichtet. Eines ihrer Schiffe war bei einem Angriff gegen 9.20 Uhr durch eine Bombe äußerlich beschädigt worden. Abgesehen von der gegnerischen Luftaufklärung, blieben sie danach ungestört, da sich die amerikanischen Trägerverbände auf Kiruta konzentrierten. Für Admiral Kinkaid, den Oberbefehlshaber der 7. US-Flotte, die die Landungsoperationen auf den Philippinen unterstützte, war es offensichtlich, dass die japanische Südgruppe in der Nacht die Surigao-Straße zwischen Leyte und der Nachbarinsel Dinágat durchqueren musste. Der 7. Flotte war die aus sechs älteren Schlachtschiffen bestehende Artilleriegruppe von Konteradmiral Jesse B. Ohlendorf angegliedert.

Obwohl sie nicht die richtige Munition für einen Überwasserangriff geladen hatten, wurden die amerikanischen Schlachtschiffe zum Sperren der Surigao-Straße abkommandiert. Zerstörer und Kanonenboote setzten den Japanern während der Durchfahrt unentwegt zu und lieferten sie dann in den ersten Stunden des 25. Oktober einem Hagel großkalibriger Geschosse aus, der den Verband fast vernichtete. Das war der letzte Artillerieangriff großer Schlachtschiffe, der nicht von Fliegerkräften beeinflusst wurde.

Ozawa gelang es erst am 24. Oktober gegen 15.40 Uhr, sich seinen Gegnern bemerkbar zu machen. Zu dieser Zeit hatten seine vier Trägerschiffe und die beiden „Hybridschiffe" (Schlacht- und Trägerschiffe) alle bis auf eine Handvoll Flugzeuge geopfert. Halsey, der Spruance vorher dafür kritisiert hatte, dass dieser die Japaner nach der Schlacht im Philippinenmeer hatte abziehen lassen, wollte dem Gegner keine zweite Chance geben. Seinen neuesten, von den Übertreibungen seiner Flugzeugbesatzungen gefärbten Informationen zufolge war Kuritas schwer beschädigtes Geschwader umgekehrt. Dass er daraufhin die Verfolgung aufnahm, ist zwar verständlich, aber dass er dazu die gesamte 3. US-Flotte und sogar die frisch betankte TG 38.1 mitnahm, wird für immer unbegreiflich bleiben.

Der japanische Plan war aufgegangen. In der San-Bernardino-Straße befand sich in der Nacht vom 24. zum 25. Oktober nicht ein einziger amerikanischer Zerstörer. Kurita, der eine Falle argwöhnte, gelangte unbehelligt durch die Straße. Gegen 5.40 Uhr wandte er sich nach Süden und dampfte drei Stunden in Richtung Golf.

Zwischen Kurita und dessen Ziel lagen unerwartet 16 kleine Geleitträger der TG 77.4 unter Konteradmiral Thomas L. Sprague. Sie waren in drei operative Einheiten aufgeteilt und hatten als Schiffe der 7. US-Flotte vor allem die Aufgabe, die Verbände an Land zu unterstützen. Obwohl Admiral Kinkaid für die frühen Morgenstunden eine Suchaktion befohlen hatte, starteten die Flugzeuge erst gegen 7 Uhr – eine Verzögerung, die sich fast als tödlich erwies. Glücklicherweise war eine Patrouille unterwegs, die auf der Suche nach U-Booten einen großen Schiffsverband überflogen und angenommen hatte, er gehöre zur 3. US-Flotte. Beim Anflug war die Patrouille allerdings angegriffen worden. Auf eine entsprechende Meldung hin befahl Sprague, die Identität der Schiffe festzustellen. Doch seine Ausguckmänner hatten die Gruppe bereits ausgemacht, und als die Blitze der ersten feindlichen Salven am nördlichen Horizont aufzuckten, waren alle Zweifel beseitigt.

Zum Glück befand sich nur eine von Spragues Einheiten in Kuritas Sichtweite. Als deren Schiffe Dampf aufmachten und mit voller Geschwindigkeit losliefen, erhielt die gesamte TG Befehl,

Die *Franklin* (CV 13) gehörte zu den 16 Trägerschiffen der TG 58, die vor der Landung der Amerikaner auf der strategisch wichtigen Insel Okinawa im Jahre 1945 an den Luftangriffen auf die japanischen Mutterinseln teilnahmen. Am 18. März griffen zwei Sturzkampfbomber vom Typ Yokosuka D4Y im Tiefflug an und trafen die *Franklin*, auf der gerader Flugzeuge zum Start vorbereitet wurden, mit zwei Bomben. Hier bringen sich die Männer der Löschmannschaft in Sicherheit, da die Explosionen zahllose Trümmer über das Flugdeck schleudern. Auf dem Schiff brach ein Brand aus und es entwickelten sich giftige Dämpfe, die in das Lüftungssystem gelangten. Von der Schiffsbesatzung kamen 724 Mann ums Leben, 265 wurden verwundet. Die *Franklin* kam ohne Unterstützung bis zur Marinewerft in New York, wurde später aber nie wieder voll in Dienst gestellt.

alle in der Luft befindlichen Flugzeuge zurückzuholen. Kuritas zahlenmäßig überlegene Streitmacht ließ Spragues Position ausweglos erscheinen, doch auf gegnerischer Seite stellte sich die Situation nicht so eindeutig dar. Der japanische Befehlshaber glaubte, auf eine von Mitschers Gruppen gestoßen zu sein; da er ohne Luftsicherung war, rechnete er mit einem raschen Angriff von allen Seiten. Seine einzige Hoffnung bestand darin, seine Trägerschiffe zu stoppen, die sich gerade in den Wind drehten um ihre Flugzeuge zum Angriff starten zu lassen. Der Kurs, den er verfolgte, begünstigte Spragues Flucht und da hier Schnelligkeit entscheidend war, signalisierte er „Verfolgung aufnehmen“. So handelte jedes Schiff selbständig, und Kuritas Formation verlor rasch ihren Zusammenhalt. Das Feuer der Japaner ließ rasch nach, und auch der Einsatz der Torpedos, Kuritas schrecklichster Waffe, bereitete Probleme.

Spragues Hilferufe wurden zwar von Kinkaid an Halsey weitergeleitet, doch im Augenblick stand der Konteradmiral allein. Seine Geleitschiffe legten pausenlos Nebelvorhänge und griffen den Gegner furchtlos und oftmals im Alleingang an. Seine Flugzeuge stiegen mit allem, was zur Hand war, auf und fielen auch ohne jegliche Bewaffnung über den Gegner her.

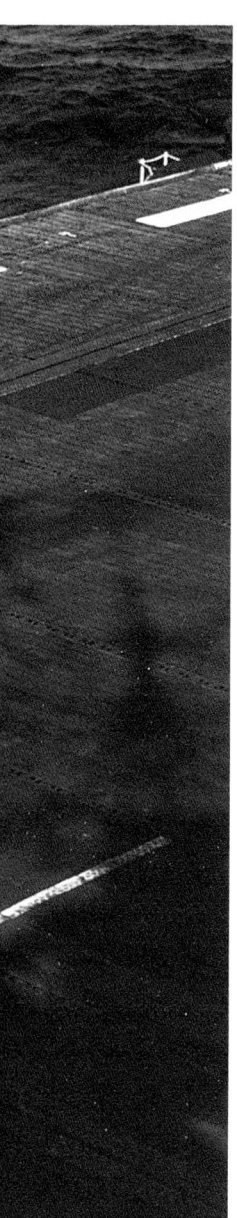

Links: Eine als Ausbildungsmaschine gekennzeichnete TBM Avenger am Startkatapult eines Geleitträgers (Aufnahme von 1945). Bei General Motors wurden 4664 TBM gebaut. Die Gesamtproduktion von Avenger-Flugzeugen betrug damit 9836 Einheiten. In Japan dagegen wurden von den wichtigsten Torpedobombertypen, der Nakajima B 5 (Codename „Kate" bei den Alliierten) und B 6 („Jill") jeweils nur knapp über 1000 Maschinen hergestellt.

Rechts: Für die *Enterprise* endete der Krieg am 14. Mai 1945, als sie bei einem Kamikazeangriff so stark beschädigt wurde, dass sie zur Reparatur in die USA zurückkehren musste.

Unten: SB2C-3 Helldivers über der *Hornet* (Anfang 1945 aufgenommen).

Da die amerikanischen Flugzeuge allmählich organisierter angriffen, wurde Kurita unschlüssig. Mehrere seiner Schiffe waren beschädigt, eines davon sogar schwer. Er hatte bereits einige Tage voller Angriffe hinter sich, und das Wissen um die Katastrophe in der Surigao-Straße belastete ihn stark. Als er gegen 9 Uhr von einer zweiten Einheit Spragues gesichtet wurde, sah er sich in einer hoffnungslosen Lage. Obgleich Kurita wusste, dass er gegen die feindlichen Trägerschiffe ankommen konnte (zwei waren schon versenkt), bekam er jetzt die Stärke ihrer 350 Flugzeuge zu spüren. Wovon er nichts wusste, war der Umstand,

dass die meisten seiner panzerbrechenden Geschosse die leicht gebauten amerikanischen Geleitträger nur durchschlagen hatten, aber nicht explodiert waren. Um seine Kräfte neu zu formieren, befahl Kurita 9.11 Uhr einen Rückzug.

Spragues Trägerschiffe hatten sich, ohnehin schon in höchster Gefahr, gegen eine neue Bedrohung zur Wehr setzen müssen. Ab etwa 7.40 Uhr waren allein oder zu zweit fliegende japanische Flugzeuge aufgetaucht, die nicht auf herkömmliche Weise angriffen, sondern ihre Maschinen auf das Ziel stürzen ließen und dabei bis zuletzt aus ihren Bordwaffen feuerten. Die mit Bomben

Links: Der Flugzeugträger *Junyo* (hier eine Aufnahme vom September 1945), der durch Umbau eines halbfertigen Passagierdampfers entstanden war, nahm an der Landung der Japaner auf den Aleuten teil. In der Schlacht bei Santa Cruz beschädigten seine Flugzeuge die *South Dakota* und die *Hornet*. Zusammen mit ihrem Schwesterschiff *Hiyo* war die *Junyo* als Trägerdivision 2 im Philippinenmeer eingesetzt, wo sie selbst beschädigt und die *Hiyo* versenkt wurde. Im Dezember 1944 von einem U-Boot torpediert, wurde sie im Sommer 1945 in Sasebo ausgemustert.

Die U-Boote der I-15-Klasse hatten ein einziges Wasserflugzeug, das in einem Hangar vor der Kielflosse untergebracht war. Sie waren für lange, mit den Operationen der japanischen Schlachtflotte koordinierte Patrouillenfahrten ausgelegt und zeigten bei Tauchfahrten nur eine mittelmäßige Leistung. 1944 wurden einige Boote für den Transport von Kamikaze-U-Booten des Typs Kaiten abgewandelt.

behängten Flugzeuge explodierten dann mit verheerender Wirkung. In den Kampf hatten sich die Kamikazeflieger eingeschaltet.

Mit dem Fortgang des verzweifelten Kampfes vor Saipan häuften sich die Funkanfragen von möglichen Stellen bis hin zu Nimitz: Wo waren Halsey und die 3. US-Flotte? Wie hatte Kurita dorthin gelangen können, wo er sich augenblicklich befand und Sprague bedrohte? Halsey hielt sich ein gutes Stück weiter nördlich auf, wo er Fühlung mit Ozawa aufgenommen hatte. Gerade als von seinen Flugzeugträgern Angriffe starteten, die vier der inzwischen fast wehrlosen gegnerischen Schiffe zerstör-

Unten: Die Mitsubishi C4M (Codebezeichnung „Betty" bei den Alliierten) war zu langsam, um der Luftabwehr des Gegners auszuweichen und besaß auch noch keine lecksicheren Tanks. Dennoch wurden sie bis Kriegsende zum Angriff auf die US-amerikanischen Seestreitkräfte eingesetzt. Einige Maschinen trugen dabei auch bemannte Ocha-Flugbomben. Hier fällt eine weitere C4M dem Feuer amerikanischer Fla-Geschütze zum Opfer (Aufnahme von 1944).

Technische Daten der *I-15*

Verdrängung:	2590 t über Wasser, 3655 t getaucht
Maße:	108,6 m × 9,3 m × 5,1 m
Antrieb:	Dieselmotoren mit 12 400 Brems-PS und Elektromotoren mit 2000 PS auf 2 Wellen
Höchstgeschwindigkeit:	23,5 Knoten über Wasser 8 Knoten bei Tauchfahrt
Fahrbereich:	16 155 Meilen bei 16 Knoten über Wasser 115 Meilen mit 3 Knoten bei Tauchfahrt
Bewaffnung:	1 140-mm-Geschütz 2 25-mm-Geschütze 6 533-mm-Torpedorohre mit 17 Torpedos
Flugzeuge:	1 Wasserflugzeug Yokosuka E14Y1 (Codename „Glen" bei den Alliierten)
Besatzung:	100 Mann

ten, wurden die Anfragen dringlich. Um 8.48 Uhr kommandierte er nur widerwillig die TG 38.1 zu Sprague ab. Auf eine direkte Nachfrage von Admiral Nimitz schickte er dann die TG 38.2 und den größten Teil seiner schnellen Schlachtschiffe gegen Kurita. Doch da zeigte die Uhr bereits 11.15 Uhr, und bis zur San-Bernardino-Straße waren es 14 Stunden. Die Schiffe dorthin zu schicken, war also völlig nutzlos.

Kurita bewegte sich mit seinem Vergand unterdessen drei Stunden lang ziellos umher, ehe er schließlich um 12.36 Uhr

den vollständigen Abzug befahl. Sprague, dem diese Wendung der Dinge sehr willkommen war, setzte sich von seinem Gegner ab. Hätte der japanische Admiral wirklich geglaubt, ihm stünde die gesamte 3. US-Flotte gegenüber, dann hätte er sofort einen geschickten Rückzug antreten, bei richtiger Einschätzung von Spragues Stärke den gegnerischen Verband hingegen vernichten müssen. Doch die Aktionen Kuritas waren einfach die eines entnervten, zermürbten Mannes. Gegen 13 Uhr wurde seine zurückweichende Flotte von einem ersten Schlag der TG 38.1 über-

Unten: Die HMS *Formidable* nach einem Kamikazeangriff. Der japanische Pilot hatte vor dem Aufschlagen seines Flugzeuges noch eine Bombe auf das Flugdeck des Schiffes geworfen. Die Splitter durchbohrten mehrere Dampfrohre, doch das Schiff war bald wieder einsatzbereit.

Rechts: Von der gleichen Opferbereitschaft wie das Heer ergriffen, kommandierte das Oberkommando der Kaiserlichen Flotte die *Yamato* zu einer selbstmörderischen Mission nach Okinawa ab. Das Schlachtschiff wurde am 7. April 1945 durch amerikanische Luftangriffe bezwungen.

[Full-width photograph at top of page]

rascht, der genau wie ein zweiter Angriff zwei Stunden darauf nur leichte Schäden verursachte.

Gegen 21.40 Uhr durchfuhren die Japaner die San-Bernardino-Straße, doch am nächsten Tag wurde ihr weiteres Vordringen durch mehrere Vergeltungsangriffen von Halseys Trägergruppe gestört, die aber auf dem offenen Meer bleiben musste. Seltsamerweise wurde nur ein japanischer Leichter Kreuzer versenkt, und Kurita zog sich mit dem unversehrten Hauptteil seiner Flotte zurück.

So gingen die Kampfhandlungen, die später zusammenfassend als Schlacht im Golf von Leyte bezeichnet wurden, allmählich zu Ende. Sie hatten endgültig bestätigt, dass auch eine noch so starke Flotte zum Scheitern verurteilt war, wenn sie in einem Gebiet operieren musste, in dem der Gegner die Luftherrschaft besaß. Der Ausgang der Schlacht im Golf von Leyte bedeutete für Japan den Verlust der Philippinen und damit des Zugangs zu den Rohstoffquellen, die von japanischer Seite eigentlich der Ausgangspunkt des Krieges gewesen waren.

Ein wichtiger Grund für den Misserfolg der Japaner war der, dass die nur begrenzt vorhandenen landgestützten Fliegerkräfte nicht zum Schutz der eigenen Schiffe eingesetzt, sondern für den Angriff auf amerikanische Flugzeugträger geopfert wurden. (Eine Analogie dazu war der Einsatz von Fregatten zur Jagd auf U-Boote – auf Kosten des Geleitschutzes für Schiffskonvois, gegen die eben diese U-Boote operierten.) Dass die Japaner diese wichtige Tatsache nie verstanden, bewiesen sie Anfang April 1945, als man den kümmerlichen Rest der Kaiserlichen Marine für einen letzten Stoß gegen die vor Okinawa operierenden Amerikaner sammelte und um den noch übriggebliebenen Riesen *Yamato* scharte. In einer faktischen Wiederholung der Kata-

strophe, die 1941 die *Repulse* und die *Prince of Wales* ereilt hatte, versuchten die Japaner ohne jegliche Luftsicherung vergeblich, die Angriffe von 280 Flugzeugen zweier amerikanischer Trägerschiffgruppen zu überleben. Auch sie überstanden den konzentrierten gegnerischen Torpedoangriff nicht. Bei dem Kampf kamen 3000 Seeleute von der Besatzung der *Yamato* und weitere 1200 Männer von deren Geleitschiffen ums Leben. Die Amerikaner verloren lediglich 10 Flugzeuge.

Alles, was die Japaner noch aufzubieten hatten, waren Kamikaze und die bemannte Flugbombe „Ocha". Bei einer Reihe von massiven Angriffen auf die amerikanischen Marinekräfte, die die Landungsoperationen auf Okinawa unterstützten, wurden 30 Schiffe unterschiedlicher Größe versenkt. Obwohl sich diese materiellen Verluste und die 4900 Seeleute, die dabei ums Leben kamen, mit dem Ergebnis eines großen Seegefechts vergleichen ließen (in der Schlacht bei Jütland fielen auf britischer Seite 5672 Mann), waren die Kamikazeeinsätze nie mehr als eine Waffe der Verzweiflung. Ihr Hauptbeitrag zum Verlauf des Luftkrieges über dem Pazifik war die beschleunigte Einführung eines gelenkten Boden-Luft-Geschosses, das angreifende Flugzeugverbände in sicherer Entfernung zerstören sollte.

Dieser Angriff, fast schon ein Postskriptum zu dieser Folge von Kampfhandlungen, deren Ausgang durch die immer größere Anzahl eingesetzter Flugzeuge bestimmt wurde, schien ein Rückfall in die Zeit des Kriegsbeginns zu sein.

Eines der wenigen, im Mai 1945 noch einsatzfähigen großen japanischen Kriegsschiffe war der Schwere Kreuzer *Haguro*. Die *Haguro* sollte zusammen mit nur einem Zerstörer die japanische Garnison von den Andamanen evakuieren. Da diese Inseln im Indischen Ozean liegen, waren die Briten dafür zustän-

Oben: Die britische Formidable-Klasse besaß gepanzerte Hangars, die dem Feuer aus 6-Zoll-Geschützen standhalten sollten, dabei aber weniger Platz für die Trägerflugzeuge boten. Der vertikale Panzerschutz wurde zwar nie getestet, doch die hier abgebildete *Victorious* überstand damit zwei Kamikazeangriffe.

Rechts: Die *Victorious* und die britische Pazifikflotte bildeten den Kampfverband TF 57, der unter der Leitung der 5. US-Flotte operierte. Die britischen Trägerflugzeuge griffen die japanischen Luftstützpunkte zwischen Okinawa und Formosa an und flogen dabei innerhalb von zwei Monaten mehr als 8000 Einsätze.

dig. Die britische Streitmacht, die der *Haguro* entgegenlief, wurde von vier CVE begleitet, deren Hellcats sich allerdings außer Reichweite befanden; die neun Avengers der Geleitträger waren wiederum nicht für eine Torpedobewaffnung ausgelegt. Da eine Attacke mit drei Bombern keinen Schaden anrichtete, wurden fünf Zerstörer mit einem klassischen, allerdings selten genutzten nächtlichen Torpedoangriff beauftragt. Trotz aller vorangegangener Geschehnisse und Erfahrungen wurden die britischen Trägerschiffe noch immer nicht als Waffen an sich eingesetzt, sondern dienten dazu, die Überwassereinheiten des Gegners zu Kampfhandlungen zu veranlassen.

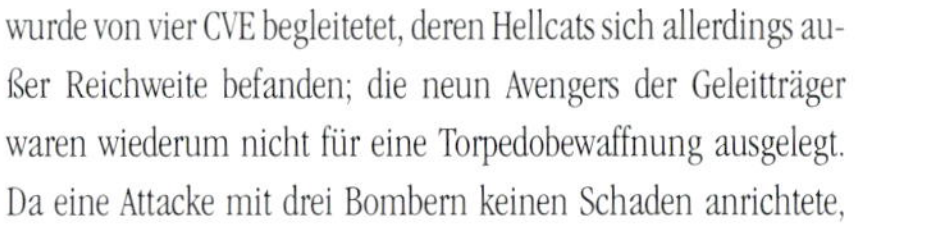

Technische Daten der *Haguro*

Verdrängung:	13 380 t
Maße:	201,7 m × 20,7 m × 6,3 m
Antrieb:	Getriebeturbinen/130 000 PS an 4 Wellen
Höchstgeschwindigkeit:	33,5 Knoten
Panzerung:	Gürtel 100 mm
Bewaffnung:	10 203-mm-Geschütze
	8 127-mm-Geschütze
	8 25-mm-Geschütze
	16 610-mm-Torpedos
Flugzeuge:	3 Wasserflugzeuge
Besatzung:	780 Mann
Klasse:	*Myoko, Nachi, Haguro, Ashiga*

Unten: Der japanische Schwere Kreuzer *Haguro*, der dem letzten Zerstörerangriff des Krieges zum Opfer fiel, während seines verhängnisvollen Einsatzes im Jahre 1945. Die *Haguro*, die an den Schlachten in der Javasee, in der Sundastraße und bei Samar teilgenommen hatte, wurde in einem klassischen Nachtgefecht von britischen Zerstörern versenkt.

Kapitel 6 – Die letzten Tage der Schlachtschiffe

Vor dem Ersten Weltkrieg und auch während des Krieges wurden alle großen Konfrontationen auf See von Großkampfschiffen ausgetragen. Nur sie verfügten über die Bewaffnung und auch die Überlebensfähigkeit um den Ausgang des Kampfes beeinflussen zu können, der einst die „Entscheidungsschlacht" wäre. 1914 bekam das Geschütz, das lange Zeit die Schiffsbewaffnung repräsentierte, Konkurrenz durch den Torpedo: Da die Torpedos ihre Ziele buchstäblich unter der (Panzer-)Gürtellinie treffen konnten, stellten sie für die Kampfschiffe eine tödliche Bedrohung dar. Ihre Trägermittel waren allerdings starken Beschränkungen unterworfen: Die Torpedoboote und Zerstörer konnten weit über die Reichweite ihrer eigenen Waffen hinaus durch die Sekundärbewaffnung der Schlachtschiffe vernichtet werden. Die U-Boote, die aufgrund ihrer niedrigen Geschwindigkeit bei Tauchfahrten und ihres begrenzten Fahrbereiches damals so gut wie unbeweglich waren, bauten auf die

geringe Chance, dass ein Ziel von sich aus innerhalb ihrer Reichweite auftauchte. Obwohl auf diese Weise hin und wieder große Schiffe verloren gingen, war die endgültige Kraftprobe der sich gegenüberstehenden Schlachtlinien noch immer das Mittel zur Entscheidung eines Kampfes auf See und im Großen betrachtet, eines Seekrieges.

Obwohl auch das Flugzeug schon seine Einsatzmöglichkeit gezeigt hatte, wurde es von der Führung der Kriegsmarine (insbesondere der britischen) doch in erster Linie als Hilfsmittel zur Feindbeobachtung angesehen. Die Luftaufklärung war für einen Admiral hinsichtlich seiner Entscheidungen natürlich von Vorteil; die Informationen aus den Beobachtungsflügen halfen zudem seinen Geschützbedienungen, sich schneller auf ihr Ziel einzuschießen. 1918 hatten moderne Schlachtschiffe mit Ausnahme ebenbürtiger gegnerischer Einheiten noch wenig zu fürchten. Schwer erworbene Kampferfahrungen fanden Anwen-

Die nach dem Ersten Weltkrieg unterzeichneten Verträge beugten in den zwanziger Jahren einem neuerlichen Wettrüsten zwischen den großen Seemächten vor. Die größten vor 1914 gebauten Schiffe wurden verschrottet, während man später fertiggestellte Einheiten modernisierte. Hier verlässt die HMS *Malaya* 1941 New York, wo sie nach einem Torpedotreffer von U 106 wieder instandgesetzt worden war. Vom Standpunkt Deutschlands aus machten diese Reparaturleistungen die amerikanische Neutralität zur Farce.

Oben: Alt und Neu – der Schlachtkreuzer *Renown* vom Flugdeck der *Victorious* gesehen. Die Briten betrachteten das Flugzeug nicht so sehr als Waffe an sich, sondern als ein Mittel um die Überwassereinheiten des Gegners zum Kampf zu zwingen.

Technische Daten der *Tosa*

Verdrängung:	39 930 t bei voller Zuladung
Maße:	181,6 m × 30,5 m × 9,4 m
Antrieb:	4 Turbinen/91 000 PS
Höchstgeschwindigkeit:	26,5 Knoten
Panzerung:	Hauptgürtel 280 mm
Bewaffnung:	10 406-mm-Geschütze
	20 140-mm-Geschütze
	4 76-mm-Geschütze
	8 610-mm-Torpedos
Flugzeuge:	3 Wasserflugzeuge
Besatzung:	780 Mann
Klasse:	*Kaga, Tosa*

dung in den riesigen Schiffen, die von sämtlichen Verbündeten gebaut wurden; keiner der Alliierten war gewillt, sein ungeheuer kostspieliges Bauprogramm einseitig aufzugeben. Ging die Entwicklung der Großkampfschiffe ununterbrochen weiter, dann musste sie bald an ihre natürlichen Grenzen stoßen, denn Wassertiefe und Abmessungen der Docks würden die Dimensionen der Schiffe schließlich beschränken, während die Geschütze noch leicht vergrößert werden konnten, ohne die grundlegenden physikalischen und technischen Gesetze zu verletzen.

Letzten Endes erreichten die Schlachtschiffe nie ihre „natürlichen" Grenzen. Die Bauprogramme nach dem Ersten Weltkrieg wurden durch das Washingtoner Flottenabkommen von 1922 unterbrochen. Dem Abkommen fiel eine riesige Tonnagemenge älterer, aber noch verwendungsfähiger Großkampfschiffe sowie eine neue, noch nicht fertiggestellte Generation von Schlachtschiffen zum Opfer. Die neuesten und besten noch vorhandenen Schlachtschiffe blieben zwar, doch von ihnen gab es relativ wenige. Nach dem Verzicht auf die neuen Schiffe, die in sich die von praktischer Kriegserfahrung diktierten Verbesserungen vereinten, gab es als Fronteinheiten nur noch Schlachtschiffe von der Art der *Queen Elisabeth*, der *Maryland*, der *Bretagne*, der *Doria* oder der *Mutsu*, deren Konstruktionspläne alle aus der Vorkriegszeit stammten. Sie waren, mehr oder weniger veraltet, gebaut worden bzw. befanden sich zum Teil noch im Bau. Die großen Schiffsrümpfe, die ihre Schwächen ausge-

Unten: Das lange und 929 kg schwere APC-Geschoss, das die 406-mm-Geschütze der *Rodney* feuerten, verursachte zwar übermäßige Verschleißerscheinungen an den Rohrmündungen, verwandelte dafür aber die *Bismarck* in ein brennendes Wrack.

Unten: Das japanische Schlachtschiff *Tosa*, wie es nach der Fertigstellung Mitte der 20-er Jahre aussehen sollte. Die *Tosa* und ihr Schwesterschiff *Kaga*, die 1921 vom Stapel liefen, sollten größer und schneller als ihre Vorgänger der Nagato-Klasse sein. Das Washingtoner Flottenabkommen stoppte deren Ausbau und fror die Konstruktion von Schlachtschiffen für 15 Jahre praktisch ein. Der Rumpf der *Tosa* wurde zur Untersuchung der Leistungsfähigkeit von Geschützen und Torpedos verwendet und diente 1925 dann nur noch als Ziel für Schießübungen. Die *Kaga* wurde zum Flugzeugträger umgebaut.

Rechts: Geschützbedienung der *Duke of York*. Die Schlachtschiffe der KGV-Klasse hatten mit ihrer Hauptbewaffnung ständig Probleme; während des Gefechts mit der *Scharnhorst* traten bei der *Duke of York* wiederholt Ladehemmungen auf.

Unten: Die vier japanischen Schlachtkreuzer der Kongo-Klasse liefen bereits vor 1914 vom Stapel, waren aber im Zweiten Weltkrieg die aktivsten Großkampfschiffe Japans. Die hier abgebildete *Haruna* wurde 1945 von einem amerikanischen Flugzeug zerstört.

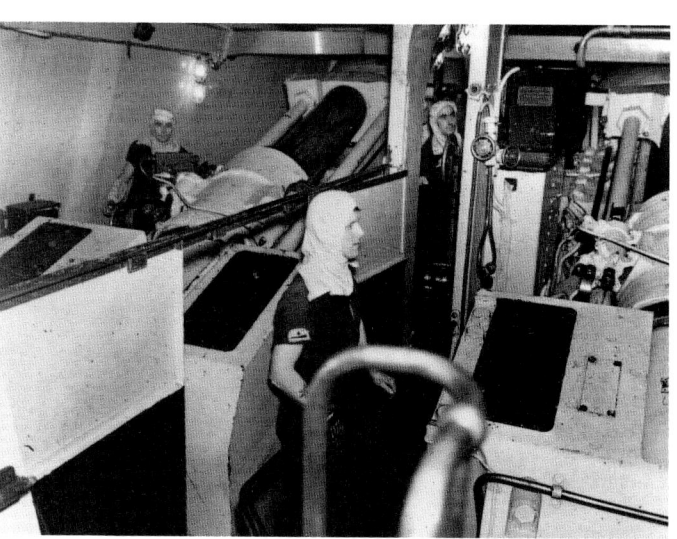

glichen hätten, wurden verschrottet, als Ziele für Schießübungen geopfert oder zu Flugzeugträgern um- und ausgebaut. Aus Schlachtschiffen entwickelt, machten Letztere eben diese Schlachtschiffe schließlich überflüssig. Ohne das Washingtoner Flottenabkommen hätten die Großkampfschiffe ihre Herrschaft zweifellos noch weiter ausgedehnt, wäre der Einfluss der Flugzeuge auf die Kampfhandlungen des Zweiten Weltkrieges auf den Meeren geringer gewesen.

Da der Neubau von Schiffen bis zum Auslaufen des Flottenabkommens im Jahre 1936 bis auf Ausnahmefälle untersagt war, modernisierten die meisten Flotten ihren vorhandenen Schiffs-

bestand. Die Installation neuer Maschinen und Kessel – acht kompakte Einheiten erzeugten jetzt mehr Energie als 20 Kessel älterer Bauart – brachte enorme Gewichts- und Platzeinsparungen. Die Italiener beispielsweise verdoppelten die Leistung der Doria-Klasse, verringerten die Zahl der Wellen von vier auf zwei, verlängerten die Schiffsrümpfe um eine neue Sektion im Bugbereich und steigerten die Geschwindigkeit auf bemerkenswerte 5,5 Knoten.

Das Gewicht der Schiffe wurde auch durch die Entfernung der Kasemattbatterien verringert, deren Geschütze in der Regel ein Kaliber von 6 Zoll hatten. An ihre Stelle traten Turmge-

schütze mit großem Rohrerhöhungswinkel. Die Schiffe wurden mit einer zusätzlichen horizontalen Panzerung ausgestattet, die den Widerstand gegen Bomben und Granatfernfeuer verbessern sollte. Den Auswirkungen von Torpedotreffern begegnete man u. a. mit einer Staffelpanzerung.

Eine weitere wichtige Aufgabe bestand darin, die Hauptbatterie umzukonstruieren um deren Rohrerhöhungswinkel und damit deren Reichweite zu vergrößern. Hier gingen wiederum die Italiener am weitesten, die einen mittschiffs gelegenen Geschützturm entfernten und das Kaliber der restlichen Geschütze vergrößerten.

Links: Die *Malaya* im Mai 1943 auf dem Weg nach Norwegen, wo sie an einem Täuschungsmanöver beteiligt war, das die deutschen Verstärkungen aus dem Mittelmeerraum nach Norden locken sollte.

Rechts: Das britische Schlachtschiff *King George V* Anfang 1942. Die Schiffe der KGV-Klasse waren bekannt dafür, dass ihr Bugbereich ständig nass war. Der Grund dafür waren die beiden auf dem Vorschiff befindlichen Geschütztürme, die nach der beharrlichen Forderung der Admiralität direkt geradeaus feuern können mussten.

Unten: Die *King George V* mit der *Prince of Wales* achteraus bei Schießübungen im September 1941.

Mehrzweck-Sekundärbewaffnung, ein besserer Horizontalschutz und eine wachsende Anzahl kleinkalibriger automatischer Waffen gaben der trügerischen Hoffnung Raum, dass die wachsende Bedrohung aus der Luft gut zu beherrschen war. Bei den Schießübungen allerdings verwendete man als Ziel Schleppscheiben oder einzelne ferngesteuerte Flugzeuge, die sich auf gerader Bahn bewegten und keinerlei Vorstellung vom realen Kampfgeschehen vermittelten, bei dem man sich gegen viele gleichzeitig und entschieden angreifende Flugzeuge verteidigen musste. Andererseits mangelte es nicht an modernen Schiffen, die zur Beurteilung der zerstörerischen Wirkung von Bomben und Torpedos als Zielscheiben geopfert werden konnten. Angesichts dieser Wirkung galt die Vermeidung von Feindberührungen als beste Politik.

Alle Hoffnungen der Demokratien, dass das Washingtoner Flottenabkommen 1936 vielleicht erneuert würde, wurden vom Vorgehen der Diktaturen in Deutschland, Italien und Japan zunichte gemacht. Bei der Wiederaufrüstung hielten die demokratischen Mächte noch immer am 35 000-Tonnenlimit fest, das 1921 ursprünglich festgelegt worden war. Ausgehend von dieser Verdrängung bevorzugten die Briten eine Bewaffnung mit einem Kaliber von nur 14 Zoll. Die Japaner, die sich an formale Vereinbarungen nicht länger gebunden fühlten, gaben, so meinte man, 16-Zoll-Geschützen den Vorrang. Man hoffte, sie zu einem niedrigeren Kaliber bewegen zu können, doch als der letzte Termin für eine solche Vereinbarung ungenutzt verging, entschieden sich die Amerikaner für 16-Zoll-Geschütze (bei Verdrängungen, die nur offiziell dem vertraglich vereinbar-

Unten: In der Zeit von 1938–1939 wurden in der Sowjetunion drei Superschlachtschiffe auf Kiel gelegt, die den Kriterien der japanischen Yamato-Klasse entsprachen. Zwei davon waren für den Stapellauf 1941 fast fertiggestellt, doch dann wurden die Arbeiten wegen des deutschen Überfalls auf das Land gestoppt. So hätte Mitte der 40-er Jahre die *Sowjetskij Sojus* ausgesehen. der Prototyp ihres Hauptgeschützes war in den Jahren 1941–1944 an der Leningrader Front eingesetzt. Der Rumpf wurde 1949 vom Stapel gelassen und bis 1956 für Tests von Raketengeschossen verwendet.

Die *Yamato*, das größte und mächtigste Schlachtschiff der Welt, im Oktober 1941 bei einer Probefahrt. Sie und auch ihr Schwesterschiff *Musashi* fielen später Luftangriffen zum Opfer, doch waren Hunderte Einsätze und mehr als ein Dutzend Torpedotreffer nötig, um den Schiffen schwere Schäden zuzufügen.

Technische Daten der *Sowjetskij Sojus*

Verdrängung:	65 150 t bei voller Ladung
Maße:	269,4 m × 38,9 m × 10,4 m
Antrieb:	3 Getriebedampfturbinen/210 000 PS
Höchstgeschwindigkeit:	26 Knoten
Panzerung:	Hauptgürtel 420 mm
Bewaffnung:	9 406-mm-Geschütze
	12 152-mm-Geschütze
	8 100-mm-Geschütze
	32 37-mm-Geschütze
Flugzeuge:	4 KOR-2
Besatzung:	1664 Mann
Klasse:	Sowjetskij Sojus, Sowjetskaja Ukraina, Sowjetskaja Rossija

Unten: Das vielleicht berühmteste Schlachtschiffgefecht des Krieges (24. Mai 1941): Die *Bismarck*, hier von dem ihrem Begleitkreuzer *Prinz Eugen* betrachtet, feuert auf die HMS *Hood*. Die schwache Horizontalpanzerung des veralteten britischen Schlachtkreuzers präsentierte sich ungeschützt dem Feuer der Hauptbatterie der *Bismarck*; und so wurde die *Hood* an ihrer anfälligsten Stelle getroffen. Drei Tage später wurde die *Bismarck* selbst versenkt.

Die *Bismarck* in Bergen am Vorabend ihrer verhängnisvollen Ausfahrt in den Atlantik. An Bord des Schiffes befanden sich ein Admiral und dessen Stab, da an der bevorstehenden Operation voraussichtlich auch die bei Brest liegenden Schlachtschiffe *Scharnhorst* und *Gneisenau* teilnehmen sollten.

Technische Daten der *Warspite* (modernisiert)

Verdrängung:	36 450 t bei voller Ladung
Maße:	195 m × 31,7 m × 9,3 m
Antrieb:	Getriebedampfturbinen/ 80 000 PS an 4 Wellen
Höchstgeschwindigkeit:	23,5 Knoten
Panzerung:	Hauptgürtel 330 mm
Bewaffnung:	8 381-mm-Geschütze
	8 152-mm-Geschütze
	8 102-mm-Geschütze
	32 2-Pfünder-Maschinenkanonen
Flugzeuge:	2 Wasserflugzeuge Fairey Swordfish

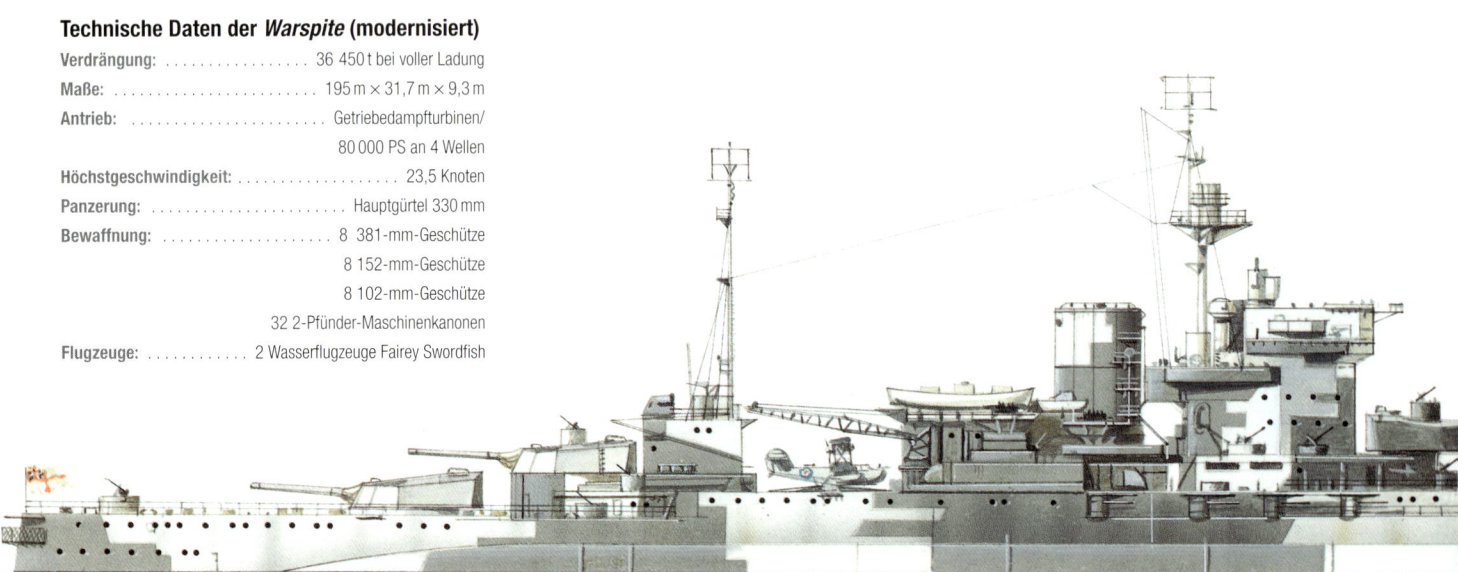

ten Limit entsprachen). Angesichts der Überalterung ihres Tonnagebestandes waren die Briten bereits in Zugzwang geraten. Das Ergebnis war, dass die mit 14-Zoll-Geschützen bestückten Schiffe der King-George-V-Klasse trotz ihrer guten Bauart bezüglich der Bewaffnung von ihren Zeitgenossen übertroffen wurden. Die neuen französischen und italienischen Schlachtschiffe erhielten 15-Zoll-Geschütze, und die Amerikaner 16 Zoll und die Japaner wählten 18 Zoll.

Was die Großkampfschiffe betraf, so war der Zweite Weltkrieg ganz anders als der Krieg 1914–1918. Die Schlachtschiffe behielten ihre Bedeutung auf dem europäischen Kriegsschauplatz fast vollständig bei; Deutschland und Italien besaßen keine Flugzeugträger, und Großbritannien hatte stets nur sehr wenige verfügbar. Die schweren deutschen Einheiten waren regelmäßig gegen die Geleitzüge der Alliierten im Einsatz, so dass die älteren britischen Schlachtschiffe die transatlantischen und die mit moderneren Einheiten ausgerüstete Home Fleet die arkti-

schen Konvois sichern mussten. Selbst über europäischen Gewässern aber erwiesen sich die luftgestützten Waffen zunehmend als tödlich für die Schlachtschiffe, deren Auswirkung nur durch ihre geringe Anzahl in gewissen Grenzen gehalten wurde. Bei Tarent wurde die modernisierte *Cavour* von nur einem kleinkalibrigen Lufttorpedo versenkt. Drei weitere Treffer schickten die nagelneue, nach den neuesten Standards gebaute *Littorio* auf den Meeresgrund. Drei Jahre später sollte deren Schwesterschiff *Roma* von den vormaligen deutschen Verbündeten vernichtet werden. Die *Roma* wurde auf dem Weg zu den Alliierten, denen sie nach dem Waffenstillstandsvertrag übergeben werden sollte, von der deutschen Luftwaffe angegriffen und von zwei Lenkbomben getroffen. Eines dieser ersten Luft-Boden-Geschosse ging senkrecht durch das Schiff hindurch und explodierte unter dessen Kiel (eine Erfahrung, die auch das britische Schlachtschiff *Warspite* nur eine Woche später bei Salerno machen sollte). Das zweite detonierte im Schiffsinnern und brachte

Unten: Diesen grünen Tarnanstrich trug die *Rodney* während ihres Einsatzes im Indischen Ozean im Juni 1942. Um die neun 16-Zoll-Geschütze und den schweren Schutz auf einem Schiff mit vertraglich begrenzter Verdrängung unterbringen zu können, entwarf man einen ungewöhnlichen Geschützturm. Die *Rodney* und die *Nelson* gehörten 1939 zu den stärksten Schlachtschiffen der Welt.

Die *Warspite*, hier 1940 als Flaggschiff der Mittelmeerflotte zu sehen, hatte in der Seeschlacht bei Jütland eine schwere Beschädigung überstanden und wurde in den 30-er Jahren modernisiert. Sie war bei Narvik und am Kap Matapán eingesetzt, wurde aber vor Kreta beschädigt, nach Seattle zur Reparatur geschickt und diente vor der Rückkehr nach Europa bis 1943 in der Ostflotte.

Links: Die *Warspite* wurde im September 1943 vor Salerno von einer Bombe getroffen und danach nie wieder komplett instandgesetzt. Hier ist sie 1944 beim Beschuss deutscher Stellungen in Frankreich zu sehen. Die *Warspite* lief vor den Landungsstränden der Alliierten auf eine Mine und musste zum Beschuss von Brest, Le Havre und Walcheren mit fremder Hilfe in Stellung gebracht werden.

Rechts: Hier werden 6-Zoll-Granaten für die Sekundärbewaffnung der *Rodney* nach unten gebracht. Das Hauptgeschütz ist fast auf seine größte Rohrerhöhung von 40° eingestellt.

Technische Daten der *Nelson*

Verdrängung:	18 400 t bei voller Ladung	
Maße:	216,4 m × 32,3 m × 8,5 m	
Antrieb:	Getriebedampfturbinen/ 45 000 PS an 2 Wellen	
Höchstgeschwindigkeit:	23 Knoten	
Panzerung:	Hauptgürtel 356 mm	
Bewaffnung:	9 406-mm-Geschütze	
	12 152-mm-Geschütze	
	6 120-mm-Geschütze	
	16 2-Pfünder-Maschinenkanonen	
Flugzeuge:	ohne	
Besatzung:	1314 Mann	
Klasse:	*Rodney, Nelson*	

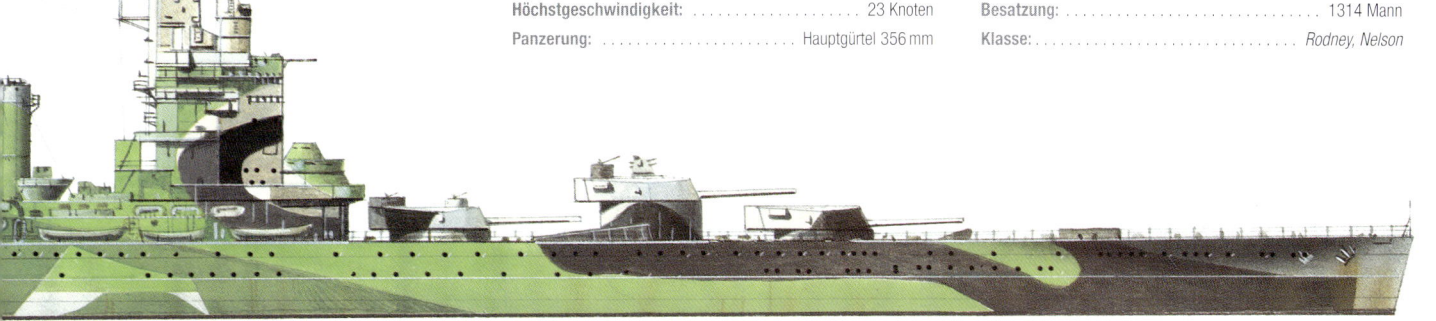

das Magazin zur Explosion. In beiden Fällen entkam das Flugzeug unbemerkt und unbehelligt.

Die *Warspite* hatte nach einem schweren Bombentreffer vor Kreta bereits eine Zeitlang zur Instandsetzung in den USA gelegen. Sechs Monate danach, im November 1941, explodierte ihr nicht modernisiertes Schwesterschiff *Barham*, nachdem es von drei U-Boottorpedos getroffen worden war. In all diesen Fällen konnten weder die schwere Bewaffnung noch die massive Panzerung die Angriffswaffen abwehren.

Auch das Beispiel der *Bismarck* aus dem Jahr 1941 veranschaulicht, dass es angesichts fehlender starker Fliegerkräfte heftigen Feuers aus großkalibrigen Geschützen bedurfte um die Gefechtsaufgabe vollständig zu erfüllen.

Anders war es im Falle des Schwesterschiffes *Tirpitz*. Nach einem Seegefecht musste das Schiff, das an seinem Ankerplatz in Norwegen festgehalten wurde, von britischen Fliegerkräften zerstört werden. Da es weder mit 1000-Pfund-, noch mit 1500-Pfund-Bomben gelang, dem Schiff den Todesstoß zu versetzen, wurden schwere Bomber herangeführt, die insgesamt 5 Tonnen Bomben auf die *Tirpitz* abwarfen. Obgleich das ein außergewöhnlicher Fall war, blieben die schweren Geschütze der *Tirpitz*, die kaum einmal zum Einsatz gekommen waren, dennoch wichtig.

Gegen Ende des Krieges waren alle modernen britischen Schlachtschiffe nach dem Fernen Osten abkommandiert worden. Eine Handvoll älterer Einheiten operierte noch – meist durch Artilleriebeschuss gegnerischer Schiffe – in den europäischen Gewässern, doch der Rest war bereits als Reserve ausgegliedert worden. Der wertvollste „Bestandteil" der Schiffe waren die großen Mannschaften, die nun auf zweckmäßigere Schiffstypen abkommandiert wurden.

Links: Die Männer, die die *Scharnhorst* versenkten. Admiral Sir Bruce Fraser und seine Kapitäne an Bord der *Duke of York*. Fraser, der einzige Mann an Bord, der in die Arbeit der Ultra-Gruppe eingeweiht war, musste sein Wissen über die Bewegungen des Gegners vor seiner eigenen Mannschaft verbergen.

Rechts: 1803 Seeleute gingen mit der *Scharnhorst* unter, als das Schiff vor dem Nordkap versenkt wurde. Da unter den Gefallenen auch Admiral Bey und dessen Offiziere waren, bleibt das Wissen über die letzten Manöver ihres Schiffes vage. Hier sind einige der 30 Männer abgebildet, die von den Briten gerettet wurden.

Die *Scharnhorst* und die *Gneisenau* treffen von Brest kommend wieder in Deutschland ein, nachdem wiederholte Angriffe durch die RAF weitere Attacken auf dem Atlantik verhindert hatten. Die hier abgebildete *Gneisenau* wurde bald darauf durch einen weiteren Überfall des britischen Bomber Command kampfunfähig gemacht, doch ihr Schwesterschiff überlebte bis Ende 1943.

Oben: Die *Duke of York* bei ihrer Ankunft in Scapa Flow nach der Schlacht am Nordkap, dem allerletzten Kampf zwischen Großkampfschiffen, den die Royal Navy auszufechten hatte.

Im Pazifik hatte die Katastrophe von Pearl Harbor den Stolz der US-Navy vernichtet und auf den Meeresgrund geschickt. Das Nationalgefühl verlangte, wo es praktikabel war, diese Schiffe zu retten und erneut in Dienst zu stellen. Die wiederhergestellten Schiffe kamen allerdings nicht zum Fronteinsatz (Ersatzschiffe waren schon lange vorher auf Kiel gelegt worden), sondern als Schwere Einheiten zur Artillerieunterstützung der Seelandungsoperationen verwendet.

In der Zeit zwischen April 1941 und Juni 1944 stellten die USA zehn Schlachtschiffe der letzten Generation mit einheitlichen 16-Zoll-Hauptbatterien in Dienst. Eine Generation zuvor hätte man sie noch als Kern der Schlachtflotte entfaltet, doch die Prioritäten hatten sich mit dem Stil der Seekriegführung geändert. Was einst eine Flotte war, gehörte nun in die Kategorie Task

Unten: Die französische Marine ließ in der Zeit zwischen den beiden Weltkriegen zwar einige großartige Schlachtschiffe fertigstellen, doch der Ausbruch des Zweiten Weltkrieges verhinderte den Bau der *Gascogne*, der vierten Einheit der Richelieu-Klasse. Im Unterschied zu ihren Schwesterschiffen und der älteren Dunkerque-Klasse sollte die *Gascogne* bezüglich ihrer Hauptbewaffnung zu einer konventionellen Ausstattung zurückkehren, und man plante, diesem Schiff zwei zusätzliche Einheiten folgen zu lassen.

Force, die flexibel in Task Groups unterteilt werden konnte. Die Japaner übernahmen ziemlich das gleiche System. Schlachtschiffe konnten den Kern einer Überwasserangriffsgruppe bilden, doch bestand dann ihre Aufgabe weniger im Operieren gegen ebenbürtige feindliche Einheiten, sondern in der Sicherung der eigenen oder befreundeten Trägerkräfte. Gelegentlich konnte ein einzelnes Schlachtschiff bei schweren Luftangriffen dicht neben einem Trägerschiff fahren, um das Feuer der Luftabwehr zu verstärken. In jedem Fall aber spielten Schlachtschiffe jetzt im Wesentlichen eine defensive Rolle, und die Gelegenheiten, dem Feind in einem klassischen Artillerieduell zu begegnen, ergaben sich immer seltener.

Natürlich kam es noch immer zu Artillerieduellen – allerdings mit nur wenigen beteiligten Einheiten –, wenn die Umstände oder nächtliche Dunkelheit eine Störung durch land- oder trägergestützte Fliegerkräfte ausschlossen. Bekannte Beispiele dafür lieferten die USS *Massachusetts*, die bei Casablanca das erst halbfertige französische Schlachtschiff *Jean Bart* kampfunfähig machte; die *Duke of York*, die die *Scharnhorst* versenkte; die Vernichtung der *Kirishima* durch die USS *Washington* und die

Oben: Die Geschützbedienungen der siegreichen *Duke of York* versammeln sich vor dem Geschützturm A. Sie tragen noch ihre Kopfbedeckungen und Handschuhe aus feuerhemmendem Material. Auf dem Schlachtschiff wurden zur Aufrechterhaltung des Betriebs über 1400 Mann Besatzung gebraucht.

Zerstörung der Schwesterschiffe *Fuso* und *Yamashiro* durch Oldendorfs Artilleriestellung in der Surigao-Straße.

Da es sich erwiesen hatte, dass Seelandungsoperationen mit einem schweren Beschuss und Bombenteppichen vorbereitet

Technische Daten der *Gascogne*

Verdrängung:	40 900 t
Maße:	247,8 m × 33,1 m × 10,7 m
Antrieb:	Getriebeturbinen/
	150 000 PS an 4 Wellen
Geschwindigkeit:	33 Knoten
Panzerung:	Hauptgürtel 345 mm

Bewaffnung:	8 381-mm-Geschütze
	9 152-mm-Geschütze
	16 100-mm-Geschütze
	20 37-mm-Geschütze
	36 13,2-mm-Geschütze
Flugzeuge:	keine Angaben
Besatzung:	etwa 1750 Mann
Klasse:	*Gascogne* + 3 Einheiten (storniert)

Die USS *Washington* mit der *Enterprise* im Hintergrund
in einer Aufnahme aus dem Jahr 1945. Von den zwischen 1941 und 1944 fertiggestellten amerikanischen
Schlachtschiffen war die *Washington* das einzige, das ein
gegnerisches Großkampfschiff angriff und versenkte.
Sie versenkte in der Nacht vom 13. zum 14. November
1942 vor Guadalcanal den Schlachtkreuzer *Kirishima*.
Die schnellen amerikanischen Schlachtschiffe, die gebaut
worden waren, um den Kampf gegen die japanischen
Super-Großkampfschiffe aufzunehmen, fuhren fast den
gesamten Krieg hindurch als Geleitschiffe mit den Flugzeugträgergruppen.

Oben: Das Schlachtschiff *Indiana* beschießt im Juli 1945 Kamaishi, einen Ort rund 400 km nördlich von Tokio. Es war der erste Angriff von Schiffsartillerie auf die Mutterinseln des Gegners und bereits die Ankündigung der totalen Niederlage der Kaiserlichen Kriegsmarine.

Rechts: Die während des Ersten Weltkrieges gebaute *Maryland* wurde in Pearl Harbor beschädigt, kehrte allerdings in den Dienst zurück und gehörte dann zu Admiral Oldendorfs Geschwader in der Surigao-Straße. Die *Maryland* verfeuerte im letzten Schlachtschiffgefecht der Geschichte 16 Geschosse.

werden mussten, wurden die amerikanischen Schlachtschiffe bis zum Ende voll eingesetzt. Doch wie auf den europäischen Meeren handelte es sich auch hier noch um eine unterstützende Funktion. Im Pazifik wurden die winzigen Koralleninseln damit völlig zerstört, doch vor den Landungsstränden Italiens und der Normandie konnten altgediente Großkampfschiffe noch in militärische Operationen eingreifen, die 30 km und weiter im Landesinnern stattfanden.

Doch jeder Zweifel daran, dass die stark bewaffneten Großschiffe ihre führende Stellung dem Flugzeug und dem U-Boot überlassen haben, wird mit der folgenden Tabelle sicherlich beseitigt. Hier sind die Verluste (in Prozent) an großen Kriegsschiffen (Flugzeugträgern, Schlachtschiffen und Kreuzern) im Zweiten Weltkrieg zusammengefasst.

Kampfmittel	Royal Navy	US-Navy	Kaiserl. Marine
Überwasserschiffe	22,7	21,5	16,9
U-Boote	37,5	20,2	32,1
Trägerflugzeuge	6,2	45,1	47,1
Landgestütze Flugz.	27,8	13,2	0,1
Andere	5,8	0	3,8

Nach dem Zweiten Weltkrieg existierten noch etwa ein Jahrzehnt lang eine Handvoll Schlachtschiffe, die aber zunehmend veralteten und von einer Flut neuer Technologien überholt wurden.

Register

Die fettgedruckten Einträge verweisen auf Abbildungen und Grafiken.

Der Verlag dankt folgenden Organisationen und Personen für die Bereitstellung von Fotomaterial:

S. 10: IWM/IWM. S. 12: IWM. S. 13: IWM. S. 14: US National Archives/IWM/IWM. S. 16: IWM (2). S. 18: IWM. S. 19: IWM (2). S. 20: IWM. S. 21: IWM (2). S. 22: US National Archives. S. 23: IWM/ US Naval Historical Center. S. 24: IWM. S. 25: US Naval Historical Center. S. 26: Aldo Fraccaroli/IWM. S. 27: IWM. S. 28: IWM. S. 29: US National Archives. S. 30: US Naval Historical Center. S. 32: IWM. S. 33: IWM. S. 34: IWM. S. 35: US National Archives. S. 36: US Naval Historical Center. S. 37: IWM. S. 38: IWM. S. 39: IWM. S. 40: US Naval Historical Center. S. 43: US Naval Historical Center. S. 44: US Naval Historical Center. S. 45: US Naval Historical Center. S. 46: US National Archives. S. 47: US Naval Historical Center. S. 48: US Naval Historical Center. S. 49: IWM. S. 50: IWM. S. 51–53: IWM. S. 54: US Naval Historical Center/IWM. S. 55–61: IWM. S. 63: US National Archives. S. 64: Kriegsmarine der USA. S. 65: IWM. S. 66: US Naval Historical Center/IWM. S. 67–73: IWM. S. 74–75: US Naval Historical Center. S. 76: Kriegsmarine der USA. S. 78: Kriegsmarine der USA. S. 79: IWM/ US Naval Historical Center. S. 80–81: Kriegsmarine der USA. S. 82–84: IWM. S. 85: US Naval Historical Center (3). S. 86: Kriegsmarine der USA. S. 87: US Naval Historical Center. S. 88–91: Kriegsmarine der USA. S. 92: Kriegsmarine der USA. S. 93: Kriegsmarine der USA. S. 94: US Naval Historical Center. S. 95: US Naval Historical Center (2). S. 96: US Naval Historical Center. S. 97: US Naval Historical Center (2). S. 98: IWM. S. 99: Kriegsmarine der USA. S. 101: US Naval Historical Center. S. 102: US National Archives. S. 103: US Naval Historical Center. S. 104–110: US Naval Historical Center. S. 111: IWM/ US Naval Historical Center. S. 112: Heer der USA. S. 113–122: IWM. S. 123: US Naval Historical Center. S. 124–131: IWM. S. 132: US Naval Historical Center. S. 134–135: IWM. S. 136: US Naval Historical Center. S. 139: Kriegsmarine der USA. S. 140: Kriegsmarine der USA. S. 141: US Naval Historical Center. S. 142–158: US Naval Historical Center. S. 159: IWM. S. 160–162: IWM. S. 163: US Naval Historical Center. S. 164–171: IWM. S. 172: Bunbury Collection. S. 172: US Naval Historical Center/IWM. S. 173–179: IWM. S. 181: US Naval Historical Center. S. 182: US Naval Historical Center/Kriegsmarine der USA. S. 184–190: Kriegsmarine der USA. S. 191: US Naval Historical Center (2). S. 192–199: Kriegsmarine der USA. S. 200: US Naval Historical Center. S. 201: US Naval Historical Center. S. 202: US Naval Historical Center (2). S. 204–207: Kriegsmarine der USA. S. 208: US Naval Historical Center (2). S. 209: Kriegsmarine der USA. S. 210–211: US Naval Historical Center. S. 212–218: US Naval Historical Center. S. 219: Kriegsmarine der USA/IWM. S. 220: IWM. S. 221: IWM. S. 232–237: IWM. S. 238: US National Archives. S. 240: IWM. S. 241–247: IWM. S. 248: US Naval Historical Center. S. 250: US National Archives. S. 251: US Naval Historical Center.